Betriebs-Berater Studium

Unternehmensbewertung
case by case

von

Dr. Michael Hommel

o. Professor an der Goethe-Universität Frankfurt a. M.

Dr. Inga Dehmel

Professorin an der Hochschule Harz, Hochschule für angewandte Wissenschaften (FH), Wernigerode/Halberstadt

6., aktualisierte Auflage 2011

mit 15 Abbildungen und 99 Tabellen

Verlag Recht und Wirtschaft GmbH
Frankfurt am Main

1. Aufl. 2005 · ISBN 3-8252-2634-4 (Hommel/Braun)
2. Aufl. 2006 · ISBN 978-3-8252-2634-3 (Hommel/Dehmel, geb. Braun)
3. Aufl. 2008 · ISBN 978-3-8252-2634-3 (Hommel/Dehmel, geb. Braun)
4. Aufl. 2009 · ISBN 978-3-8005-5014-2 (Hommel/Dehmel, geb. Braun)
5. Aufl. 2010 · ISBN 978-3-8005-5021-0 (Hommel/Dehmel, geb. Braun)

Bibliografische Information der Deutschen Nationalbibliothek

Die Deutsche Nationalbibliothek verzeichnet diese Publikation in der Deutschen Nationalbibliografie; detaillierte bibliografische Daten sind im Internet über *http://dnb.d-nb.de* abrufbar.

ISBN: 978-3-8005-5023-4

Druckvorstufe: Lichtsatz Michael Glaese GmbH, 69502 Hemsbach

Druck und Verarbeitung: Wilhelm & Adam, Werbe- und Verlagsdruck GmbH,
63150 Heusenstamm

♾ Gedruckt auf säurefreiem, alterungsbeständigem Papier, hergestellt aus chlorfrei gebleichtem Zellstoff (TCF-Norm)

Vorwort zur sechsten Auflage

„Meeting Points“ sind eine sinnvolle Einrichtung in einer turbulenten und unübersichtlichen Welt. Auf Flughäfen und Bahnhöfen ermöglichen sie den verabredeten Fernreisenden, sich auch in einer für sie fremden Umgebung jederzeit zielsicher zu finden. Die Unternehmensbewertung ist ein solcher (intellektueller) Anlaufpunkt für die Betriebswirtschaftslehre: Hier treffen sich in idealtypischer Weise zahlreiche Einzeldisziplinen wie die Investitions- und Finanzierungsrechnung, die Betriebswirtschaftliche Steuerlehre und die Wirtschaftsprüfung, die Entscheidungstheorie und das strategische Controlling. Aber auch die Rechtswissenschaften tauschen sich aus, tragen zusammen und gelangen harmonisch zu einer zutreffenden Unternehmensbewertung. Leider ist die Realität noch weit entfernt von diesem Ideal. Noch hat die Unternehmensbewertung mehr von einer undurchdringlichen Geheimwissenschaft als von einer systematisierenden, vereinenden und anwendungsbezogenen Konzeption. Der Neueinsteiger sieht sich einer Flut von Veröffentlichungen gegenüber, die vermeintlich Spezialaspekte der Unternehmensbewertung beleuchten, häufig mit komplexen Lösungsansätzen aufwarten und ihn (manchmal) mit der einzigen Erkenntnis zurücklassen, dass er nun verwirrter ist als zuvor. Dazu kommt die Unsicherheit, ob die im Studium erlernten theoretischen Konzeptionen wirklich dazu taugen, die praktischen Probleme der Unternehmensbewertung zu lösen.

Das vorliegende Buch will diese Unsicherheit beseitigen. Wir wenden uns in erster Linie an Fortgeschrittene im Studium der Betriebswirtschaftslehre und der Rechtswissenschaft, aber auch an Praktiker, die Grundzüge der Unternehmensbewertung benötigen und einen fundierten und systematischen Überblick über die wichtigsten Spielregeln der Unternehmensbewertung erhalten möchten. Wir präsentieren in unserem Buch die theoretischen Grundlagen und die praktische Anwendung der Unternehmensbewertung in kleinen, systematischen Schritten – *case by case*. Anhand von 27 Einzelfällen illustrieren wir die Probleme, denen sich der Unternehmensbewerter in der Praxis gegenübersieht, arbeiten die zentralen Bewertungsgrundsätze theoretisch fundiert heraus und zeigen, dass es mit ihnen gelingt, die zahlreichen praktischen Probleme bei der Unternehmensbewertung auf ein erträgliches Maß zu reduzieren. Die Fälle sind so konzipiert, dass sie dem Leser den Einstieg in die Materie der Unternehmensbewertung erleichtern. Die ersten Fälle haben einführenden Charakter. Sie beschäftigen sich mit den Grundlagen der Investitions- und Finanzierungstheorie. Anschließend verdeutlichen wir anhand von Fällen die Grundsätze ordnungsmäßiger Unternehmensbewertung zur Ermittlung individueller Entscheidungswerte und gehen dabei auf das Ertragswertverfahren ebenso ausführlich ein wie auf die Discounted-Cashflow-Verfahren. Auch die gängigen substanzwert- und multiplikatorenorientierten Bewertungsmethoden werden von uns in einzelnen Fällen detailliert beschrieben und gewürdigt.

Dank schulden wir den beteiligten Mitarbeiterinnen und Mitarbeitern der Professur für Wirtschaftsprüfung und Rechnungslegung der Goethe-Universität Frankfurt am Main: Frau *Uta Halwas-Bruckner*, Frau *Sabrina Karger*, Frau Dipl.-Kffr. *Stefanie Schmitz*, Frau *Anne-Katrin Weber* und Frau Dipl.-Kffr. *Julia Zicke*. Sie befreiten uns von den unangenehmen Begleiterscheinungen, die mit einer Neuauflage zwangsläufig verbunden sind. Sie recherchierten und überprüften sorgfältig die Literaturbeiträge, übernahmen die anstrengende Aufgabe des Korrekturlesens und begleiteten professionell den Prozess der Drucklegung. Nicht zuletzt gilt unser Dank Frau Dipl.-Ök. *Gabriele Bourgon* vom Verlag Recht und Wirtschaft für die wie immer überaus perfekte und vorbildliche Zusammenarbeit. Nur dank der tatkräftigen Unterstützung aller Beteiligten liegt unser Buch heute druckfertig vor Ihnen.

Frankfurt am Main, im Februar 2011

Michael Hommel
Inga Dehmel

Inhaltsverzeichnis

Abkürzungsverzeichnis

a. A.	anderer Auffassung
Abs.	Absatz
AER	American Economic Review (Zeitschrift)
AfA	Absetzung für Abnutzung
AG	Aktiengesellschaft; Die Aktiengesellschaft (Zeitschrift)
AktG	Aktiengesetz
a. M.	am Main
APV	Adjusted Present Value
Art.	Artikel
Aufl.	Auflage
AV	Anlagevermögen
BayObLG	Bayerisches Oberstes Landesgericht
BB	Betriebs-Berater (Zeitschrift)
Bd.	Band
BFuP	Betriebswirtschaftliche Forschung und Praxis (Zeitschrift)
BGB	Bürgerliches Gesetzbuch
BGH	Bundesgerichtshof
BT	Bundestag
BVerfG	Bundesverfassungsgericht
bzw.	beziehungsweise
ca.	circa
CAPM	Capital Asset Pricing Model
DAX	Deutscher Aktienindex
DB	Der Betrieb (Zeitschrift)
DCF	Discounted Cashflow
ders.	derselbe
d. h.	das heißt
dies.	dieselben
DStR	Deutsches Steuerrecht (Zeitschrift)
DUK	Durchschnittliche Kapitalkosten
EBIT	Earnings Before Interest and Taxes
EBITDA	Earnings Before Interest, Taxes, Depreciation and Amortization
EBT	Earnings Before Taxes
EG	Europäische Gemeinschaft(en)
ESt	Einkommensteuer
EStG	Einkommensteuergesetz
et al.	et alteri, et alii
etc.	et cetera
e. V.	eingetragener Verein

EVA^{TM}	Economic Value Added (eingetragenes Warenzeichen der Stern Stewart Company)
FAUB	Fachausschuss für Unternehmensbewertung und Betriebswirtschaft des IDW
FB	Finanz Betrieb (Zeitschrift)
ff.	fortfolgende
Fn.	Fußnote
FS	Festschrift
GewSt	Gewerbesteuer
GewStG	Gewerbesteuergesetz
GFW	Geschäfts- oder Firmenwert
ggf.	gegebenenfalls
GmbH	Gesellschaft mit beschränkter Haftung
HFA	Hauptfachausschuss (des IDW)
HGB	Handelsgesetzbuch
Hrsg.	Herausgeber
i. d. F.	in der Fassung
IDW	Institut der Wirtschaftsprüfer in Deutschland e. V.
IDW FN	IDW Fachnachrichten
IDW S 1	IDW Standard: Grundsätze zur Durchführung von Unternehmensbewertungen
IFRS	International Financial Reporting Standards
i. H. v.	in Höhe von
INF	Die Information über Steuer und Wirtschaft (Zeitschrift)
inkl.	inklusive
int. ed.	international edition
i. V. m.	in Verbindung mit
JFE	Journal of Financial Economics (Zeitschrift)
Jg.	Jahrgang
JoF	Journal of Finance (Zeitschrift)
KGV	Kurs-Gewinn-Verhältnis
KSt	Körperschaftsteuer
KStG	Körperschaftsteuergesetz
LG	Landgericht
Mio.	Million(en)
MSc	Management Science (Zeitschrift)
m. w. N.	mit weiteren Nachweisen

NOPAT	Net Operating Profit After Taxes
NOPLAT	Net Operating Profits Less Adjusted Taxes
NPV	Net Present Value
Nr.	Nummer
OHG	Offene Handelsgesellschaft
OLG	Oberlandesgericht
p. a.	pro anno, per annum
REconStat	Review of Economics and Statistics (Zeitschrift)
RFH	Reichsfinanzhof
Rn.	Randnummer
ROI	Return on Investment
S.	Seite
sog.	so genannt, -e, -er, -es
Soli	Solidaritätszuschlag
SolzG	Solidaritätszuschlaggesetz
Sp.	Spalte
stpfl.	steuerpflichtig
TEuro	Tausend Euro
u. a.	und andere
UmwG	Umwandlungsgesetz
UntSt	Unternehmensteuer
US	United States
USA	United States of America
US-GAAP	United States Generally Accepted Accounting Principles
UV	Umlaufvermögen
vgl.	vergleiche
v. H.	vom Hundert
Vol.	Volume
VZ	Vorzüge
WACC	Weighted Average Cost of Capital
WiSt	Wirtschaftswissenschaftliches Studium (Zeitschrift)
WISU	Das Wirtschaftsstudium (Zeitschrift)
WPg	Die Wirtschaftsprüfung (Zeitschrift)
z. B.	zum Beispiel
ZBB	Zeitschrift für Bankrecht und Bankwirtschaft
ZfB	Zeitschrift für Betriebswirtschaft
zfbf	Zeitschrift für betriebswirtschaftliche Forschung

ZfhF	Zeitschrift für handelswissenschaftliche Forschung
ZGR	Zeitschrift für Unternehmens- und Gesellschaftsrecht
zzgl.	zuzüglich

Symbolverzeichnis

A_j	Handlungsalternative j
AfA	Absetzung für Abnutzung
Ann	(Gewinn-)Annuität
B_U	Bezugsgröße des zu bewertenden Unternehmens
B_V	Bezugsgröße eines Vergleichsunternehmens
BW	Buchwert
CF	Cashflow
cov(.)	Kovarianzoperator
d	Dividendenrendite der Alternativanlage
d_m	erwartete Dividendenrendite des Marktportefeuille
D_m	Dividende des Marktportefeuille
E	(Brutto-)Unternehmensertrag
E'	Grenzertrag
E^*	reale, jährlich gleich bleibende Ausschüttung
E^r	Realertrag
E_A	sicherer, ewig fließender und gleich bleibender Ertragsstrom der Alternativanlage
$E_{\min}$	Mindestwert der Ertragsbandbreite
E_S	Ertrag bei Eintritt des s-ten Umweltzustands
E_U	sicherer, ewig fließender und gleich bleibender Ertragsstrom des Unternehmens
$EBIT$	Earnings Before Interest and Taxes
EK_v^M	Marktwert des Eigenkapitals eines verschuldeten Unternehmens
EVA	Economic Value Added
EW	Ertragswert
FCF	Free Cashflow
FK	Marktwert des Fremdkapitals
FTE	Flow to Equity
$FTE^{nach\ ESt,\ Soli}$	Flow to Equity nach Unternehmen- und nach persönlichen Einkommensteuern
$FTE^{UntSt,\ Soli}$	Flow to Equity nach Unternehmen-, aber vor Einkommensteuern
g	Inflationsrate
GFW	Geschäfts- oder Firmenwert
$GP(U)$	Grenzpreis (eines Unternehmens U)
H	Hebesatz
i	Zinssatz (allgemein, nominal, risikolos)
$i_{ESt,\ Soli}$	Nachsteuerrendite
i_r	Realzins

I	Investitionsauszahlung
k	Kursgewinnrendite der Alternativanlage
k^{DUK}	gewogene durchschnittliche Kapitalkosten ohne Steueranpassung
k^{WACC}	gewogene durchschnittliche Kapitalkosten mit Steueranpassung
k_m	erwartete Kursgewinnrendite des Marktportefeuille
k_{SW}	durch den Unternehmensnachbau erzielbare Rendite
K'	zusätzlich eingesetztes Kapital
KAP_t	das zu Beginn des Jahres t in der Finanzinvestition angelegte Kapital
KW	Kapitalwert
$\lim\limits_{T \to \infty}$	Limes für T gegen unendlich (Grenzwert)
LI	Liquidationserlös
m	Multiplikator
$\overline{m}$	Branchendurchschnitt eines Multiplikators
m_{Gewinn}	Gewinnmultiplikator
m_{GewSt}	Steuermesszahl für den Gewerbeertrag
m_{Umsatz}	Umsatzmultiplikator
MVA	Market Value Added
$NOPAT$	Net Operating Profit After Taxes
$NOPLAT$	Net Operating Profit Less Adjusted Taxes
p_s	Eintrittswahrscheinlichkeit des s-ten Umweltzustands
P_t	Preis, den ein Kapitalanleger heute entrichten muss, um Anspruch auf eine Geldeinheit im Zeitpunkt t zu erzielen
$P(A)$	Preis der Alternativanlage
$P(U)$	Preis des Unternehmens
$P(V)$	bekannter Preis des Vergleichsobjekts
PV	Barwert (Present Value)
q	Ausschüttungsquote der Alternativanlage
q_m	durchschnittliche Ausschüttungsquote des Marktportefeuille
$r(EK)_u$	Erwartungswert der Rendite der Eigenkapitalgeber eines unverschuldeten Unternehmens
$r(EK)_v$	Erwartungswert der Rendite der Eigenkapitalgeber eines verschuldeten Unternehmens
$r(EK)_v^{nach\ ESt,\ Soli}$	erwartete Rendite der Alternativanlage nach Unternehmens- und persönlichen Einkommensteuern
$r(EK)_v^{ohne\ ESt}$	erwartete Rendite der Alternativanlage ohne Berücksichtigung persönlicher Einkommensteuern
$r(EK)_v^{vor\ allen\ Steuern}$	erwartete Rendite der Alternativanlage vor Unternehmens- und vor persönlichen Einkommensteuern
$r(EK)_v^{vor\ ESt,\ Soli}$	erwartete Rendite der Alternativanlage vor persönlichen Einkommensteuern

R_i	Rendite des Wertpapiers *i*
R_m	Rendite des Marktportefeuille
Rbf	Rentenbarwertfaktor
RG	Residualgewinn
ROI	Return on Investment
$ROIC$	Return on Invested Capital
RW	Restwert
s	(einfacher Gewinn-)Steuersatz
s^{ESt}	Einkommensteuersatz
$s^{ESt,\, Soli}$	Einkommensteuersatz inklusive Solidaritätszuschlag
s^{KSt}	Körperschaftsteuersatz
$s^{KSt,\, Soli}$	Körperschaftsteuersatz inklusive Solidaritätszuschlag
s^{Soli}	Solidaritätszuschlag
$s_{eff}^{ESt,\, Soli}$	effektiver Einkommensteuersatz inklusive Solidaritätszuschlag (auf Kursgewinne)
s_{nom}^{Gew}	nominaler Gewerbeertragsteuersatz
$S_{ESt,\, Soli}$	Einkommensteuerzahlung inklusive Solidaritätszuschlag
$S_{ESt-F,\, Soli}$	Einkommensteuerzahlung aus der Finanzanlage inklusive Solidaritätszuschlag
$S_{ESt-U,\, Soli}$	Einkommensteuerzahlung auf Unternehmenserträge inklusive Solidaritätszuschlag
S_{GewSt}	Gewerbesteuerschuld
$S_{KSt,\, Soli}$	Körperschaftsteuerzahlung inklusive Solidaritätszuschlag
S_{VG}	Veräußerungsgewinnsteuer
$SÄCF$	Sicherheitsäquivalenter Cashflow
$SÄE$	Sicherheitsäquivalenter Ertrag
SW	Substanzwert
t	Zeitindex
T	Planungshorizont
$T€$	Tausend Euro
TCF	Total Cashflow
TS	Tax Shield
$u(.)$	Nutzenfunktion
UW	Unternehmenswert
V_m	Wert (i. d. R. Börsenkurs) des Marktportefeuille
V_u	Gesamter Marktwert des unverschuldeten Unternehmens
V_v	Gesamter Marktwert des verschuldeten Unternehmens
$\mathrm{var}(.)$	Varianzoperator
VGP	Verkäufergrenzpreis
VP	Veräußerungspreis
w	Wachstumsrate (nominal)
$w^{Thesaurierung}$	thesaurierungsbedingter Wachstumsabschlag
w_r	reale Wachstumsrate
Wgf	Annuitäten- oder Wiedergewinnungsfaktor

x, y	Merkmale
X	erwarteter Einzahlungsüberschuss
$\hat{y}$	Regressionswert
$\hat{y} = g(x)$	Regressionsfunktion
z	Risikozuschlag
$z_{\max}$	maximal zulässiger Risikozuschlag
Z_s	Umweltzustand s
α	Alpha-Faktor, Durchschnitt der unsystematischen Renditen
β	Beta-Faktor
β_m	Beta-Wert des Marktportefeuille
β_u	Beta-Faktor des unverschuldeten Unternehmens
β_v	Beta-Faktor des verschuldeten Unternehmens
Δ	Veränderung
ε	Störterm
$\mu(.)$	Erwartungswertoperator
$\mu(R_m)^{nach\ ESt,\ Soli}$	erwartete Rendite des Marktportefeuille nach persönlichen Einkommensteuern
$\mu(R_m)^{vor\ ESt,\ Soli}$	erwartete Rendite des Marktportefeuille vor persönlichen Einkommensteuern

1. Kapitel:
Grundlagen der Investition und der Finanzierung

Fall 1: Barwert, Ertragswert und Rentenbarwertfaktor

Sachverhalt:

Nach einem Glücksspielgewinn von 200 000 Euro am 1. 1. 2011 werden dem Gewinner Herrn Glück fünf Jahre lang, jeweils am 31. 12., 40 000 Euro ausgezahlt. Als Herr Glück von dem Gewinn erfährt, schenkt er seiner Frau sofort eine Weltreise im Wert von 200 000 Euro. Leider kann er die Reise nicht bar bezahlen. Er nimmt deshalb einen Kredit in derselben Höhe auf, den er über die nächsten fünf Jahre aus dem Lottogewinn zurückzahlen will. Kreditaufnahme und Kapitalanlage werden von der Hausbank mit einem einheitlichen Zinssatz von 10 % p. a. abgerechnet.

Aufgabenstellung:

– Definieren Sie den *Barwert* und den *Ertragswert* eines Zahlungsstroms, und veranschaulichen Sie diese am gegebenen Sachverhalt! Wieso übersteigen die Kosten für die Reise den Lottogewinn? Ermitteln Sie den Differenzbetrag!
– Kann der Lösungsweg durch Berechnung des *Rentenbarwertfaktors* verkürzt werden? Zeigen Sie den Zusammenhang zwischen Barwertformel und Rentenbarwertfaktor!

I. Barwert und Ertragswert

1. Erläuterung

Einer Zahlungsreihe kann ein Barwert oder Gegenwartswert (englisch: Present Value) zugeordnet werden, „indem man alle vor dem Bezugszeitpunkt anfallenden Zahlungen bis zum Bezugszeitpunkt aufzinst und alle nach dem Bezugszeitpunkt anfallenden Zahlungen abzinst und dann die Summe aller auf den Bezugszeitpunkt umgerechneten Zahlungen bildet“; ein Barwert kann daher „für jeden beliebigen Zeitpunkt … berechnet werden“[1].

1 *Schmidt/Terberger*, Grundzüge der Investitions- und Finanzierungstheorie (1997), S. 128 (beide Zitate).

Als Ertragswert wird demgegenüber der „auf den Zeitpunkt t_0 bezogene Gegenwartswert“[2] von ab t_1 zufließenden zukünftigen positiven oder negativen Zahlungsströmen bezeichnet, um einen Vergleich von Zahlungsströmen zu ermöglichen, auch wenn die durch ein bestimmtes Investitionsprojekt hervorgerufenen Ein- und Auszahlungen im Zeitablauf nach Größe, zeitlichem Anfall und Dauer unterschiedlich sind.[3] Der Ertragswert einer Zahlungsreihe wird ermittelt, indem die zukünftigen Zahlungen zu Kaufkrafteinheiten auf den Bewertungsstichtag abgezinst und dann addiert werden.[4] Das Barwert- bzw. Ertragswertkonzept stellt darauf ab, dass einzelne über die Investitionsdauer anfallende Beträge nur vergleichbar gemacht werden können, wenn das Zeitmoment in der Rechnung berücksichtigt wird. Einzahlungen sind zum Bewertungsstichtag umso weniger wert, je weiter sie in der Zukunft liegen, und Auszahlungen sind umso belastender, je näher der Zahlungszeitpunkt liegt.[5] Die Berechnungsformel für den Ertragswert (bzw. Barwert zum Zeitpunkt $t = 0$) eines Zahlungsstroms lautet:

$$(1)\quad EW_0 = \sum_{t=1}^{T} \frac{X_t}{(1+i)^t}$$

mit EW_0 = Ertragswert (Barwert im Zeitpunkt $t = 0$),

- X_t = erwartete periodenspezifische Einzahlungsüberschüsse,
- i = Diskontierungszinssatz,
- t = Zeitindex,
- T = Planungshorizont.

2. Anwendung auf den Fall: Ertragswert des Glücksspielgewinns von Herrn Glück

Herr Glück geht davon aus, dass er 200 000 Euro gewonnen hat und diese ihm als Vermögenszuwachs zur Verfügung stehen. Diese Annahme stellt sich graphisch wie in Abbildung 1 dar:

2 *Schmidt/Terberger*, Grundzüge der Investitions- und Finanzierungstheorie (1997), S. 130.
3 Vgl. *Hachmeister*, Der Discounted Cash Flow als Maß der Unternehmenswertsteigerung (2000), S. 92–93.
4 Vgl. *Brealey/Myers/Allen*, Principles of Corporate Finance (2011), S. 48–54; *Schmidt/Terberger*, Grundzüge der Investitions- und Finanzierungstheorie (1997), S. 128.
5 Vgl. *Kruschwitz*, Investitionsrechnung (2009), S. 88–90.

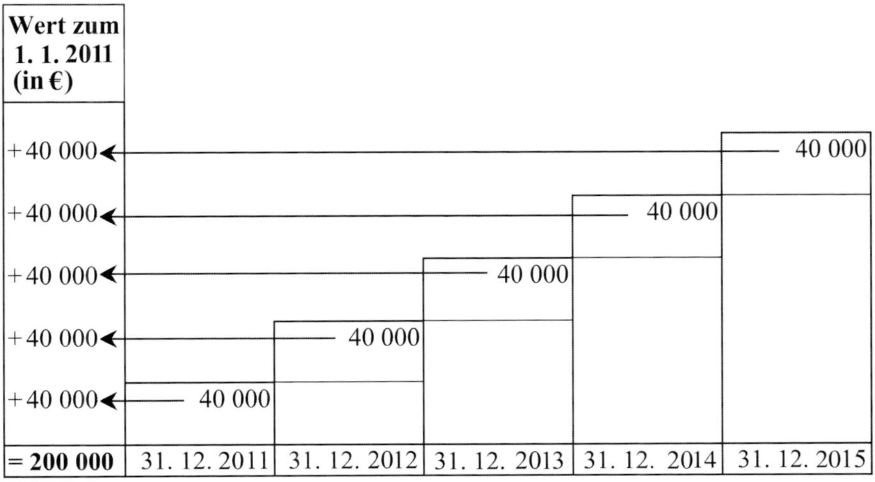

Abbildung 1: Mutmaßlicher Vermögenszuwachs aus einem Glücksspielgewinn

Mit dieser Betrachtungsweise hat Herr Glück jedoch das zeitliche Auseinanderfallen der Einzahlungen seines Lottogewinns nicht berücksichtigt, und er bekommt durch die Kreditaufnahme die Folgen zu spüren. Zahlt er den Kredit nur mithilfe der jährlichen Gewinneinzahlungen zurück, steht am Ende der Darlehenslaufzeit (2015) noch ein Kredittilgungsbetrag in Höhe von 77 898 Euro aus:

Tabelle 1: Tilgungsplan des Darlehens in Höhe von 200 000 Euro

Jahr	**2011**	**2012**	**2013**	**2014**	**2015**
Darlehen zum 1. 1.	–200 000	–180 000	–158 000	–133 800	–107 180
Schuldzinsen zum 31. 12.	–20 000	–18 000	–15 800	–13 380	–10 718
Tilgung aus Gewinn	40 000	40 000	40 000	40 000	40 000
Endbestand zum 31. 12.	–180 000	–158 000	–133 800	–107 180	–77 898

Auf Grund der Verpflichtung, Zinszahlungen zu leisten, ist der Konsumwert zukünftiger Einzahlungen, bezogen auf den Bewertungsstichtag (1. 1. 2011), geringer als die Summe der Einzahlungen. Herr Glück vergaß im Rahmen seiner Berechnung den Zinseffekt. Bei Anlage einer Geldeinheit über t Jahre erhält man am Ende $(1 + i)^t$ Geldeinheiten. Wird hingegen nach dem Preis P_t gefragt, den ein Kapitalanleger heute entrichten muss, um Anspruch auf eine Geldeinheit im Zeitpunkt t zu erzielen, so lautet das Ergebnis:[6]

6 Vgl. *Kruschwitz*, Investitionsrechnung (2009), S. 88–90.

$$(2)\quad P_t = \frac{1}{(1+i)^t}.$$

Für Herrn Glück errechnen sich aus diesem Grund folgende Gegenwartswerte bei einer 10 %igen Anlage- und Kreditaufnahmemöglichkeit seines Kapitals:

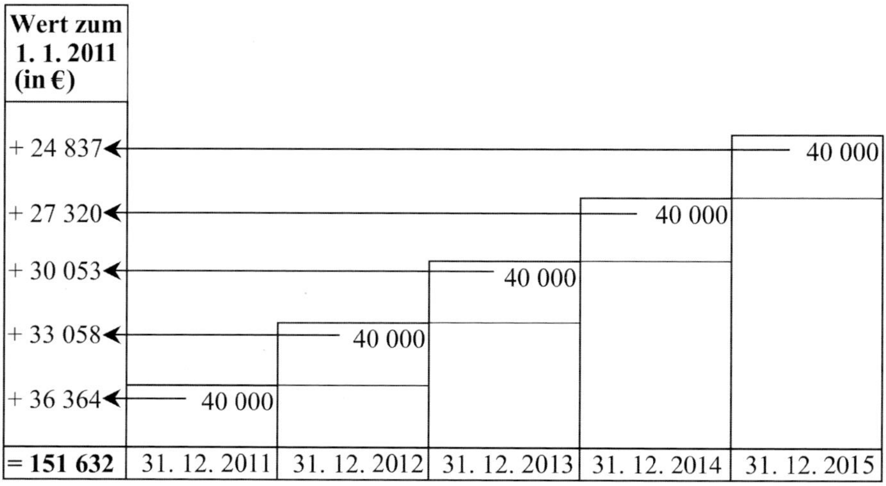

Abbildung 2: Gegenwartswert des Glücksspielgewinns

Es zeigt sich, dass der Gegenwartswert eines über fünf Jahre in konstanten Raten ausgezahlten Gewinns in Höhe von 200 000 Euro bei 10 % Zinsen nur 151 632 Euro beträgt. Je weiter die Auszahlung des Gewinns in der Zukunft liegt, umso geringer ist ihr (Konsum-)Wert. Die Richtigkeit des Ergebnisses lässt sich auch am Beispiel des Darlehens darstellen:

Tabelle 2: Tilgungsplan des Darlehens in Höhe von 151 632 Euro

Jahr	**2011**	**2012**	**2013**	**2014**	**2015**
Darlehen zum 1. 1.	–151 632	–126 795	–99 475	–69 422	–36 364
Schuldzinsen zum 31. 12.	–15 163	–12 680	–9 947	–6 942	–3 636
Tilgung aus Gewinn	40 000	40 000	40 000	40 000	40 000
Endbestand zum 31. 12.	–126 795	–99 475	–69 422	–36 364	0

Nur wenn ein Darlehen in Höhe von 151 632 Euro aufgenommen wird, ist es nach fünf Jahren möglich, das Darlehen zuzüglich anfallender Zinsen aus dem Lottogewinn zu tilgen. Jedes höhere Darlehen muss zu einem Nachschuss von Kapital durch Herrn Glück führen. Er kann sein Ziel, eine Reise im Wert von 200 000 Euro durchzuführen, ohne weitere Zuzahlung nicht erreichen. Der Betrag, den Herr Glück neben dem Lottogewinn zusätzlich zur Finanzierung der Reise aufbringen muss, beläuft sich auf 48 368 Euro.

II. Rentenbarwertfaktor

1. Erläuterung

Der Rentenbarwertfaktor fasst das Diskontieren der zukünftigen Zahlungsströme zum Ertragswert in $t = 0$ in einem einzigen Multiplikator zusammen. Bedingung für seine Anwendbarkeit ist das Vorliegen eines in der Höhe konstanten Zahlungsstroms X (Rente) über T Perioden und ein gleich bleibender Diskontierungszinssatz. Ist beides gegeben, berechnet sich der Ertragswert aus:[7]

$$EW_0 = X \cdot Rbf \text{ mit } Rbf = \frac{(1+i)^T - 1}{(1+i)^T \cdot i},$$

$$(3) \quad EW_0 = X \cdot \frac{(1+i)^T - 1}{(1+i)^T \cdot i}.$$

Zur Ableitung des Rentenbarwertfaktors kann direkt auf Gleichung (1) – Ertragswertformel – zurückgegriffen werden:[8]

$$EW_0 = \sum_{t=1}^{T} \frac{X_t}{(1+i)^t} = \sum_{t=1}^{T} \frac{X}{(1+i)^t}$$

$$EW_0 = \frac{X}{(1+i)^1} + \frac{X}{(1+i)^2} + \frac{X}{(1+i)^3} + \ldots + \frac{X}{(1+i)^{T-1}} + \frac{X}{(1+i)^T}.$$

Die Multiplikation beider Seiten der Gleichung mit $(1 + i)$ ergibt:

$$EW_0 \cdot (1+i) = X + \frac{X}{(1+i)^1} + \frac{X}{(1+i)^2} + \frac{X}{(1+i)^3} + \ldots + \frac{X}{(1+i)^{T-1}}.$$

7 Vgl. *Kruschwitz*, Investitionsrechnung (2009), S. 71–73.

8 Vgl. zum Folgenden auch *Kruschwitz*, Investitionsrechnung (2009), S. 72.

Wird nun von dieser Gleichung die vorige subtrahiert, so folgt:

$$EW_0 \cdot (1+i) - EW_0 = X + \cancel{\frac{X}{(1+i)^1}} + \cancel{\frac{X}{(1+i)^2}} + \cancel{\frac{X}{(1+i)^3}} + \ldots$$

$$+ \cancel{\frac{X}{(1+i)^{T-1}}} - \left(\cancel{\frac{X}{(1+i)^1}} + \cancel{\frac{X}{(1+i)^2}} + \cancel{\frac{X}{(1+i)^3}} + \ldots \right.$$

$$\left. + \cancel{\frac{X}{(1+i)^{T-1}}} + \frac{X}{(1+i)^T} \right)$$

$$EW_0 \cdot i = X - \frac{X}{(1+i)^T}.$$

Ausklammern von X und Auflösung der Gleichung nach EW_0 liefert die Formel zur Berechnung des Ertragswerts mithilfe des Rentenbarwertfaktors (Gleichung (3)):

$$EW_0 \cdot i = \frac{X \cdot (1+i)^T - X}{(1+i)^T}$$

$$EW_0 = \frac{X \cdot (1+i)^T - X}{(1+i)^T \cdot i}$$

$$(3) \quad EW_0 = X \cdot \left(\frac{(1+i)^T - 1}{(1+i)^T \cdot i} \right).$$

2. Anwendung auf den Fall: Ertragswert des Glücksspielgewinns von Herrn Glück mittels Rentenbarwertfaktor

Bezogen auf die konstante Gewinnauszahlung von 40 000 Euro über fünf Jahre berechnet sich der Ertragswert mittels Rentenbarwertfaktor wie folgt:

$$EW_0 = X \cdot \frac{(1+i)^T - 1}{(1+i)^T \cdot i} = 40\,000 \cdot \frac{(1+0{,}1)^5 - 1}{(1+0{,}1)^5 \cdot 0{,}1}$$

$$= 40\,000 \cdot 3{,}7908 = 151\,632 \text{ €}.$$

Weiterführende Literatur

Brealey, Richard A./ Myers, Stewart C./ Allen, Franklin,	Principles of Corporate Finance, 10. Aufl. (int. ed.), Boston et al. 2011, S. 48–72
Kruschwitz, Lutz,	Investitionsrechnung, 12. Aufl., München 2009, S. 74–92
Schmidt, Reinhard H./ Terberger, Eva,	Grundzüge der Investitions- und Finanzierungstheorie, 4. Aufl., Wiesbaden 1997, S. 128–138

Fall 2: Kapitalwert- und Annuitätenmethode

Sachverhalt:

Professorin Schlau hat am 1. 1. 2011 über die Investition ihrer Ersparnisse in Höhe von 75 816 Euro zu entscheiden. Mit der bisherigen Verzinsung ihres Kapitals in Höhe von 10 % p. a. ist sie nicht zufrieden und sucht nach einer besseren Anlagemöglichkeit. Ihr ist es möglich, zusätzlich benötigte Investitionsmittel zu 10 % aufzunehmen. Sie kann eine der drei folgenden Investitionen, die jeweils den gleichen Zahlungsstrom von 20 000 Euro p. a. zum Stichtag 31. 12. über fünf Jahre aufweisen, durchführen. Zusätzlich sind folgende Konditionen bekannt:

Investment I: 86 000 Euro Anfangsauszahlung und 15 000 Euro Liquidationserlös,

Investment II: 55 000 Euro Anfangsauszahlung und 10 000 Euro Liquidationserlös,

Investment III: 77 000 Euro Anfangsauszahlung und kein Liquidationserlös.

Aufgabenstellung:

- Wie unterscheidet sich der *Kapitalwert* einer Investition von ihrem Barwert und wie von ihrem Ertragswert? Welche Investition sollte Professorin Schlau wählen?
- Stellen Sie die *Annuitätenmethode* dar! Die Auszahlung der gesetzlichen Rentenversicherung von Professorin Schlau beginnt in fünf Jahren. Sie möchte jedoch sofort aus dem Erwerbsleben ausscheiden und stellt sich die Frage, ob sie ihren Lebensunterhalt über den Zeitraum von fünf Jahren selbstständig finanzieren kann. Um eine Entscheidung treffen zu können, bittet sie ihre Studenten darum herauszufinden, welchen konstanten nachschüssigen Zahlungsstrom sie aus der Anlage ihres Vermögens maximal in dieser Zeit erhalten könnte. Stellen Sie einen Zahlungsstromvergleich zwischen der früheren Investition von 10 % p. a. und der im Sinne der ersten Aufgabenstellung besten Investitionsalternative her!
- Professorin Schlau entscheidet sich dafür, ihre private Altersvorsorge in Höhe von 75 816 Euro bei einer Bank zu 10 % anzulegen. Diese verspricht die Auszahlung einer *ewigen Rente*. Leiten Sie die Formel für die ewige Rente aus der Ertragswertformel ab, und geben Sie die Höhe der Rente an, wenn diese
  - am 31. 12. 2011 oder
  - am 31. 12. 2013

  beginnt!
- Professorin Schlau möchte innerhalb der ersten fünf Jahre eine Rente in Höhe von 10 000 Euro p. a. und danach eine ewige Rente in Höhe von 5 000 Euro p. a. erhalten. Welchen Ertragswert hat dieser Zahlungsstrom, wenn das Geld in dieser Zeit zu 10 % p.a. verzinst wird? Bestimmen Sie vor der Berechnung die allgemeine Formel der *Zwei-Phasen-Methode*!

I. Kapitalwert

1. Erläuterung

Der Kapitalwert (englisch: Net Present Value) einer Investition ist definiert als „die Summe aller mit dem Kalkulationszinssatz auf den Zeitpunkt $t = 0$ diskontierten Investitionszahlungen“[9]. Er wird ermittelt, indem die Differenz zwischen der Summe der Barwerte aller Einzahlungen und der Summe der Barwerte aller Auszahlungen gebildet wird:[10]

$$(4)\quad KW_0 = \sum_{t=0}^{T} \frac{X_t}{(1+i)^t}$$

bzw.

$$(5)\quad KW_0 = -I_0 + \sum_{t=1}^{T} \frac{X_t}{(1+i)^t}$$

mit KW_0 = Kapitalwert im Zeitpunkt $t = 0$,
I_0 = Investitionsauszahlung in $t = 0$.

Das Kapitalwertkriterium findet in der Investitionsrechnung Anwendung und wird in direkter Anlehnung an den Ertrags- bzw. Barwert im Zeitpunkt $t = 0$ ermittelt, denn Gleichung (5) entspricht der Differenz zwischen dem gemäß Gleichung (1) berechneten Ertragswert eines Investitionsprojekts im Zeitpunkt $t = 0$ und seiner Investitionsauszahlung:[11]

$$(6)\quad KW_0 = -I_0 + EW_0.$$

Eine Investition ist dann vorteilhaft und sollte durchgeführt werden, wenn ihr Kapitalwert größer als null ist, da ein positiver Kapitalwert als Vermögensmehrung die Konsummöglichkeiten des Investors erhöht. Ist der Kapitalwert gleich null, so stellt sich die Durchführung des Investitionsprojekts weder als vorteilhaft noch als unvorteilhaft dar. Eine Realisierung der Investition sollte jedoch unterbleiben, wenn der berechnete Kapitalwert negativ ist, da ein negativer Kapitalwert die Verringerung der Konsummöglichkeiten implizieren würde.[12] Stehen mehrere Investitionen zur Auswahl, so ist zunächst diejenige zu wählen, die den größten Kapitalwert liefert.

9 *Kruschwitz*, Investitionsrechnung (2009), S. 66.
10 Vgl. *Schmidt/Terberger*, Grundzüge der Investitions- und Finanzierungstheorie (1997), S. 129.
11 Vgl. *Kruschwitz*, Investitionsrechnung (2009), S. 89–90.
12 Vgl. *Schmidt/Terberger*, Grundzüge der Investitions- und Finanzierungstheorie (1997), S. 137.

Der Kapitalwert einer Investition ist demzufolge der Betrag, „den der Investor im Zeitpunkt t_0 zusätzlich konsumieren (oder anlegen) kann, wenn er z. B. einen Kredit zum Zinssatz i aufnimmt, die Investition durchführt und mit den Einzahlungen aus der Investition den Kredit einschließlich der Zinsen zurückzahlt“, oder anders ausgedrückt: „Der Kapitalwert ist derjenige Betrag, den man maximal für die Möglichkeit, die Investition durchzuführen, bezahlen kann, ohne finanziell schlechter zu stehen als bei Verzicht auf die Investition.“ Er bezeichnet den „Grenzpreis der Investitionsmöglichkeit“[13].

Dagegen ist der Ertragswert einer Investition „der Betrag, den man alternativ am Kapitalmarkt anlegen muss, um einen gleichen Einkommensstrom wie aus dem Investitionsobjekt … zu erhalten“[14]. Der Ertragswert beschreibt den Grenzpreis der Nettoeinzahlungen aus dem Investitionsobjekt. Wird von dem Ertragswert einer Investition die Investitionsauszahlung I_0 subtrahiert, die der Investor aufwenden muss, bevor ihm die Einzahlungen aus dem Investitionsobjekt zufließen, so gelangt man zum Kapitalwert der Investition.[15]

2. Anwendung auf den Fall: Kapitalwerte der Investitionsalternativen für Professorin Schlau

Bezogen auf die Bewertung der drei in der Aufgabenstellung gegebenen Investitionsalternativen wird mittels Gleichung (5)

$$(5)\quad KW_0 = -I_0 + \sum_{t=1}^{T} \frac{X_t}{(1+i)^t}$$

der Kapitalwert ermittelt:

Investment I

$$KW_{0,I} = -86\,000 + \frac{20\,000}{(1+0{,}1)^1} + \frac{20\,000}{(1+0{,}1)^2} + \frac{20\,000}{(1+0{,}1)^3} + \frac{20\,000}{(1+0{,}1)^4} + \frac{20\,000 + 15\,000}{(1+0{,}1)^5}$$

$$KW_{0,I} = -870{,}44\ €.$$

13 *Schmidt/Terberger*, Grundzüge der Investitions- und Finanzierungstheorie (1997), S. 133–134 (alle Zitate).

14 *Schmidt/Terberger*, Grundzüge der Investitions- und Finanzierungstheorie (1997), S. 134.

15 Vgl. *Schmidt/Terberger*, Grundzüge der Investitions- und Finanzierungstheorie (1997), S. 134.

Investment II

$$KW_{0,II} = -55\,000 + \frac{20\,000}{(1+0{,}1)^1} + \frac{20\,000}{(1+0{,}1)^2} + \frac{20\,000}{(1+0{,}1)^3}$$

$$+ \frac{20\,000}{(1+0{,}1)^4} + \frac{20\,000 + 10\,000}{(1+0{,}1)^5}$$

$$KW_{0,II} = 27\,024{,}95\text{ €}.$$

Investment III

$$KW_{0,III} = -77\,000 + \frac{20\,000}{(1+0{,}1)^1} + \frac{20\,000}{(1+0{,}1)^2} + \frac{20\,000}{(1+0{,}1)^3}$$

$$+ \frac{20\,000}{(1+0{,}1)^4} + \frac{20\,000 + 0}{(1+0{,}1)^5}$$

$$KW_{0,III} = -1\,184{,}26\text{ €}.$$

Alternativ kann (zunächst ohne Berücksichtigung des Liquidationserlöses) die Berechnung des Kapitalwerts gemäß Gleichung (6) mithilfe des Rentenbarwertfaktors (siehe Formel (3)) erfolgen, da ein über fünf Jahre währender konstanter Zahlungsstrom von 20 000 Euro realisiert wird:

$$(6)\quad KW_0 = -I_0 + EW_0 \text{ in Verbindung mit } (3)\ EW_0 = X \cdot \frac{(1+i)^T - 1}{(1+i)^T \cdot i}$$

ergibt

$$(7)\quad KW_0 = -I_0 + X \cdot \frac{(1+i)^T - 1}{(1+i)^T \cdot i}.$$

Bisher wurde nur der konstante, aus der Investition fließende Zahlungsstrom berücksichtigt. Zusätzlich ist jedoch auch der in T realisierbare Liquidationserlös (LI_T) mit einzubeziehen, und der Kapitalwert ergibt sich als:

$$(8)\quad KW_0 = -I_0 + X \cdot \frac{(1+i)^T - 1}{(1+i)^T \cdot i} + \frac{LI_T}{(1+i)^T}.$$

Der jeweilige Kapitalwert der drei Investitionen beträgt dementsprechend:

Investment I

$$KW_{0,I} = -I_0 + X \cdot \frac{(1+i)^T - 1}{(1+i)^T \cdot i} + \frac{LI_T}{(1+i)^T}$$

$$= -86\,000 + 20\,000 \cdot \frac{(1+0{,}1)^5 - 1}{(1+0{,}1)^5 \cdot 0{,}1} + \frac{15\,000}{(1+0{,}1)^5}$$

$$KW_{0,I} = -870{,}44 \text{ €}.$$

Investment II

$$KW_{0,II} = -I_0 + X \cdot \frac{(1+i)^T - 1}{(1+i)^T \cdot i} + \frac{LI_T}{(1+i)^T}$$

$$= -55\,000 + 20\,000 \cdot \frac{(1+0{,}1)^5 - 1}{(1+0{,}1)^5 \cdot 0{,}1} + \frac{10\,000}{(1+0{,}1)^5}$$

$$KW_{0,II} = 27\,024{,}95 \text{ €}.$$

Investment III

$$KW_{0,III} = -I_0 + X \cdot \frac{(1+i)^T - 1}{(1+i)^T \cdot i} + \frac{LI_T}{(1+i)^T}$$

$$= -77\,000 + 20\,000 \cdot \frac{(1+0{,}1)^5 - 1}{(1+0{,}1)^5 \cdot 0{,}1} + \frac{0}{(1+0{,}1)^5}$$

$$KW_{0,III} = -1\,184{,}26 \text{ €}.$$

Professorin Schlau sollte die zweite Investitionsalternative (Investment II) durchführen, da dann eine Vermögensmehrung um 27 024,95 Euro erreicht wird.

II. Annuitätenmethode

1. Erläuterung

Entsprechen die Zahlungsströme einer Investition nicht den Einkommens- und Konsumwünschen des Investors oder soll ein Vergleich mit anderen Zahlungsströmen erfolgen, kann auf einem vollkommenen und vollständigen Kapitalmarkt „rechnerisch durch Auf- und Abzinsung und praktisch durch Geldanlage oder -aufnahme die ursprüngliche Struktur einer Zahlungsreihe in eine andere Struktur“[16] überführt werden, ohne dass der Kapitalwert sich verändert. Die Annuitätenmethode basiert auf dieser Idee und transformiert die Investitionszahlungsreihe in einen gleich bleibenden nachschüssigen Zahlungsstrom (Rente) mittels der Division des Kapitalwerts durch den Rentenbarwertfaktor:[17]

$$Ann = KW_0 \cdot \frac{1}{Rbf} = KW_0 \cdot \frac{1}{\frac{(1+i)^T - 1}{(1+i)^T \cdot i}}$$

$$(9) \quad Ann = KW_0 \cdot Wgf = KW_0 \cdot \frac{(1+i)^T \cdot i}{(1+i)^T - 1}.$$

Der Kehrwert des Rentenbarwertfaktors wird als Annuitäten- oder Wiedergewinnungsfaktor (Wgf) und die „Reihe von gleich großen Zahlungen mit gleichem zeitlichen Abstand zwischen den Zahlungen, die denselben Kapitalwert aufweist wie die ungleichmäßig strukturierte Zahlungsreihe der Investition“[18], als (Gewinn-) Annuität (Ann) bezeichnet.

Soll nun die Relation zwischen einer Rente (X), die über fünf Jahre nachschüssig gezahlt wird, und ihrem Wert in Höhe von 75 816 Euro im Zeitpunkt $t = 0$ ermittelt werden, so kommt die Annuitätenmethode zur Anwendung. Der Wert der Rente im Zeitpunkt $t = 0$ entspricht ihrem Ertragswert und wird entsprechend den Ertragswertformeln (1) bzw. (3) berechnet:

$$(1) \quad EW_0 = \sum_{t=1}^{T} \frac{X}{(1+i)^t} \quad \text{respektive} \quad (3) \quad EW_0 = X \cdot \frac{(1+i)^T - 1}{(1+i)^T \cdot i}.$$

Der Rentenbarwertfaktor rechnet eine nachschüssige Rente bei gegebenem Zinssatz (i) und gegebener Laufzeit (T) in ihren Ertragswert um. Umgekehrt gilt:

$$X = EW_0 \cdot \frac{1}{\frac{(1+i)^T - 1}{(1+i)^T \cdot i}} \quad \text{bzw.} \quad X = EW_0 \cdot \frac{(1+i)^T \cdot i}{(1+i)^T - 1},$$

16 *Schmidt/Terberger*, Grundzüge der Investitions- und Finanzierungstheorie (1997), S. 138.
17 Vgl. *Kruschwitz*, Investitionsrechnung (2009), S. 84–85.
18 *Schmidt/Terberger*, Grundzüge der Investitions- und Finanzierungstheorie (1997), S. 138.

so dass der Annuitätenfaktor einen im Zeitpunkt $t = 0$ zur Verfügung stehenden Geldbetrag bei gegebenem Zinssatz (i) und gegebener Laufzeit (T) in eine über T Perioden jeweils am Periodenende ausgezahlte Rente umrechnet.

2. Anwendung auf den Fall: nachschüssige Rentenzahlung für Professorin Schlau

Im gegebenen Fall ist der Annuitätenfaktor für fünf Jahre bei einem Zinssatz von 10 % p. a. zu berechnen und mit der verfügbaren Anlagesumme in Höhe von 75 816 Euro zu multiplizieren:

$$X = EW_0 \cdot \frac{(1+i)^T \cdot i}{(1+i)^T - 1} = 75\,816 \cdot \frac{(1+0{,}1)^5 \cdot 0{,}1}{(1+0{,}1)^5 - 1}$$

$$= 75\,816 \cdot 0{,}2638 = 20\,000 \text{ €}.$$

Es ergibt sich für Professorin Schlau eine Rente von 20 000 Euro für die nächsten fünf Jahre. Bei gegebener Anlagesumme von 75 816 Euro, Anlage dieses Kapitals zu 10 % und konstanter Auszahlung von 20 000 Euro über fünf Jahre verbleibt im Endzeitpunkt kein Restwert. Der Zahlungsstrom sieht wie folgt aus:

Tabelle 3: Nachschüssige Rentenzahlung von 20 000 Euro

Jahr	**2011**	**2012**	**2013**	**2014**	**2015**
Anlagebetrag zum 1. 1.	75 816	63 397	49 737	34 711	18 182
Zinsen zum 31. 12.	7 581	6 340	4 974	3 471	1 818
Auszahlung Rente	–20 000	–20 000	–20 000	–20 000	–20 000
Endbestand zum 31. 12.	63 397	49 737	34 711	18 182	0

Die beste Investitionsalternative im Vergleich zur Anlage des Betrags zu einem Zinssatz von 10 % stellt Investment II dar, da hier der größte Kapitalwert mit 27 024,95 Euro errechnet wurde. Gemäß Gleichung (9) berechnet sich die Gewinnannuität als:

$$Ann = KW_0 \cdot \frac{(1+i)^T \cdot i}{(1+i)^T - 1} = 27\,024{,}95 \cdot \frac{(1+0{,}1)^5 \cdot 0{,}1}{(1+0{,}1)^5 - 1}$$

$$= 27\,024{,}95 \cdot 0{,}2638 = 7\,129 \text{ €}.$$

Die Annuität in Höhe von 7 129 Euro entspricht dem Einkommensbetrag, den Professorin Schlau durch die Realisierung des Investitionsprojekts *zusätzlich* entnehmen kann, bei gleichzeitiger Erhaltung ihrer Fähigkeit, ein Einkommen von gleich bleibender Größe innerhalb eines bestimmten Zeitraums zu erzielen (Ertragskrafterhaltung).[19]

Die tatsächlichen Einzahlungen, die Professorin Schlau erhält, gliedern sich in zwei Komponenten. Die *erste Komponente* besteht aus den zu erwartenden Rückflüssen der Anlage von 55 000 Euro in die zweite Investitionsalternative (Investment II) in Höhe von 20 000 Euro für $t = 1, \ldots, 4$ und 30 000 Euro für $t = 5$ und ist in Zeile 4 der Tabelle 4 enthalten. Die Erhöhung im fünften Jahr ergibt sich aus dem zusätzlichen Liquidationserlös von 10 000 Euro. Die *zweite Komponente* stellt den zusätzlich möglichen Zahlungsstrom aus der Anlage des restlichen zur Verfügung stehenden Betrags von 20 816 Euro zu 10 % Zinsen p. a. dar. Diese Anlage ist realisierbar, da statt der zur Verfügung stehenden 75 816 Euro nur 55 000 Euro für die Anschaffungsauszahlung des Investitionsprojekts II verwendet werden. Der Restbetrag ist – wie bisher – zu 10 % anzulegen, da die weiteren bekannten Investitionsprojekte einen negativen Kapitalwert aufweisen und daher nicht durchgeführt werden sollten. Die aus dieser zusätzlichen Anlage des Restvermögens realisierten Zinsen sind in Zeile 3 der nachfolgenden Tabelle 4 dargestellt. Der Zahlungsstrom von Professorin Schlau sieht wie folgt aus:

Tabelle 4: Nachschüssige Rentenzahlung von 27 129 Euro

Jahr	**2011**	**2012**	**2013**	**2014**	**2015**
Anlagebetrag zum 1. 1.	20 816	15 768	10 216	4 108	–2 610
Zinsen aus dem Anlagebetrag zum 31. 12.	+2 081	+1 577	+1 021	+411	–261
Cashflows der Investition	+20 000	+20 000	+20 000	+20 000	+30 000
Auszahlung Rente (27 129 €):					
Rückflüsse Investment II	–20 000	–20 000	–20 000	–20 000	–20 000
Annuität	–7 129	–7 129	–7 129	–7 129	–7 129
Anlagenbestand zum 31.12.	15 768	10 216	4 106	–2 610	0

Professorin Schlau kann im Vergleich zur Anlage der gesamten Ersparnisse zu einem Zins von 10 %, wo lediglich eine Rente in Höhe von 20 000 Euro realisierbar war (vgl. Tabelle 3), nun einen höheren Zahlungsstrom von 27 129 Euro als Rente über fünf Jahre erzielen. An diesen Zahlungsströmen ist die der Annuitätenmethode zu Grunde liegende Reinvestitions- und Finanzierungsannahme deutlich

19 Vgl. *Schmidt/Terberger*, Grundzüge der Investitions- und Finanzierungstheorie (1997), S. 141.

erkennbar. Für den gesamten Zeitraum wird, unabhängig davon, ob es sich um eine Kapitalanlage oder -aufnahme handelt, eine konstante Verzinsung von 10 % unterstellt, und es wird angenommen, dass Kapitalaufnahmen und -anlagen „jederzeit in der benötigten Höhe und in der gewünschten Fristigkeit … möglich“[20] sind. Im Jahr 2014 wird eine Kapitalaufnahme von 2 610 Euro notwendig, die zu 10 % verzinst wird. Ist es dem Anleger nicht möglich, einen Kredit im erforderlichen Umfang und zum gleichen Zins zu erlangen, kann obige implizite Annahme zu falschen Ergebnissen führen.

III. Rentenmodell

1. Erläuterung

Für den Fall einer ewigen (unendlich lang laufenden) nachschüssigen Rente (gleich große Zahlungen) kann die Berechnung des Ertragswerts gemäß Gleichung (1)

$$(1)\quad EW_0 = \sum_{t=1}^{\infty} \frac{X}{(1+i)^t}$$

vereinfacht werden. Ausgehend von

$$EW_0 = \frac{X}{(1+i)^1} + \frac{X}{(1+i)^2} + \frac{X}{(1+i)^3} + \ldots + \frac{X}{(1+i)^t} + \frac{X}{(1+i)^{t+1}} + \ldots$$

führt die Multiplikation beider Seiten der Gleichung mit $(1+i)$ zu:

$$EW_0 \cdot (1+i) = X + \frac{X}{(1+i)^1} + \frac{X}{(1+i)^2} + \frac{X}{(1+i)^3} + \ldots + \frac{X}{(1+i)^{t-1}} + \frac{X}{(1+i)^t} + \ldots$$

20 *Schmidt/Terberger*, Grundzüge der Investitions- und Finanzierungstheorie (1997), S. 143.

Wird nun von dieser Gleichung die vorige subtrahiert, so folgt:

$$EW_0 \cdot (1+i) - EW_0 = X + \frac{X}{(1+i)^1} + \frac{X}{(1+i)^2} + \frac{X}{(1+i)^3} + \ldots$$

$$+ \frac{X}{(1+i)^{t-1}} + \frac{X}{(1+i)^t} + \ldots - \left(\frac{X}{(1+i)^1} + \frac{X}{(1+i)^2} \right.$$

$$\left. + \frac{X}{(1+i)^3} + \ldots + \frac{X}{(1+i)^t} + \frac{X}{(1+i)^{t+1}} + \ldots \right)$$

$$EW_0 \cdot i = X.$$

Die Auflösung der Gleichung nach EW_0 liefert die Formel für den Ertragswert einer ewigen Rente:

$$(10) \quad EW_0 = \frac{X}{i}.$$

Eine alternative Vorgehensweise nutzt die Berechnungsformel für den Rentenbarwertfaktor

$$(3) \quad EW_0 = X \cdot \left(\frac{(1+i)^T - 1}{(1+i)^T \cdot i} \right),$$

indem *T* gegen unendlich geht:[21]

$$\lim_{T \to \infty} \left(\frac{(1+i)^T - 1}{(1+i)^T \cdot i} \right) = \lim_{T \to \infty} \left(\frac{(1+i)^T}{(1+i)^T \cdot i} - \frac{1}{(1+i)^T \cdot i} \right)$$

$$= \lim_{T \to \infty} \left(\frac{1}{i} - \frac{1}{(1+i)^T \cdot i} \right).$$

„Da *i* positiv ist, wird $(1+i)^T$ mit wachsendem *T* sehr groß“[22], und daraus folgt:

21 Vgl. *Kruschwitz*, Investitionsrechnung (2009), S. 72.
22 *Kruschwitz*, Investitionsrechnung (2009), S. 72.

$$(11) \quad \lim_{T \to \infty} \left(\frac{1}{i} - \frac{1}{(1+i)^T \cdot i} \right) = \frac{1}{i}.$$

Wird (11) in (3) eingesetzt, ergibt sich ebenfalls die oben abgeleitete Formel für die Berechnung des Barwerts einer ewigen Rente.

2. Anwendung auf den Fall: ewige Rente für Professorin Schlau

a) Rentenbeginn am 31. 12. 2011

Zur Berechnung der Rente, die sich aus der Anlage eines Betrags von 75 816 Euro zu 10 % ab $t = 1$ ergibt, muss Gleichung (10) lediglich nach X aufgelöst werden:

$$X = EW_0 \cdot i = 75\,816 \cdot 0{,}1 = 7\,581{,}60 \text{ €}.$$

Da eine unendliche Rente erzeugt werden soll, darf der Kapitalstock nicht aufgebraucht werden. Die Rente ergibt sich als jährliche Zinszahlung auf den Kapitalstock und wird mit $EW_0 \cdot i$ beschrieben:

Tabelle 5: Ewige Rente ab 31. 12. 2011

Jahr	2011	2012	2013	2014	2015	....
Anlagebetrag zum 1. 1.	75 816,00	75 816,00	75 816,00	75 816,00	75 816,00	75 816,00
Zinsen zum 31. 12.	7 581,60	7 581,60	7 581,60	7 581,60	7 581,60	7 581,60
Rente	–7 581,60	–7 581,60	–7 581,60	–7 581,60	–7 581,60	–7 581,60
Endbestand zum 31. 12.	75 816,00	75 816,00	75 816,00	75 816,00	75 816,00	75 816,00

b) Rentenbeginn am 31. 12. 2013

Zur Ermittlung der Rente, die erst ab Ende 2013 ausgezahlt wird, muss die Berechnung in eine „Ansparphase“ und eine „Rentenphase“ aufgespalten werden, da die in den ersten beiden Jahren anfallenden Zinsen wieder angelegt werden. Der Kapitalstock zum Ende der Ansparphase wird auch als Endwert bezeichnet und berechnet sich, indem „alle ab $t = 0$ erwarteten Zahlungen auf $t = n$ aufdiskontiert werden“[23]:

23 *Swoboda*, Investition und Finanzierung (1996), S. 22.

$Endwert_2 = EW_0 \cdot (1 + i)^n = 75\,816 \cdot (1 + 0{,}1)^2 = 91\,737{,}36$ €.

Nun kann die ewige Rente, beginnend ab dem 31. 12. 2013, berechnet werden:

$X = Endwert_2 \cdot i = 91\,737{,}36 \cdot 0{,}1 = 9\,173{,}74$ €.

Die Richtigkeit der Rechnung zeigt sich in den konstanten Endwerten ab dem Beginn des Auszahlungszeitpunkts der Rente im Jahre 2013:

Tabelle 6: Ewige Rente ab 31. 12. 2013

Jahr	**2011**	**2012**	**2013**	**2014**	**2015**	**....**
Anlagebetrag zum 1. 1.	75 816,00	83 397,60	91 737,36	91 737,36	91 737,36	91 737,36
Zinsen zum 31. 12.	7 581,60	8 339,76	9 173,74	9 173,74	9 173,74	9 173,74
Rente	0,00	0,00	–9 173,74	–9 173,74	–9 173,74	–9 173,74
Endbestand zum 31. 12.	83 397,60	91 737,36	91 737,36	91 737,36	91 737,36	91 737,36

IV. Zwei-Phasen-Modell in der Unternehmensbewertung

1. Erläuterung

Das *Zwei-Phasen-Modell* findet infolge der Unsicherheiten und Risiken, die mit einer innerhalb der Unternehmensbewertung durchzuführenden Ertragsprognose einhergehen, regelmäßig im Rahmen der Unternehmensbewertung Anwendung.[24] Die erste Phase ($t = 1, \ldots, T$) umfasst die ersten Planperioden,[25] in denen die Entwicklung des Unternehmens noch annähernd detailliert und plausibel prognostiziert werden kann. In der sich anschließenden Fortführungsphase ($t > T$) erfolgt aus Gründen einer schwer kalkulierbaren Schätzung die vereinfachte Rechnung auf Basis von „ – ausgehend von der Detailplanung der ersten Phase – ... langfristigen Fortschreibungen von Trendentwicklungen“[26] bei unendlicher Lebensdauer des Unternehmens.

24 Vgl. IDW Standard: Grundsätze zur Durchführung von Unternehmensbewertungen (IDW S 1 i. d. F. 2008), IDW FN 2008, S. 271 (S. 281, Rn. 77).

25 Dazu *Hachmeister*, Der Discounted Cash Flow als Maß der Unternehmenswertsteigerung (2000), S. 87: „Die Entscheidung über die Länge des Planungszeitraums sollte nicht schematisch, sondern nach den Gegebenheiten flexibel getroffen werden.“

26 IDW Standard: Grundsätze zur Durchführung von Unternehmensbewertungen (IDW S 1 i. d. F. 2008), IDW FN 2008, S. 271 (S. 281, Rn. 78).

Der Gesamtertragswert des Zahlungsstroms unterteilt sich dementsprechend in den Barwert der Detailplanungsperiode und den Barwert der ewigen Rente:

$$EW_0 = Barwert\ der\ Detailplanungsperiode + Barwert\ der\ ewigen\ Rente.$$

$$(12)\quad EW_0 = \sum_{t=1}^{T} \frac{X_t}{(1+i)^t} + \sum_{T+1}^{\infty} \frac{X}{(1+i)^t}.$$

Da die Berechnung des Barwerts der Detailplanungsperiode der allgemeinen Formel (1) entspricht, ist auf diese nicht weiter einzugehen. Bei der Bestimmung des Barwerts der ewigen Rente können jedoch Vereinfachungen vorgenommen werden. Gemäß Gleichung (12) berechnet sich der gesamte Ertragswert mit:

$$EW_0 = \frac{X_1}{(1+i)^1} + \frac{X_2}{(1+i)^2} + \ldots + \frac{X_T}{(1+i)^T} + \frac{X}{(1+i)^{T+1}} + \frac{X}{(1+i)^{T+2}} + \frac{X}{(1+i)^{T+3}} + \ldots,$$

und der Barwert der ewigen Rente beträgt:

$$Barwert\ der\ ewigen\ Rente = \frac{X}{(1+i)^{T+1}} + \frac{X}{(1+i)^{T+2}} + \frac{X}{(1+i)^{T+3}} + \ldots .$$

Ausklammern von $\frac{1}{(1+i)^T}$ ergibt :

$$Barwert\ der\ ewigen\ Rente = \frac{1}{(1+i)^T} \cdot \left[\frac{X}{(1+i)^1} + \frac{X}{(1+i)^2} + \frac{X}{(1+i)^3} + \ldots \right].$$

Der Klammerausdruck $\left[\frac{X}{(1+i)^1} + \frac{X}{(1+i)^2} + \frac{X}{(1+i)^3} + \ldots\right]$ entspricht der Ausgangsgleichung zur Herleitung der ewigen Rentenformel (10), so dass folgt:[27]

27 Vgl. Fall 2, Abschn. III. 1.

$$\textit{Barwert der ewigen Rente} = \frac{1}{(1+i)^T} \cdot \left[\frac{X}{i}\right] = \frac{\frac{X}{i}}{(1+i)^T}.$$

Beachte: Die ab der Periode $t = T + 1$ fließende ewige Rente wird auf den Bewertungsstichtag lediglich mit $(1 + i)^T$, nicht aber mit $(1 + i)^{T+1}$ diskontiert. Dient zur Diskontierung der Zahlungen ein über den Zeitablauf gleich bleibender Zinssatz, so entspricht der Diskontierungsfaktor der ewigen Rente daher exakt dem Diskontierungsfaktor, der auf die ein Jahr zuvor fließende letzte Ausschüttung des Detailplanungszeitraums angewandt wird.

Der Ertragswert berechnet sich daher mithilfe des Zwei-Phasen-Modells als:

$$(13) \quad EW_0 = \sum_{t=1}^{T} \frac{X_t}{(1+i)^t} + \frac{\frac{X}{i}}{(1+i)^T}.$$

2. Anwendung auf den Fall: Rente nach der Zwei-Phasen-Methode für Professorin Schlau

Bezogen auf die Aufgabenstellung kann die Rente der ersten fünf Jahre in Höhe von 10 000 Euro als Zahlungsstrom der Detailplanungsperiode ($T = 5$) angesehen werden, auch wenn es sich im Beispiel um konstante Zahlungen handelt. Die ewige Rente beginnt ab dem sechsten Jahr und hat eine Höhe von 5 000 Euro. Gemäß (13) beträgt der Ertragswert 68 953,93 Euro:

$$EW_0 = \frac{10\,000}{(1+0{,}1)^1} + \frac{10\,000}{(1+0{,}1)^2} + \frac{10\,000}{(1+0{,}1)^3} + \frac{10\,000}{(1+0{,}1)^4}$$

$$+ \frac{10\,000}{(1+0{,}1)^5} + \frac{\frac{5\,000}{0{,}1}}{(1+0{,}1)^5} = 68\,953{,}93\ €.$$

Der Ertragswert eines Zahlungsstroms ist der Betrag, den man zum Berechnungszeitpunkt anlegen muss, um den gewünschten Zahlungsstrom zu erhalten. Wird der berechnete Betrag von 68 953,93 Euro zu 10 % angelegt und jährlich die gewünschte Rente entnommen, so ergeben sich folgende Zahlungen im Zwei-Phasen-Modell:

Tabelle 7: Zwei-Phasen-Modell

Jahr	**2011**	**2012**	**2013**	**2014**	**2015**	**2016**	**...**
Anlagebetrag zum 1. 1.	68 954	65 849	62 434	58 677	54 545	50 000	50 000
Zinsen zum 31. 12.	6 895	6 585	6 243	5 868	5 455	5 000	5 000
Rente	–10 000	–10 000	–10 000	–10 000	–10 000	–5 000	–5 000
Endbestand zum 31. 12.	65 849	62 434	58 677	54 545	50 000	50 000	50 000

Der Ertragswert wurde richtig berechnet, da es ab dem Jahr 2016 zu keiner Veränderung der Zahlungshöhe kommt und die gewünschte Rentenhöhe von 5 000 Euro erreicht wird.

Weiterführende Literatur

Kruschwitz, Lutz, Investitionsrechnung, 12. Aufl., München 2009, S. 58–92

Schmidt, Reinhard H./ Terberger, Eva, Grundzüge der Investitions- und Finanzierungstheorie, 4. Aufl., Wiesbaden 1997, S. 128–151

2. Kapitel:
Grundlegende Unternehmens-bewertungsmethoden

Fall 3: Zweckabhängige Unternehmensbewertung

Sachverhalt:

Die Gesellschafter der Pessi AG sehen der Zukunft ihres Unternehmens nicht sehr optimistisch entgegen. Konnten sie früher noch jährliche Erträge von 20 000 Euro verbuchen, wird für die kommenden Jahre nur noch mit 5 000 Euro gerechnet. Aus diesem Grund erfolgte die Entscheidung für den Verkauf des Unternehmens. Dabei steht ihnen eine, aus ihrer Sicht individuell beste und risikoäquivalente, Alternativanlage mit einer jährlichen Verzinsung von 5 % zur Verfügung. Im Gegensatz dazu versprechen sich die Gesellschafter der Opti AG jährliche Erträge von 12 000 Euro aus der Pessi AG, da sie die Zukunft der Branche optimistischer einschätzen. Ihnen steht eine Alternativanlage mit 10 %iger Verzinsung offen.

Aufgabenstellung:

- Im Methodenstreit der sechziger Jahre stießen zwei kontroverse Ansätze aufeinander: Glaubten die konservativen Anhänger der Unternehmensbewertung, es existiere „ein objektiver Unternehmenswert …, der für jedermann gültig sei", entgegneten die Verfechter der subjektiven Unternehmensbewertung, dass „der Unternehmenswert … entscheidend von subjektiven Erwartungen und Risikoeinschätzungen abhänge"[28]. Diese Auseinandersetzung zwischen beiden Extrempositionen wurde durch die funktionale Werttheorie überwunden, nach der sich der Wert eines Unternehmens zweckadäquat bestimmen muss.[29] Nennen Sie die an der *objektiven und subjektiven Werttheorie* geübten Kritikpunkte!
- Häufig soll durch die Unternehmensbewertung *ein* Preis für ein Unternehmen gefunden werden. Dabei findet sich oft die Vorstellung, dass es für ein Unternehmen, ähnlich wie für Fahrzeuge und Grundstücke, einen eindeutigen, richtigen Marktwert gibt. Es wird dabei zumeist übersehen, dass der Unternehmenswert von dem Bewertungszweck und dessen jeweiligem Anlass abhängig ist *(Zweckadäquanzprinzip)*.[30]

---

28 *Mandl/Rabel*, Unternehmensbewertung (1997), S. 6–7 (beide Zitate).

29 Vgl. *Peemöller*, Wert und Werttheorien, in: ders. (Hrsg.), Praxishandbuch der Unternehmensbewertung (2009), S. 7.

30 Vgl. *Moxter*, Grundsätze ordnungsmäßiger Unternehmensbewertung (1983), S. 5.

– Erklären Sie die zwei Hauptströmungen der Funktionenlehre!
– Die Funktionenlehren des IDW und der Kölner Schule beziehen sich auf die Bestimmung von Entscheidungs- und Schiedswerten. Grenzen Sie das Konzept der Ermittlung von Marktwerten dagegen ab!
– Welches Unternehmensbewertungsverfahren sollte zur *Ermittlung von Entscheidungswerten* (Grenzpreisen) herangezogen werden? Begründen Sie Ihre Entscheidung!
– Definieren Sie die Konzeption der Einzel- und Gesamtbewertung!
– Ist ein Kompromiss zwischen einer zu gering objektivierten Gesamtbewertung und einer zu stark objektivierten Einzelbewertung möglich?
– Stellen Sie die *Grenzpreisberechnung* im vorliegenden Sachverhalt dar!
– Berechnen Sie den Verkäufergrenzpreis der Pessi AG! Sollten die Gesellschafter bei einem Kaufangebot von 95 000 Euro zustimmen? Was darf die Opti AG als Käufer maximal für die Pessi AG bezahlen?
– Welche Probleme ergeben sich generell bei der Ermittlung von potenziellen Unternehmenspreisen?

I. Objektive und subjektive Werttheorie

Die *objektive Unternehmensbewertungstheorie* beruft sich auf den „Wert des Unternehmens an sich“[31]. Sie geht davon aus, dass jedes Unternehmen einen bestimmten Wert hat, der – objektiv ermittelt – für alle Marktteilnehmer von Bedeutung ist. Die moderne Unternehmensbewertungstheorie hat dagegen gezeigt, dass es einen solchen Wert nicht gibt. In die Wertvorstellungen von Individuen fließen stets auch subjektive Elemente ein. Ein objektiver Unternehmenswert vernachlässigt die individuelle Situation und die Zielvorstellung des potenziellen Käufers und Verkäufers, so dass seine Eignung als Basispreis für Verhandlungen, in denen gerade die subjektiven Interessen der Parteien durchgesetzt werden sollen und müssen, negiert wird. Der Wert eines Unternehmens bestimmt sich stets nach den subjektiv erwarteten zukünftigen Erträgen und Risikonutzenfunktionen.[32]

Die *subjektive Unternehmensbewertungstheorie* ermittelt den Wert eines Unternehmens durch Einbeziehung der individuellen Interessen, Ziele, Potenziale und Erwartungen von Käufer bzw. Verkäufer.[33] Das grundlegende Problem der subjektiven Unternehmensbewertung ist zugleich ihr Vorteil: die Subjektivität.[34] Je gerin-

31 *Kraus-Grünewald*, Gibt es einen objektiven Unternehmenswert? – Zur besonderen Problematik der Preisfindung bei Unternehmenstransaktionen, BB 1995, S. 1839 (S. 1839).

32 Vgl. *Mandl/Rabel*, Unternehmensbewertung (1997), S. 7; *Peemöller*, Wert und Werttheorien, in: ders. (Hrsg.), Praxishandbuch der Unternehmensbewertung (2009), S. 5.

33 Vgl. *Mandl/Rabel*, Unternehmensbewertung (1997), S. 7–8.

34 Vgl. *Aigner/Holzer*, Die Subjektivität der Unternehmensbewertung, DB 1990, S. 2229 (S. 2229).

ger der Objektivierungsgrad, desto schwerer ist die Bewertung nachzuvollziehen und desto weniger können Gerichte zweifelsfrei feststellen, ob der berechnete Wert richtig ermittelt wurde. Auch kann unter Umständen die streng subjektorientierte Bewertungsmethode die Ermittlung eines fairen, objektiven Einigungspreises (Schiedspreises) erschweren, der mehr als nur die Interessen einer beteiligten Vertragspartei berücksichtigen muss.[35]

II. Zweckadäquanzprinzip

1. Hauptfunktionen der Kölner Funktionenlehre

Unternehmensbewertungen werden aus den unterschiedlichsten Gründen vorgenommen. Die Bewertung kann auf Grund von gesetzlichen Vorschriften, vertraglichen Vereinbarungen oder aus anderen Anlässen, wie z. B. Unternehmenskäufen oder -verkäufen, notwendig werden.[36] In Abhängigkeit von der Zwecksetzung der Unternehmensbewertung lassen sich differenzierte Annahmen über die Unternehmensentwicklung und die Diskontierung der künftigen Ausschüttungen treffen.[37]

Das *Institut der Wirtschaftsprüfer (IDW)* vertritt eine phasenorientierte Funktionenlehre. In ihrem Mittelpunkt stehen der Wirtschaftsprüfer als parteienneutraler Gutachter[38] und die Ermittlung eines objektivierten, von den „individuellen Wertvorstellungen betroffener Parteien unabhängigen“[39] Unternehmenswerts. Dieser Wert soll wesentliche, verdichtete Informationen über die im Unternehmen vorhandene Ertragskraft liefern und die Grundlage für nachfolgende Preisverhandlungen bilden.[40] Nach der Auffassung des IDW kann der Unternehmensbewerter (Wirtschaftsprüfer) ebenfalls als Berater oder Schiedsgutachter (Vermittler) auftreten. Die Aufgabe des Beraters besteht dann in der Ermittlung eines subjektiven *Entscheidungswerts*. Dieser soll unter Berücksichtigung von individuellen Erwartungen, Planungen und alternativen Anlagemöglichkeiten des Investors aus Käufersicht den maximal zu zahlenden Kaufpreis bzw. aus Verkäufersicht den minimal

35 Vgl. *Mandl/Rabel*, Unternehmensbewertung (1997), S. 8; *Peemöller*, Wert und Werttheorien, in: ders. (Hrsg.), Praxishandbuch der Unternehmensbewertung (2009), S. 7.

36 Vgl. IDW Standard: Grundsätze zur Durchführung von Unternehmensbewertungen (IDW S 1 i. d. F. 2008), IDW FN 2008, S. 271 (S. 273, Rn. 8–11).

37 Vgl. IDW Standard: Grundsätze zur Durchführung von Unternehmensbewertungen (IDW S 1 i. d. F. 2008), IDW FN 2008, S. 271 (S. 275, Rn. 17).

38 Vgl. *Hommel/Braun/Schmotz*, Neue Wege in der Unternehmensbewertung – Kritische Würdigung des neuen IDW-Standards (IDW S 1) zur Unternehmensbewertung, DB 2001, S. 341 (S. 341).

39 IDW Standard: Grundsätze zur Durchführung von Unternehmensbewertungen (IDW S 1 i. d. F. 2008), IDW FN 2008, S. 271 (S. 274, Rn. 12).

40 Vgl. *Feldhoff*, Der neue IDW-Standard zur Unternehmensbewertung: Ein Fortschritt?, DB 2000, S. 1237 (S. 1238); *Brähler*, Der Wertmaßstab der Unternehmensbewertung nach § 733 BGB, WPg 2008, S. 209 (S. 209–210).

zu fordernden Verkaufspreis angeben. Der Schiedsgutachter/Vermittler wird in Konfliktsituationen tätig und hat die Aufgabe, einen die individuellen Vorstellungen aller Verhandlungsparteien einbeziehenden Einigungswert festzustellen respektive zu verhandeln.[41]

Im Gegensatz dazu stellt die *Kölner Schule* nicht die Objektivität der Wertfindung, sondern die Ermittlung von subjektiven Entscheidungswerten in den Vordergrund.[42] Sie sieht als Hauptfunktionen der Unternehmensbewertung die Beratungsfunktion, die Vermittlungsfunktion sowie die Argumentationsfunktion.[43] Ähnlich dem IDW tritt der Bewerter „als Berater einer Partei, als Vermittler zwischen Parteien oder als Argumentationshelfer gegenüber einer Partei"[44] auf. Als Nebenfunktionen seien exemplarisch die Kommunikations- und die Steuerbemessungsfunktion genannt.[45]

Besitzt die Unternehmensbewertung eine beratende Funktion, gilt es, einen Entscheidungswert im Sinne einer Preisobergrenze für den potenziellen Käufer sowie einer Preisuntergrenze für den potenziellen Verkäufer zu ermitteln.[46] Die maximale Zahlungsbereitschaft des Käufers sowie die minimale Forderung des Verkäufers werden als Grenzpreise bezeichnet.[47] Entscheidungswerte werden nicht öffentlich bekannt gegeben, damit in der Verhandlung keine Verschlechterung der Ausgangsposition eintritt,[48] denn der Verkäufer wird immer bestrebt sein, einen Preis zu erzielen, der über seiner Preisuntergrenze liegt, während der Käufer stets versuchen wird, einen Preis unterhalb seiner Preisobergrenze zu zahlen.

Die Kölner Schule sieht die Vermittlungsfunktion gleich dem IDW in der Ermittlung von *Schiedswerten*. Können sich zwei Parteien nicht auf einen Preis einigen,

---

41 Vgl. IDW Standard: Grundsätze zur Durchführung von Unternehmensbewertungen (IDW S 1 i. d. F. 2008), IDW FN 2008, S. 271 (S. 274, Rn. 12).

42 Vgl. *Hommel/Braun/Schmotz*, Neue Wege in der Unternehmensbewertung – Kritische Würdigung des neuen IDW-Standards (IDW S 1) zur Unternehmensbewertung, DB 2001, S. 341 (S. 341); *Schildbach*, Ist die Kölner Funktionenlehre der Unternehmensbewertung durch die Discounted Cash-flow-Verfahren überholt?, in: Matschke/Schildbach (Hrsg.), FS Sieben (1998), S. 301 (S. 301). Für eine Gegenüberstellung vgl. *ders.*, Kölner versus phasenorientierte Funktionenlehre der Unternehmensbewertung, BFuP 1993, S. 25 (S. 25–38).

43 Vgl. *Sieben,* Funktionen der Bewertung ganzer Unternehmen und von Unternehmensanteilen, WISU 1983, S. 539 (S. 539); *ders./Schildbach*, Zum Stand der Entwicklung der Lehre von der Bewertung ganzer Unternehmungen, DStR 1979, S. 455 (S. 455–458). Vgl. ebenfalls *Ballwieser*, Unternehmensbewertung (2007), S. 1–2.

44 *Sieben,* Funktionen der Bewertung ganzer Unternehmen und von Unternehmensanteilen, WISU 1983, S. 539 (S. 539). Vgl. *Matschke*, Einige grundsätzliche Bemerkungen zur Ermittlung mehrdimensionaler Entscheidungswerte der Unternehmung, BFuP 1993, S. 1 (S. 1–3).

45 Vgl. *Mandl/Rabel*, Unternehmensbewertung (1997), S. 22–23.

46 Vgl. *Sieben/Schildbach*, Zum Stand der Entwicklung der Lehre von der Bewertung ganzer Unternehmungen, DStR 1979, S. 455 (S. 455).

47 Vgl. *Moxter*, Grundsätze ordnungsmäßiger Unternehmensbewertung (1983), S. 9.

48 Vgl. *Sieben,* Funktionen der Bewertung ganzer Unternehmen und von Unternehmensanteilen, WISU 1983, S. 539 (S. 540).

bitten sie womöglich einen Dritten als Vermittlungshelfer hinzu.[49] Dieser Vermittler ermittelt einen Schiedspreis, der zwischen Verkäufer- und Käufergrenzpreis liegt[50] und beiden Parteien gleichermaßen gerecht wird.[51]

Die Argumentationsfunktion soll in der Unternehmensbewertung ergänzend eingesetzt werden, um bei Verkaufs- oder Gerichtsverhandlungen geeignete Argumente zum Erreichen eines Verhandlungsergebnisses zu finden.[52] Der Entscheidungswert stellt dabei die letzte Rückzugslinie der Argumentation dar, denn der Argumentationswert darf weder geringer als der Verkäufergrenzpreis noch höher als der Käufergrenzpreis sein.[53]

Bei der Bilanz- oder auch Kommunikationsfunktion genannten Bewertungsaufgabe steht die Ermittlung der Ertragskraft eines Unternehmens auf Basis des Bilanzwerts der Unternehmung im Vordergrund,[54] während die Steuerbemessungsfunktion die Ermittlung einer Steuerbemessungsgrundlage für die Steuerfestsetzung, z. B. für die Schenkung- oder die Erbschaftsteuer, zum Bewertungszweck hat.[55]

Entscheidend ist, zuerst den Bewertungszweck zu kennen, um dann – an ihm orientiert – das geeignete Bewertungsverfahren zu wählen.[56]

2. Ermittlung von Marktwerten

„Der Marktwert einer Unternehmung ist der Unternehmenswert aus der Sicht des Kapitalmarktes, d. h. der auf dem Kapitalmarkt operierenden Eigen- und Fremdkapitalgeber“[57], deren Angebot und Nachfrage die Preise – und damit auch die Marktpreise von Unternehmen – bestimmen. Insofern stellt sich der Marktwert als potenzieller „Preis, der auf dem (Unternehmens-)Markt für gleiche bzw. gleichwertige Ertragserwartungen üblich ist“[58], dar. Besondere Bedeutung erlangten

49 Vgl. *Sieben,* Funktionen der Bewertung ganzer Unternehmen und von Unternehmensanteilen, WISU 1983, S. 539 (S. 541).

50 Das setzt voraus, dass ein sog. positiver Transaktionsraum vorhanden ist, also eine potenzielle, für beide Parteien mögliche erreichbare Preisspanne.

51 Vgl. *Sieben,* Funktionen der Bewertung ganzer Unternehmen und von Unternehmensanteilen, WISU 1983, S. 539 (S. 541); *ders./Schildbach*, Zum Stand der Entwicklung der Lehre von der Bewertung ganzer Unternehmungen, DStR 1979, S. 455 (S. 456).

52 Vgl. *Mandl/Rabel*, Unternehmensbewertung (1997), S. 22.

53 Vgl. *Sieben,* Funktionen der Bewertung ganzer Unternehmen und von Unternehmensanteilen, WISU 1983, S. 539 (S. 542).

54 Vgl. *Mandl/Rabel*, Unternehmensbewertung (1997), S. 22–23.

55 Vgl. *Mandl/Rabel*, Unternehmensbewertung (1997), S. 23.

56 Dazu *Moxter*, Grundsätze ordnungsmäßiger Unternehmensbewertung (1983), S. 8: „Der Bewertungszweck bestimmt … die Wahl der Verfahrenstechnik; denn der Bewertungszweck entscheidet darüber, welches Gewicht Vereinfachungen und Objektivierungen haben.“

57 *Mandl/Rabel*, Unternehmensbewertung (1997), S. 18.

58 *Moxter*, Grundsätze ordnungsmäßiger Unternehmensbewertung (1983), S. 137.

Marktwerte im Rahmen des Value-Based-Management zur Beurteilung von Auswirkungen alternativer Strategien auf den Shareholder Value[59] sowie durch die zu ihrer Ermittlung anwendbaren Discounted-Cashflow-Methoden,[60] die zunehmend auch in Deutschland in den Vordergrund rücken.

Die Orientierung am Kapitalmarkt ist ein wesentlicher Vorteil der Marktwerte gegenüber den Entscheidungs- und Schiedswerten. Nicht zu unterschätzen sind allerdings die mit einer Marktwertermittlung verbundenen Probleme: Zum einen ist der Unternehmensmarkt als extrem intransparent hinsichtlich der verwirklichten Preise und der gehandelten, individuell bestimmten Ertragserwartungen zu charakterisieren. Häufig kann auf Grund der Nichtexistenz eines solchen Markts für den Handel mit Unternehmen nicht auf bestehende Marktpreise der Bewertungseinheit zurückgegriffen werden. Zum anderen entspricht der auf einem Markt gezahlte Preis nicht oder nur rein zufällig dem subjektiven Entscheidungswert des Käufers respektive Verkäufers, denn der Marktwert berücksichtigt stets die Verhältnisse aller Marktbeteiligten. Er stellt nicht auf die individuellen Verhältnisse des Einzelnen ab.[61]

Zwar ermöglicht die Berechnung des Unternehmenswerts anhand von individuellen Grenzpreisen statt anhand von allgemeinen Marktwerten die explizite Berücksichtigung der speziellen Verhältnisse von Käufer bzw. Verkäufer. Der damit vermeintlich verbundene Vorteil darf jedoch nicht überschätzt werden, denn der Unternehmensbewerter ist häufig nicht dazu in der Lage, die individuellen Risikonutzenfunktionen und Konsumpräferenzraten des Käufers oder Verkäufers festzustellen, so dass in vielen Fällen für die Ermittlung von Verkäufer- und Käufergrenzpreisen typisierte Entscheidungswerte zur Anwendung gelangen, die ihrerseits auf marktorientierte Typisierungen in Bezug auf den Kapitalisierungszinssatz und Ähnliches zurückgreifen. Aus diesem Grund könnte der Marktwert eines Unternehmens, der unter Zugrundelegung des Kapitalwertkonzepts als Barwert aller zukünftigen Zahlungen an die Unternehmenseigner ermittelt wird,[62] als individuell geprägter,[63] objektivierter Unternehmenswert interpretiert werden, der durch Ableitung des Diskontierungsfaktors aus kapitalmarktorientierten Modellen – z.B. CAPM – gewonnen wird (marktwertorientierte Typisierung).[64]

---

59 Vgl. *Mandl/Rabel*, Unternehmensbewertung (1997), S. 19.

60 Vgl. *Hachmeister*, Der Discounted Cash Flow als Maß der Unternehmenswertsteigerung (2000), S. 91–92.

61 Vgl. *Moxter*, Grundsätze ordnungsmäßiger Unternehmensbewertung (1983), S. 132–133; *Mandl/Rabel*, Unternehmensbewertung (1997), S. 19–21.

62 Vgl. *Mandl/Rabel*, Unternehmensbewertung (1997), S. 18.

63 Die Definition „individuell geprägter Marktwert" soll darauf hinweisen, dass die künftig geplanten Strategien und erwarteten Einnahmenüberschüsse zu berücksichtigende, subjektive Determinanten des Investors darstellen.

64 Vgl. *Böcking/Nowak*, Der Beitrag der Discounted Cash Flow-Verfahren zur Lösung der Typisierungsproblematik bei Unternehmensbewertungen – Eine Warnung vor einer „naiven" Übertragung modelltheoretischer Erkenntnisse auf die Bewertungspraxis, DB 1998, S. 685 (S. 685 und S. 687).

III. Ermittlung von Entscheidungswerten

1. Konzeption der Einzel- und Gesamtbewertung

Das Konzept der *Einzelbewertung* als „objektivierte (ermessensbeschränkende) Unternehmensbewertung"[65] kommt zum Einsatz, wenn die Bewertung des Unternehmens mit dem Ziel der Ermittlung eines Substanz- oder Liquidationswerts durchgeführt wird.[66] Gemäß dem Einzelbewertungsprinzip werden die im Unternehmen vorhandenen einzelnen Vermögensobjekte und Schulden ermittelt und auf der Grundlage ihrer jeweiligen Marktpreise isoliert bewertet. Der Unternehmenswert ergibt sich, indem die so berechneten Werte der Einzelobjekte addiert werden.[67]

Im Rahmen des *Gesamtbewertungsverfahrens* wird der Unternehmenswert durch Diskontierung des erwarteten, künftig aus dem Unternehmen an den Eigentümer fließenden Ertragsstroms bestimmt[68] (z.B. Ertragswert- oder DCF-Verfahren[69]). Entscheidend sind nicht die bis zum Bewertungsstichtag existierenden einzeln bewertbaren Vermögensgegenstände und Schulden, sondern was die Gesamtheit der Unternehmung in Zukunft an Erträgen zu leisten im Stande sein wird.[70] „Die Unternehmung weist als ein nach einem einheitlichen Organisationsplan wirtschaftendes soziales Gebilde eine Ganzheitsstruktur auf. Dieses Ganze ist etwas anderes als die Summe seiner Teile."[71] Der Unternehmenswert leitet sich in diesem Sinn aus der zukünftigen Leistungsfähigkeit ab, und die Prognose der zu erwartenden Erträge wird sowohl hinsichtlich der Höhe und Risikoeinschätzung als auch der Wahrscheinlichkeitsgewichtung von den jeweiligen Unternehmenseignern abhängen.[72]

Eine mithilfe der Konzeption der Gesamtbewertung durchgeführte Unternehmensbewertung involviert ebenfalls den „Mehrwert" respektive „Minderwert", der sich aus dem Zusammenwirken der einzelnen im Unternehmen vorhandenen Vermögensvorteile (beispielsweise Know-how, gutes Management, Standortvorteil etc.)

65 *Moxter*, Grundsätze ordnungsmäßiger Unternehmensbewertung (1983), S. 39.

66 Vgl. *Mandl/Rabel*, Methoden der Unternehmensbewertung (Überblick), in: Peemöller (Hrsg.), Praxishandbuch der Unternehmensbewertung (2009), S. 82–83; *Kraus-Grünewald*, Gibt es einen objektiven Unternehmenswert? – Zur besonderen Problematik der Preisfindung bei Unternehmenstransaktionen, BB 1995, S. 1839 (S. 1839).

67 Vgl. *Ballwieser/Leuthier*, Betriebswirtschaftliche Steuerberatung: Grundprinzipien, Verfahren und Probleme der Unternehmensbewertung (Teil I), DStR 1986, S. 545 (S. 548).

68 Vgl. *Moxter*, Grundsätze ordnungsmäßiger Unternehmensbewertung (1983), S. 35.

69 Vgl. *Mandl/Rabel*, Methoden der Unternehmensbewertung (Überblick), in: Peemöller (Hrsg.), Praxishandbuch der Unternehmensbewertung (2009), S. 54.

70 Vgl. *Kraus-Grünewald*, Gibt es einen objektiven Unternehmenswert? – Zur besonderen Problematik der Preisfindung bei Unternehmenstransaktionen, BB 1995, S. 1839 (S. 1839).

71 *Münstermann*, Wert und Bewertung der Unternehmung (1970), S. 18.

72 Vgl. *Moxter*, Grundsätze ordnungsmäßiger Unternehmensbewertung (1983), S. 23.

ergibt.[73] Das Einzelbewertungsverfahren vernachlässigt demgegenüber einen vorhandenen originären Geschäftswert (ebenso wie einen originären negativen Geschäftswert), da die nicht greifbaren und nicht marktgängigen Vermögensvorteile aus Objektivierungsgründen ignoriert werden.[74] „Für die Bestimmung von Entscheidungswerten ist deshalb das auf der Einzelbewertung basierende Substanzwertverfahren völlig ungeeignet."[75] Ausnahmen bilden Unternehmen, die auf Grund einer nicht lohnenden Fortführung liquidiert werden sollen. Hier ist der Liquidationswert als adäquater Grenzpreis heranzuziehen.[76]

2. Objektivierungskompromiss

Die *„objektivierte Gesamtbewertung"* stellt eine Alternative zur rein subjektiven Unternehmensbewertung dar. Objektivierung bedeutet, den Ermessensspielraum des Bewerters durch den Rückgriff auf belegbare Plandaten zu begrenzen. Umgesetzt werden kann sie z. B. dadurch, dass sich die Unternehmenswertermittlung an in der Vergangenheit beobachteten Erträgen orientiert. Je schematischer diese Vergangenheitsorientierung erfolgt, desto objektivierter ist die Unternehmensbewertung. So kann etwa auf belegbare Daten der Handels- und Steuerbilanz zurückgegriffen oder ein Durchschnitt von Vergangenheitserträgen herangezogen werden. Die Analyse der Vergangenheitserfolge kann unbestritten wesentliche Anhaltspunkte für die Prognose der künftigen Unternehmenserträge liefern. Doch schon in der Bereinigung der vergangenen Erträge, z. B. durch die Frage nach der Angemessenheit von Abschreibungen oder der Festlegung von aperiodischen bzw. außerordentlichen Ertragskomponenten, liegen subjektive Annahmen des Bewerters, die zu konkretisieren sind. Auch kann der Diskontierungssatz, die beste Alternativrendite, durch Rückgriff auf leicht zu ermittelnde und justiziable Kapitalmarktdaten, wie z. B. den Zinssatz für festverzinsliche Wertpapiere mit einer bestimmten, längerfristigen Laufzeit, objektiviert werden.[77]

Bei einer *„entobjektivierten Einzelbewertung"* wird die objektivierte Unternehmenspreisfindung durch bewerterbezogene Elemente verstärkt (z. B. Ermittlung der Wiederbeschaffungskosten des Managements über Schulungs- und Inserats-

73 Vgl. *Ballwieser/Leuthier*, Betriebswirtschaftliche Steuerberatung: Grundprinzipien, Verfahren und Probleme der Unternehmensbewertung (Teil I), DStR 1986, S. 545 (S. 548).

74 Vgl. *Moxter*, Grundsätze ordnungsmäßiger Unternehmensbewertung (1983), S. 36–37, 40.

75 *Ballwieser/Leuthier*, Betriebswirtschaftliche Steuerberatung: Grundprinzipien, Verfahren und Probleme der Unternehmensbewertung (Teil I), DStR 1986, S. 545 (S. 548).

76 Vgl. *Ballwieser/Leuthier*, Betriebswirtschaftliche Steuerberatung: Grundprinzipien, Verfahren und Probleme der Unternehmensbewertung (Teil I), DStR 1986, S. 545 (S. 548); *Brähler*, Der Wertmaßstab der Unternehmensbewertung nach § 733 BGB, WPg 2008, S. 209 (S. 210).

77 Vgl. *Moxter*, Grundsätze ordnungsmäßiger Unternehmensbewertung (1983), S. 33–34; *ders.*, Verbreitete Missverständnisse bei Unternehmensbewertungen, in: Seicht (Hrsg.), FS Koren (1993), S. 129 (S. 135–136); *Henselmann*, Unternehmensrechnungen und Unternehmenswert (1999), S. 430–431.

kosten). Dadurch wird einerseits der Forderung nach Individualisierung und Abhängigkeit vom Bewerter Rechnung getragen und andererseits das Ziel der einfachen und eindeutigen Unternehmenswertermittlung nicht aus den Augen verloren.

IV. Grenzpreisberechnung

1. Erläuterung

„Bewerten heißt vergleichen: Ein ‚Bewertungsobjekt' wird einem ‚Vergleichsobjekt' gegenübergestellt; aus dem bekannten Preis des Vergleichsobjekts wird auf den unbekannten Preis (Wert) des Bewertungsobjekts geschlossen. Das Vergleichsobjekt dient als Bewertungsmaßstab."[78] Der *Käufergrenzpreis* ist der Preis, den ein potenzieller Käufer maximal zu bezahlen bereit ist.[79] Diese maximale Zahlungsbereitschaft wird bestimmt „nach dem Ertrag, den … sich [der Käufer] aus dem betreffenden Unternehmen versprechen darf, und nach dem Preis, den er mindestens zu entrichten hätte, wenn der gleiche Ertrag alternativ zu beschaffen wäre"[80]. „[D]er Ertragswert (Grenzpreis) ergibt sich dann ohne weitere Berechnungen als Preis dieser alternativen Mittelanlage."[81] Würde der Käufer mehr bezahlen, als er je wieder aus dem gekauften Unternehmen erwirtschaften kann, entspräche dies nicht dem Verhalten eines rational entscheidenden Wirtschaftssubjekts. Im Gegensatz dazu ist der *Verkäufergrenzpreis* der Preis, den der Verkäufer verlangen wird, um mindestens finanziell nach dem Verkauf nicht schlechter gestellt zu sein, bzw. der Preis, bei dem der Verkäufer zwischen dem Behalten des Unternehmens oder dessen Verkauf indifferent ist.[82]

Die Gültigkeit von[83]

$E_U = E_A$ und $P(U) = P(A)$

mit E_U = sicherer, ewig fließender und gleich bleibender Ertragsstrom des Unternehmens,
$P(U)$ = Preis des Unternehmens,
E_A = sicherer, ewig fließender und gleich bleibender Ertragsstrom der Alternativanlage,
$P(A)$ = Preis der Alternativanlage

impliziert im Rentenmodell $\frac{E_U}{P(U)} = \frac{E_A}{P(A)}$ und infolgedessen

78 *Moxter*, Grundsätze ordnungsmäßiger Unternehmensbewertung (1983), S. 123.

79 Vgl. *Moxter*, Grundsätze ordnungsmäßiger Unternehmensbewertung (1983), S. 9.

80 *Moxter*, Grundsätze ordnungsmäßiger Unternehmensbewertung (1983), S. 9.

81 *Moxter*, Grundsätze ordnungsmäßiger Unternehmensbewertung (1983), S. 8. Vgl. *Mandl/Rabel*, Unternehmensbewertung (1997), S. 81; *Siepe*, Kapitalisierungszinssatz und Unternehmensbewertung, WPg 1998, S. 325 (S. 325).

82 Vgl. *Siegel*, Grundlagen der Unternehmensbewertung, WiSt 1991, S. 231 (S. 231).

83 Vgl. *Moxter*, Grundsätze ordnungsmäßiger Unternehmensbewertung (1983), S. 10.

$$(1)\quad P(U) = \frac{E_U}{\frac{E_A}{P(A)}} = \frac{E_U}{i} \text{ mit } i = \frac{E_A}{P(A)}.$$

Der Unternehmenswert resultiert folglich aus dem Vergleich eines Zahlungsstroms mit einer in Prozent ausgedrückten Rendite einer Alternativanlage. Diese Rendite errechnet sich, indem die Ertragsrückflüsse der (besten) alternativen Mittelanlage mit dem eingesetzten Kapital bzw. dem Preis in Relation gesetzt wird. „Die Diskontierung macht den aus der Investition resultierenden Zahlungsstrom mit dem der Alternativanlage vergleichbar.“[84]

Der Grenzpreis eines Unternehmens $GP(U)$ wird mithilfe der Ertragswertformel berechnet, da es gilt, monetäre Vorteile anhand von diskontierten Zahlungsüberschüssen einzuschätzen:[85]

$$(2)\quad GP(U) = \sum_{t=1}^{T} \frac{E_t}{(1+i)^t}.$$

Die zu diskontierenden periodenspezifischen Erträge E_t bezeichnen die künftigen Nettoausschüttungen aus dem Unternehmen, die ein Bewerter nach individuellen Einschätzungen der zukünftigen Erwartungen prognostiziert hat. Der Kapitalisierungszinssatz i stellt sich als beste alternative Mittelanlage dar. Für uniforme, unendlich lang fließende Zahlungsüberschüsse kann die ewige Rentenformel angewandt werden, und Formel (2) vereinfacht sich zu:[86]

$$(3)\quad GP(U) = \frac{E}{i}.$$

2. Anwendung auf den Fall: Grenzpreise der Pessi AG

a) Verkäufergrenzpreis

Durch Einsetzen in Formel (3) ergibt sich für die Pessi AG ein Verkäufergrenzpreis von:

$$GP_{Verkäufer}(U) = \frac{5\,000}{0{,}05} = 100\,000\text{ €}.$$

84 *Siepe*, Kapitalisierungszinssatz und Unternehmensbewertung, WPg 1998, S. 325 (S. 325).
85 Vgl. *Moxter*, Grundsätze ordnungsmäßiger Unternehmensbewertung (1983), S. 10.
86 Zur Vereinfachung der Formel vgl. Fall 2.

Durch die Veräußerung entgeht den Verkäufern ein Zahlungsstrom, der in $t = 0$ einem Wert von 100 000 Euro entspricht. Um nicht schlechter gestellt zu sein, müssen die Gesellschafter mindestens genau diesen Betrag verlangen. Bei der Annahme von Verkaufspreisangeboten unter 100 000 Euro verschlechtern die Gesellschafter der Pessi AG ihre Situation bei erwarteten jährlichen Erträgen von 5 000 Euro. Den Gesellschaftern der Pessi AG ist zu empfehlen, das Verkaufsangebot von 95 000 Euro abzulehnen, da bei einer 5 %igen Alternativanlage lediglich ein jährlicher Ertrag von 4 750 Euro (= 95 000 · 5 %) zu erwarten ist, der von der Pessi AG bei Nicht-Verkauf übertroffen wird.

b) Käufergrenzpreis

Gemäß Formel (3) ermittelt sich der Käufergrenzpreis analog:

$$GP_{Käufer}(U) = \frac{12\,000}{0,1} = 120\,000 \text{ €}.$$

Der Käufer – die Opti AG – sollte daher höchstens 120 000 Euro für den erhofften Ertragsstrom von jährlich 12 000 Euro zahlen. Je weiter der realisierte Kaufpreis unter seiner maximalen Zahlungsbereitschaft liegt, umso vorteilhafter für den Erwerber. Einen höheren Preis zu bezahlen wäre jedoch irrational, was durch das nachfolgende Beispiel deutlich wird:

Erwirbt die Opti AG beispielsweise das Unternehmen für 150 000 Euro, veräußert sie es vier Jahre später und finanziert sie den Kaufpreis über ein Darlehen (Darlehenszins = 10 %), so ergeben sich folgende jährliche Zahlungsströme:

Tabelle 8: Überschreitung des Käufergrenzpreises

(in €)	Kredit 1. 1.	Zinsen	Tilgung	Restwert 31. 12.
t_1	150 000	15 000	–12 000	153 000
t_2	153 000	15 300	–12 000	156 300
t_3	156 300	15 630	–12 000	159 930
t_4	159 930	15 993	–12 000	163 923
Verkauf des Unternehmens $GP(U) = \frac{12\,000}{0,1}$				–120 000
				43 923

Es wird ersichtlich, dass bei einem Verkauf des Unternehmens in t_4 der Grenzpreis als Mindestverkaufspreis nicht ausreichen würde, um das Darlehen zu tilgen.

3. Grenzpreisproblematik

Die Ermittlung von potenziellen Unternehmenspreisen ist insbesondere durch die Grenzpreisproblematik geprägt. Beide Verhandlungsparteien besitzen subjektive Erwartungen,[87] sei es die individuelle Einstellung zur Entwicklung der erwarteten Erträge (z. B. realisierbare Verbundeffekte, unterschiedliche Ertragsbandbreiten und Ertragseintrittswahrscheinlichkeiten) oder sei es die subjektive Einschätzung der alternativen Mittelanlage (z. B. differierende Risiko- und Zeitpräferenz).[88] Das Ziel der Verhandlungen ist die Findung eines potenziellen Preises, der Käufer und Verkäufer gerecht wird. Das impliziert entweder einen positiven Transaktionsraum (Käufergrenzpreis > Verkäufergrenzpreis)[89] oder – zumindest – übereinstimmende Grenzpreise.

Eine weitere Hürde der Unternehmensbewertung ist die asymmetrische Informationsverteilung zwischen dem Bewerter (bzw. dem Gutachter) und dem Mandanten. Um zu einem bestmöglichen Ergebnis zu kommen, könnte Letzterer die Unwahrheit sagen, die Unternehmenssituation beschönigen oder wertbeeinflussende Tatsachen zurückhalten.[90] Der Gutachter kennt nicht alle Unterlagen oder Personen, die ihm kompetent Auskunft erteilen könnten, und ist damit auf umfassende und wahrheitsgetreue Informationen seitens seines Mandanten angewiesen.[91]

Weiterführende Literatur

Ballwieser, Wolfgang/ Leuthier, Rainer,	Betriebswirtschaftliche Steuerberatung: Grundprinzipien, Verfahren und Probleme der Unternehmensbewertung (Teil I), DStR, 24. Jg. (1986), S. 545–551
Hommel, Michael/ Braun, Inga/ Schmotz, Thomas,	Neue Wege in der Unternehmensbewertung – Kritische Würdigung des neuen IDW-Standards (IDW S 1) zur Unternehmensbewertung, DB, 54. Jg. (2001), S. 341–347
Matschke, Manfred Jürgen/ Brösel, Gerrit,	Unternehmensbewertung, 3. Aufl., Wiesbaden 2007, S. 14–49
Moxter, Adolf,	Grundsätze ordnungsmäßiger Unternehmensbewertung, 2. Aufl., Wiesbaden 1983, S. 5–55 und S. 123–145

87 Vgl. *Mandl/Rabel*, Unternehmensbewertung (1997), S. 398–399.

88 Vgl. *Ossadnik*, Unternehmensbewertung und Besteuerungswirkungen, WiSt 1992, S. 633 (S. 633).

89 Vgl. *Mandl/Rabel*, Unternehmensbewertung (1997), S. 388.

90 Vgl. *Mandl/Rabel*, Unternehmensbewertung (1997), S. 398–399.

91 Vgl. *Wegmann/Koch*, Die Emissionspreisfindung in Zusammengang mit der Börseneinführung von mittelständischen Unternehmen am Neuen Markt, DStR 1999, S. 514 (S. 516).

Schildbach, Thomas, Kölner versus phasenorientierte Funktionenlehre der Unternehmensbewertung, BFuP, 45. Jg. (1993), S. 25–38

ders., Ist die Kölner Funktionenlehre der Unternehmensbewertung durch die Discounted Cash-flow-Verfahren überholt?, in: Manfred Jürgen Matschke/Thomas Schildbach (Hrsg.), Unternehmensberatung und Wirtschaftsprüfung, Festschrift für Günter Sieben, Stuttgart 1998, S. 301–322

Fall 4: Einzelbewertungsverfahren – Substanzwert

Sachverhalt:

Als Professor für Wirtschaftsprüfung hat Karl Revisor das Unternehmen FDW schon lange im Auge – verspricht er sich doch einen kleinen Nebenverdienst, wenn er das Unternehmen erwerben kann. Durch die Einsicht in die Bilanz des Unternehmens und durch Marktpreisrecherchen kommt er zu folgender Auflistung der Vermögenswerte der FDW:

Tabelle 9: Bilanz der FDW

Bilanz 31. 12. 2010 (in €)				
	Wiederbeschaffungskosten	Buchwerte		Buchwerte
Grundstücke	25 000	20 000	Eigenkapital	25 800
Gebäude	33 000	30 000		
Maschine A	6 500	5 000	Verbindlichkeiten gegenüber Kreditinstituten	30 000
Maschine B	4 000	4 000		
Wertpapiere des AV	700	500		
Wertpapiere des UV	750	700	Verbindlichkeiten aus Lieferung und Leistung	4 500
Kassenbestand	100	100		
		60 300		60 300

Weiterhin hat Professor Revisor folgende Informationen: Beim Nachbau des Unternehmens entstehen Ingangsetzungskosten in Höhe von 1 000 Euro. Auch wird durch die Produktionsumstellung Maschine A nicht mehr gebraucht. Durch ihren Verkauf kann ein Erlös von 6 000 Euro erzielt werden. Um den originären Geschäfts- oder Firmenwert nachzubauen, wird mit geschätzten Kosten in Höhe von 20 000 Euro gerechnet.

Aufgabenstellung:

- Professor Revisor meint, die Substanz eines Unternehmens sei dessen „solider Bestandteil". Er schlägt deshalb vor, die Unternehmensbewertung nach dem Substanzwertverfahren durchzuführen. Charakterisieren Sie den Substanzwert! Welche Varianten des Substanzwerts sind Ihnen bekannt? Berechnen Sie den *Teilreproduktionswert und den Vollreproduktionswert* der FDW !
- *Direkte Bedeutung des Substanzwerts:* Kann der Substanzwert als
  - Mindestertragswert,
  - Höchstertragswert oder
  - Normalertragswert

  interpretiert werden?
- Welche *indirekte Bedeutung* hat der Substanzwert für das Ertragswertverfahren?

I. Substanzwert als Teil- und Vollreproduktionswert

1. Erläuterung

Die Bedeutung des *Substanzwerts* im Rahmen der Unternehmensbewertung wurde in der Literatur kontrovers diskutiert. Dem Substanzwert als „Summe der mit ihren Wiederbeschaffungspreisen angesetzten einzelnen Vermögensobjekte und Schulden"[92] lag die Vorstellung der identischen Reproduktion des zu bewertenden Unternehmens zu Grunde, um eine Verbindung zwischen dem Substanzwert und den ihm zugeordneten diversen Funktionen, wie „Wertuntergrenze des Unternehmens"[93], „Korrekturwert"[94] oder „Hilfswert"[95], rechtfertigen zu können. Bei diesem einzelwirtschaftsgüterorientierten Bewertungsverfahren wird im Gegensatz zum Ertragswertverfahren nicht gefragt, was aus dem Unternehmen „herausgeholt" werden kann, sondern was „hineingesteckt" wurde.[96]

Wird der Substanzwert als Reproduktionswert eines Unternehmens verstanden, so ist in Abhängigkeit vom Umfang der einbezogenen Vermögensgegenstände und Schulden zwischen einer teilweisen und einer vollständigen Reproduktion zu unterscheiden. Umfasst die Bewertung nur die greifbaren, marktgängigen materiellen Objekte des Unternehmens, wie z. B. Maschinen, Gebäude oder Büroeinrichtungen, so ist der Substanzwert mit dem *Teilreproduktionswert* gleichzusetzen.[97] Nicht betriebsnotwendiges Vermögen wird zu Liquidationspreisen bewertet.[98] Der *Vollreproduktionswert* erhöht den Teilreproduktionswert um nicht greifbare immaterielle Werte des Unternehmens, wie den Geschäfts- oder Firmenwert, den Kundenstamm bzw. die Qualität des Managements oder der Belegschaft. Bei der Ermittlung des Vollreproduktionswerts wird sogleich der mit einer Substanzwertermittlung verbundene Ermessensspielraum erkennbar. Je stärker der Wunsch nach Objektivierung, desto eher wird ein Teilreproduktionswert bestimmt.[99]

---

92 *Moxter*, Grundsätze ordnungsmäßiger Unternehmensbewertung (1983), S. 41.

93 *Bankmann*, Der Substanzwert in der Unternehmensbewertung, DB 1957, S. 409 (S. 409).

94 *Bodarwé*, Substanzwert, Ertragswert und Schuldenabzug bei der Bewertung von Unternehmungen, WPg 1963, S. 89 (S. 90).

95 *Herzog*, Der Substanzwert im Rahmen der Unternehmensbewertung – Ein Diskussionsbeitrag, DB 1962, S. 1615 (S. 1616).

96 Vgl. *Barthel*, Unternehmenswert: Die einzelwirtschaftsgüterorientierten Bewertungsverfahren – Vergangenheitsbezogene versus zukunftsorientierte Unternehmensbewertung, DStR 1995, S. 1684 (S. 1687); *Creutzmann*, Unternehmensbewertung im Steuerrecht – Neuregelungen des Bewertungsgesetzes ab 1. 1. 2009, DB 2008, S. 2784 (S. 2790).

97 Vgl. *Moxter*, Grundsätze ordnungsmäßiger Unternehmensbewertung (1983), S. 42–44.

98 Vgl. *Moxter*, Grundsätze ordnungsmäßiger Unternehmensbewertung (1983), S. 54.

99 Vgl. *Moxter*, Grundsätze ordnungsmäßiger Unternehmensbewertung (1983), S. 41.

2. Anwendung auf den Fall: Teil- und Vollreproduktionswert der FDW

Der Teilreproduktionswert wird berechnet, indem die mit ihren Wiederbeschaffungskosten bewerteten greifbaren und betriebsnotwendigen Vermögensgegenstände und Schulden summiert werden. Überzählige (nicht betriebsnotwendige) Wirtschaftsgüter werden mit ihren Veräußerungspreisen angesetzt:

Tabelle 10: Ermittlung des Bruttoteilreproduktionswerts der FDW

(in €)	Wiederbeschaffungskosten	Korrektur	Angesetzter Wert
Grundstücke	25 000		25 000
Gebäude	33 000		33 000
Maschine A	6 500	–500	6 000
Maschine B	4 000		4 000
Wertpapiere des AV	700		700
Wertpapiere des UV	750		750
Kassenbestand	100		100
Ingangsetzungskosten		0	0
Bruttoteilreproduktionswert			**69 550**

Der originäre, nicht greifbare Geschäfts- oder Firmenwert darf im Teilreproduktionswert nicht berücksichtigt werden. Das Gleiche gilt für die Ingangsetzungskosten, die sich als notwendige Anlaufverluste nicht vergegenständlichen lassen und kein Bestandteil des objektivierten Teilreproduktionswerts sind. Die nach der Unternehmensübereignung nicht mehr betriebsnotwendige Maschine A wird mit ihrem Veräußerungserlös angesetzt. Schließlich sind die Schulden zum Bewertungsstichtag vom Bruttoteilreproduktionswert abzuziehen. Der Teilreproduktionswert beträgt 35 050 Euro:

Tabelle 11: Ermittlung des Teilreproduktionswerts der FDW

Bruttoteilreproduktionswert	69 550 €
– Verbindlichkeiten gegenüber Kreditinstituten	–30 000 €
– Verbindlichkeiten aus Lieferung und Leistung	– 4 500 €
Teilreproduktionswert	**35 050 €**

Der Substanzwert im Sinne eines Vollreproduktionswerts umfasst zusätzlich die immateriellen, nicht bilanzierungsfähigen Wirtschaftsgüter, so dass dem Teilreproduktionswert in Höhe von 35 050 Euro die Wiederbeschaffungskosten des Geschäfts- oder Firmenwerts in Höhe von 20 000 Euro sowie die notwendigen Ingangsetzungskosten als zusätzliche Investition in den Geschäftswert zugerechnet werden müssen. Somit errechnet sich ein Vollreproduktionswert von 56 050 Euro.

II. Überprüfung der direkten Bedeutung des Substanzwerts für die Unternehmensbewertung

1. Substanzwert als Mindestertragswert

Der Substanzwert im Sinne eines Teilreproduktionswerts darf nicht mit dem Mindestertragswert des Unternehmens gleichgesetzt werden. Werden beispielsweise vom Vorbesitzer angeschaffte Maschinen vom neuen Unternehmenseigner nicht respektive nur eingeschränkt benötigt oder sind vorhandene Vorräte nur unter ihren Wiederbeschaffungskosten veräußerbar, so ist der „Nachbau" dieser Vermögensgegenstände nicht relevant.[100] Der Wert der einzelnen Vermögensvorteile hängt von den mit ihrem zukünftigen Einsatz im Unternehmen erzielbaren Erträgen ab. Sind diese zu geringfügig, als dass eine Teilreproduktion lohnend wäre, kommt ein identischer Nachbau und somit die Unternehmensbewertung mithilfe des Teilreproduktionswerts nicht in Betracht.[101] Dazu kommt, dass der Teilreproduktionswert einen originären Badwill nicht abbildet. Ein den Unternehmenswert minderndes schlechtes Management fließt ebenso wenig wertmindernd in die Ermittlung eines Teilreproduktionswerts ein wie ein schlechter Standort, ein hoher Konkurrenzdruck, ein angeschlagener Ruf des Unternehmens oder negative Konjunkturerwartungen. Alle diese Faktoren können dazu führen, dass der Ertragswert des zu bewertenden Unternehmens deutlich hinter seinem Teilreproduktionswert zurückbleibt.

2. Substanzwert als Höchstertragswert

Der *Teilreproduktionswert* kann auf Grund seiner Vernachlässigung der immateriellen Wirtschaftsgüter, die ebenfalls zum Unternehmensertrag beitragen, nicht als Höchstertragswert interpretiert werden. Bei einem gut gehenden Unternehmen liegt der Teilreproduktionswert zum Teil drastisch unter seinem Ertragswert.

Nur vordergründig kann der *Vollreproduktionswert* als objektivierter Höchstertragswert angesehen werden. Im Gegensatz zum Teilreproduktionswert enthält er

100 Vgl. *Moxter*, Grundsätze ordnungsmäßiger Unternehmensbewertung (1983), S. 43.

101 Vgl. *Moxter*, Verbreitete Missverständnisse bei Unternehmensbewertungen, in: Seicht (Hrsg.), FS Koren (1993), S. 129 (S. 132).

im Idealfall sämtliche immateriellen Vermögensvorteile. Diese können jedoch häufig nicht mit den am Markt ablesbaren Wiederbeschaffungskosten bewertet werden; denn im Regelfall sind diese Objekte so heterogen, dass für sie kein transparenter Markt besteht. Ihr Wert bestimmt sich vielmehr nach ihrem individuellen Einsatz und ihrem jeweiligen Nutzenpotenzial im Unternehmen.[102] „[N]ur wenn die Ertragsschätzung festliegt, kann bestimmt werden, welcher Investitionsbetrag erforderlich ist, um diesen Ertrag auf dem Wege über den Unternehmensnachbau zu erzielen."[103] Dazu ist aber eine wertkonkretisierende Gesamtbewertung unerlässlich. Auf diese Weise bestätigt der Ertragswert das Vorhandensein des vermuteten Substanzwerts – nicht aber umgekehrt. Der Vollreproduktionswert stellt in dieser Hinsicht einen nicht objektivierten (Höchst-)Ertragswert dar.[104]

3. Substanzwert als Normalertragswert

Die Rechtfertigung des Substanzwerts erfolgt ebenso mit der Hypothese, dass er als Normalertragswert, d. h. als der „Preis …, der ‚nachhaltig' im ‚Gleichgewicht' gelte", verstanden werden kann; gemäß Gleichung (4) ergibt sich im Rentenmodell die durch den Nachbau des Unternehmens erzielbare Rendite k_{SW} aus den „ohne Berücksichtigung der Konkurrenzgefahr"[105] erwirtschafteten Erträgen E, dividiert durch das eingesetzte Kapital (SW = Substanzwert):

$$(4)\quad k_{SW} = \frac{E}{SW}.$$

Die weitere Argumentation beruht auf der Annahme, dass ein sog. „Normalzins" i existiert, welcher einer durchschnittlich in der Volkswirtschaft erzielbaren Kapitalrendite entspricht. Ein Unternehmensnachbau lohnt, solange k_{SW} größer als i ist.[106] Auf Grund der Orientierung von Kapitalströmen an der erzielbaren Verzinsung erfolgt ein schneller Abbau von Überverzinsungen oder Überrenditen,[107] und der Konkurrenzmechanismus reduziert k_{SW} so lange, bis die Nachbau-Kapitalrendite dem Normalzins entspricht. Im Gleichgewicht soll daher gelten:[108]

---

102 Vgl. *Moxter*, Verbreitete Missverständnisse bei Unternehmensbewertungen, in: Seicht (Hrsg.), FS Koren (1993), S. 129 (S. 132).

103 *Moxter*, Grundsätze ordnungsmäßiger Unternehmensbewertung (1983), S. 44.

104 Vgl. *Moxter*, Verbreitete Missverständnisse bei Unternehmensbewertungen, in: Seicht (Hrsg.), FS Koren (1993), S. 129 (S. 138).

105 *Moxter*, Grundsätze ordnungsmäßiger Unternehmensbewertung (1983), S. 45 (beide Zitate).

106 Vgl. *Mandl/Rabel*, Methoden der Unternehmensbewertung (Überblick), in: Peemöller (Hrsg.), Praxishandbuch der Unternehmensbewertung (2009), S. 83.

107 Vgl. *Moxter*, Grundsätze ordnungsmäßiger Unternehmensbewertung (1983), S. 47.

108 Vgl. *Moxter*, Grundsätze ordnungsmäßiger Unternehmensbewertung (1983), S. 45; *Ballwieser*, Ertragswert örtlicher Stromnetze – Anmerkungen zur aktuellen BGH-Rechtsprechung, BB 2001, S. 1519 (S. 1523).

$$(5) \quad \frac{E}{SW} = k_{SW} = i$$

bzw.

$$(6) \quad \frac{E}{i} = \boxed{EW = SW.}$$

Gemäß Gleichung (6) sollen Ertrags- und Substanzwert im Gleichgewicht übereinstimmen. Wird der Substanzwert als Normalertragswert interpretiert, so dient er der Kontrolle: „Ein zunächst, ‚ohne Berücksichtigung der Konkurrenzgefahr', ermittelter Ertragswert muss an den Substanzwert angepasst werden"[109], wenn wegen der (nur vorübergehend möglichen) Erzielbarkeit von Überrenditen die Gefahr des Unternehmensnachbaus besteht und der ermittelte Ertragswert zunächst den Substanzwert übersteigt.

Ein Substanzwert, verstanden als Teilreproduktionswert, entspricht dennoch nicht dem Normalertragswert. Da in ihm nicht alle Wirtschaftsgüter erfasst sind, würde der in den Nachbau zu investierende Betrag zu gering wiedergegeben und aus diesem Grund die Kapitalrendite k_{SW} zu hoch kalkuliert. Eine solche überhöhte Nachbaurendite darf nicht mit dem Normalzins gleichgesetzt werden. Als Vollreproduktionswert hingegen ist der Substanzwert durch seine zwingend eignerbezogene, subjektive Bewertung der immateriellen Wirtschaftsgüter ungeeignet für die Ertragswertkontrolle.[110]

Ebenfalls zu kritisieren ist die Bezugsgrößenwahl der Normalwerthypothese. Die Kapitalströme orientieren sich nicht an einer Unternehmensrendite k_{SW}, die dem Quotienten aus Ertrag und eingesetztem Kapital entspricht. Vielmehr ist für die Verzinsung relevant, ob das zusätzlich eingesetzte Kapital K einen Grenzertrag E liefert, dessen Rendite über der Normalverzinsung liegt:[111]

$$(7) \quad \frac{E'}{K'} > i.$$

109 *Moxter*, Grundsätze ordnungsmäßiger Unternehmensbewertung (1983), S. 46.

110 Vgl. *Moxter*, Grundsätze ordnungsmäßiger Unternehmensbewertung (1983), S. 47–49; *Mandl/ Rabel*, Methoden der Unternehmensbewertung (Überblick), in: Peemöller (Hrsg.), Praxishandbuch der Unternehmensbewertung (2009), S. 83–84.

111 Vgl. *Moxter*, Grundsätze ordnungsmäßiger Unternehmensbewertung (1983), S. 47.

III. Überprüfung der indirekten Bedeutung des Substanzwerts für die Unternehmensbewertung

Obwohl das Substanzwertverfahren auf einem fundamental anderen Verständnis als das Gesamtbewertungsverfahren beruht, hat der Substanzwertgedanke auch einen wichtigen indirekten Bezug zum Ertragswert.

Wird z. B. über den Kauf eines Unternehmens nachgedacht, ist es von besonderem Interesse, welchen Nutzen die schon vorhandene Substanz für den Käufer hat. Die indirekte Bedeutung des Substanzwerts kommt in seiner Interpretation „als vorgeleistete Ausgaben“[112] in dem Sinne zum Ausdruck, als „dass dem Investor durch das Vorhandensein von Vermögensteilen entweder künftige Ausgaben ganz erspart bleiben oder doch zumindest ihr Anfall zeitlich hinausgezögert wird: Substanz substituiert künftige Ausgaben“[113] und ermöglicht die Vornahme von zukünftig höheren oder zumindest vorgezogenen Ausschüttungen, da entsprechende Beträge nicht mehr (zeitnah) zum Erwerb von betriebsnotwendigem Vermögen eingesetzt werden müssen, sondern (vorübergehend) an die Unternehmenseigner verteilbar sind.

Die Intensität dieses Ersparniseffekts hängt entscheidend von den Absichten des Käufers ab. Die Problematik, ob ein Betrieb auf dem bisherigen Niveau weitergeführt werden soll oder ob neue Methoden und Verfahren einzubringen sind, determiniert die nach dem Erwerb zusätzlich zu tätigenden Ausgaben erheblich.

Diese Eigenschaft verändert die Sichtweise auf den objektivierten Substanzwert. Als Vorleistung für bestimmte Ausgaben ist er sehr wohl subjektiv und zukunftsbezogen, da jeder Eigner unterschiedliche Vorstellungen hat, die bisherige Substanz zu nutzen, durch Vorleistungen Auszahlungen zu sparen oder zu investieren.[114]

112 *Sieben*, Neue Aspekte der Unternehmensbewertung, ZfB 1963, S. 37 (S. 43).

113 *Sieben*, Wesen, Ermittlung und Funktionen des Substanzwertes als „vorgeleistete Ausgaben“, in: Busse von Colbe/Coenenberg (Hrsg.), Unternehmensakquisition und Unternehmensbewertung (1992), S. 67 (S. 68–69).

114 Vgl. *Sieben*, Wesen, Ermittlung und Funktionen des Substanzwertes als „vorgeleistete Ausgaben“, in: Busse von Colbe/Coenenberg (Hrsg.), Unternehmensakquisition und Unternehmensbewertung (1992), S. 67 (S. 69–70).

Weiterführende Literatur

Ballwieser, Wolfgang,	Ertragswert örtlicher Stromnetze – Anmerkungen zur aktuellen BGH-Rechtsprechung, BB, 56. Jg. (2001), S. 1519–1526
Mandl, Gerwald/ Rabel, Klaus,	Methoden der Unternehmensbewertung (Überblick), in: Volker H. Peemöller (Hrsg.), Praxishandbuch der Unternehmensbewertung, 4. Aufl., Herne 2009, S. 49–90
Matschke, Manfred Jürgen/ Brösel, Gerrit,	Unternehmensbewertung, 3. Aufl., Wiesbaden 2007, S. 302–329
Moxter, Adolf,	Grundsätze ordnungsmäßiger Unternehmensbewertung, 2. Aufl., Wiesbaden 1983, S. 41–55
ders.,	Verbreitete Missverständnisse bei Unternehmensbewertungen, in: Gerhard Seicht (Hrsg.), Gläubigerschutz, Betriebswirtschaftslehre und Recht, Festgabe für Otmar Koren, Wien 1993, S. 129–139
Sieben, Günter,	Neue Aspekte der Unternehmensbewertung, ZfB, 33. Jg. (1963), S. 37–46
ders.,	Wesen, Ermittlung und Funktionen des Substanzwertes als „vorgeleistete Ausgaben“, in: Walther Busse von Colbe/Adolf G. Coenenberg (Hrsg.), Unternehmensakquisition und Unternehmensbewertung, Stuttgart 1992, S. 67–88

Fall 5: Einzelbewertungsverfahren – Liquidationswert

Sachverhalt:

Die Zapf AG ist auf dem Markt für Kinderspielzeug tätig. In den vergangenen Jahren beobachteten die Geschäftsführer stark sinkende Zahlungsüberschüsse. Da auf Grund der stagnierenden Nachfrage und des prognostizierten Geburtenrückgangs eine Besserung nicht in Sicht ist, erwägt die Zapf AG die Unternehmensaufgabe. Der Bilanzbuchhalter der Zapf AG gibt Ihnen folgende Informationen:

Tabelle 12: Bilanz der Zapf AG

Bilanz 31. 12. 2010 (in €)				
Aktiva	Veräußerungspreis	Buchwert	Passiva	Buchwert
Selbst erstellte Software	500	0	Eigenkapital	3 000
Grundstück (bebaut)	1 800	1 500	Kulanzrückstellung	100
Maschinen	1 500	2 000	Verbindlichkeiten gegenüber Kreditinstituten	1 000
Geschäftsausstattung	400	500	Verbindlichkeiten aus Lieferung und Leistung	500
Finanzanlagen	300	200		
Forderungen	300	300		
Kassenbestand	100	100		
		4 600		4 600

Weiterhin ist Ihnen bekannt, dass der Liquidationsverwalter für den Verkauf der Maschinen und der Geschäftsausstattung ein Entgelt in Höhe von 15 % der Veräußerungserlöse verlangt. Des Weiteren sieht der Mietvertrag über die Gewerberäume der Zapf AG eine Restmietdauer von zwei Jahren vor. Falls kein Nachmieter gefunden wird, fallen zusätzliche Kosten von 200 Euro an. Die Kosten des Liquidationsprozesses betragen 300 Euro.

Aufgabenstellung:

Berechnen Sie den *Liquidationswert* der Zapf AG ohne die Berücksichtigung von Steuern!

I. Erläuterung des Liquidationswerts

Im Gegensatz zum Substanzwertverfahren geht das Liquidationswertverfahren nicht von der Going-Concern-Prämisse aus, sondern von der Auflösung des Unternehmens.[115] „Insbesondere bei schlechter Ergebnislage kann der Barwert der finanziellen [Einnahmen-]Überschüsse … [aus einer] Liquidation des gesamten Unternehmens … den Fortführungswert übersteigen“[116], und ein rational handelndes Management müsste in diesem Fall die Liquidation bevorzugen. Der aus der Unternehmensauflösung zu erlangende Unternehmenswert ergibt sich aus den Veräußerungspreisen der einzelnen Vermögensgegenstände nach Abzug der Schulden und Liquidationskosten.[117]

Innerhalb der Liquidationsbewertung sind in Abhängigkeit von der Zerschlagungsintensität und -dauer alternative Varianten zu unterscheiden.[118] Die sofortige Liquidation unter Zeitdruck führt „regelmäßig zu geringeren Werten als solche [Liquidationen], bei denen für die verschiedenen Wirtschaftsgüter … ohne Zeitdruck nach einem interessierten Käufer gesucht werden kann“[119]. Hinsichtlich der Auflösungsintensität kann differenziert werden zwischen der Einzelveräußerung aller Vermögensgegenstände oder dem Verkauf zusammengehöriger Unternehmensteile, denen auf Grund von Synergieeffekten höhere Preise zugesprochen werden.[120]

Die Liquidationswerte stellen – verstanden als Risikogröße – bei ökonomisch gebotener Unternehmensfortführung den untersten Ertragsbandbreitenwert dar. Stellt sich in einem Unternehmen heraus, dass der Liquidationswert höher ist als der Ertragswert, dann stellt sich die Unternehmensliquidation als rationale Handlungsalternative dar,[121] um das Kapital günstigeren Verwendungsarten zuzuleiten. Somit ist der Liquidationswert eine Kontrollgröße.

---

115 Vgl. *Moxter*, Grundsätze ordnungsmäßiger Unternehmensbewertung (1983), S. 41.

116 IDW Standard: Grundsätze zur Durchführung von Unternehmensbewertungen (IDW S 1 i. d. F. 2008), IDW FN 2008, S. 271 (S. 288, Rn. 140).

117 Zur Definition der Liquidationskosten *Mandl/Rabel*, Methoden der Unternehmensbewertung (Überblick), in: Peemöller (Hrsg.), Praxishandbuch der Unternehmensbewertung (2009), S. 85: Liquidationskosten umfassen sämtliche „durch die Liquidation bedingten, zusätzlichen Belastungen“, wie z. B. die Bezahlung des Liquidationsverwalters, Auszahlungen im Zusammenhang mit Abfindungszahlungen aus Sozialplänen etc.

118 Vgl. *Mandl/Rabel*, Methoden der Unternehmensbewertung (Überblick), in: Peemöller (Hrsg.), Praxishandbuch der Unternehmensbewertung (2009), S. 85.

119 *Henselmann*, Unternehmensrechnungen und Unternehmenswert (1999), S. 180.

120 Vgl. *Henselmann*, Unternehmensrechnungen und Unternehmenswert (1999), S. 180; *Mandl/Rabel*, Methoden der Unternehmensbewertung (Überblick), in: Peemöller (Hrsg.), Praxishandbuch der Unternehmensbewertung (2009), S. 85.

121 Vgl. *Ballwieser*, Unternehmensbewertung (2007), S. 189; *Henselmann*, Unternehmensrechnungen und Unternehmenswert (1999), S. 184.

II. Anwendung auf den Fall: Liquidationswert der Zapf AG

Bezogen auf die Liquidationsbewertung der Zapf AG sind die Buchwerte unerheblich. Relevant sind lediglich die Veräußerungspreise.

Die folgenden Korrekturen sind vorzunehmen:

- Der Liquidationserlös der Maschinen und der Geschäftsausstattung muss um das vom Verwalter verlangte Entgelt verringert werden.
- Die Kosten, die in Höhe von 200 Euro durch den längeren Mietvertrag und in Höhe von 300 Euro durch den Liquidationsprozess entstehen, sind zusätzlich zu berücksichtigen.
- Die Kulanzrückstellung wird nicht vom Liquidationsvermögen abgezogen, da sie bei einer Unternehmensliquidation nicht mehr erbracht werden muss.

Daraus ergibt sich folgende Berechnung des Liquidationswerts:

Tabelle 13: Liquidationswert der Zapf AG

Aktiva (in €)	**Liquidations-erlös**	**Korrektur**	**korrigierter Erlös**
Selbst erstellte Software	500		500
Grundstück (bebaut)	1 800		1 800
Maschinen	1 500	–225	1 275
Geschäftsausstattung	400	–60	340
Finanzanlagen	300		300
Forderungen	300		300
Kassenbestand	100		100
Summe			4 615
– Mietkosten			–200
– Liquidationskosten			–300
Brutto-Liquidationswert			**4 115**
– Verbindlichkeiten gegenüber Kreditinstituten			–1 000
– Verbindlichkeiten aus Lieferung und Leistung			–500
Netto-Liquidationswert			**2 615**

Der Liquidationswert der Zapf AG beträgt 2 615 Euro.

Weiterführende Literatur

Ballwieser, Wolfgang,	Unternehmensbewertung, 2. Aufl., Stuttgart 2007, S. 189
Henselmann, Klaus,	Unternehmensrechnungen und Unternehmenswert, Aachen 1999, S. 179–184
Mandl, Gerwald/ Rabel, Klaus,	Methoden der Unternehmensbewertung (Überblick), in: Volker H. Peemöller (Hrsg.), Praxishandbuch der Unternehmensbewertung, 4. Aufl., Herne 2009, S. 49–90
Matschke, Manfred Jürgen/ Brösel, Gerrit,	Unternehmensbewertung, 3. Aufl., Wiesbaden 2007, S. 302–329

Fall 6: Multiplikatorverfahren

Sachverhalt:

Als Mitarbeiter der Unternehmensberatungs-GmbH werden Sie von der mittelständischen Spezima AG – ein Hersteller von Spezialmaschinen im Bereich Drucktechnik – beauftragt, für Verkaufsverhandlungen einen Unternehmenswert innerhalb eines Arbeitstags zu ermitteln und zu präsentieren. Die Spezima AG erwirtschaftete im zurückliegenden Geschäftsjahr bei einem Umsatz von 209 987 000 Euro einen Jahresüberschuss in Höhe von 15 450 800 Euro.

Auf Grund der Zeitnot und des Informationsmangels steht für Sie fest, dass die Bewertung nur mit der Multiplikatormethode durchgeführt werden kann.

Nach einer kurzen Recherche im Statistikteil eines Wirtschaftsmagazins finden Sie mehrere im BauDAX gelistete Unternehmen, die ebenfalls im Bereich Spezialmaschinenbau tätig sind. Sie entnehmen folgende Daten:

Tabelle 14: Ausgewählte gelistete Unternehmen im BauDAX

Branche: Spezialmaschinenbau, Stand 31. 12. 2010			
Unternehmen	**Umsatz (in €)**	**Gewinn (in €)**	**Marktkapitalisierung (in €)**
Laser Tec	309 100 000	26 400 000	369 600 000
Druck & Farb	1 423 000 000	38 884 259	419 950 000
Drucktius	221 820 000	49 382 230	1 417 270 000
Bausch & Bogen	117 100 000	1 750 000	63 000 000
Walzenhaus	484 300 000	32 807 419	508 515 000

Aufgabenstellung:

- Ermitteln Sie den branchendurchschnittlichen Multiplikator sowie den Unternehmenswert der Spezima AG!
  - Was versteht man unter der *Multiplikatormethode*? Beschreiben Sie *Aufgabe und Bedeutung*!
  - *Vergleichen* Sie dazu das Multiplikatorverfahren mit dem *Ertragswertverfahren*!
  - Welche *branchenspezifischen Multiplikatoren* ergeben sich bezüglich des Gewinns und des Umsatzes? Welche Vor- und Nachteile sind mit diesen Multiplikatoren verbunden?
  - Beschreiben Sie die Möglichkeiten und Grenzen bei der *Ermittlung von Marktpreisen*, die für vergleichbare Branchenunternehmen gezahlt werden oder wurden!

– Worin liegen die Vorteile, aber auch die Bedeutungsgrenzen und Kritikpunkte der Multiplikatormethode?

I. Multiplikatorverfahren

1. Erläuterung

a) Aufgabe und Funktion der Multiplikatormethode

aa) Konzeptionelle Grundlagen

Die Multiplikatormethode basiert – wie auch die Ertragswertmethode – auf dem Grundsatz „Bewerten heißt vergleichen". Auch sie ermittelt den Wert eines Unternehmens, indem sie den Wert des Vergleichsunternehmens in Relation zu einer zuvor definierten unternehmensspezifischen Performancekennziffer setzt und diese Verhältniszahl anschließend mit der entsprechenden Performancekennzahl des zu bewertenden Unternehmens multipliziert.[122]

Es gilt die Bezugsgleichung:

$$(8) \quad \frac{P(V)}{B_V} = \frac{P(U)}{B_U}$$

mit $P(V)$ = bekannter Preis des Vergleichsobjekts,
B_V = bekannte Bezugsgröße (z. B. Umsatz) des Vergleichsobjekts,
$P(U)$ = gesuchter potenzieller Preis des zu bewertenden Unternehmens,
B_U = bekannte Bezugsgröße (z. B. Umsatz) des zu bewertenden Unternehmens.

Stellt man die Bezugsgleichung um, so erhält man den Unternehmenswert als Produkt aus der Bezugsgröße B_U mit dem Quotienten $\frac{P(V)}{B_V}$ als Multiplikator m:

$$(9) \quad P(U) = B_U \cdot \frac{P(V)}{B_V} = B_U \cdot m\,.$$

Anders als das Ertragswertverfahren, das ausschließlich die zukünftig erwarteten, ausschüttungsfähigen Einzahlungsüberschüsse bzw. Nettocashflows als Wertmaßstab verwendet, kann der Bewerter bei den Multiplikatorverfahren aus einer großen Anzahl möglicher Wertindikatoren den auswählen, der ihm am besten dazu geeig-

122 Vgl. *Mandl/Rabel*, Unternehmensbewertung (1997), S. 45; *Ballwieser*, Unternehmensbewertung mit Hilfe von Multiplikatoren, in: Rückle (Hrsg.), FS Loitlsberger (1991), S. 47 (S. 49).

net erscheint, das Unternehmen zu bewerten. Hierzu zählen neben den alternativen Performancegrößen, wie Umsatz, EBITDA, EBIT oder Jahresüberschuss, auch bilanzielle Indikatoren, wie das Buchwerteigenkapital, oder sogar Mengenwerte, wie die Anzahl verkaufter Produkte und bei der Bewertung land- und forstwirtschaftlicher Betriebe die Größe der bewirtschafteten Produktionsflächen.

Verwendet der Bewerter beispielsweise den Jahresumsatz als Referenzmaßstab und dividiert den für ein Vergleichsobjekt gezahlten Kaufpreis durch den von diesem erwirtschafteten Letztjahresumsatz, so erhält er eine Kennziffer, die aussagt, wie viel ein Marktteilnehmer bereit war, für einen Euro Jahresumsatz auszugeben, um dieses (Vergleichs-)Objekt zu erwerben. Multipliziert der Bewerter anschließend diesen Umsatzmultiplikator mit dem Umsatz des zu bewertenden Unternehmens, so gelangt er auf diese Weise zu dessen potenziellem Marktpreis.

Regelmäßig verwendet der Bewerter aber keinen Multiplikator, der nur aus einer einzigen beobachteten Markttransaktion stammt. Die Gefahr wäre viel zu groß, dass der dabei beobachtete Marktpreis zufällig zustande kam oder auf transaktionsspezifischen Wertfaktoren und Besonderheiten, wie dem Verkaufsgeschick eines der Vertragspartner, beruht, die nicht verallgemeinerungsfähig sind. Der Bewerter wird sich vielmehr darum bemühen, die Kaufpreise und die dazugehörigen Wertkennzahlen für eine Vielzahl von Unternehmensverkäufen zu ermitteln, um aus diesen Daten einen durchschnittlichen Multiplikator zu berechnen. Die Durchschnittsbildung soll gewährleisten, dass sich die finanziellen Fehleinschätzungen, die sich bei der Vereinbarung der vereinbarten Marktpreise ergeben (können), gegenseitig neutralisieren.[123] Da der Bewerter regelmäßig nicht über eine sehr große Zahl von Referenzobjekten verfügt, ist es in der Bewertungspraxis üblich, den Durchschnittswert nicht mit dem arithmetischen Mittel zu berechnen, sondern den Median anzuwenden. Zu seiner Ermittlung werden die aus den beobachteten Daten gewonnenen unternehmensindividuellen Multiplikatoren der Peergroup der Größe nach geordnet. Bei einer ungeraden Anzahl von Beobachtungen ist der Median der Wert, der in der Mitte der Beobachtungen liegt. Bei einer geraden Anzahl von beobachteten Vergleichsunternehmen handelt es sich bei ihm um das arithmetische Mittel der in der Mitte der Beobachtungsreihe liegenden Zahlen. Durch die Verwendung des Medians vermeidet der Bewerter, dass Extremwerte, die an den beiden Enden der Verteilung liegen, ein zu großes Gewicht bei der Durchschnittsbildung erhalten.

Die Vorteile der Multiplikatormethode liegen auf der Hand. Wenn der Bewerter die Performancemaßstäbe (z. B. Umsatz oder Jahresüberschuss) unverändert aus den veröffentlichten Jahresabschlüssen der Unternehmen entnimmt, entfällt die komplizierte und vor allen Dingen subjektive Ermittlung der prognosefähigen Nettocashflows ebenso wie die Suche nach der besten alternativen Mittelanlage. Hat

123 Vgl. *Buchner/Englert*, Die Bewertung von Unternehmen auf der Basis des Unternehmensvergleichs, BB 1994, S. 1573 (S. 1573–1577), die auf Probleme, Beurteilungskriterien und Richtlinien zur Findung von Vergleichsunternehmen hinweisen.

der Bewertende Zugang zu den objektivierten Jahresabschlusskennzahlen von Vergleichsunternehmen und kennt er deren aktuellen Marktpreis, so kann er bereits aus diesen wenigen rudimentären Informationen frühzeitig und vor allem schnell einen potenziellen Kaufpreis, zumindest aber eine Kaufpreisspanne ermitteln.[124] Multiplikatorverfahren sind nicht zuletzt wegen dieser einfachen Handhabung in der Praxis weit verbreitet. Insbesondere in den USA besitzen Vergleichsverfahren auf Grund der großen Anzahl von Unternehmenstransaktionen und zugänglichen Datenbanken einen hohen Stellenwert.[125]

Die Nachteile der Multiplikatormethode sind aber ebenso leicht ersichtlich: Es ist keineswegs gewährleistet, dass die beim Vergleichsunternehmen beobachtete Relation zwischen Performancekennziffer und Unternehmenswert stabil ist und sich 1:1 auf das zu bewertende Unternehmen übertragen lässt. Auch basieren die beobachteten Kennzahlen auf vergangenen Geschäftsjahren. Sie müssen aber regelmäßig kein Spiegelbild für die zukünftige Entwicklung des Unternehmens sein. Zukünftige Performancemaßstäbe sind aber nur dann bewertungsrelevant, wenn sie prognosefähig sind, so dass sie die Marktteilnehmer bei der Unternehmensbewertung zu Grunde legen. Um dies beurteilen zu können, wären – wie beim Ertragswertverfahren üblich – zusätzliche, komplexe Überprüfungen erforderlich, die aber mit dem Multiplikatorverfahren gerade nicht angestrebt werden. Da beim Multiplikatorverfahren reale Marktpreise an die Stelle von Grenzpreisen treten, kann der Bewerter mit den durch sie gewonnenen Unternehmenswerten zudem auch nicht feststellen, was der Käufer höchstens für das Unternehmen zahlen darf bzw. was der Verkäufer mindestens dafür verlangen muss. Er erhält mit ihnen lediglich eine erste grobe Orientierung, in welcher Höhe der gesuchte Unternehmenswert liegen könnte. Das IDW rät, das Multiplikatorverfahren allenfalls als vereinfachten Preisfindungsprozess zusätzlich zur Plausibilitätsbeurteilung und Kontrolle, insbesondere im Zusammenhang mit der Bewertung kleiner und mittlerer Unternehmen, heranzuziehen.[126]

bb) Formaler Vergleich von Multiplikatorverfahren und Ertragswertverfahren

Verwendet der Unternehmensbewerter im Ertragswertverfahren die Formel für die ewige Rente, so gilt die Bewertungsgleichung:

---

124 Vgl. *Bausch*, Die Multiplikatormethode – Ein betriebswirtschaftlich sinnvolles Instrument zur Unternehmenswert- und Kaufpreisfindung in Akquisitionsprozessen?, FB 2000, S. 448 (S. 449).

125 Vgl. *Mandl/Rabel*, Unternehmensbewertung (1997), S. 43; *Buchner/Englert*, Die Bewertung von Unternehmen auf der Basis des Unternehmensvergleichs, BB 1994, S. 1573 (S. 1578).

126 Vgl. IDW Standard: Grundsätze zur Durchführung von Unternehmensbewertungen (IDW S 1 i. d. F. 2008), IDW FN 2008, S. 271 (S. 288, Rn. 143–144 und S. 290–291, Rn. 164–169). Zustimmend *Löhnert/Böckmann*, Multiplikatorverfahren in der Unternehmensbewertung, in: Peemöller (Hrsg.), Praxishandbuch der Unternehmensbewertung (2009), S. 572–573.

$$(10)\quad EW = \frac{CF_U}{i} \text{ bzw.}$$

$$(11)\quad EW = \frac{CF_U}{\frac{CF_V}{P(V)}}.$$

Stellt man die vorstehende Formel um, so ergibt sich die Ertragswertgleichung mit:

$$(12)\quad EW = CF_U \cdot \frac{P(V)}{CF_V}.$$

Zur Herstellung der Risikoäquivalenz von Zähler und Nenner kann sowohl die Sicherheitsäquivalenz- als auch die Risikozuschlagsmethode herangezogen werden.[127] Das *Sicherheitsäquivalenzverfahren* verdichtet die Ertragsbandbreite auf das *individuelle Sicherheitsäquivalent*[128] des Unternehmensinteressenten und bewertet dieses mit dem *risikolosen Zins i*, so dass im Rentenmodell wie folgt zu rechnen ist:[129]

$$(13)\quad EW = \frac{SÄCF}{\frac{CF_V}{P(V)}} = \frac{SÄCF}{i}$$

mit EW = Ertragswert,
$SÄCF$ = Sicherheitsäquivalenter Cashflow,
i = risikoloser Zins.

Die Gleichung (13) kann auch geschrieben werden als:

$$(14)\quad EW = SÄCF \cdot \frac{1}{i}.$$

127 Zur intensiveren Erklärung der Risikozuschlags- und Sicherheitsäquivalenzmethode vgl. 4. Kapitel: Ertragswertverfahren – Risikoäquivalenzprinzip.

128 Zur Definition des Sicherheitsäquivalents vgl. *Moxter*, Grundsätze ordnungsmäßiger Unternehmensbewertung (1983), S. 147: „Der sicherheitsäquivalente Ertrag bildet jene innerhalb der Ertragsbandbreite gelegene Ertragsgröße, für die gilt, dass das Risiko niedrigerer Erträge gerade aufgewogen wird durch die Chance höherer Erträge."

129 Vgl. *Ballwieser*, Unternehmensbewertung mit Hilfe von Multiplikatoren, in: Rückle (Hrsg.), FS Loitlsberger (1991), S. 47 (S. 50); *Moxter*, Grundsätze ordnungsmäßiger Unternehmensbewertung (1983), S. 146–147.

Das Ertragswertverfahren lässt sich formal als Unterfall der Multiplikatormethode darstellen. Der bei der Sicherheitsäquivalenzmethode verwendete Term $\frac{1}{i}$ ist dann der Multiplikator, mit dem der sicherheitsäquivalente Nettocashflow multipliziert wird, um zum Ertragswert zu gelangen. Im Gegensatz zum Gewinnmultiplikator wird der Multiplikator aber hier am Finanzmarkt aus der Rendite festverzinslicher Wertpapiere gewonnen und nicht aus dem Kursgewinnverhältnis der Branche.

Bei Anwendung der *Risikozuschlagsmethode* diskontiert der Bewerter die auf den Erwartungswert verdichtete Ausschüttungsverteilung mit einem um den *Risikozuschlag z* angepassten Kapitalisierungszinssatz, so dass für das Rentenmodell gilt:[130]

$$(15)\quad EW = \frac{\mu(CF)}{i+z}$$

mit $\mu(CF)$ = Erwartungswert des Cashflows,
i = risikoloser Zins,
z = Risikozuschlag

oder alternativ geschrieben:

$$(16)\quad EW = \mu(CF) \cdot \frac{1}{i+z},$$

so dass bei der Risikozuschlagsmethode der Term $\frac{1}{i+z}$ den Multiplikator verkörpert, mit dem der Erwartungswert der zukünftigen Einzahlungsüberschüsse zu multiplizieren ist, um zum Ertragswert des Unternehmens zu gelangen.

Multiplikator- und Ertragswertmethode führen allerdings nur dann zum identischen Ergebnis, wenn die Bewertung auf der Grundlage des Rentenmodells erfolgt, Multiplikator und Kapitalisierungssatz sich auf die gleiche Bezugsgröße stützen und der Multiplikator dem Kehrwert des Diskontierungszinssatzes entspricht.[131] Nur unter diesen engen Voraussetzungen gilt:[132]

$$(17)\quad m = \frac{1}{i} \text{ bzw. } m = \frac{1}{i+z}.$$

130 Vgl. *Moxter*, Grundsätze ordnungsmäßiger Unternehmensbewertung (1983), S. 155–156.

131 Vgl. *Ballwieser*, Unternehmensbewertung mit Hilfe von Multiplikatoren, in: Rückle (Hrsg.), FS Loitlsberger (1991), S. 47 (S. 54–55); *ders.*, Unternehmensbewertung (2007), S. 203–204.

132 Vgl. *Ballwieser*, Unternehmensbewertung mit Hilfe von Multiplikatoren, in: Rückle (Hrsg.), FS Loitlsberger (1991), S. 47 (S. 55).

Wählt man als wertbestimmenden Faktor den Vergangenheitsgewinn und entspricht dieser dem Erwartungswert der zukünftigen Nettocashflows, so kann als Bewertungsgleichung für den Unternehmenswert geschrieben werden:

$$(18) \quad P(U) = B_U \cdot m = Gewinn_U \cdot m_{Gewinn} = Gewinn_U \cdot \frac{1}{i+z}.$$

b) Aussagekräftige Multiplikatoren

aa) Ertragsabhängige Multiplikatoren

Zwar erlauben es die Multiplikatorverfahren dem Bewerter, eine ihm geeignet erscheinende Kennziffer aus einem großen Kreis von Unternehmenskennzahlen auszuwählen; in der Praxis ist es jedoch weit verbreitet, einen ertragsbezogenen Performancewert, wie den Umsatz oder den Jahresüberschuss, zur Bewertung heranzuziehen, denn die Ertragsgrößen stehen in relativ enger Nähe zum eigentlich gesuchten, idealen Bewertungsmaßstab, dem Nettocashflow, und haben den Vorzug, am Ende der Wertschöpfungskette zu stehen. Vereinfachend lässt sich die Ermittlung des Nettocashflows wie in Tabelle 15 skizzieren:

Tabelle 15: Schema zur Ermittlung des Nettocashflows

		Euro
	Umsatzerlöse	....
–	Lohnaufwand	....
–	Materialaufwand	....
–	Verwaltungsaufwand	....
–	Vertriebsaufwand	....
–	Sonstige betriebliche Aufwendungen	....
=	**EBITDA**	....
–	Abschreibungen	....
=	**EBIT**	....
–	Finanzergebnis	....
–	Steueraufwand	....
=	Jahresüberschuss	....
+	Nicht zahlungswirksame Ausgaben	....

Tabelle 15 (Forts.)

–	Nicht zahlungswirksame Erträge	....
–	Investitionsauszahlungen	....
+/–	Veränderung des Working Capital	....
=	**Nettocashflow**	....

Dabei ist grundsätzlich davon auszugehen, dass ein hoher Nettocashflow auch positiv mit einem hohen Jahresüberschuss, einem hohen EBIT (Earnings Before Interest and Taxes), EBITDA (Earnings Before Interest, Taxes, Depreciation and Amortization) sowie hohen Umsatzerlösen korreliert.

Betrachtet man z. B. den Jahresumsatz von Bäckereien, so lässt sich vermuten, dass ein Unternehmen mit einem Jahresumsatz von 1 Mio. Euro deutlich mehr wert ist als eine benachbarte Bäckerei, die lediglich den hälftigen Jahresumsatz von 500 000 Euro erwirtschaftet; denn unterstellt man eine weitgehend vergleichbare Produktions- und Finanzierungsstruktur und deshalb dem Grunde und der Höhe nach ähnliche Kosten, so resultiert aus einem höheren Umsatz am Ende des Geschäftsjahres auch regelmäßig ein höherer konsumfähiger Nettocashflow. Der Rückgriff auf die Daten der Gewinn- und Verlustrechnung hat den Vorzug, dass sie sich relativ leicht beschaffen lassen und dem Bewerter bei ihrem Einsatz komplexe Überleitungsrechnungen erspart bleiben. Dazu kommt der Vorteil, dass die dem Nettocashflow vorgelagerte Performancekennziffer umso weniger bilanzpolitisch verzerrt ist, je näher sie sich am Ursprung der Umsatzeinzahlungen befindet.

bb) Gewinnmultiplikator

Ermittelt der Unternehmensbewerter den potenziellen Preis des Unternehmens mit einem Gewinnmultiplikator, so gilt die Bewertungsgleichung:[133]

$$(19) \quad P(U) = Gewinn_U \cdot \frac{P(V)}{Gewinn_V}$$

mit $P(U)$ = Potenzieller Preis des zu bewertenden Unternehmens,
$Gewinn_U$ = Gewinn des zu bewertenden Unternehmens,
$P(V)$ = beobachteter Preis für ein Vergleichsunternehmen,
$Gewinn_V$ = Gewinn des Vergleichsunternehmens.

133 Vgl. *Ballwieser*, Unternehmensbewertung mit Hilfe von Multiplikatoren, in: Rückle (Hrsg.), FS Loitlsberger (1991), S. 47 (S. 52).

Da der Quotient $\frac{P(V)}{Gewinn_V}$ als Gewinnmultiplikator (m_{Gewinn}) bezeichnet wird,[134] kann man auch vereinfachend schreiben:

$$(20) \quad P(U) = Gewinn_U \cdot m_{Gewinn}.$$

Die Verwendung eines Gewinnmultiplikators hat den entscheidenden Vorteil, dass der Gewinn (oder sprachlich genauer: Jahresüberschuss) eines Unternehmens zumeist eng korreliert mit dessen Nettocashflow, so dass Unternehmen mit einem hohen Jahresüberschuss auch einen hohen Einzahlungsüberschuss erwarten lassen. Beide Wertfaktoren berücksichtigen die spezifische Struktur des Unternehmens und beziehen die Auszahlungen, die es für die Umsatzerzielung benötigt, ebenso explizit ein wie die aus der Leistungserstellung resultierenden Einzahlungen. Dadurch werden die zentralen Werttreiber, die die individuelle Leistungskraft des zu bewertenden Unternehmens beeinflussen, umfassend berücksichtigt. Arbeitet das Unternehmen ineffektiv im Vergleich zum Marktdurchschnitt, so dass es für die Erstellung einer Leistungseinheit mehr Ausgaben benötigt, als dies in der Branche üblich ist, so schlägt sich dies auf die (letztlich interessierenden) ausschüttungsfähigen Einzahlungsüberschüsse ebenso nieder wie auf den Jahresüberschuss. Allerdings lässt sich der in der Vergangenheit erwirtschaftete Jahresüberschuss entschieden leichter und objektivierter ermitteln als die zukünftig zu erwartenden Nettocashflows.

Dem Zugewinn an Objektivierung, den der vergangenheitsorientierte Jahresüberschuss gegenüber dem zu prognostizierenden Nettocashflow besitzt, stehen allerdings gravierende Nachteile gegenüber. Der in den letzten Jahren erzielte Jahresüberschuss muss weder für das Unternehmen noch für die Branche prognosefähig sein. Zwar kann der Bewerter dieses Manko beseitigen, indem er den Vorjahresgewinn nach seinen Erkenntnissen prognosefähig ausgestaltet, doch geht dann der große Vorteil der einfachen und objektivierten Handhabung verloren, den die Multiplikatormethoden gegenüber dem Ertragswertverfahren aufweisen. Auch unterstellt der Gewinnmultiplikator pauschalierend, dass die erfassten Jahresabschreibungen den zukünftig erforderlichen Investitionsausgaben und die Rückstellungsaufwendungen der zukünftigen Veränderung der damit verbundenen Auszahlungen entsprechen und weder nennenswerte Erweiterungsinvestitionen ins Anlagevermögen oder Working Capital noch Desinvestitionen oder Fremdkapitalveränderungen anstehen, die alle das zukünftige Ausschüttungspotenzial tangieren. Diese Vernachlässigungen können zu einer erheblichen Fehleinschätzung der zukünftigen Unternehmenslage und der damit verbundenen, bewertungsrelevanten Cashflows führen.

---

134 Vgl. *Bausch*, Die Multiplikatormethode – Ein betriebswirtschaftlich sinnvolles Instrument zur Unternehmenswert- und Kaufpreisfindung in Akquisitionsprozessen?, FB 2000, S. 448 (S. 450–451); *Henselmann*, Unternehmensrechnungen und Unternehmenswert (1999), S. 250.

Hinsichtlich des Gewinnmultiplikators ist darüber hinaus problematisch, dass ihn der Bilanzierende in starkem Maße bilanzpolitisch beeinflussen kann, was sich insbesondere an der Höhe der nicht auszahlungswirksamen Aufwandspositionen, wie den Abschreibungen und den Rückstellungsaufwendungen, zeigt, die in erheblichem Umfang durch die subjektiven Schätzungen des Managers beeinflusst wird. Auch hängt die Höhe des Jahresüberschusses ganz zentral von den Rechnungslegungsregeln (z. B. HGB, steuerliche Vorschriften, IFRS oder US-GAAP) ab, die vom Unternehmen angewandt wurden. So ist zu erwarten, dass sich ein nach den handelsrechtlichen Grundsätzen ordnungsmäßiger Bilanzierung ermittelter Jahresüberschuss deutlich von dem Gewinn unterscheidet, der für das gleiche Unternehmen und Geschäftsjahr aus der Anwendung der International Financial Reporting Standards (IFRS) resultiert.

cc) Umsatzmultiplikator

Der Umsatzmultiplikator ist weit weniger störanfällig für bilanzpolitische Eingriffe als der Gewinnmultiplikator, denn die (periodisierten) Ausgaben fließen in seine Berechnung nicht mit ein. Auch unterscheidet sich ein nach HGB ermittelter Geschäftsjahresumsatz dem Grunde und der Höhe nach häufig deutlich weniger von einem nach IFRS abzubildenden Umsatz, als dies beim Jahresüberschuss der Fall ist. Darüber hinaus ist der Umsatz eines Unternehmens zumeist weniger volatil und weniger Zufälligkeiten ausgesetzt als der Jahresüberschuss. Er könnte daher auch eine bessere Prognosegrundlage bieten. Greift der Bewertende auf einen Umsatzmultiplikator zurück, so ermittelt er den Unternehmenswert mit nachfolgender Gleichung:

$$(21) \quad P(U) = Umsatz_U \cdot \frac{P(V)}{Umsatz_V} \quad \text{oder}$$

$$(22) \quad P(U) = Umsatz_U \cdot m_{Umsatz}$$

mit $Umsatz_U$ = Umsatz des zu bewertenden Unternehmens,
$Umsatz_V$ = Umsatz des Vergleichsunternehmens,
m_{Umsatz} = Umsatzmultiplikator.

Die mit dem Umsatzmultiplikator erzielbare Objektivierung und Verstetigung des anzuwendenden Werttreibers wird durch den Nachteil erkauft, dass er die unternehmensindividuelle Finanzierungs- und Produktionsstruktur vollständig unterdrückt. Unternehmen mit gleichen Jahresumsätzen wird im Ergebnis auch ein gleicher Wert zugewiesen.

Für die Ermittlung des Werts, den das Unternehmen für die Eigenkapitalgeber besitzt, ist aber die konkrete Finanzierungsstruktur von Relevanz; denn Unternehmen, die ein hohes Fremdkapital aufweisen, sind für den Eigenkapitalgeber auf

Grund der zu entrichtenden Fremdkapitalzinsen unter sonst gleichen Bedingungen weniger wert als weitgehend unverschuldete Unternehmen. Die mit der Finanzierung verbundenen Kosten werden beim Umsatzmultiplikator aber nicht berücksichtigt. Dieser berücksichtigt lediglich Einflüsse auf die Umsätze des Unternehmens, nicht aber auf dessen Aufwendungen. Um diese Unzulänglichkeiten zu beseitigen, verwendet die Bewertungspraxis den Umsatzmultiplikator regelmäßig dazu, um den Gesamtwert des Unternehmens, den es für die Eigen- und Fremdkapitalgeber besitzt, zu errechnen. Von diesem Gesamtwert wird dann, auf einer zweiten Stufe, der Wert des Fremdkapitals subtrahiert, um zum Eigenkapitalwert zu gelangen.

Diese Möglichkeit der Fehlerbegrenzung besteht hinsichtlich der allgemeinen Kostenstruktur des Unternehmens nicht. Arbeitet das zu bewertende Unternehmen ineffizienter als die Unternehmen der Peergroup und führt dies im Vergleich zu dieser Gruppe zu höheren Kosten, so resultiert daraus auch ein relativ niedrigerer Nettocashflow und Unternehmenswert. Die Anwendung eines Umsatzmultiplikators berücksichtigt diese Konsequenz nicht, da die Kostenstruktur keinen Einfluss auf seine Höhe hat. Ineffizient arbeitende Unternehmen werden dann bei Anwendung eines Umsatzmultiplikators wertmäßig überschätzt und effizient arbeitende Unternehmen unterbewertet. Deshalb bietet der Umsatzmultiplikator nur dann erste Anhaltspunkte für einen möglichen Unternehmenspreis, wenn das zu bewertende Unternehmen in einer Branche tätig ist, bei der Umfang und Höhe der erforderlichen Produktionsfaktoren weitgehend normiert sind.

c) Aussagekräftige Preise von Vergleichsunternehmen

Die Multiplikatorverfahren können nur angewandt werden, wenn der Bewerter die Marktpreise kennt, die für Vergleichsunternehmen gezahlt wurden (oder werden), deren Schlüsselgrößen (z. B. Branche, Wachstumsraten, Risikostruktur) denen des zu bewertenden Unternehmens entsprechen.[135] Ihre Ermittlung erfolgt unter Anwendung des *Comparative Company Approach*, der sich in die drei Unterverfahren der Recent Acquisition Method, der Initial Public Offering Method und der Similar Public Company Method aufteilen lässt.

135 Vgl. *Nowak*, Marktorientierte Unternehmensbewertung (2003), S. 159.

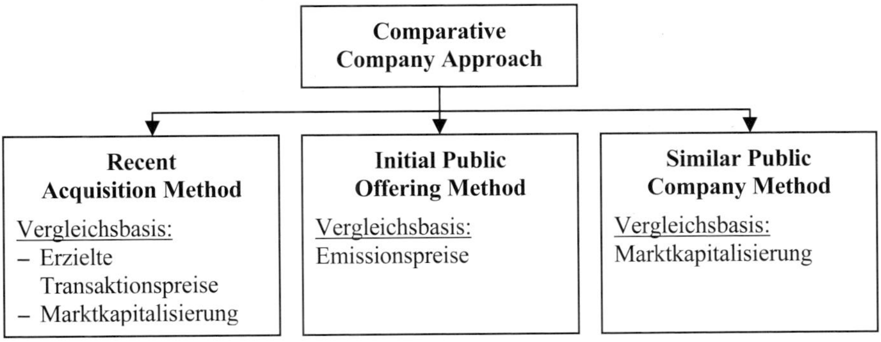

Abbildung 3: Mögliche Referenzpreise von Vergleichsunternehmen nach dem Comparative Company Approach[136]

Die drei Unterverfahren „unterscheiden sich dabei lediglich durch die unterschiedliche Herleitung der Vergleichspreise“[137]. Während die *Recent Acquisition Method* als Referenzmaßstab nur solche (vergleichbaren) Unternehmen erfasst, die kürzlich am Markt tatsächlich zu einem dem Bewerter bekannten Preis verkauft wurden,[138] zieht die *Initial Public Offering Method* solche Unternehmen als Vergleichsobjekte heran, deren Wert sich objektiviert aus den Emissionspreisen ableiten lässt, die bei ihrer Börseneinführung erzielt wurden. Im Vergleich zu diesen beiden Verfahren greift die *Similar Public Company Method* auf eine größere Bandbreite potenzieller Referenzunternehmen zurück. Als Vergleichsmaßstab dienen grundsätzlich sämtliche vergleichbaren Unternehmen, deren Anteile an einem aktiven Kapitalmarkt gehandelt werden. Der potenzielle Preis für das gesamte (verschuldete) Unternehmen wird dann indirekt ermittelt, indem der Bewerter den für eine Aktie beobachteten Börsenkurs mit der Anzahl der ausstehenden Aktien multipliziert.[139]

Unabhängig davon, für welches der drei Verfahren sich der Bewerter entscheidet, muss er darauf achten, dass die Referenzunternehmen tatsächlich mit dem zu bewertenden Unternehmen vergleichbar sind. Anderenfalls sind entsprechende An-

136 Vgl. hinsichtlich ähnlicher Grafik, *Küting/Hayn*, Anwendungsgrenzen des Gesamtbewertungskonzepts in der IFRS-Rechnungslegung, BB 2006, S. 1211 (1213); *Creutzmann*, Unternehmensbewertung im Steuerrecht – Neuregelungen des Bewertungsgesetzes ab 1. 1. 2009, DB 2008, S. 2784 (S. 2784).

137 Vgl. *Nowak*, Marktorientierte Unternehmensbewertung (2003), S. 160.

138 Vgl. *Sanfleber-Decher*, Unternehmensbewertung in den USA, WPg 1992, S. 597 (S. 600); *Buchner/Englert*, Die Bewertung von Unternehmen auf der Basis des Unternehmensvergleichs, BB 1994, S. 1573 (S. 1576).

139 Vgl. *Bausch*, Die Multiplikatormethode – Ein betriebswirtschaftlich sinnvolles Instrument zur Unternehmenswert- und Kaufpreisfindung in Akquisitionsprozessen?, FB 2000, S. 448 (S. 450); *Mandl/Rabel*, Unternehmensbewertung (1997), S. 259.

passungen vorzunehmen. Der dazu erforderliche Bewertungsprozess umfasst folgende Schritte:

1. Schritt: Analyse des zu bewertenden Unternehmens

Die Phase der Unternehmensanalyse beinhaltet eine detaillierte Untersuchung und Begutachtung der rechtlichen und ökonomischen Rahmenbedingungen (z.B. Branche, Wettbewerbssituation oder geographische Tätigkeitsgebiete) sowie der wirtschaftlichen Entwicklung des Unternehmens inklusive einer Finanzanalyse, um charakteristische Eigenschaften des zu bewertenden Unternehmens abschätzen zu können.[140]

2. Schritt: Auswahl der börsennotierten Vergleichsunternehmen

Bei diesem Schritt geht es darum, aus dem Kreis der Marktunternehmen solche Unternehmen als Referenzmaßstab auszuwählen, die mit dem Bewertungsobjekt zumindest hinsichtlich ihrer zentralen Chancen und Risiken vergleichbar sind, denn völlig identische Unternehmen existieren nicht. Den Ausgangspunkt der Identifikation von Referenzobjekten bildet die Analyse von Vergleichskriterien, wie die gleiche Unternehmensgröße, die gleiche Produktpalette, die gleiche Branche etc. Eingeschränkt und vereinfacht wird die Suche auf Grund der erforderlichen Börsennotierung,[141] die als Restriktion gewählt wird.

Bei der Auswahl der bewertungsrelevanten Vergleichsunternehmen stellt sich die Frage, wie mit Referenzobjekten umzugehen ist, die eine auffällige (untypische) Preis-Kennzahl-Relation aufweisen. Vordergründig bietet es sich an, diese Ausreißer vor der Ermittlung eines Durchschnittwerts zu eliminieren, um den Durchschnittswert zu festigen. Allerdings verengt der Bewerter durch ihren Ausschluss die zumeist ohnehin schon dürftige Datenbasis weiter. Auch können gerade die vermeintlichen Ausreißer das Bild der Branche eher abrunden statt stören.

3. Schritt: Ermittlung des Unternehmenswerts

War die Identifikation von Vergleichsunternehmen erfolgreich, wird der Unternehmenswert ermittelt, indem die gefundenen Marktpreise in Relation zu ausgewählten Performanceindikatoren gesetzt und mit dem entsprechenden Performanceindikator des zur Diskussion stehenden Unternehmens multipliziert werden:

---

140 Vgl. *Buchner/Englert*, Die Bewertung von Unternehmen auf der Basis des Unternehmensvergleichs, BB 1994, S. 1573 (S. 1574).

141 Vgl. zur ausführlicheren Darstellung *Buchner/Englert*, Die Bewertung von Unternehmen auf der Basis des Unternehmensvergleichs, BB 1994, S. 1573 (S. 1574–1575); *Nowak*, Marktorientierte Unternehmensbewertung (2003), S. 162–164; *Sanfleber-Decher*, Unternehmensbewertung in den USA, WPg 1992, S. 597 (S. 598–599).

$$(23) \quad EW = B_U \cdot \frac{Börsenkapitalisierung_V}{B_V}.$$

Werden als Bezugsgrößen der Jahresüberschuss oder der Cashflow gewählt, so gibt der Multiplikator das Kurs-Gewinn-Verhältnis bzw. das Kurs-Cashflow-Verhältnis an. Ein eindeutiger Unternehmenswert wird jedoch regelmäßig nicht berechnet, da sich in Abhängigkeit der ausgewählten Referenzobjekte und Performancedaten differierende Kennzahlen ergeben, die mehr oder weniger voneinander abweichen. Die Verdichtung der Unternehmenswertbandbreite auf eine einwertige Größe liegt im Ermessen des Unternehmensbewerters und eröffnet ihm umfassende Entscheidungsspielräume.[142]

4. Schritt: Berücksichtigung von Bewertungskorrekturen

Der Wert des ganzen Unternehmens unterscheidet sich regelmäßig von der Summe der einzelnen Unternehmensanteile (z. B. Aktien). Es bestehen Synergieeffekte. Deshalb ist der Allein- oder Mehrheitsgesellschafter regelmäßig dazu bereit, für die von ihm zu erwerbenden Unternehmensanteile einen Paketzuschlag bzw. eine Kontrollprämie zu zahlen. Bei der Durchführung des Bewertungsverfahrens ist dies zu berücksichtigen; denn die Paketzuschläge sind nur dann Bestandteile des am Markt beobachteten Preises des Vergleichsobjekts, wenn dieser für das ganze Unternehmen oder für den Erwerb der Beherrschungsmacht an ihm gezahlt wurde.

Die *Similar Public Company Method* kommt primär dann zum Einsatz, wenn es darum geht, Unternehmensanteile ohne maßgebenden Einfluss zu bewerten (z. B. einzelne Aktien von Minderheitsgesellschaftern im Rahmen eines Squeeze Out). Hier kann der beobachtete Preis des Referenzobjekts ohne eine entsprechende Kürzung um Paketzuschläge und konzernübergreifende Synergieeffekte verwendet werden, weil auch er auf einer einzelnen Aktie beruht. Dagegen ist die Similar Public Company Method grundsätzlich nicht dazu geeignet, einen objektivierten Gesamtunternehmenswert zu bestimmen. Denn hier ist der Bewerter dazu gezwungen, den auf Basis der Einzelaktie ermittelten Preis um einen noch nicht berücksichtigten Paketzuschlag zu erhöhen. In der Bewertungspraxis werden hier Zuschläge in der Größenordnung von 40 %–70 % genannt.[143] Die Angemessenheit dieses Zuschlags lässt sich grundsätzlich nur durch eine umfassende und komplexe Unternehmensanalyse bestimmen, die aber mit den Multiplikatorverfahren gerade nicht angestrebt wird. Verwendet der Bewerter dagegen einen pauschalierten Zu-

142 Vgl. *Nowak*, Marktorientierte Unternehmensbewertung (2003), S. 165–166.

143 „Der Mittelwert für den Minderheitenabschlag (Kontrollzuschlag) auf Basis der einbezogenen Untersuchungen betrug 42,02 % …", *Nowak*, Marktorientierte Unternehmensbewertung (2003), S. 168. Die Paketzuschläge ergeben sich dann aus einer Hochrechnung der Minderheitenabschläge. Ein Minderheitenabschlag von 30 % führt im Umkehrschluss zu einem Paketzuschlag von 43 % (= 1/(1–0,3)) und ein Minderheitenabschlag von 40 % zu einem Paketzuschlag von 67 % (= 1/(1–0,4)).

schlag, so geht die mit dem Verfahren gewünschte objektivierte Wertfindung verloren.

Der *Recent Acquisition Approach* steht darüber hinaus vor dem Problem, dass die ermittelten Marktpreise der Referenzobjekte sowohl aktuell als auch repräsentativ sein müssen. Das Gebot der Aktualität schließt grundsätzlich aus, solche Marktpreise heranzuziehen, bei denen die Transaktion bereits einige Zeit zurückliegt. Da einschlägige Unternehmenstransaktionen, deren Preis der Bewerter erfährt, regelmäßig nicht sehr häufig vorkommen, ist der Datenbestand empfindlich eingeengt. Der Bewerter kann dann nicht mehr darauf vertrauen, dass die (wenigen) verbleibenden Transaktionen aussagekräftige, unverfälschte Referenzwerte liefern.[144]

Steht der Bewerter daher vor der Aufgabe, den Gesamtpreis für ein Unternehmen zu finden, so wird er im Rahmen der Multiplikatormethode bevorzugt die Recent Acquisition Method anwenden, weil bei den Vergleichspreisen der Paketzuschlag bereits implizit im Gesamtkaufpreis enthalten ist. Allerdings ist auch bei ihrer Anwendung Umsicht geboten. Der beobachtete Gesamtkaufpreis kann auch Wertkomponenten enthalten, die der Erwerber durch die Kombination des erworbenen Unternehmens mit einem bereits vorhandenen Unternehmensbestand erzielt (konzernübergreifende Synergien). Diese Komponenten sind dann zu schätzen und zu eliminieren, weil sich die konzernspezifischen Vorteile nicht verallgemeinern lassen. Zielt die Unternehmensbewertung darüber hinaus auf die Bewertung einer Aktie ohne Unternehmenseinfluss ab, so ist der für das Referenzobjekt beobachtete Gesamtkaufpreis um einen Minderheitenabschlag zu vermindern, der in der Praxis durchschnittlich mit ca. 40 % angegeben wird.[145]

Ein zusätzliches Problem stellt sich, wenn das zu bewertende Unternehmen nicht börsennotiert ist, wie z. B. Personengesellschaften, Einzelunternehmen oder eine GmbH. Das Bewertungsobjekt weist dann eine deutlich geringere Fungibilität auf als die Referenzobjekte, die auf einem aktiven Markt gehandelt werden. Die fehlende Möglichkeit, das Unternehmen oder Teile davon jederzeit zu veräußern, ist mit einem Ungängigkeitsabschlag zu berücksichtigen, der das Wiederverkaufsrisiko zum Ausdruck bringt. Der vorzunehmende Abschlag ist griffweise zu schätzen. In der Praxis finden sich Abschläge zwischen 20 % und 40 %.[146] Auch durch diese erforderliche subjektive Anpassung geht der mit den Multiplikatorverfahren angestrebte Objektivierungsvorteil größtenteils verloren.

144 In den USA existieren solche Informationsdatenbanken, z. B. The Mergerstat Review, vgl. *Nowak*, Marktorientierte Unternehmensbewertung (2003), S. 169; *Sanfleber-Decher*, Unternehmensbewertung in den USA, WPg 1992, S. 597 (S. 600).

145 Vgl. *Nowak*, Marktorientierte Unternehmensbewertung (2003), S. 168.

146 Vgl. *Nowak*, Marktorientierte Unternehmensbewertung (2003), S. 168.

2. Anwendung auf den Fall: Umsatz- und Gewinnmultiplikatoren sowie Unternehmenswert der Spezima AG

a) Branchendurchschnittlicher Multiplikator

Zur Ermittlung des Umsatz- und Gewinnmultiplikators der Branche „Spezialmaschinenbau“ ist daher zunächst die Kenngröße Unternehmenswert je ein Euro Umsatz (Umsatzmultiplikator)

$$(24) \quad m_{Umsatz} = \frac{P(V)}{Umsatz_V}$$

bzw. Unternehmenswert je ein Euro Gewinn (Gewinnmultiplikator)

$$(25) \quad m_{Gewinn} = \frac{P(V)}{Gewinn_V}$$

für alle im BauDAX gelisteten Vergleichsunternehmen zu berechnen:

Tabelle 16: Berechnung unternehmensspezifischer Umsatz- und Gewinnmultiplikatoren

Unternehmensspezifische Umsatz- und Gewinnmultiplikatoren					
Unternehmen	**Umsatz (in €)** ($Umsatz_V$)	**Gewinn (in €)** ($Gewinn_V$)	**Marktkapitalisierung (in €)**	m_{Umsatz}	m_{Gewinn}
Laser Tec	309 100 000	26 400 000	369 600 000	1,20	14,00
Druck & Farb	1 423 000 000	38 884 259	418 950 000	0,30	10,80
Drucktius	221 820 000	49 382 230	1 417 270 000	6,39	28,70
Bausch & Bogen	117 100 000	1 750 000	63 000 000	0,54	36,00
Walzenhaus	484 300 000	32 807 419	508 515 000	1,05	15,50

Der Bewerter muss sich nun entscheiden, ob er den Branchendurchschnitt als arithmetisches Mittel oder als Median ermittelt. Entscheidet er sich für das arithmetische Mittel, so ergeben sich daraus folgende Multiplikatoren:

Tabelle 17: Ermittlung des branchenspezifischen Umsatz- und Gewinnmultiplikators auf Basis des arithmetischen Mittels

Branchenspezifische Umsatz- und Gewinnmultiplikatoren		
Unternehmen	m_{Umsatz}	m_{Gewinn}
Laser Tec Druck & Farb Drucktius Bausch & Bogen Walzenhaus	1,20 0,30 6,39 0,54 1,05	14,00 10,80 28,70 36,00 15,50
Branchendurchschnitt $\overline{m}_{Umsatz}$ **und** $\overline{m}_{Gewinn}$	1,894	21,000

Der Umsatzmultiplikator für die Branche Spezialmaschinenbau beträgt bei Verwendung des arithmetischen Mittels 1,894 und der Gewinnmultiplikator 21,0. Die vorgenommene Orientierung am Branchendurchschnitt ist problematisch, wenn – wie im Beispiel – nur Daten weniger Unternehmen zugänglich sind, so dass „untypische“ Kennzahlenrelationen einzelner Unternehmen – wie im Beispiel die Performancemaße der Drucktius – den Branchendurchschnitt zum Teil erheblich verzerren können. Der Bewerter muss dann im Einzelfall entscheiden, ob eine Eliminierung der „Ausreißer“ zu besseren, aussagefähigeren Ergebnissen führt oder nicht.

Eine Möglichkeit, Ausreißer zu eliminieren, besteht darin, den Branchendurchschnitt mit dem Median gleichzusetzen. Ordnet man die beobachteten (fünf) unternehmensindividuellen Multiplikatoren der Größe nach aufsteigend, so resultiert daraus die nachfolgende Tabelle:

Tabelle 18: Ermittlung des branchenspezifischen Umsatz- und Gewinnmultiplikators auf Basis des Medians

Branchenspezifische Umsatz- und Gewinnmultiplikatoren					
Unternehmen	m_{Umsatz}		**Unternehmen**	m_{Gewinn}	
Druck & Farb	(1)	0,30	Druck & Farb	(1)	10,80
Bausch & Bogen	(2)	0,54	Laser Tec	(2)	14,00
Walzenhaus	**(3)**	**1,05**	Walzenhaus	**(3)**	**15,50**
Laser Tec	(4)	1,20	Drucktius	(4)	28,70
Drucktius	(5)	6,39	Bausch & Bogen	(5)	36,00

In der Tabelle liegt sowohl der Umsatzmultiplikator (1,05) als auch der Gewinnmultiplikator von Walzenhaus (15,50) in der Mitte der Beobachtungsreihe. Beide Multiplikatoren stehen damit für den Durchschnittswert der Branche.

b) Unternehmenswert der Spezima AG

Ein Umsatz von 209 987 000 Euro der Spezima AG ergibt mithilfe der Umsatzmultiplikatormethode und dem Einsatz des arithmetischen Mittels gemäß Gleichung (22) einen potenziellen Marktpreis in Höhe von:

$$(22) \quad P(U) = Umsatz_U \cdot \overline{m}_{Umsatz}$$

$$P_{Spezima\ AG,\ Umsatzmultiplikator} = 209\,987\,000 \cdot 1{,}894 = 397\,715\,378\,€.$$

Wird der Durchschnitt der Peergroup durch den Median ausgedrückt, so führt der Umsatzmultiplikator zu einem Wert von:

$$P_{Spezima\ AG,\ Umsatzmultiplikator} = 209\,987\,000 \cdot 1{,}05 = 220\,486\,350\,€.$$

Parallel dazu ergibt sich der Marktwert der Spezima AG auf der Grundlage des durchschnittlichen Gewinnmultiplikators auf Basis des arithmetischen Mittels gemäß Gleichung (20) in Höhe von:

$$(20) \quad P(U) = Gewinn_U \cdot \overline{m}_{Gewinn}$$

$$P_{Spezima\ AG,\ Gewinnmultiplikator} = 15\,450\,800 \cdot 21{,}00 = 324\,466\,800\,€$$

und auf Basis des Medians:

$$P_{Spezima\ AG,\ Gewinnmultiplikator} = 15\,450\,800 \cdot 15{,}50 = 239\,487\,400\,€.$$

Die Durchführung der Multiplikatormethode mit mehreren Bezugsgrößen führt zu unterschiedlichen Unternehmenswerten.[147] Der Streuungsbereich dieser Werte soll – so hoffen manche Analysten – eine „Kontrolle der erzielten Ergebnisse" ermöglichen, „wobei eine geringe Bandbreite der Werte eine gewisse Vertrauenswürdigkeit der Ergebnisse signalisiert"[148].

---

147 Vgl. *Henselmann*, Unternehmensrechnungen und Unternehmenswert (1999), S. 268–269.

148 *Buchner/Englert*, Die Bewertung von Unternehmen auf der Basis des Unternehmensvergleichs, BB 1994, S. 1573 (S. 1576, beide Zitate).

Für die Spezima AG ergeben sich zusammengefasst folgende Unternehmenswerte:

Tabelle 19: Zusammenfassung der Ergebnisse

(in €)	Arithmetisches Mittel	Median
Umsatzmultiplikator	397 715 378	220 486 350
Gewinnmultiplikator	324 466 800	239 487 400

Der Streuungsbereich muss auf eine eindeutige Zahl verdichtet werden, indem der Bewerter die einzelnen Ergebnisse der Multiplikationen – mehr oder weniger willkürlich – durch Durchschnittsbildung oder subjektive Gewichtung und Auswahl zu einem einzigen Wert zusammenfasst.[149] Entscheidet er sich dafür, nur die beiden Multiplikatoren für die Bewertung heranzuziehen, die sich auf Basis des Medians ergaben, und mittelt er die beiden Resultate, um zu einem eindeutigen Wert zu kommen, so ergibt sich der Unternehmenswert mit 229 986 875 Euro (= (220 486 350 Euro + 239 487 400 Euro) / 2).

II. Kritische Würdigung

1. Vorteile

Die Multiplikatormethode reduziert die Komplexität,[150] ist leicht verständlich, schnell durchgeführt und ermöglicht eine Ermittlung eines Unternehmenswerts auf Grundlage weniger Informationen und Daten des zu bewertenden Unternehmens.[151]

Der *Vorteil des Multiplikators* stellt zugleich die Kritik am Ertragswertverfahren dar. Um den subjektbezogenen Ertragswert errechnen zu können, muss der Unternehmensbewerter in der Lage sein, die für die Zukunft prognostizierten Ertragsströme in ihrer Unsicherheit darzustellen (Kenntnis der Ertragsbandbreiten), den einzelnen erwarteten Erträgen Wahrscheinlichkeiten zuzuordnen (Kenntnis der Wahrscheinlichkeitsverteilung) und mittels der individuellen Nutzenfunktion des Unternehmensinteressenten den sicherheitsäquivalenten Ertrag respektive den Ri-

149 Vgl. *Henselmann*, Unternehmensrechnungen und Unternehmenswert (1999), S. 269.

150 Dazu *Ballwieser*, Eine neue Lehre der Unternehmensbewertung? – Kritik an den Thesen von Barthel, DB 1997, S. 185 (S. 191): „Vergleichsorientierte Bewertung könnte der Komplexitätsreduktion dienen. Dass diese in dem Sinne optimal ist, dass man auf einfache Art in die Nähe des Werts gelangt, der mit einem aufwendigeren Verfahren berechnet wird, ist aber nicht gesichert."

151 Vgl. *Niehues*, Unternehmensbewertung bei Unternehmenstransaktionen – Unter besonderer Berücksichtigung kleiner und mittelständischer Unternehmen, BB 1993, S. 2241 (S. 2248).

sikozuschlag abzuleiten (subjektive Risikogewichtung).[152] Der Bewerter ist damit zumeist überfordert. Er muss zahlreiche mehr oder weniger willkürlich gegriffene Annahmen treffen oder sich auf seinen subjektiven Erfahrungsschatz verlassen.

Probleme bei der Verarbeitung von auf subjektiven, unbekannten Zielvorstellungen beruhenden Nutzenfunktionen sind möglicherweise mit der Multiplikatormethode zu überwinden. Der Multiplikator ersetzt die subjektive Beurteilung des Risikozuschlagssatzes bei der Risikozuschlagsmethode bzw. des Risikoabschlagssatzes bei der Sicherheitsäquivalenzmethode durch den objektivierten Rückgriff auf beobachtbare Marktdaten.

Die Aussage des Multiplikators ist darüber hinaus zumeist leicht verständlich. Er kann „als marktübliche Forderung an die Amortisationsdauer des in ein Unternehmen eingesetzten Kapitals“[153] interpretiert werden. Ein Gewinnmultiplikator in Höhe von $m = 4{,}5$ besagt in diesem Sinne, dass die Rückflussdauer für das investierte Kapital maximal 4,5 Jahre betragen darf. „Niedriges Prognoserisiko, geringe Risikoaversion und/oder niedrige Alternativrenditen führen zu höheren [individuellen] Multiplikatoren als hohes Risiko, starke Risikoaversion und/oder hohe Alternativrenditen“,[154] und der Unternehmensinteressent kann seine individuelle Risikopräferenz dadurch bekunden, dass er von dem vom Markt vorgegebenen Faktor abweicht.[155]

2. Nachteile

a) m = „black box“

Die Anwendung der Multiplikatormethode setzt voraus, dass der Bewerter die Marktpreise vergleichbarer Unternehmen kennt.[156] Doch „der Unternehmensmarkt ist extrem intransparent: Die erzielten Preise und die Eigenschaften der gehandelten Ertragserwartungen werden nur einem kleinen [Personen-]Kreis bekannt.“[157]

152 Vgl. *Ballwieser*, Unternehmensbewertung mit Hilfe von Multiplikatoren, in: Rückle (Hrsg.), FS Loitlsberger (1991), S. 47 (S. 56–57).

153 *Ballwieser*, Unternehmensbewertung mit Hilfe von Multiplikatoren, in: Rückle (Hrsg.), FS Loitlsberger (1991), S. 47 (S. 57). So hebt *Bretzke*, Risiken in der Unternehmensbewertung, zfbf 1988, S. 813 (S. 818 und S. 820) „die versteckte Intelligenz einer Daumenregel“ hervor. „Als Marktrate [enthalten Multiplikatoren] die aktuellen Kapitalkosten und den marktüblichen Risikozuschlag.“ Vgl. ebenfalls *Niehues*, Unternehmensbewertung bei Unternehmenstransaktionen – Unter besonderer Berücksichtigung kleiner und mittelständischer Unternehmen, BB 1993, S. 2241 (S. 2249).

154 *Ballwieser*, Unternehmensbewertung mit Hilfe von Multiplikatoren, in: Rückle (Hrsg.), FS Loitlsberger (1991), S. 47 (S. 57).

155 Vgl. *Bretzke*, Risiken in der Unternehmensbewertung, zfbf 1988, S. 813 (S. 820).

156 Vgl. *Ballwieser*, Unternehmensbewertung mit Hilfe von Multiplikatoren, in: Rückle (Hrsg.), FS Loitlsberger (1991), S. 47 (S. 58); *Nowak*, Marktorientierte Unternehmensbewertung (2003), S. 184.

157 *Moxter*, Grundsätze ordnungsmäßiger Unternehmensbewertung (1983), S. 137.

Die öffentlich zugänglichen Vergleichsdaten von börsennotierten Unternehmen können die Datenbasis wegen der „geringe[n] Anzahl börsennotierter Vergleichsunternehmen am deutschen Kapitalmarkt“[158] nur unwesentlich verbessern. So weist *Nowak* darauf hin, dass, im Vergleich zu 7 943 am Kapitalmarkt der USA gelisteten inländischen Unternehmen, die Zahl der am deutschen Kapitalmarkt notierten inländischen Unternehmen Ende 1998 lediglich 540 betrug.[159] Bedenkt man darüber hinaus, dass die meisten dieser Unternehmen Mischkonzerne sind, die sich nicht eindeutig einer Branche zurechnen lassen, und dass das zu bewertende Unternehmen sich möglicherweise auch einer eindeutigen Brancheneinordnung entzieht, verschärft sich das Datengewinnungsproblem erheblich (*m* als „black box“[160]). Selbst wenn die einzelnen Konzernunternehmen Segmentberichterstattungen vorlegen, in denen die Umsätze und Gewinne nach Branchen aufgeteilt wurden, so bestehen doch innerhalb des einzelnen Konzerns mehr oder weniger ausgeprägte – und bilanzpolitisch nutzbare – Zurechnungs- und Aufteilungsschwierigkeiten für bestimmte Konzernumsätze und -aufwendungen auf die einzelne Branche.

Zur Ermittlung von Multiplikatoren sind die Marktpreise in Relation zum Umsatz oder Gewinn zu setzen. Diese Relationen sind häufig nicht über die Zeit konstant. Sie schwanken zudem für die gleiche Betrachtungsperiode häufig von Unternehmen zu Unternehmen. „In der gleichen Branche, bei ungefähr gleicher Unternehmensgröße und zu ungefähr gleichem Zeitpunkt sind z. B. Umsatzmultiplikatoren von 5, aber auch von 20 feststellbar.“[161] Aussagefähige Multiplikatoren lassen sich damit aber nur in engen Grenzen ermitteln. Problematisch ist darüber hinaus, dass die beobachteten Marktpreise das subjektive Risiko des Käufers des jeweiligen Unternehmens oder bestenfalls, wenn zahlreiche Marktpreise bekannt sind, das markttypische Risiko der Transaktionsbeteiligten widerspiegeln. Ist der Käufer oder Verkäufer bei der zu beurteilenden konkreten Unternehmenstransaktion aber risikoscheuer oder risikofreudiger als der Markt, so ist völlig offen, wie die subjektive Risikogewichtung des Unternehmenskäufers respektive -verkäufers, sollte sie feststellbar und quantifizierbar sein, fundiert in *m* berücksichtigt werden kann.[162]

b) m = branchenspezifische Kennzahl

Der Rückgriff auf einen branchensignifikanten Durchschnittsmultiplikator ist insofern sinnvoll, als sich eine Relation zwischen der finanziellen Kennzahl, die

158 *Nowak*, Marktorientierte Unternehmensbewertung (2003), S. 216.

159 Vgl. *Nowak*, Marktorientierte Unternehmensbewertung (2003), S. 192.

160 *Ballwieser*, Unternehmensbewertung mit Hilfe von Multiplikatoren, in: Rückle (Hrsg.), FS Loitlsberger (1991), S. 47 (S. 59).

161 *Moxter*, Grundsätze ordnungsmäßiger Unternehmensbewertung (1983), S. 134.

162 Dazu *Nowak*, Marktorientierte Unternehmensbewertung (2003), S. 184: „Die Variation des Multiplikators zwecks Anpassung an die subjektiven Präferenzen des Käufers“ erscheint „willkürbehaftet“. Vgl. ebenfalls *Ballwieser*, Unternehmensbewertung mit Hilfe von Multiplikatoren, in: Rückle (Hrsg.), FS Loitlsberger (1991), S. 47 (S. 59).

nicht der Einzahlungsüberschuss ist, und dem Unternehmenswert nur bei vergleichbaren Produktionsstrukturen und den daraus entstehenden Ausgaben herstellen lässt; denn ein Unternehmen, das einen hohen Kapital- und Materialeinsatz erfordert (wie z.B. ein Supermarkt), wird nach Abzug der Ausgaben pro Euro Umsatz einen geringeren Jahresüberschuss und auch einen kleineren Einzahlungsüberschuss zurückbehalten als ein im Vergleich relativ kostenarmes Unternehmen (wie z.B. ein Architekturbüro). Dafür wird es aber häufig einen deutlich höheren Jahresumsatz erwirtschaften. Der Multiplikator muss diesen branchenspezifischen Besonderheiten gerecht werden, damit er zu aussagekräftigen Unternehmenswerten gelangt.

Die Fokussierung auf die Chancen- und Risikostruktur der Branche hat entscheidende Nachteile. Gesucht ist als Referenzmaßstab nicht eine andere Mittelanlage in der gleichen Branche, sondern die bestmögliche Alternativanlage des Käufers oder Verkäufers. Diese kann – und wird – aber regelmäßig außerhalb der Branche zu suchen sein, denn die Entscheidungsalternative besteht in den seltensten Fällen darin, entweder das eine oder das andere Branchenunternehmen zu kaufen bzw. den für das Unternehmen erzielten Verkaufspreis in der Branche zu reinvestieren.

Eine Gleichsetzung der in der Branche vorzufindenden Kennzahlenrelation unterdrückt zudem die betriebsindividuellen Besonderheiten des zu bewertenden Unternehmens. Kostete das Vergleichsunternehmen bei einem Jahresumsatz von 1 Mio. Euro das Zehnfache, nämlich 10 Mio. Euro, so ist bei dem zu bewertenden Unternehmen, das einen Umsatz von 500 000 Euro erwirtschaftet, nur bzw. allenfalls dann ein zehnfacher Unternehmenswert zu erwarten, wenn sämtliche Produktionsfaktoren (wie z.B. Maschinen, Mitarbeiter, Management, Kunden) weitgehend identische Ertragspotenziale versprechen und gleichermaßen leistungsfähig sind. Der Branchenindikator vernachlässigt aber die individuelle Struktur des zu bewertenden Unternehmens sowie die Abhängigkeit des zukünftigen Erfolgs von der Geschäftsleitung.[163] Unabhängig von der Problematik, dass für den deutschen Wirtschaftsraum eine allgemein akzeptierte Klassifikation der Unternehmen nicht vorhanden ist[164] und die eindeutige Zuweisung eines Unternehmens zu einer Branche diffizil erscheint, ist daher zu bezweifeln, ob gerade das zu bewertende Unternehmen eng mit dem Branchendurchschnitt korreliert.[165]

---

163 Vgl. *Ballwieser*, Unternehmensbewertung mit Hilfe von Multiplikatoren, in: Rückle (Hrsg.), FS Loitlsberger (1991), S. 47 (S. 58–59); *Niehues*, Unternehmensbewertung bei Unternehmenstransaktionen – Unter besonderer Berücksichtigung kleiner und mittelständischer Unternehmen, BB 1993, S. 2241 (S. 2249); *Nowak*, Marktorientierte Unternehmensbewertung (2003), S. 184.

164 Vgl. *Nowak*, Marktorientierte Unternehmensbewertung (2003), S. 216–217.

165 Vgl. *Ballwieser*, Unternehmensbewertung mit Hilfe von Multiplikatoren, in: Rückle (Hrsg.), FS Loitlsberger (1991), S. 47 (S. 59).

c) m = starr

Eine Unternehmensbewertung mithilfe der Multiplikatormethode unterstellt das Rentenmodell und geht von der Vorteilhaftigkeit der Unternehmensfortführung aus. Alternative Unternehmensentwicklungen bleiben unberücksichtigt. Gerade bei Unternehmen, die in den ersten Perioden starken Ertrags- oder Umsatzschwankungen unterliegen, kann die Anwendung des Phasenmodells Fehlbewertungen vermeiden. Beispielsweise wird bei Unternehmensbewertungen im Zusammenhang mit Leveraged Buy Outs die Ertragssituation in den ersten Planungsjahren auf Grund der noch bestehenden beträchtlichen Schulden nach unten gedrückt, während die Ertragssituation nach Schuldenauslösung mittelfristig deutlich positiver zu bewerten ist. Die Annahme der ewigen Rente verschleiert diese Strukturunterschiede.[166] Der Vergleich mit dem Liquidationswert, der auf die Suboptimalität einer Fortführung des Unternehmens hätte hinweisen können, unterbleibt ebenfalls, so dass die kritische Auseinandersetzung mit künftigen Ertragsbandbreiten nicht durchgeführt wird.[167]

d) m = „Marktpreis"

Beobachtete Marktpreise entsprechen nicht oder nur zufällig subjektiven Grenzpreisen, da sich in den Ertragserwartungen des Markts andere Wertschätzungen widerspiegeln als in den individuellen Erwartungen des Unternehmenskäufers oder -verkäufers.[168] Diese einseitige Orientierung am Markt geht zulasten des Subjektivitätsprinzips. Auch das Zukunftsbezogenheitsprinzip als Grundsatz ordnungsmäßiger Unternehmensbewertung wird vernachlässigt, wenn „in der Vergangenheit beobachtete Marktpreise, die bestenfalls bis in die Gegenwart reichen", herangezogen werden. „Die gegenwärtigen Marktpreise aggregieren zwar die Zukunftserwartungen des Vergleichsobjekts, ob diese aber auf das Bewertungsobjekt übertragbar sind, bleibt fraglich."[169]

---

166 Vgl. *Ballwieser*, Unternehmensbewertung mit Hilfe von Multiplikatoren, in: Rückle (Hrsg.), FS Loitlsberger (1991), S. 47 (S. 55).

167 Vgl. *Ballwieser*, Unternehmensbewertung mit Hilfe von Multiplikatoren, in: Rückle (Hrsg.), FS Loitlsberger (1991), S. 47 (S. 59); *Nowak*, Marktorientierte Unternehmensbewertung (2003), S. 184–185.

168 Vgl. *Ballwieser*, Unternehmensbewertung mit Hilfe von Multiplikatoren, in: Rückle (Hrsg.), FS Loitlsberger (1991), S. 47 (S. 59–60); *Moxter*, Grundsätze ordnungsmäßiger Unternehmensbewertung (1983), S. 132.

169 *Nowak*, Marktorientierte Unternehmensbewertung (2003), S. 183 (beide Zitate).

Weiterführende Literatur

Ballwieser, Wolfgang, Unternehmensbewertung mit Hilfe von Multiplikatoren, in: Dieter Rückle (Hrsg.), Aktuelle Fragen der Finanzwirtschaft und der Unternehmensbesteuerung, Festschrift für Erich Loitlsberger, Wien 1991, S. 47–66

Böcking, Hans-Joachim/ Nowak, Karsten, Marktorientierte Unternehmensbewertung – Darstellung und Würdigung der marktorientierten Vergleichsverfahren vor dem Hintergrund der deutschen Kapitalmarktverhältnisse, FB, 1. Jg. (1999), S. 169–176

Löhnert, Peter G./ Böckmann, Ulrich J., Multiplikatorverfahren in der Unternehmensbewertung, in: Volker H. Peemöller (Hrsg.), Praxishandbuch der Unternehmensbewertung, 4. Aufl., Herne 2009, S. 567–589

Moxter, Adolf, Grundsätze ordnungsmäßiger Unternehmensbewertung, 2. Aufl., Wiesbaden 1983, S. 132–167

Nowak, Karsten, Marktorientierte Unternehmensbewertung, 2. Aufl., Wiesbaden 2003, S. 159–219

3. Kapitel: Ertragswertverfahren – Relevanter Unternehmensertrag

Fall 7: Gesamtertrags- und Zuflussprinzip

Sachverhalt:

Sie werden mit der Aufgabe betraut, die Unternehmensbewertung der Fahrrad AG zu Verkaufszwecken zum 31. 12. 2010 durchzuführen. Der Eigentümer der Fahrrad AG legt Ihnen glaubwürdige Gewinnplanungen vor, nach denen der maßgebende Unternehmensgewinn sich in den nächsten Jahren auf stabilem Niveau bewegt:

Tabelle 20: Erwartete Unternehmensgewinne der Fahrrad AG

Jahr	**2011**	**2012**	**2013**	**ab 2014**
Gewinn (in €)	150 000	150 000	150 000	150 000

Aufgabenstellung:

- Stellen Sie das *Gesamtertragsprinzip* im vorliegenden Sachverhalt dar!
  - Zwei potenzielle Käufer haben die Vertragsverhandlungen aufgenommen. Beide Interessenten erwarten zunächst die jährliche Ausschüttung des zukünftig gleich bleibenden Gewinns von 150 000 Euro. Sie sind auf die gleiche Weise risikoscheu und kalkulieren mit der gleichen Alternativanlage in Höhe von 15 %. Dennoch bietet A einen Kaufpreis von 1 000 000 Euro und B einen Preis von 1 200 000 Euro. Wieso kommt es zu unterschiedlichen Grenzpreisen, obwohl beide Käufer mit den gleichen Größen kalkulieren? Verdeutlichen Sie den Zusammenhang zum Gesamtertragsprinzip!
  - Welche Schwierigkeiten ergeben sich für Sie bei der Ermittlung der verschiedenen Ertragskomponenten und welche Lösungsmöglichkeiten schlagen Sie zur genaueren Quantifizierung der Erträge vor? Wann ist eine typisierte Ertragswertermittlung erforderlich?
- Stellen Sie das *Zuflussprinzip* im vorliegenden Sachverhalt dar!
  - Sie erfahren im Gespräch, dass die Gewinne der Jahre 2011 bis 2013 vollständig investiert werden müssen, um auch zukünftig gleich hohe Gewinne zu gewährleisten. Ab 2014, so hofft der Verkäufer, können die Gewinne in vollem Umfang ausgeschüttet werden. Wieso werden bei der Unternehmensbewertung Ausschüttungen, nicht aber Gewinne diskontiert? Wie hoch ist der Unterneh-

menswert, wenn die Gewinne erst ab dem Jahr 2014 ausgeschüttet werden können und der adäquate Zinssatz 15 % beträgt?
- Wieso führt die Diskontierung der Gewinnreihe unter Berücksichtigung des Tatbestands, dass Ausschüttungen erst ab 2014 erfolgen können, zu einem falschen Ertragswert? Wie lässt sich diese Differenz ökonomisch erklären?

I. Gesamtertragsprinzip

1. Finanzielle und nicht finanzielle Ertragselemente

a) Erläuterung

Der Ertragswert eines Unternehmens ist die Summe aus finanziellem und nicht finanziellem Nutzen.[170] Auch wenn nicht finanzielle Ertragselemente stark von den individuellen Gegebenheiten des Bewerters abhängen, müssen sie von den Vertragsparteien bei der Kaufpreisfindung berücksichtigt werden, um den Konsumwert des Unternehmens nicht unvollständig und damit fehlerhaft zu erfassen.[171] Deshalb schließt das Gesamtertragsprinzip bei der Bewertung eines Unternehmens die Berücksichtigung finanzieller zukünftiger Erträge (wie z. B. Ausschüttungen) ebenso mit ein wie die Erfassung nicht finanzieller Ertragselemente (wie z. B. Reputation oder mit dem Erwerb verbundene persönliche Entfaltungsmöglichkeiten).[172]

b) Anwendung auf den Fall: Begründung unterschiedlicher Grenzpreise der Fahrrad AG

Bei einem Ausschüttungsstrom von jährlich gleich bleibend 150 000 Euro ab dem Planjahr 2011 und einem maßgebenden Kapitalisierungszins von 15 % ermitteln beide potenzielle Erwerber einen Ertragswert des finanziellen Ertragsstroms von 1 000 000 Euro:

$$EW = \frac{E}{i} = \frac{150\,000}{0{,}15} = 1\,000\,000\ €.$$

170 Vgl. *Moxter*, Grundsätze ordnungsmäßiger Unternehmensbewertung (1983), S. 75.

171 Vgl. *Ballwieser/Leuthier*, Grundprinzipien, Verfahren und Probleme der Unternehmensbewertung (Teil II), DStR 1986, S. 604 (S. 604).

172 Vgl. *Moxter*, Grundsätze ordnungsmäßiger Unternehmensbewertung (1983), S. 75; *ders.*, Präferenzstruktur und Aktivitätsfunktion des Unternehmers, zfbf 1964, S. 6 (S. 17); *Ballwieser*, Unternehmensbewertung, in: Köhler/Küpper/Pfingsten (Hrsg.), Handwörterbuch der Betriebswirtschaft (2007), Sp. 1781 (Sp. 1782).

B bewertet darüber hinaus die nicht finanziellen Vorteile, die ihm durch den Kauf des Unternehmens zufließen würden, zusätzlich mit 200 000 Euro. Käufer A zieht aus dem Unternehmenserwerb offensichtlich keine nicht finanziellen Vorteile; denn er ist nicht dazu bereit, mit dem Kaufpreis mehr als die zu erwartenden finanziellen Ertragselemente zu vergüten.

2. Ermittlungsprobleme nicht finanzieller Vorteile

a) Ertragsabstufungsprinzip

Theoretisch kann ein Käufer – wenn auch unter extrem restriktiven Annahmen – einschätzen, welchen Nutzen ihm die nicht finanziellen Elemente stiften, und diesen Nutzen in Geldeinheiten umrechnen. In der Praxis sind dagegen der Berücksichtigung nicht finanzieller Erfolgskomponenten enge Grenzen gesetzt. Käufer und Verkäufer haben meist nur vage Vorstellungen über deren Vorhandensein und sind kaum dazu in der Lage, ihren Wert unter Verweis auf ihre individuelle Nutzenfunktion zu ermitteln. Selbst wenn die Vertragsparteien im Idealfall klare Vorstellungen über den Gesamtgrenzpreis haben, können aus ihm die nicht finanziellen Ertragselemente kaum isoliert abgeleitet, gewichtet und bewertet werden. Das Problem, nicht finanzielle Ertragswertelemente zu identifizieren und zu bewerten, verschärft sich für den externen Bewerter. Ihm ist kaum bekannt, welche Ertragsvorteile nicht finanzieller Art Käufer und Verkäufer bei der Bestimmung des Grenzpreises mit einbeziehen. Auch kann er nicht damit rechnen, wahrheitsgetreue Aussagen von den Verhandlungsparteien zu erhalten.

Eine Lösungsmöglichkeit zur Berücksichtigung nicht finanzieller Vorteile bietet das Ertragsabstufungsprinzip.[173] Anhand einer mehrstufigen Ermittlungstechnik bezieht der Bewerter zunächst nur finanzielle Ertragselemente in die Wertfindung mit ein. Der Ertragswert wird dann stufenweise um nicht finanzielle Komponenten erweitert, soweit diese quantifizierbar sind. Dadurch verringert sich die Verlässlichkeit von Ertrag und Ertragswert mit jeder Ermittlungsstufe. Nicht finanzielle Elemente, denen objektiv kein Geldwert zugemessen werden kann, gehen nicht in die Kalkulation mit ein. Um Fehleinschätzungen zu vermeiden, werden sie lediglich verbal beschrieben. Das Ertragsabstufungsprinzip wirkt auch auf den Wertansatz der identifizierten finanziellen und nicht finanziellen Vorteile. Bei der Bewertung unsicherer Ertragskomponenten ermittelt der Bewerter zunächst einen erzielbaren Mindestertrag, den der Unternehmer mit hoher Sicherheit aus der Unternehmensinvestition erzielen kann. Dieser relativ sichere Ertragswert, der im Zweifel mit dem Mindestliquidationswert des Unternehmens zusammenfällt, wird um zunehmend unsichere Ertragskomponenten erweitert. Nicht quantifizierbare Elemente werden auch hier nur verbal erörtert.

---

173 Vgl. *Moxter*, Grundsätze ordnungsmäßiger Unternehmensbewertung (1983), S. 76.

b) Typisierte Ertragswertermittlung

Bei einer typisierten Ertragswertermittlung werden aus Objektivierungs- und Vereinfachungsgründen pauschale, nicht widerlegbare Annahmen über die Ertragswirksamkeit bestimmter Wertkomponenten getroffen. Ihr entspricht es beispielsweise, davon auszugehen, dass der Unternehmenswert nur von finanziellen Vorteilen bestimmt wird. Nicht finanzielle Vorteile, mit deren Quantifizierung der Bewerter regelmäßig überfordert ist, bleiben außen vor. Darüber hinaus gibt es Verkaufssituationen, in denen der Bewertungsanlass die Ermittlung eines typisierten, verallgemeinerungsfähigen Ertragswerts erfordern kann. Dies ist insbesondere bei Abfindungen von einer großen Zahl von Unternehmensbeteiligten, wie z. B. Minderheitsaktionären, der Fall. Hier rechnet der Bewerter zumeist für alle Abzufindenden mit den gleichen typisierten Erträgen und den gleichen typisierten Alternativerträgen.

II. Zuflussprinzip

1. Gewinne versus Ausschüttungen

a) Erläuterung

Der Wert eines Unternehmens richtet sich nach den *Konsummöglichkeiten*, die das Unternehmen dem Eigentümer zukünftig erschließt. Die Höhe des maximal möglichen Konsums bestimmt sich nach der Höhe der Ausschüttungen, die der Unternehmer aus der Investition „Unternehmen" erzielen kann. Gewinne, die das Unternehmen erzielt, die es aber nicht ausschütten kann, da sie z. B. für zukünftige Investitionen benötigt werden, sind für den Unternehmer wertlos, weil er sie nicht zur eigenen Bedürfnisbefriedigung einsetzen kann. Sie gehen nur insoweit in die Berechnung des Unternehmenswerts ein, wie sie zukünftige Mehrausschüttungen ermöglichen; denn nur ausschüttungsrelevante Zahlungen werden erfasst. Es gilt das *Zuflussprinzip*.[174]

Das Gesamtertragsprinzip ergänzt das Zuflussprinzip. Zu den Ausschüttungen gehören sämtliche Nettozuflüsse, die der Investor aus (und wegen) seiner Unternehmensinvestition erhält. Dazu zählen Gewinnauszahlungen und Kapitalrückzahlungen ebenso wie Zuschüsse, die andere (z. B. der Staat) dem Investor auf Grund seiner Beteiligung am Unternehmen gewähren. Auch Ausgabenersparnisse, die dem Eigner zugute kommen, wie die private Nutzung eines Firmenwagens oder des Firmenhandys,[175] steigern seine Konsummöglichkeiten. Sie sind folglich werterhö-

---

174 Vgl. *Moxter*, Grundsätze ordnungsmäßiger Unternehmensbewertung (1983), S. 79.

175 Vgl. *Maul*, Offene Probleme der Bewertung von Unternehmen durch Wirtschaftsprüfer, DB 1992, S. 1253 (S. 1256).

hend zu erfassen. Dagegen müssen (geplante) Kapitaleinzahlungen in das Unternehmen vom Ausschüttungsstrom abgezogen werden.

Der Gewinn, verstanden als Jahresüberschuss, ist der Betrag, um den die Erträge eines Geschäftsjahres die zugehörigen Aufwendungen übersteigen. Er hat keine direkte Bedeutung für die Bestimmung des geplanten Ausschüttungsstroms. Indirekte Bedeutung kommt ihm aber dadurch zu, dass an ihn ausschüttungsrelevante Zahlungen, die das Konsumniveau senken, anknüpfen. So werden bestimmte Steuerauszahlungen, Tantiemen an leitende Angestellte und die Vergütung stiller Gesellschafter häufig in Abhängigkeit vom Jahresüberschuss ermittelt. Des Weiteren kann der vergangene Jahresüberschuss wesentliche Anhaltspunkte für die Schätzung zukünftiger Auszahlungsreihen bieten und die Einzahlungs- und Auszahlungsprognosen deutlich erleichtern.

Im Gegensatz zum Jahresüberschuss kann der Bilanzgewinn nicht als Indikator der Ertragskraft des Unternehmens dienen. Der Bilanzgewinn resultiert aus dem Jahresüberschuss, vermindert um Rücklagenzuführungen und erhöht um Rücklagenauflösungen. Er kann damit – je nach aktueller Rücklagenpolitik – deutlich unter oder deutlich über dem Jahresüberschuss liegen. Er informiert über den Betrag, der (in der nächsten Hauptversammlung) maximal zur Ausschüttung gelangen kann (oder soll). Dadurch liefert der Bilanzgewinn allenfalls Anhaltspunkte über das erste Glied der geplanten zukünftigen Ausschüttungsreihe des Unternehmens sowie Einsichten in die Thesaurierungspolitik des Managements bzw. der bisherigen Unternehmenseigner.

b) Anwendung auf den Fall: Beachtung der ausschüttungsrelevanten Zahlungen der Fahrrad AG

Kann die Ausschüttung erstmals ab dem Jahre 2014 beginnen, ergibt sich daraus folgender Unternehmenswert:

$$EW = \frac{0}{1{,}15^1} + \frac{0}{1{,}15^2} + \frac{0}{1{,}15^3} + \frac{\frac{150\,000}{0{,}15}}{1{,}15^3} = 657\,516\text{ €}.$$

2. Doppelzählungsverbot

a) Erläuterung

Die Diskontierung der Gewinnreihe führt zu einem falschen Unternehmenswert. Gewinne werden doppelt erfasst. Der Eigner der Fahrrad AG kann nicht den Jahresüberschuss des ersten Planjahres (150 000 Euro) ausschütten und gleichzeitig damit rechnen, dass er zukünftig aus der Wiederanlage des Jahresüberschusses im

Unternehmen Zusatzgewinne für Konsumzwecke erwirtschaftet (*Doppelzählungs-verbot*). Genau dieses Vorgehen unterstellt aber der Bewerter, der die Reihe der Jahresüberschüsse statt die Reihe der Ausschüttungen diskontiert.

b) Anwendung auf den Fall: Bewertungsfehler bei der Fahrrad AG

Der Doppelzählungsfehler beträgt 342 484 Euro:

$$EW - Differenz = 1\,000\,000 - 657\,516 = 342\,484 \text{ €}.$$

Die Anzahl der Jahre, in denen der Gewinn thesauriert wird, korreliert negativ mit dem Ertragswert. Der Ertragswert wird umso geringer, je länger der Gewinn nicht ausgeschüttet werden kann. Abbildung 4 zeigt den negativen Zusammenhang.

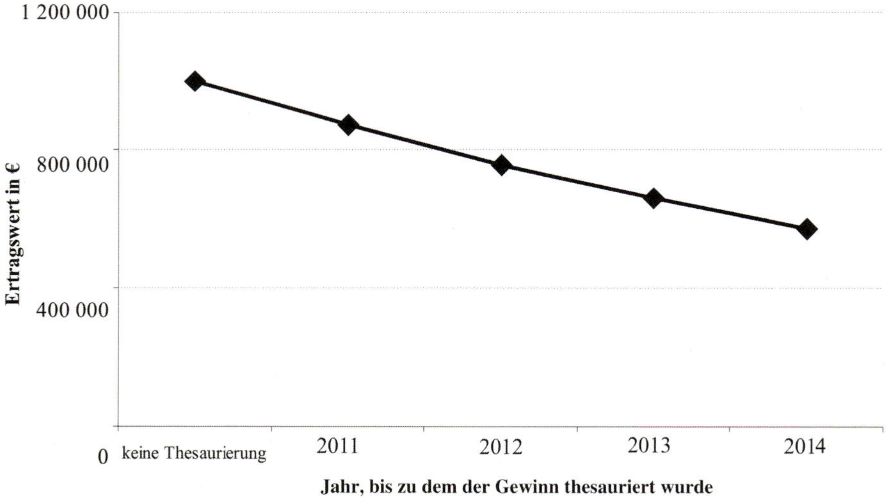

Abbildung 4: Entwicklung des Ertragswerts in Abhängigkeit von der Gewinn-thesaurierung

Dabei wirkt sich ein Verzicht auf Ausschüttungen in den ersten Jahren besonders stark auf den Ertragswert aus, denn (fehlende) Ausschüttungen in den ersten Plan-jahren werden geringer diskontiert und haben somit ein stärkeres Gewicht auf den Ertragswert als spätere (unterlassene) Ausschüttungen.

Weiterführende Literatur

Ballwieser, Wolfgang, Unternehmensbewertung, in: Richard Köhler/Hans-Ulrich Küpper/Andreas Pfingsten (Hrsg.), Handwörterbuch der Betriebswirtschaft, 6. Aufl., Stuttgart 2007, Sp. 1781–1789

Ballwieser, Wolfgang/Leuthier, Rainer, Grundprinzipien, Verfahren und Probleme der Unternehmensbewertung (Teil II), DStR, 24. Jg. (1986), S. 604–610

Maul, Karl-Heinz, Offene Probleme der Bewertung von Unternehmen durch Wirtschaftsprüfer, DB, 45. Jg. (1992), S. 1253–1259

Moxter, Adolf, Präferenzstruktur und Aktivitätsfunktion des Unternehmers, zfbf, 16. Jg. (1964), S. 6–35

ders., Grundsätze ordnungsmäßiger Unternehmensbewertung, 2. Aufl., Wiesbaden 1983, S. 75–84

Fall 8: Verbundproblematik

Sachverhalt:

Mit dem Gesamtbewertungsprinzip verbunden ist ebenfalls das Verbundberücksichtigungsprinzip, und häufig werden als zentrale Motive für Unternehmenskäufe und -zusammenführungen Synergie- und Verbundvorteile genannt.[176] Dessen ungeachtet lehnte insbesondere die Judikatur häufig die Einbeziehung sog. echter Synergieeffekte ab.[177]

Aufgabenstellung:

– Was versteht man unter *Synergievorteilen*?
– Sind *Synergievorteile bei der Abfindung* zwingend zu berücksichtigen?

I. Echte und unechte Synergievorteile

Echte Synergievorteile sind finanzielle Möglichkeiten, die sich ohne den Zusammenschluss zweier oder mehrerer Unternehmen nicht realisieren ließen.[178] Die Literatur bezeichnet sie als „1 + 1 = 3“[179]-Effekt.

Echte Synergie- oder Verbundvorteile können auf vielfältige Art und Weise entstehen.[180] Der Unternehmenszusammenschluss kann infolge von Economies of Scale und Economies of Scope zu Effizienzsteigerungen führen. Infolge eines verringerten Konkurrenzdrucks können sich verbesserte Absatzchancen und -konditionen ergeben. Synergieeffekte können aber auch in der Verringerung der zukünftigen betrieblichen Auszahlungen bestehen. Einsparungspotenziale liegen möglicherweise in einer gemeinsamen Nutzung des Vertriebsnetzes, der Werbemedien, in der Realisierung von Mengenrabatten durch Zusammenlegung des Einkaufs oder in der Koordination von Forschungsprogrammen und Verwaltungsabläufen.

176 Vgl. *Heurung/Kurtz/Wagener*, Zur Berücksichtigung unterschiedlicher Kapitalstrukturen im Rahmen der Unternehmensbewertung bei Verschmelzungstatbeständen, WPg 1999, S. 797 (S. 797).

177 Vgl. BayObLG, Beschluss v. 19. 10. 1995 – 3 Z BR 17/90, AG 1996, S. 127 (S. 128); OLG Celle, Beschluss v. 31. 7. 1998 – 9 W 128/97, AG 1999, S. 128 (S. 130). Der BGH schließt indessen in seinem Beschluss vom 12. 3. 2001 erstmals den Einbezug von Verbundeffekten nicht aus, vgl. BGH, Beschluss v. 12. 3. 2001 – II ZB 15/00, BB 2001, S. 1053 (S. 1056–1057).

178 Vgl. IDW Standard: Grundsätze zur Durchführung von Unternehmensbewertungen (IDW S 1 i. d. F. 2008), IDW FN 2008, S. 271 (S. 278, Rn. 50).

179 *Mandl/Rabel*, Unternehmensbewertung (1997), S. 164.

180 Vgl. *Valcárel*, Ermittlung und Beurteilung des „strategischen Zuschlags“ als Brücke zwischen Unternehmenswert und Marktpreis, DB 1992, S. 589 (S. 592).

Von den echten Synergievorteilen sind die *unechten Synergieeffekte* zu unterscheiden. Auch wenn sie häufig erst im Zuge einer tiefgreifenden Veränderung der Gesellschaftsstruktur aufgedeckt werden, erfordert ihre Verwirklichung keinen Zusammenschluss mehrerer Unternehmen und keine Veräußerung des „synergietragenden“ Unternehmens.[181] Unechte Synergieeffekte resultieren insbesondere aus Ineffizienzen, die mit der gegenwärtigen Unternehmensstruktur verbunden sind und die von einem sachkundigen Management aus eigener Kraft behoben werden könnten. Zu denken wäre hierbei an die Beseitigung ineffizienter Produktionsabläufe, die der Käufer nach dem Erwerb des Unternehmens vornimmt.

II. Synergieeffekte in der Unternehmensbewertung

Ob Synergieeffekte bei Abfindungen zu berücksichtigen sind oder nicht, ist umstritten. In einer freien Verhandlungssituation kann die Antwort darauf den Marktkräften überlassen bleiben. Es liegt dann an dem Verhandlungsgeschick und an der Verhandlungsmacht von Käufer und Verkäufer bzw. Abzufindendem und Abfindendem, ob Synergieeffekte den Kaufpreis erhöhen oder nicht.

Anders verhält es sich, wenn Minderheitsgesellschafter gegen ihren Willen zum Ausscheiden gezwungen werden. Veränderungen in der Gesellschaftsstruktur – wie etwa der Abschluss eines Gewinnabführungs- oder Beherrschungsvertrags,[182] die Eingliederung,[183] Verschmelzung oder Umwandlung[184] – drängen den Minderheitsgesellschafter häufig in eine Rechtsposition, in der sein Beteiligungsverhältnis keinen oder nur noch einen geringen wirtschaftlichen Wert hat. Ihm bleibt dann häufig nur noch das „freiwillige“ Ausscheiden aus dem Unternehmen, indem er das Abfindungsangebot des Mehrheitsgesellschafters akzeptiert. Anderenfalls kann er nicht mehr mit Ausschüttungen aus dem Unternehmen rechnen. Das Gesetz schützt in diesen Fällen den Minderheitsgesellschafter vor den nachteiligen Folgen dieser Eingriffe. Diese dürfen nur durchgeführt werden, wenn der Minderheitsgesellschafter vollständig für den Verlust oder die Entwertung seiner Rechtsposition entschädigt wird. Er hat einen verfassungsrechtlichen Anspruch auf eine „angemessene“ Abfindung, die in bar oder durch Hingabe von Aktien der Hauptgesellschaft erfolgen kann.[185] Gemäß dem Bundesverfassungsgericht ist die „angemessene“ Abfindung der „vollen“ Abfindung gleichzusetzen.[186] Danach hat der Minderheitsgesellschafter Anspruch auf eine Abfindung, die mindestens dem finanziellen Wert seiner aufgegebenen Rechtsposition entspricht. Die Entschädi-

181 Vgl. IDW Standard: Grundsätze zur Durchführung von Unternehmensbewertungen (IDW S 1 i. d. F. 2008), IDW FN 2008, S. 271 (S. 278, Rn. 51).
182 Vgl. § 305 AktG.
183 Vgl. § 320 AktG.
184 Vgl. §§ 29 ff. UmwG.
185 Vgl. § 305 Abs. 2 AktG.
186 Vgl. BVerfG, Urteil v. 7. 8. 1962 – 1 BvL 16/60, AG 1962, S. 249 (S. 252).

gung muss die bisherige Ertragslage der Gesellschaft unter Beachtung der Zukunftsaussichten berücksichtigen.[187]

Umstritten ist, ob der Minderheitsgesellschafter mit seiner Rechtsposition auch Synergievorteile aufgibt, die erst nach seinem Ausscheiden aus dem Unternehmen realisiert werden (können).[188] In einer freien Verhandlungssituation könnte der Mehrheitsgesellschafter möglicherweise seine beherrschende Stellung auch in den Vertragsverhandlungen durchsetzen und sich bei seinem Abfindungsangebot mit Erfolg an dem Grenzpreis des Minderheitsaktionärs orientieren. Die Synergievorteile fänden dann keine Berücksichtigung. Für ihre Vernachlässigung spricht auch, dass sie erst nach dem Ausscheiden der Minderheiten verwirklicht werden und dass der Großaktionär vielleicht noch weitere Maßnahmen treffen muss, um die Synergieeffekte hervorzurufen. Andererseits sollen die gesetzlichen Abfindungsregeln gerade berücksichtigen, dass die Minderheiten häufig gegen ihren Willen aus dem Unternehmen ausscheiden. Würden sie in ihm verbleiben und an den zukünftigen Ertragsausschüttungen „fair“ beteiligt, käme ihnen auch anteilig der Synergievorteil zugute. In einer freien Verhandlungssituation würde der Minderheitsaktionär daher häufig um die Synergievorteile wissen und vom Käufer seiner Anteile eine entsprechende Vergütung verlangen.[189] Eine anteilige Aufteilung des quantifizierbaren Synergievorteils, die nicht zwingend dem arithmetischen Mittel entsprechen muss, ist daher nahe liegend.[190]

Weiterführende Literatur

Böcking, Hans-Joachim, Das Verbundberücksichtigungsprinzip als Grundsatz ordnungsmäßiger Unternehmensbewertung, in: Wolfgang Ballwieser u. a. (Hrsg.), Bilanzrecht und Kapitalmarkt, Festschrift für Adolf Moxter, Düsseldorf 1994, S. 1407–1434

Busse von Colbe, Walther, Berücksichtigung von Synergien versus Stand-alone-Prinzip bei der Unternehmensbewertung, ZGR, 23. Jg. (1994), S. 598–609

Hommel, Michael, Zum Abfindungsbeschluss des Bundesverfassungsgerichts, INF, 54. Jg. (2000), S. 49–57

---

187 Vgl. *Hommel*, Zum Abfindungsbeschluss des Bundesverfassungsgerichts, INF 2000, S. 49 (S. 50).

188 Vgl. *Drukarczyk*, Zum Problem der angemessenen Barabfindung bei zwangsweise ausscheidenden Anteilseignern, AG 1973, S. 357 (S. 357); BayObLG, Urteil v. 19. 10. 1995 – 3Z BR 17/90, AG 1996, S. 127 (S. 127).

189 Vgl. *Hommel/Braun*, Marktorientierte Unternehmensbewertung – der Börsenkurs auf dem Prüfstand, BB 2002, Beilage 6, S. 10 (S. 12–14).

190 Vgl. *Böcking*, Das Verbundberücksichtigungsprinzip als Grundsatz ordnungsmäßiger Unternehmensbewertung, in: Ballwieser u. a. (Hrsg.), FS Moxter (1994), S. 1407 (S. 1424–1430).

Fall 9: Vergangenheits- und Vorschauanalyse

Sachverhalt:

Die Düsseldorfer Dubiosus AG entwickelt und vertreibt Beratungssoftware. Der Geschäftsführer hat sich entschlossen, das Wachstum des noch jungen Unternehmens durch einen Börsengang zu finanzieren. Als Emissionsbegleiter der MD-Bank haben Sie ein erstes Gespräch mit ihm vereinbart. Ihre Aufgabe ist es, einen möglichen Emissionspreis für das Unternehmen zu ermitteln. Dazu legt Ihnen der Geschäftsführer vier Gewinn- und Verlustrechnungen der Jahre 2007 bis 2010 vor, auf deren Grundlage die zukünftigen Erträge der Dubiosus AG abgeleitet werden sollen.

Tabelle 21: Gewinn- und Verlustrechnungen der Dubiosus AG

Gewinn- und Verlustrechnungen (in T€)	**2007**	**2008**	**2009**	**2010**
Umsatzerlöse	9 566	13 879	22 999	32 890
+ Erhöhung des Bestands an fertigen/unfertigen Erzeugnissen	79	185	245	450
– Materialaufwand	20	25	33	41
– Personalaufwand	2 399	4 225	6 234	7 765
– Abschreibungen	300	460	510	600
– Sonstige betriebliche Aufwendungen	1 290	2 250	3 105	2 522
+ Finanzergebnis	–42	–65	–110	–500
Ergebnis der gewöhnlichen Geschäftstätigkeit	5 594	7 039	13 252	21 912
– Außerordentlicher Aufwand	0	0	0	2 900
+ Außerordentlicher Ertrag	1 000	0	0	0
Jahresüberschuss	6 594	7 039	13 252	19 012

Aus dem Anhang entnehmen Sie die in Tabelle 22 (auf S. 100) aufgelisteten Zusatzinformationen.

Tabelle 22: Sonstige betriebliche Aufwendungen der Dubiosus AG

Sonstiger betrieblicher Aufwand (in T€)	2007	2008	2009	2010
Reisekosten	202	490	605	783
Miete	280	400	450	510
Werbung/Marketing	500	760	1 195	205
Sonstiges	308	600	855	1 024
Summe	1 290	2 250	3 105	2 522

Der außerordentliche Ertrag in 2007 stammt aus dem Verkauf eines Grundstücks.

In 2008 wurde die Entwicklung einer Spezial-Beratungssoftware für die VC-Gesellschaft für den Verkaufspreis von 5 000 TEuro vertraglich vereinbart, auf Grund von Entwicklungsproblemen konnte das Produkt jedoch erst im Folgejahr zum Festpreis an den Kunden verkauft und als Umsatz eingebucht werden.

Im Jahr 2007 wurden Server zum Preis von 200 TEuro gekauft und über eine betriebsgewöhnliche Nutzungsdauer von zehn Jahren linear abgeschrieben. (Der Unternehmer teilt Ihnen ergänzend mit, dass er, nachdem er die Bilanz für das Jahr 2010 schon erstellt hatte, feststellen musste, dass ein Technologieschub eingetreten ist. Er wird deshalb bereits nach fünf Jahren – also Ende 2011, Anfang 2012 – neue Server anschaffen müssen.)

Der außerordentliche Aufwand 2010 besteht aus Verfahrenskosten eines abgeschlossenen Rechtsstreits.

Hinweis: Die Inflationsrate belief sich zwischen 2007 und 2010 auf jährlich 5 %.

Aufgabenstellung:

- Stellen Sie die *Vergangenheitsanalyse* im vorliegenden Sachverhalt dar!
  - Der Unternehmenswert bemisst sich nach den zukünftig aus einem Unternehmen erzielbaren Ausschüttungen. Verdeutlichen Sie, warum eine Vergangenheitsanalyse dennoch für eine Unternehmensbewertung von fundamentaler Bedeutung ist! Durch welche bilanzpolitischen Maßnahmen bzw. Ereignisse kann der Jahresüberschuss der vergangenen Referenzjahre positiv beeinflusst werden? Nennen Sie Beispiele!
  - Analysieren Sie die Gewinn- und Verlustrechnungen sowie den Anhang der Dubiosus AG. Welche Gewinnkorrekturen schlagen Sie im Rahmen des Aufbereitungsprozesses als Prognosebasis vor? Begründen Sie Ihre Antwort! Stellen Sie die für Prognosezwecke bereinigten Erfolgsrechnungen für die Jahre 2007 bis 2010 auf!

- Anschließend an die Vergangenheitsanalyse ist die *Vorschauanalyse* durchzuführen.
  - In deren Rahmen stellen die Ertragsfaktorenanalyse sowie die Schwerpunktplanung zwei wichtige Elemente zur Abschätzung zukünftiger Ertragskraft dar. Welche Anforderungen stellen sie an den Bewerter?
  - Die bereinigten Jahresabschlüsse der Jahre 2007 bis 2010 dienen im Folgenden als Ausgangslage, um im Rahmen des geplanten Börsengangs der Dubiosus AG die Zukunftsprognosen abzuleiten. Als Mitarbeiter der MD-Bank können Sie folgende mögliche Entwicklungen der Dubiosus AG und deren Eintrittswahrscheinlichkeiten einem Bericht Ihrer Research-Abteilung entnehmen:

    Tabelle 23: Zukünftige Szenarien der Dubiosus AG

Szenario	**Umsatzwachstum**	**Eintrittswahrscheinlichkeit**
1	100 %	15 %
2	50 %	60 %
3	10 %	25 %

    Das Umsatzwachstum bezieht sich auf alle Folgejahre, ausgehend vom Jahr 2010. Nehmen Sie weiterhin an, dass die zukünftigen Werttreiber aller Aufwands- und Ertragspositionen mit denen des Jahres 2010 identisch sind. Erstellen Sie auf der Grundlage dieser Informationen Plan-Ertragsrechnungen für die Jahre 2011 bis 2013!
  - Welche Jahresüberschüsse kann die Dubiosus AG in den drei zukünftig möglichen Situationen für die Geschäftsjahre 2011 bis 2013 erwarten?
- Ermitteln Sie den *Ertragswert* der Dubiosus AG zum 31. 12. 2010. Gehen Sie dabei davon aus, dass die nominalen Ausschüttungen ab dem Jahr 2013 konstant bleiben, der nominale Kapitalisierungszinssatz 15 % beträgt und risikoäquivalent zu den Erwartungswerten der zukünftigen Erträge ist.

I. Vergangenheitsanalyse

1. Erläuterung

a) Auswertung vergangener Jahresabschlüsse

Vergangene Jahresabschlüsse liefern relevante Informationen über den bisherigen Erfolg eines Unternehmens und beeinflussen die Ertragserwartungen der Zukunft.[191] Sie geben Hinweise auf die Verlässlichkeit der vorgelegten oder erstellten Plandaten.[192] So dient die Analyse der vergangenen Geschäftsjahre dazu, mit dem zu bewertenden Unternehmen vertraut zu werden und das Geschäftsfeld und -umfeld näher kennen zu lernen. Wesentliche Werttreiber, die für den Erfolg des Unternehmens maßgeblich sind, können identifiziert und ihre Veränderungen im Zeitablauf beobachtet werden.[193] Das Konzept der Portfolio-Matrix kann ergänzend dazu dienen, strategische Geschäftseinheiten zu identifizieren und auf ihren Erfolgsbeitrag hin zu analysieren. Dadurch können Informationen über die aktuelle Unternehmenssituation und Ansatzpunkte zur Entwicklung einer zukünftigen Strategie innerhalb der jeweiligen Geschäftseinheiten gewonnen werden.[194] Die Vergangenheitsdaten bilden den Ausgangspunkt für die Prognose möglicher Entwicklungen und notwendiger Plausibilitätsüberlegungen vor dem Hintergrund der vergangenen Markt- und Umweltentwicklungen.[195]

Ausgangsbasis ist der Letztjahresgewinn. Er ist als der ausschüttungsfähige Ertrag definiert, der zukünftig realisierbar wäre, wenn sich die Bedingungen des letzten Jahres in der Zukunft unverändert wiederholen.[196] Der Letztjahresgewinn schafft Vertrautheit mit dem Unternehmen. Er basiert im Wesentlichen auf nachprüfbaren vergangenen Entwicklungen und Zahlenmaterialien. Trotz des strengen Vergangenheitsbezugs fließen (bereits) in seine Ermittlung subjektive Elemente mit ein, denn der Bewerter muss den Letztjahresgewinn um solche positiven und negativen Ertragsbestandteile bereinigen, die er – mangels Wiederkehrvermutung – nicht für prognosetauglich hält. Erst in einem zweiten Schritt, der Vorschauanalyse, wird der Letztjahresgewinn stufenweise modifiziert, indem an die Stelle der beobachteten Umwelteinflüsse und Unternehmensstrategien die für die Zukunft mit höherer Wahrscheinlichkeit erwarteten Alternativentwicklungen oder geplanten Strategien treten. Indem der Bewerter Abweichungen von den vergangenen Datenmaterialien begründen muss, verliert die für die Unternehmensbewertung unerlässliche Zukunftsbetrachtung in diesem Sinne einen Teil ihres rein spekulativen Elements. Die Annahmen des Bewerters werden nachvollziehbarer.

---

191 Vgl. *Moxter*, Grundsätze ordnungsmäßiger Unternehmensbewertung (1983), S. 107. Vgl. zur Vergangenheitsanalyse *Ballwieser*, Unternehmensbewertung (2007), S. 16–46.

192 Vgl. *Mandl/Rabel*, Unternehmensbewertung (1997), S. 146.

193 Vgl. IDW Standard: Grundsätze zur Durchführung von Unternehmensbewertungen (IDW S 1 i. d. F. 2008), IDW FN 2008, S. 271 (S. 280, Rn. 72–74); *Popp*, Vergangenheits- und Gegenwartsanalyse, in: Peemöller (Hrsg.), Praxishandbuch der Unternehmensbewertung (2009), S. 172.

194 Vgl. *Ballwieser/Leuthier*, Grundprinzipien, Verfahren und Probleme der Unternehmensbewertung (Teil II), DStR 1986, S. 604 (S. 605).

195 Vgl. IDW Standard: Grundsätze zur Durchführung von Unternehmensbewertungen (IDW S 1 i. d. F. 2008), IDW FN 2008, S. 271 (S. 280, Rn. 70).

196 Vgl. *Moxter*, Grundsätze ordnungsmäßiger Unternehmensbewertung (1983), S. 115.

b) Bereinigung der vergangenen Jahresabschlüsse

aa) Ansatz- und Bewertungswahlrechte

Der Verkäufer kann versuchen, den Jahresüberschuss des letzten Jahres oder der letzten Jahre strategisch zu erhöhen, um zu suggerieren, dass die Ertragssituation des zum Verkauf stehenden Unternehmens besonders gut ist. Dazu bestehen vielfältige Möglichkeiten, die von dem außenstehenden Bewerter oftmals schwer zu durchschauen sind. So kann der Unternehmer die Höhe des Jahresüberschusses durch bestimmte Ansatz- und Bewertungswahlrechte legal beeinflussen.[197] Die Bilanzierungswahlrechte können sich explizit aus den gesetzlichen Vorschriften ergeben, wie die Möglichkeit zur Aktivierung selbst geschaffener immaterieller Vermögensgegenstände des Anlagevermögens[198] oder der (Nicht-)Bildung von Aufwandsrückstellungen.[199] Sie können sich aber auch implizit ergeben, weil der Ansatz bestimmter Bilanzpositionen subjektive Wertbeurteilungen durch den Unternehmer voraussetzt. So dürfen Vermögensgegenstände nur aktiviert werden, wenn sie dem Unternehmen noch einen zukünftigen vermögenswerten Vorteil versprechen. Ob dieser Tatbestand zum jeweiligen Bilanzstichtag vorliegt, kann insbesondere bei immateriellem Anlagevermögen von Unternehmensfremden kaum verlässlich beurteilt werden und eröffnet dem Bilanzierenden große Bewertungsspielräume. Plant der Bilanzierende den Verkauf seines Unternehmens, so wird er die Werthaltigkeit der Vermögensgegenstände sehr positiv einschätzen und im Zweifel (außerordentliche) Abschreibungen unterlassen. Gleichermaßen schwierig ist die Beurteilung, ob Rückstellungen in ausreichendem Maße gebildet wurden. Ihr Ansatz und ihre Bewertung hängen zentral von den Eintrittswahrscheinlichkeiten ab, die sich in vielen Fällen – wenn überhaupt – nur subjektiv bestimmen lassen. Ein Verkäufer wird dazu neigen, Rückstellungen eher zu niedrig anzusetzen.

bb) Inflationswirkungen

Auch die Inflation kann den Aussagewert des Jahresüberschusses verzerren, wenn die Bilanzierung, wie nach dem HGB vorgesehen, dem Nominalwertprinzip folgt.[200] Liegt zwischen der Produktion eines Guts und seinem Absatz ein nicht unerheblicher Zeitraum und gelingt es dem Unternehmen, die Inflation in seinen Verkaufspreisen weiterzugeben, so stehen in der Gewinn- und Verlustrechnung den inflationsaufgeblähten Umsatzerlösen inflationsfreie Herstellungsaufwendungen gegenüber. Der Jahresüberschuss wird systematisch zu hoch ausgewiesen, wenn keine gesicherten Anhaltspunkte dafür bestehen, dass sich diese Entwicklung in der Zukunft unverändert fortsetzen wird. Der dabei drohende Bewertungsfehler zeigt sich, wenn die Inflation zum Stillstand kommt oder in Zeitabständen wirksam wird, die größer sind als die Zeitspanne, die zwischen der Produktion und dem Absatz

---

197 Vgl. *Mandl/Rabel*, Unternehmensbewertung (1997), S. 147.

198 Vgl. § 248 Abs. 2 HGB.

199 Vgl. § 249 Abs. 1 Satz 2 und Abs. 2 HGB.

200 Vgl. *Moxter*, Grundsätze ordnungsmäßiger Unternehmensbewertung (1983), S. 108.

eines Produkts liegt: Der Jahresüberschuss fällt in Höhe der „Inflationsgewinne" niedriger aus. Sollen die Vergangenheitsdaten als Prognosebasis für die Planerfolgsrechnungen tauglich sein, müssen sie um diese Verfälschungen korrigiert werden.

cc) Unterlassung von Instandhaltungen sowie Forschung und Entwicklung

Der Jahresüberschuss kann darüber hinaus durch nicht bilanzwirksame Maßnahmen künstlich erhöht werden. So kann der Unternehmer notwendige Forschungs- und Werbeausgaben ebenso unterlassen wie Instandhaltungen, die zur Erhaltung der Leistungsfähigkeit des Unternehmens notwendig sind. Im Vergleich zu den Vorjahren, in denen diese Ausgaben noch im notwendigen Umfang durchgeführt wurden, weist die Gewinn- und Verlustrechnung niedrigere Aufwendungen und einen entsprechend höheren Jahresüberschuss aus. Eine Rückstellungspflicht besteht für diese unterlassenen Maßnahmen nicht, weil sie zum Bilanzstichtag keine Verpflichtung gegenüber Dritten darstellen und folglich nicht die Passivierungsvoraussetzungen der handelsrechtlichen Grundsätze ordnungsmäßiger Buchführung erfüllen. Für Prognosezwecke müssen diese Maßnahmen jedoch berücksichtigt werden. Dabei ist es für den außenstehenden Bewerter häufig schwierig festzustellen, ob Aufwandsrückgänge durch eine verbesserte Unternehmensorganisation oder durch (bilanzpolitisch motivierte) Versäumnisse hervorgerufen wurden.

dd) Bilanzmanipulationen

Der Jahresüberschuss kann nicht zuletzt durch Verstöße gegen die handelsrechtlichen Grundsätze ordnungsmäßiger Bilanzierung oder andere Gesetze manipuliert werden. So mag der verkaufswillige Unternehmer dazu neigen, Rechnungen bereits vor vollständiger Leistungserbringung zu stellen und die entsprechenden Umsatzerlöse bereits mit dem (fiktiven) Rechnungsdatum einzubuchen, auch wenn die Lieferung oder Leistung im Rechtssinne erst nach dem Bilanzstichtag erfolgt.[201] Gleichzeitig kann er daran denken, bis zum Bilanzstichtag erhaltene (nicht aktivierungsfähige) Dienstleistungen erst nach diesem Zeitpunkt zu erfassen, wenn das Datum der Rechnungserstellung dies scheinbar stützt. Es bestehen aber auch Möglichkeiten, den Jahresüberschuss durch Scheingeschäfte bewusst zu erhöhen. So mag der Unternehmer daran denken, eine (erbrachte) Beratungsleistung als Umsatzforderung einzubuchen, bei der sich dann nach dem Bilanzstichtag (für ihn wenig) überraschend herausstellt, dass die erstellte Rechnung von dem Kunden mangels hinreichender Vertragsbindung nicht akzeptiert wird.

201 Verstoß gegen § 252 Abs. 1 Nr. 4 HGB, denn „Gewinne sind nur zu berücksichtigen, wenn sie am Abschlussstichtag realisiert sind".

2. Anwendung auf den Fall: Analyse der Gewinn- und Verlustrechnungen der Dubiosus AG

a) Vornahme von Umsatz- und Aufwandskorrekturen

Der Jahresüberschuss der Dubiosus AG ist auf seine Prognosetauglichkeit hin zu untersuchen. Zu diesem Zweck sind[202]

- bilanzpolitische und systembedingte Verzerrungen der Erträge und Aufwendungen zu bereinigen, um einen periodengerechten Erfolgsausweis zu erhalten.
- aus den Erträgen und Aufwendungen diejenigen zu isolieren und ggf. neu zu bewerten, die in ihrer Höhe ausschließlich wegen der persönlichen Tätigkeit des Unternehmers oder ihm nahe stehender Personen entstanden sind. (Zu denken wäre dabei an einen zu hohen oder zu niedrigen Unternehmerlohn, an marktuntypische Vergütungen naher Angehöriger, an überhöhte Aufwendungen für die persönliche Fortbildung des Unternehmers oder an besondere Einkaufs- und Absatzpreise, die dadurch zustande kommen, dass der Unternehmer entsprechende Verträge mit Personen oder Unternehmen geschlossen hat, die von ihm abhängig sind.)
- die Elemente des Jahresüberschusses danach zu untergliedern, ob sie das eigentliche Kerngeschäft des Unternehmens betreffen oder als Hilfsgeschäfte anzusehen sind, die mit nicht betriebsnotwendigem – und insoweit veräußerbarem bzw. ausschüttbarem – Vermögen erwirtschaftet werden, wie z.B. Zinserträge aus Wertpapieranlagen eines Bauunternehmers.
- Bereinigungen des Jahresüberschusses von außerordentlichen Einflüssen vorzunehmen, die einmalig auftreten und nicht prognosefähig sind, weil sie z.B. mit derselben Geschäftsgrundlage nicht wiederholbar sind, wie der Verkauf eines Betriebsgrundstücks.

Auf den Sachverhalt übertragen ist der Jahresüberschuss der Dubiosus AG für das Jahr 2007 in Höhe des außerordentlichen Ertrags (1 000 TEuro) zu kürzen. Nach den Anhangsangaben resultiert er aus einem nicht wiederholbaren Grundstücksverkauf.

Die Umsatzerlöse des Jahres 2009 sind um 250 TEuro zu erhöhen. Im Jahr 2008 wurde die Lieferung einer Spezialsoftware für die VC-Gesellschaft vertraglich zu einem Festpreis von 5 000 TEuro vereinbart. Die Entwicklung des Produkts verzögerte sich unvorhersehbar, und so konnte die Software erst in 2009 geliefert und bezahlt werden. Kann der Unternehmer die Inflation überwälzen, hätte er im Jahr 2009 einen inflationsbedingt erhöhten Absatzpreis am Markt durchsetzen können. Bei einer Inflationsrate von 5 % hätte der neue Absatzpreis (5 000 TEuro · 1,05 =) 5 250 TEuro betragen. Sind die mit der Absatzleistung verbundenen Aufwendungen erst kurz vor

---

202 Vgl. zum Folgenden IDW Standard: Grundsätze zur Durchführung von Unternehmensbewertungen (IDW S 1 i. d. F. 2008), IDW FN 2008, S. 271 (S. 284, Rn. 103); *Moxter*, Grundsätze ordnungsmäßiger Unternehmensbewertung (1983), S. 108–109.

dem Absatz angefallen, berücksichtigen sie bereits die Inflationswirkungen. Aus Prognosegründen ist eine entsprechende Korrektur der Umsatzerlöse erforderlich.

Der Jahresüberschuss des Jahres 2010 ist um unterlassene Aufwendungen für Werbung und Marketing zu korrigieren. Die Aufschlüsselung der Position „sonstige betriebliche Aufwendungen" im Anhang zeigt, dass der Unternehmer diese Aufwendungen in diesem Jahr drastisch reduzierte. Sofern es dafür keine plausiblen, ökonomisch fundierten Gründe gibt, ist diese Aufwandskürzung für Prognosezwecke zu berichtigen. In den Geschäftsjahren 2007 bis 2009 wuchsen die entsprechenden Aufwendungen umsatzproportional. Der Werbe- und Marketingaufwand lag in diesen Jahren bei ca. 5 % der Umsätze. Wird mangels besserer Kenntnis ein stabiler Zusammenhang zwischen den damit verbundenen Ausgaben und den Umsatzerlösen unterstellt, so ist diese Umsatz-Aufwand-Relation für das Jahr 2010 fortzuschreiben: Für das Jahr 2010 errechnet sich so ein normalisierter Werbe- und Marketingaufwand von 1 645 TEuro. Da der Unternehmer aber nur entsprechende Aufwendungen von 205 TEuro tätigte, müssen die „sonstigen betrieblichen Aufwendungen" aus Prognosegründen um 1 440 TEuro erhöht werden.

Im Gegenzug ist der Jahresüberschuss des Jahres 2010 um den außerordentlichen Aufwand in Höhe von 2 900 TEuro zu erhöhen. Den Anhangsinformationen zufolge stammt er aus den Verfahrenskosten eines Rechtsstreits, welche die Dubiosus AG tragen musste. Es handelt sich um einen einmaligen Aufwand, der das Prognoseergebnis verfälscht, weil sich dieser Aufwand in den Folgejahren nicht planmäßig wiederholt.

Weiterhin ist den Anhangsinformationen zu entnehmen, dass die im Jahr 2007 gekauften Server linear über zehn Jahre abgeschrieben wurden. Bei einem Anschaffungspreis von 200 TEuro entspricht das bei linearen Abschreibungen einem jährlichen Aufwand durch Abnutzung von 20 TEuro, der auch in dieser Höhe in den vorgelegten Jahresüberschüssen der Jahre 2007 bis 2010 vorgenommen wurde. Nach den neueren Erkenntnissen ermöglichen die Server nur Umsätze während eines Zeitraums von fünf Jahren und müssen dann, bei ökonomisch-rationalem Handeln, durch neue ersetzt werden. Zutreffend wäre daher eine Abschreibung von 40 TEuro gewesen. Unterstellt man für die Zukunft einen gleichermaßen raschen technischen Fortschritt, müssen die Abschreibungen in allen vier Jahren um 20 TEuro heraufgesetzt werden.

b) Erstellung der bereinigten Gewinn- und Verlustrechnungen

Für die Letztjahresgewinne der Dubiosus AG ergeben sich damit die nachfolgenden, nach Jahren geordneten Korrekturmaßnahmen:

2007:

- Herausrechnung des außerordentlichen Ertrags von 1 000 TEuro,
- Erhöhung der Abschreibungen um 20 TEuro auf Grund der verkürzten Nutzungsdauer.

2008:
- Erhöhung der Abschreibungen um 20 TEuro auf Grund der verkürzten Nutzungsdauer.

2009:
- Erhöhung der Umsatzerlöse um 250 TEuro auf Grund der inflationsbedingten Verzerrung der Entwicklung,
- Erhöhung der Abschreibungen um 20 TEuro auf Grund der verkürzten Nutzungsdauer.

2010:
- Herausrechnen des außerordentlichen Aufwands von 2 900 TEuro,
- Erhöhung der sonstigen betrieblichen Aufwendungen um den zusätzlichen Werbeaufwand von 1 440 TEuro,
- Erhöhung der Abschreibungen um 20 TEuro auf Grund der verkürzten Nutzungsdauer.

Daraus resultieren die folgenden bereinigten Gewinn- und Verlustrechnungen:

Tabelle 24: Gewinn- und Verlustrechnungen der Dubiosus AG nach der Vergangenheitsanalyse

Gewinn- und Verlustrechnungen (in T€)	**2007**	**2008**	**2009**	**2010**
Umsatzerlöse	9 566	13 879	23 249	32 890
+ Erhöhung des Bestands an fertigen/ unfertigen Erzeugnissen	79	185	245	450
– Materialaufwand	20	25	33	41
– Personalaufwand	2 399	4 225	6 234	7 765
– Abschreibungen	320	480	530	620
– Sonstige betriebliche Aufwendungen	1 290	2 250	3 105	3 962
+ Finanzergebnis	–42	–65	–110	–500
Ergebnis der gewöhnlichen Geschäftstätigkeit	5 574	7 019	13 482	20 452
– Außerordentlicher Aufwand	0	0	0	0
– Außerordentlicher Ertrag	0	0	0	0
Jahresüberschuss	5 574	7 019	13 482	20 452

Die bereinigten Erfolgsrechnungen können als Grundlage zur Entwicklung von Anhaltspunkten und Trends für die Plan-Rechnungen verwendet werden.

II. Vorschauanalyse

1. Ertragsfaktorenanalyse und Schwerpunktplanung

Die *Vorschauanalyse* dient der Schätzung der zukünftigen Unternehmensentwicklung. Im Rahmen der Unternehmensprognose werden die einzelnen Ertrags- und Aufwandskomponenten hinsichtlich ihrer denkbaren Entwicklung und der mit ihnen verbundenen Chancen und Risiken untersucht.

Im Rahmen der *Ertragsfaktorenanalyse* werden die einzelnen Aufwands- und Ertragskomponenten qualitativ untersucht. Es wird gefragt, welche Chancen und Risiken in den jeweiligen Gewinnkomponenten stecken und wie hoch ihre Wiederkehrerwartung nach Art und Höhe ist. Ferner gilt es zu klären, wie fest der Zusammenhang zwischen den einzelnen Gewinnkomponenten bei konstanten Unternehmens- und Umweltbedingungen ist und welchen Einfluss veränderte Unternehmens- und Umweltbedingungen auf die einzelnen Gewinnfaktoren haben. Als unternehmensinterne Einflussfaktoren können insbesondere immaterielle Wertkomponenten wie die Qualität des Managements, das Betriebsklima oder der Unternehmensstandort von entscheidender Bedeutung sein. Geplante Änderungen in der Organisationsstruktur oder in einzelnen Unternehmensbereichen, wie der Beschaffungs- oder Absatzpolitik, müssen danach untersucht werden, welchen mutmaßlichen Einfluss sie auf Art und Höhe der einzelnen Gewinnkomponenten haben. Auch wichtige externe Einflussfaktoren, wie z. B. die allgemeinen Konjunkturdaten, die Entwicklung der Branche, des Absatz- und des Beschaffungsmarkts, sind in die Vorschauanalyse mit einzubeziehen. Durch die Ertragsfaktorenanalyse gelingt es dem Unternehmer, Stärken und Schwächen des Unternehmens zu identifizieren.[203]

Die *Schwerpunktplanung* baut auf den Ergebnissen der Ertragsfaktorenanalyse auf. Sie untersucht alternative Unternehmensstrategien und skizziert die Entwicklung wesentlicher Geschäftseinheiten für verschiedene Umweltzustände.[204] Die damit verbundenen Ertrags- und Ausschüttungserwartungen werden geschätzt.[205] Dazu müssen Ertragsprognosen erstellt und die dazugehörigen Aufwandspositionen kalkuliert werden.

---

203 Vgl. *Moxter*, Grundsätze ordnungsmäßiger Unternehmensbewertung (1983), S. 102–103.

204 Vgl. *Moxter*, Grundsätze ordnungsmäßiger Unternehmensbewertung (1983), S. 103–104.

205 Vgl. *Ballwieser/Leuthier*, Grundprinzipien, Verfahren und Probleme der Unternehmensbewertung (Teil II), DStR 1986, S. 604 (S. 606).

2. Szenarioplanung

Die Aufstellung der Plan-Ertragsrechnungen für die Jahre 2011 bis 2013 beginnt mit der Ermittlung der erwarteten Umsatzerlöse für die drei Szenarien. Anschließend müssen die Werttreiber der einzelnen Aufwands- und Ertragspositionen aus der Gewinn- und Verlustrechnung ermittelt und in Relation zu der geplanten Umsatzentwicklung gestellt werden.

Im Szenario 1 (Best Case) wächst der Umsatz der Dubiosus AG in den Jahren 2011 bis 2013 mit jährlich 100 %. Ausgehend von den Umsätzen des Jahres 2010 (=32 890 TEuro) ergeben sich danach folgende Zahlen:

Tabelle 25: Umsatzwachstum (100 %) der Dubiosus AG im Szenario 1

Szenario 1 (Best Case)	**2011**	**2012**	**2013**
Umsatz (in T€)	65 780	131 560	263 120

Im Szenario 2 (Middle Case) wachsen die Umsätze der Jahre 2011 bis 2013 mit jährlich 50 %. Daraus resultiert folgende Umsatzreihe:

Tabelle 26: Umsatzwachstum (50 %) der Dubiosus AG im Szenario 2

Szenario 2 (Middle Case)	**2011**	**2012**	**2013**
Umsatz (in T€)	49 335	74 003	111 004

Das Szenario 3 (Worst Case) betrachtet eine Umsatzsteigerung von lediglich 10 % pro Jahr:

Tabelle 27: Umsatzwachstum (10 %) der Dubiosus AG im Szenario 3

Szenario 3 (Worst Case)	**2011**	**2012**	**2013**
Umsatz (in T€)	36 179	39 797	43 777

Ein Ertragseinbruch ist nicht kalkuliert, die Branche scheint im Aufwärtstrend.

Im weiteren Verlauf der Erstellung der Plan-Erfolgsrechnungen werden nun die übrigen zukünftigen Aufwands- und Ertragspositionen ermittelt. Dazu sind als Erstes die Werttreiber als unternehmensinterne und externe Einflussfaktoren aus dem Datenmaterial 2010 zu berechnen. Die Werttreiber beziehen sich laut Aufgabenstellung auf die Umsatzerlöse im Jahr 2010 (= 32 890 TEuro) und drücken die Intensität zu diesen aus. Das ergibt für die einzelnen Positionen:

Tabelle 28: Werttreiber der Dubiosus AG

Positionen	Jahr 2010 (in €)	Berechnung	Werttreiber
Erhöhung des Bestands an fertigen/unfertigen Erzeugnissen	450	450/32 890	0,013682
Materialaufwand	41	41/32 890	0,001247
Personalaufwand	7 765	7 765/32 890	0,236090
Abschreibungen	620	620/32 890	0,018851
Sonstige betriebliche Aufwendungen	3 962	3 962/32 890	0,120462
Finanzergebnis	–500	–500/32 890	–0,015202

Die Werttreiber sind für alle drei Szenarien anwendbar. Es werden keine absoluten Werte, sondern nur Verhältnisse ermittelt. Dabei wird unterstellt, dass ein fester Zusammenhang zwischen den einzelnen Wertkomponenten und den Umsatzerlösen besteht. Insbesondere sprungfixe Kosten treten nicht auf.

Zur Fertigstellung der Plan-Gewinn- und Verlustrechnungen der Dubiosus AG werden die gewonnenen Zahlen für die drei Szenarien zusammengefügt. Für Szenario 1 ergibt sich folgende Gewinn- und Verlustrechnung:

Tabelle 29: Gewinn- und Verlustrechnungen der Dubiosus AG im Szenario 1

Gewinn- und Verlustrechnungen (in T€)	Werttreiber	2011	2012	2013
Umsatzerlöse		65 780	131 560	263 120
+ Erhöhung des Bestands an fertigen/unfertigen Erzeugnissen	0,013682	900	1 800	3 600
– Materialaufwand	0,001247	82	164	328
– Personalaufwand	0,236090	15 530	31 060	62 120
– Abschreibungen	0,018851	1 240	2 480	4 960
– Sonstige betriebliche Aufwendungen	0,120462	7 924	15 848	31 696
+ Finanzergebnis	–0,015202	–1 000	–2 000	–4 000
Ergebnis der gewöhnlichen Geschäftstätigkeit		40 904	81 808	163 616
Jahresüberschuss		40 904	81 808	163 616

Für Szenarien 2 und 3 sind die Werttreiber synchron anzuwenden. Für Szenario 2 folgt daraus folgende Plan-Erfolgsrechnung:

Tabelle 30: Gewinn- und Verlustrechnungen der Dubiosus AG im Szenario 2

Gewinn- und Verlustrechnungen (in T€)	**Werttreiber**	**2011**	**2012**	**2013**
Umsatzerlöse		49 335	74 003	111 004
+ Erhöhung des Bestands an fertigen/unfertigen Erzeugnissen	0,013682	675	1 013	1 519
– Materialaufwand	0,001247	62	92	138
– Personalaufwand	0,236090	11 648	17 471	26 207
– Abschreibungen	0,018851	930	1 395	2 093
– Sonstige betriebliche Aufwendungen	0,120462	5 943	8 915	13 372
+ Finanzergebnis	–0,015202	–750	–1 125	–1 688
Ergebnis der gewöhnlichen Geschäftstätigkeit		30 677	46 018	69 025
Jahresüberschuss		30 677	46 018	69 025

Die Plan-Erfolgsrechnung für Szenario 3 hat folgendes Aussehen:

Tabelle 31: Gewinn- und Verlustrechnungen der Dubiosus AG im Szenario 3

Gewinn- und Verlustrechnungen (in T€)	**Werttreiber**	**2011**	**2012**	**2013**
Umsatzerlöse		36 179	39 797	43 777
+ Erhöhung des Bestands an fertigen/unfertigen Erzeugnissen	0,013682	495	545	599
– Materialaufwand	0,001247	45	50	55
– Personalaufwand	0,236090	8 542	9 396	10 335
– Abschreibungen	0,018851	682	750	825
– Sonstige betriebliche Aufwendungen	0,120462	4 358	4 794	5 273
+ Finanzergebnis	–0,015202	–550	–605	–666
Ergebnis der gewöhnlichen Geschäftstätigkeit		22 497	24 747	27 222
Jahresüberschuss		22 497	24 747	27 222

3. Erwartungswertberechnung

Die Dubiosus AG kann im Jahr 2011 mit einer Ertragsbandbreite von 22 497 TEuro bis 40 904 TEuro, im Jahr 2012 mit Erträgen von 24 747 TEuro bis 81 808 TEuro und ab 2013 mit Erträgen von 27 222 TEuro bis 163 616 TEuro rechnen. Die in der Aufgabenstellung angegebenen Eintrittswahrscheinlichkeiten der drei Szenarien erlauben die Aggregation zu einem Wert. Dabei wird der Durchschnitt der wahrscheinlichkeitsgewichteten Jahresüberschüsse für jedes Jahr berechnet. Für die Planjahre 2011 bis 2013 resultieren daraus folgende Werte:

$$\mu(E_{2011}) = 40\,904 \cdot 0{,}15 + 30\,677 \cdot 0{,}6 + 22\,497 \cdot 0{,}25 = 30\,166 \text{ T€},$$

$$\mu(E_{2012}) = 81\,808 \cdot 0{,}15 + 46\,018 \cdot 0{,}6 + 24\,747 \cdot 0{,}25 = 46\,069 \text{ T€},$$

$$\mu(E_{2013}) = 163\,616 \cdot 0{,}15 + 69\,025 \cdot 0{,}6 + 27\,222 \cdot 0{,}25 = 72\,763 \text{ T€}.$$

Der Erwartungswert der Erträge für das Planjahr 2011 beträgt 30 166 TEuro. Für das Planjahr 2012 beträgt der Erwartungswert 46 069 TEuro und im dritten Planjahr beläuft sich der Erwartungswert der Erträge auf 72 763 TEuro.

III. Unternehmenswert der Dubiosus AG

Der Unternehmenswert berechnet sich als Barwert der zukünftigen Erträge. Nach der Aufgabenstellung bleiben die nominalen Ausschüttungen der Dubiosus AG ab dem Jahr 2013 konstant. Deshalb kann der Jahresüberschuss des Jahres 2013 als ewige Rente fortgeschrieben werden. Ferner handelt es sich bei dem in der Aufgabenstellung angegebenen Zinssatz um eine risikoadäquate Größe. Nach der Risikozuschlagsmethode ergibt sich daher der Ertragswert für die Dubiosus AG mit 427 861 TEuro:

$$UW = \frac{30\,166}{(1+0{,}15)^1} + \frac{46\,069}{(1+0{,}15)^2} + \frac{\frac{72\,763}{0{,}15}}{(1+0{,}15)^2} = 427\,861 \text{ T€}.$$

Kommt es zum Börsengang, wird der Unternehmenswert auf die Anzahl der Aktien aufgeteilt, und es ergibt sich der (mögliche) Emissionskurs.

Weiterführende Literatur

Ballwieser, Wolfgang,	Unternehmensbewertung, 2. Aufl., Stuttgart 2007, S. 16–46
Ballwieser, Wolfgang/ Leuthier, Rainer,	Grundprinzipien, Verfahren und Probleme der Unternehmensbewertung (Teil II), DStR, 24. Jg. (1986), S. 604–610
Mandl, Gerwald/ Rabel, Klaus,	Unternehmensbewertung, Wien 1997, S. 145–153
Moxter, Adolf,	Grundsätze ordnungsmäßiger Unternehmensbewertung, 2. Aufl., Wiesbaden 1983, S. 107–115
Popp, Matthias,	Vergangenheits- und Lageanalyse, in: Volker H. Peemöller (Hrsg.), Praxishandbuch der Unternehmensbewertung, 4. Aufl., Herne 2009, S. 169–207

4. Kapitel:
Ertragswertverfahren – Risikoäquivalenzprinzip

Fall 10: Risikozuschlagsmethode

Sachverhalt:

Der risikoaverse Investor Herr Scheu hat das Wirtschaftsprüfungsunternehmen PVZ mit der Bewertung eines zum Verkauf stehenden Unternehmens beauftragt. Der Unternehmensbewerter hat im Rahmen der Zukunftsprognose drei mögliche Umweltzustände A, B und C und deren Eintrittswahrscheinlichkeiten identifiziert und Herrn Scheu mitgeteilt. In Abhängigkeit von den Umweltzuständen ergeben sich folgende differierende, unendlich lang fließende Nettoeinnahmen:

Tabelle 32: Prognostizierte Nettoeinnahmen und deren Eintrittswahrscheinlichkeiten

Umweltzustand	**A**	**B**	**C**
Eintrittswahrscheinlichkeit	0,2	0,5	0,3
Erwartete Nettoeinnahmen (in €)	110000	132000	177000

Aufgabenstellung:

- Ist die Angabe von mehrwertigen Ertragserwartungen sinnvoll? Welche Probleme sind mit der Berechnung eines *„einwertigen" Entscheidungswerts*, auch im Hinblick auf die an Vergleichsobjekte gestellten Anforderungen, verbunden?
- Definieren Sie das Problem der *Risikoäquivalenz!* Welche Methoden stehen zur Herstellung der Risikoäquivalenz zur Verfügung?
- Die Berücksichtigung der individuellen Risikoeinstellung von Herrn Scheu soll mithilfe der *Risikozuschlagsmethode* erfolgen. Gehen Sie kritisch auf die Möglichkeiten zur Ermittlung des Zuschlagssatzes ein! Nach nochmaliger Überprüfung der Prognoserechnung erwartet das Wirtschaftsprüfungsunternehmen PVZ nun die in Tabelle 33 (auf S. 116) dargestellte Bandbreite von gleich wahrscheinlichen Ausschüttungen für die nächsten Jahre.

Tabelle 33: Überarbeitete erwartete Ertragsverteilung

(in €)	t_1	t_2	t_3	t_4	t_5	ab t_6
Ausschüttung im: **Umweltzustand A**	110 000	120 000	120 000	130 000	140 000	160 000
Umweltzustand B	180 000	180 000	160 000	170 000	150 000	140 000

Bestimmen Sie vor diesem Hintergrund den Ertragswert für das zum Verkauf stehende Unternehmen unter Verwendung eines konstanten Praktikerzuschlags in Höhe von 50 %, wenn die Verzinsung einer risikolosen Geldanlage am Kapitalmarkt 8 % beträgt! Würdigen Sie Ihr Ergebnis kritisch!

I. Prinzipien der Zukunftsbezogenheit und der Subjektivität

Der Wert eines Unternehmens wird determiniert durch den zukünftig aus dem Unternehmen an den Eigentümer fließenden Nutzen im Sinne von Nettoentnahmepotenzialen.[206] Um der mit den Prinzipien der Zukunftsbezogenheit und Subjektivität verbundenen Unsicherheit (Risiko), die darin liegt, „dass die Ergebnisse streuen …, d.h. sowohl die Erwartungen übertreffen als auch unterschreiten können“[207], Rechnung zu tragen, sollten mehrwertige, durch alternative Unternehmensentwicklungen bedingte Ertragserwartungen in Form subjektiver Wahrscheinlichkeitsverteilungen[208] angegeben werden;[209] denn das Risiko „niedrigerer Erträge …

206 Vgl. *Böcking/Nowak*, Der Beitrag der Discounted Cash Flow-Verfahren zur Lösung der Typisierungsproblematik bei Unternehmensbewertungen – Eine Warnung vor einer „naiven“ Übertragung modelltheoretischer Erkenntnisse auf die Bewertungspraxis, DB 1998, S. 685 (S. 687).

207 *Baetge/Krause*, Die Berücksichtigung des Risikos bei der Unternehmensbewertung – Eine empirisch gestützte Betrachtung des Kalkulationszinses, BFuP 1994, S. 433 (S. 435). Vgl. ebenfalls *Drukarczyk/Schüler*, Unternehmensbewertung (2009), S. 37.

208 Zur Definition subjektiver Wahrscheinlichkeiten *Drukarczyk/Schüler*, Unternehmensbewertung (2009), S. 35: „Subjektive Wahrscheinlichkeiten sind Maße für die Überzeugtheitsgrade des Entscheidenden, dass ein bestimmter Umweltzustand aus der Menge der möglichen Zustände eintritt. Sie sind von der dem Entscheidenden verfügbaren Informationsmenge und von seinen Verarbeitungskapazitäten abhängig“.

209 Vertiefend zur Mehrwertigkeit *Ballwieser*, Die Wahl des Kalkulationszinsfußes bei der Unternehmensbewertung unter Berücksichtigung von Risiko und Geldentwertung, BFuP 1981, S. 97 (S. 99); *ders.*, Unternehmensbewertung (2007), S. 47–49.

und die Chance höherer Erträge … [stellen] entscheidende Wertdeterminanten"[210] dar, deren Relevanz durch die Angabe einer einwertigen „nachhaltigen" Ertragsgröße vernachlässigt würde.[211] Der potenzielle Unternehmenskäufer oder -verkäufer verfolgt im Hinblick auf die angestrebten Entnahmen subjektive Zielvorstellungen, die sich „zum einen auf die zeitliche Struktur des gewünschten Entnahmestroms (Zeitpräferenz)" und „zum anderen … auf die Unsicherheitsstruktur des Entnahmestroms … (Risikopräferenz)"[212] sowie der daraus folgenden Risiken- und Chancengewichtung beziehen.

Die prognostizierten Nettoentnahmen werden der individuell besten, durch den Unternehmenserwerb verdrängten oder infolge eines Unternehmensverkaufs erst ermöglichten Anlagealternative[213] gegenübergestellt, deren Entnahmeverteilung identisch oder zumindest als gleichwertig einzuschätzen ist. Aus der Anwendung eines derart ermittelten Kalkulationszinsfußes auf die in der Aufgabenstellung gegebene Ertragsbandbreite resultieren drei differierende Unternehmenswerte. Gesucht ist jedoch ein Entscheidungswert (Grenzpreis), so dass die Reduzierung der mehrwertigen Ertragserwartungen auf eine einwertige Größe notwendig wird.[214] Zu analysieren ist, welcher Ertrag innerhalb der Bandbreite gewählt werden sollte. Die Verdichtung der Bandbreite auf den wahrscheinlichsten Wert (132 000 Euro) unterdrückt einerseits Informationen über andere mögliche Entwicklungen der „Risiken und Chancen des Kaufs bzw. Verkaufs der Unternehmung für den Auftraggeber des Bewertungsgutachtens"[215]. Andererseits spiegelt der wahrscheinlichste Wert höchstens zufällig die Risikoneigung des Investors wider;[216] denn er kann im Einzelfall deutlich unter dem Erwartungswert oder deutlich darüber liegen und sogar den niedrigsten oder höchsten Wert einer Ertragsbandbreite darstellen.

---

210 *Moxter*, Grundsätze ordnungsmäßiger Unternehmensbewertung (1983), S. 118. Vgl. zum Risikobegriff *Baetge/Niemeyer/Kümmel*, Darstellung der Discounted-Cashflow-Verfahren (DCF-Verfahren) mit Beispiel, in: Peemöller (Hrsg.), Praxishandbuch der Unternehmensbewertung (2009), S. 368.

211 Vgl. *Peemöller*, Stand und Entwicklung der Unternehmensbewertung – eine kritische Bestandsaufnahme, DStR 1993, S. 409 (S. 410).

212 *Ballwieser/Leuthier*, Betriebswirtschaftliche Steuerberatung: Grundprinzipien, Verfahren und Probleme der Unternehmensbewertung (Teil I), DStR 1986, S. 545 (S. 549, beide Zitate).

213 Vgl. *Moxter*, Grundsätze ordnungsmäßiger Unternehmensbewertung (1983), S. 130; *Ballwieser*, Methoden der Unternehmensbewertung, in: Gebhardt/Gerke/Steiner (Hrsg.), Handbuch des Finanzmanagements (1993), S. 151 (S. 159).

214 Vgl. *Ballwieser*, Die Wahl des Kalkulationszinsfußes bei der Unternehmensbewertung unter Berücksichtigung von Risiko und Geldentwertung, BFuP 1981, S. 97 (S. 100).

215 *Sieben/Schildbach*, Zum Stand der Entwicklung der Lehre von der Bewertung ganzer Unternehmungen, DStR 1979, S. 455 (S. 460).

216 Vgl. *Ballwieser*, Die Wahl des Kalkulationszinsfußes bei der Unternehmensbewertung unter Berücksichtigung von Risiko und Geldentwertung, BFuP 1981, S. 97 (S. 101).

Erfolgt die Aggregation mithilfe des *Erwartungswerts* als gewogener Durchschnitt der potenziellen Ergebnisse E_s[217], gewichtet mit ihren Eintrittswahrscheinlichkeiten p_s

$$(1)\quad \mu(E) = \sum_{s=1}^{S} E_s \cdot p_s,$$

$$\mu(E) = 110\,000 \cdot 0{,}2 + 132\,000 \cdot 0{,}5 + 177\,000 \cdot 0{,}3 = 141\,100\ €,$$

so wird im Ausgangsbeispiel ein Wert ausgewählt, dessen Eintrittswahrscheinlichkeit null beträgt (im Beispiel ist ein Ertragsstrom von 141 100 Euro nicht zu erwarten). Ferner gewichtet der Erwartungswert die Chance, dass aus dem Unternehmen ein Ertragsstrom fließt, der höher ist, mit genau dem gleichen Gewicht wie das Risiko, zukünftig geringere Erträge zu erzielen. Eine solche Risiken-Chancen-Gewichtung ist nur dann sinnvoll, wenn der Auftraggeber des Bewertungsgutachtens risikoneutral ist. Ist er dagegen risikoavers,[218] wie die Mehrzahl der Bevölkerung, so berücksichtigt der Erwartungswert diese Risikoneigung nicht.[219]

Zur Verdeutlichung des Grades der Risikoaversion eines Investors könnte die Verdichtung der Ertragsbandbreite auf den individuellen sicherheitsäquivalenten Ertrag erfolgen,[220] indem „dessen persönliche Einstellung zum Risiko dadurch in die Wertermittlung einbezogen … [wird], dass jeweils ein nach Maßgabe dieser Risikoeinstellung zu der Verteilung möglicher Zahlungen subjektiv gleichwertig erscheinender Betrag der Wertermittlung zu Grunde gelegt wird“[221]. Diese Vorgehensweise erfordert jedoch die Möglichkeit, entsprechende subjektabhängige Risikonutzenfunktionen bestimmen zu können.[222]

Erschwerend kommt hinzu, dass sich das Problem der notwendigen Verdichtung von Entnahmebandbreiten auch bei der Ermittlung des Kapitalisierungszinssatzes

---

217 E_s stellt den Ertrag dar, der sich bei Eintritt des s-ten Umweltzustands realisiert, vgl. *Kruschwitz*, Investitionsrechnung (2009), S. 292.

218 Dazu IDW Standard: Grundsätze zur Durchführung von Unternehmensbewertungen (IDW S 1 i. d. F. 2008), IDW FN 2008, S. 271 (S. 282, Rn. 88): „Theorie und Praxis gehen übereinstimmend davon aus, dass die Wirtschaftssubjekte zukünftige Risiken stärker gewichten als zukünftige Chancen (Risikoaversion).“

219 Vgl. *Ballwieser*, Die Wahl des Kalkulationszinsfußes bei der Unternehmensbewertung unter Berücksichtigung von Risiko und Geldentwertung, BFuP 1981, S. 97 (S. 101).

220 Vgl. *Drukarczyk/Schüler*, Unternehmensbewertung (2009), S. 39.

221 *Sieben/Schildbach*, Zum Stand der Entwicklung der Lehre von der Bewertung ganzer Unternehmungen, DStR 1979, S. 455 (S. 460).

222 Vgl. *Böcking/Nowak*, Der Beitrag der Discounted Cash Flow-Verfahren zur Lösung der Typisierungsproblematik bei Unternehmensbewertungen – Eine Warnung vor einer „naiven“ Übertragung modelltheoretischer Erkenntnisse auf die Bewertungspraxis, DB 1998, S. 685 (S. 687).

aus einer alternativen Geldanlage auf dem Kapitalmarkt ergeben kann[223] respektive „die Kenntnis der Konsumpräferenzrate“ vorauszusetzen ist, „wenn die beste alternative Mittelverwendung ... im Konsum besteht“[224].

Im Rahmen der praktischen Anwendung sind regelmäßig nicht alle relevanten Alternativen und deren Renditen bekannt. Auch kann es als fast ausgeschlossen gelten, dass die Risiken der Alternativanlage mit den Risiken des zu bewertenden Unternehmens vollständig übereinstimmen. Risiko, Preis und Rendite der Alternative können teilweise auch nicht verlässlich geschätzt werden, da insbesondere auf dem Unternehmensmarkt Verschwiegenheit und unvollständige Information herrschen.

Häufig bestehen unüberbrückbare Probleme bei der Ermittlung der besten Kapitalanlagealternative. Ihre Feststellung setzt voraus, dass der Bewerter gute Kenntnisse über die Zielvorstellungen und Präferenzen des Mandanten hat und gut über dessen alternative Kapitalanlage- und -aufnahmemöglichkeiten informiert ist, um die beste Alternative auszuwählen. Die Lösung dieses Problems erfordert sinnvolle Typisierungen, „um anders nicht oder nicht mit vertretbarem Aufwand beschaffbare Informationen zu erlangen“[225]. Das Ertragswertverfahren orientiert sich grundsätzlich am *landesüblichen Zinssatz* einer Investition in festverzinsliche Wertpapiere „von Schuldnern höchstmöglicher Bonität“[226].

II. Herstellung der Risikoäquivalenz

1. Sicherheitsäquivalenzmethode

Um die mit dem landesüblichen Zinsfuß gewählte „quasi-sichere“ Handlungsalternative mit den unsicheren Ertragserwartungen des Unternehmens vergleichen zu können, erfordert das Risikoäquivalenzprinzip eine Anpassung der Unsicherheits-

---

223 Dazu *Ballwieser*, Die Wahl des Kalkulationszinsfußes bei der Unternehmensbewertung unter Berücksichtigung von Risiko und Geldentwertung, BFuP 1981, S. 97 (S. 100–101): „Die Verdichtung ist offenbar nur überflüssig, wenn es ein Unternehmen mit bekanntem (und für relevant gehaltenem) Preis gibt, dessen Entnahmeverteilung identisch ist – oder als gleichwertig geschätzt wird – mit der Verteilung, die für das zu bewertende Unternehmen gilt, oder wenn man das zu bewertende Unternehmen mit einer sicheren Anlage vergleicht.“

224 *Böcking/Nowak*, Der Beitrag der Discounted Cash Flow-Verfahren zur Lösung der Typisierungsproblematik bei Unternehmensbewertungen – Eine Warnung vor einer „naiven“ Übertragung modelltheoretischer Erkenntnisse auf die Bewertungspraxis, DB 1998, S. 685 (S. 687, beide Zitate).

225 *Moxter*, Grundsätze ordnungsmäßiger Unternehmensbewertung (1983), S. 26. Vgl. ebenfalls *Böcking/Nowak*, Der Beitrag der Discounted Cash Flow-Verfahren zur Lösung der Typisierungsproblematik bei Unternehmensbewertungen – Eine Warnung vor einer „naiven“ Übertragung modelltheoretischer Erkenntnisse auf die Bewertungspraxis, DB 1998, S. 685 (S. 687); *Ballwieser*, Unternehmensbewertung und Komplexitätsreduktion (1990), S. 170–171.

226 *Moxter*, Grundsätze ordnungsmäßiger Unternehmensbewertung (1983), S. 146.

dimensionen in Zähler und Nenner.[227] Zur Berücksichtigung des Risikos lassen sich beim Ertragswertverfahren drei Methoden unterscheiden: Sicherheitsäquivalenzmethode, Risikozuschlagsmethode und Risikoprofilmethode.

Die Sicherheitsäquivalenzmethode ist gekennzeichnet durch den Vergleich des sicherheitsäquivalenten Ertrags mit dem quasi-sicheren Kapitalisierungszinssatz;[228] denn „beide unterscheiden sich hinsichtlich der Unsicherheit nur dadurch, dass es beim Kapitalzins Risiken und Chancen quasi nicht gibt, während beim sicherheitsäquivalenten Ertrag Risiken und Chancen deshalb vernachlässigbar sind, weil sie sich gegenseitig aufheben“[229]. Das Sicherheitsäquivalent einer Wahrscheinlichkeitsverteilung ergibt sich unter Verwendung der individuellen Nutzenfunktion als „der sichere Betrag, der nutzenmäßig den in der Wahrscheinlichkeitsverteilung erfassten mehrwertigen Entnahmen gleichgeschätzt wird“[230].

Der Ertragswert berechnet sich nach der Formel:[231]

$$(2)\quad EW_0 = \sum_{t=1}^{T} \frac{S\ddot{A}E_t}{(1+i)^t}$$

mit $S\ddot{A}E_t$ = sicherheitsäquivalenter Ertrag in Periode t,
i = quasi-sicherer landesüblicher Zinssatz.

Für den Fall unendlich lang fließender, gleich bleibender Ausschüttungen vereinfacht sich (2) zum Rentenmodell

$$(3)\quad EW_0 = \frac{S\ddot{A}E}{i},$$

und im Zwei-Phasen-Modell werden (2) und (3) zusammengefasst zu:

$$(4)\quad EW_0 = \sum_{t=1}^{T} \frac{S\ddot{A}E_t}{(1+i)^t} + \frac{\frac{S\ddot{A}E_{T+1}}{i}}{(1+i)^T}$$

mit $S\ddot{A}E_{T+1}$ = konstanter sicherheitsäquivalenter Ertrag ab Periode $T+1$.

227 Vgl. *Moxter*, Grundsätze ordnungsmäßiger Unternehmensbewertung (1983), S. 146; *Baetge/Krause*, Die Berücksichtigung des Risikos bei der Unternehmensbewertung – Eine empirisch gestützte Betrachtung des Kalkulationszinses, BFuP 1994, S. 433 (S. 434).

228 Vgl. *Ballwieser*, Möglichkeiten der Komplexitätsreduktion bei einer prognose-orientierten Unternehmensbewertung, zfbf 1980, S. 50 (S. 53).

229 *Moxter*, Grundsätze ordnungsmäßiger Unternehmensbewertung (1983), S. 147.

230 *Ballwieser*, Die Wahl des Kalkulationszinsfußes bei der Unternehmensbewertung unter Berücksichtigung von Risiko und Geldentwertung, BFuP 1981, S. 97 (S. 101–102).

231 Vgl. *Ballwieser*, Methoden der Unternehmensbewertung, in: Gebhardt/Gerke/Steiner (Hrsg.), Handbuch des Finanzmanagements (1993), S. 151 (S. 156); *ders.*, Unternehmensbewertung (2007), S. 70–77.

2. Risikozuschlagsmethode

Alternativ kann der Bewerter die Risikoäquivalenz herstellen, indem der Erwartungswert der Ertragsbandbreite $\mu(E)$ mit einem risikoangepassten Zinssatz, der sich aus dem landesüblichen Zinsfuß i und einem *Risikozuschlag* z zusammensetzt, diskontiert wird.[232] Der Ertragswert berechnet sich dementsprechend gemäß:[233]

$$(5)\quad EW_0 = \sum_{t=1}^{T} \frac{\mu(E)_t}{(1+i+z)^t}$$

mit $\mu(E)_t$ = Erwartungswert der Erträge in Periode t,
z = Risikozuschlag.

Im Fall der ewigen Rente und im Phasenmodell modifiziert sich (5) zu:

$$(6)\quad EW_0 = \frac{\mu(E)}{i+z}$$

bzw. für das Zwei-Phasen-Modell:

$$(7)\quad EW_0 = \sum_{t=1}^{T} \frac{\mu(E)_t}{(1+i+z)^t} + \frac{\dfrac{\mu(E)_{T+1}}{i+z}}{(1+i+z)^T}.$$

Der mit einer Berücksichtigung des Risikos im Nenner verbundene Vorteil ist die unmittelbare Verdeutlichung der vom Bewerter vorgenommenen Risiken- und Chancengewichtung: Die Bewertungsformel veranschaulicht, „mit welchem Gewicht Risikoscheu (oder Risikoneigung) das Bewertungsergebnis berühren“ und „welcher Risikozuschlag z für einen gegebenen Erwartungswert ... als angemessen erachtet wurde“[234]. Gibt der Bewerter jedoch lediglich den Erwartungswert der Erträge sowie den Risikozuschlag an, bleibt offen, welche Ertragsbandbreite auf diesen Erwartungswert verdichtet wurde; denn ein Erwartungswert in Höhe von 141 100 Euro kann sowohl für die in der Aufgabenstellung gegebene Ertragsbandbreite

232 Vgl. *Moxter*, Grundsätze ordnungsmäßiger Unternehmensbewertung (1983), S. 155.

233 Vgl. *Ballwieser*, Methoden der Unternehmensbewertung, in: Gebhardt/Gerke/Steiner (Hrsg.), Handbuch des Finanzmanagements (1993), S. 151 (S. 157). Vgl. aber *ders.*, Unternehmensbewertung (2007), S. 81. Für den Zeitraum $t = 1, \ldots,$ vgl. *Mandl/Rabel*, Methoden der Unternehmensbewertung (Überblick), in: Peemöller (Hrsg.), Praxishandbuch der Unternehmensbewertung (2009), S. 63.

234 *Moxter*, Grundsätze ordnungsmäßiger Unternehmensbewertung (1983), S. 156 (beide Zitate).

Tabelle 34: Ertragsverteilung I mit Erwartungswert 141 100 Euro

Umweltzustand	**A**	**B**	**C**
Eintrittswahrscheinlichkeit	0,2	0,5	0,3
Erwartete Nettoeinnahmen (in €)	110 000	132 000	177 000

als auch für folgende beispielhafte Verteilung stehen:

Tabelle 35: Ertragsverteilung II mit Erwartungswert 141 100 Euro

Umweltzustand	**A**	**B**	**C**
Eintrittswahrscheinlichkeit	0,2	0,5	0,3
Erwartete Nettoeinnahmen (in €)	140 000	141 000	142 000

Ein möglicherweise angemessener Risikozuschlag von 25 % für die erste Ertragsstreuung wäre für die zweite inadäquat hoch.

3. Risikoprofilmethode

Im Rahmen der Risikoprofilmethode[235] werden zunächst die anhand von Szenarien prognostizierten zustandsabhängigen Ertragserwartungen „mit dem relevanten Anlagesatz auf einen zu wählenden Zeitpunkt *T* aufgezinst“[236] und die entsprechenden Eintrittswahrscheinlichkeiten zugeordnet. Aus dieser Verteilung der *Vermögensendwerte* erfolgt anschließend die Ableitung des Sicherheitsäquivalents, indem, unter der Annahme einer sicheren Alternativanlage, eine Gerade in das Risikoprofil, das „die Vermögensendwerte in fallender Reihenfolge“ und „die kumulierten Wahrscheinlichkeiten zeigt“, gelegt wird. Der Entscheider verschiebt die Gerade „so lange, bis ihm die Chancen eines höheren Vermögensendwerts bei Unternehmenskauf äquivalent mit den Risiken eines niedrigeren Vermögensendwerts erscheinen“[237]. Die Division dieses sicherheitsäquivalenten Vermögensendwerts mit $(1 + i)^T$ ergibt letztlich den Unternehmensgrenzpreis.[238]

235 Vgl. *Siegel*, Unternehmensbewertung, Unsicherheit und Komplexitätsreduktion, BFuP 1994, S. 457 (S. 468–474). Vgl. ebenfalls *Bamberg/Dorfleitner/Krapp*, Zur Bewertung risikobehafteter Zahlungsströme mit intertemporaler Abhängigkeit, BFuP 2004, S. 101 (S. 103–108).

236 *Drukarczyk/Schüler*, Unternehmensbewertung (2009), S. 52.

237 *Siegel*, Unternehmensbewertung, Unsicherheit und Komplexitätsreduktion, BFuP 1994, S. 457 (S. 469, alle Zitate).

238 Vgl. *Siegel*, Unternehmensbewertung, Unsicherheit und Komplexitätsreduktion, BFuP 1994, S. 457 (S. 469).

Den *Vorteil* der Risikoprofilmethode sieht *Siegel* in der nur einmalig notwendigen Bestimmung der Sicherheitsäquivalente und in der hohen, sich aus der expliziten Verdeutlichung der Risikostruktur ergebenden Transparenz.[239] Als *Nachteil* erweist sich die Komplexität bei der Ermittlung und Kombination der Wahrscheinlichkeiten für alle zukünftig erwarteten Unternehmenserträge, die jedoch bei korrekter Anwendung aller drei vorgestellten Methoden generell auftritt.[240] Vor dem Hintergrund, dass der Wert „eines Unternehmens für seinen Eigner … aus den Bedürfnisbefriedigungsmöglichkeiten [gemessen an den Konsumausgaben], die ihm das Unternehmen verspricht“[241], resultiert und die Risikonutzenfunktion sowie die Konsumpräferenzen des Investors zur Unternehmensbewertung heranzuziehen sind, „erscheint eine individuelle Bewertung von Einzahlungen in dem Zeitpunkt, in dem sie zufließen und konsumtiv verwendet werden können, im Prinzip richtig“[242].

III. Umsetzung der Risikozuschlagsmethode

1. Erläuterung

Im Rahmen der Risikozuschlagsmethode wird der Erwartungswert einer Bandbreite von Erträgen $\mu(E)$ mit einem risikoangepassten Zinsfuß, bestehend aus dem landesüblichen quasisicheren Zinssatz i und einem Risikozuschlag z, verglichen. Der Risikozuschlag spiegelt dabei den Risikograd der Ertragsbandbreite der Unternehmung wider.[243]

Kritisch zu betrachten ist das Vorgehen, die Höhe des Risikozuschlags frei zu greifen.[244] Ein in der Praxis üblicher Zuschlag von 50 %, der von der Judikatur in der Vergangenheit ebenfalls unbegründet übernommen wurde,[245] ist willkürlich und

239 Vgl. *Siegel*, Unternehmensbewertung, Unsicherheit und Komplexitätsreduktion, BFuP 1994, S. 457 (S. 473). Zustimmend *Mandl/Rabel*, Unternehmensbewertung (1997), S. 225.

240 Vgl. *Mandl/Rabel*, Unternehmensbewertung (1997), S. 225.

241 *Moxter*, Grundsätze ordnungsmäßiger Unternehmensbewertung (1983), S. 177. Vgl. ebenfalls *ders.*, Die Grundsätze ordnungsmäßiger Bilanzierung und der Stand der Bilanztheorie, zfbf 1966, S. 28 (S. 38–41).

242 *Drukarczyk*, Unternehmensbewertung (2003), S. 116.

243 Vgl. *Moxter*, Grundsätze ordnungsmäßiger Unternehmensbewertung (1983), S. 155–156.

244 Nach *Siegel*, Unternehmensbewertung, Unsicherheit und Komplexitätsreduktion, BFuP 1994, S. 457 (S. 464) kann „die Höhe von r [z] … nur frei gegriffen werden“.

245 Vgl. *Ballwieser*, Die Wahl des Kalkulationszinsfußes bei der Unternehmensbewertung unter Berücksichtigung von Risiko und Geldentwertung, BFuP 1981, S. 97 (S. 104); *Piltz,* Die Unternehmensbewertung in der Rechtsprechung (1994), S. 177; *Siegel*, Unternehmensbewertung, Unsicherheit und Komplexitätsreduktion, BFuP 1994, S. 457 (S. 464); BGH, Urteil v. 13. 3. 1978 – II ZR 142/76, BB 1978, S. 776 (S. 779); LG Frankfurt a. M., Urteil v. 16. 5. 1984 – 3/3 AktE 144/80, AG 1985, S. 310 (S. 310). *Ballwieser*, Unternehmensbewertung (2007), S. 109–111, gibt einen Überblick über die in der Rechtsprechung gewählten Zinssätze.

nicht zu rechtfertigen.[246] Die von der jüngeren Rechtsprechung geforderte Orientierung des Zuschlagssatzes „an den Verhältnissen des zu bewertenden Unternehmens“[247] entspricht hingegen noch der ursprünglich vom IDW verlangten Differenzierung zwischen wägbaren unternehmensspezifischen Risiken (z. B. Konkurrenzsituation, Managementqualifikation oder Innovation der Produkte), die bei der Ermittlung der Zukunftserträge berücksichtigt werden sollten, und unwägbaren generellen Risikofaktoren (z. B. welt- oder landespolitische Ereignisse), deren Erfassung im Kapitalisierungszinssatz erfolgen sollte.[248] Auf Grund der nicht durchführbaren eindeutigen Abgrenzung hat das IDW in seinem Standard zur Durchführung von Unternehmensbewertungen die Aufgliederung in spezielle und generelle Risiken aber inzwischen zu Recht aufgegeben.[249]

Der Ertragswert im Sinne eines individuellen Grenzpreises (Entscheidungswert) resultiert aus den subjektiven Nutzenerwartungen des jeweiligen Investors, da potenzielle Unternehmenseigner differierende Ziele und damit verbundene Nutzenvorstellungen sowie Präferenzen verfolgen.[250] Für die Bestimmung des Risikozuschlags impliziert dieses Subjektivitätsprinzip, den Risikozuschlag auf der Grundlage der individuellen Risikoaversion des Investors herzuleiten:[251]

„In höherem Maß risikoaverse Bewertungssubjekte würden bei gleicher Wahrscheinlichkeitsverteilung der künftigen Unternehmenserträge daher höhere Risi-

---

246 Vgl. *Ballwieser*, Die Wahl des Kalkulationszinsfußes bei der Unternehmensbewertung unter Berücksichtigung von Risiko und Geldentwertung, BFuP 1981, S. 97 (S. 104); *Böcking/Nowak*, Der Beitrag der Discounted Cash Flow-Verfahren zur Lösung der Typisierungsproblematik bei Unternehmensbewertungen – Eine Warnung vor einer „naiven“ Übertragung modelltheoretischer Erkenntnisse auf die Bewertungspraxis, DB 1998, S. 685 (S. 688).

247 OLG Düsseldorf, Urteil v. 12. 2. 1992 – 19 W 3/91, AG 1992, S. 200 (S. 204); OLG Düsseldorf, Urteil v. 22. 1. 1999 – 19 W 5/96 AktE, AG 1999, S. 321 (S. 323).

248 Vgl. OLG Düsseldorf, Urteil v. 16. 10. 1990 – 19 W 9/88, AG 1991, S. 106 (S. 107); IDW, Stellungnahme HFA 2/1983: Grundsätze zur Durchführung von Unternehmensbewertungen, WPg 1983, S. 468 (S. 470–471).

249 Vgl. IDW Standard: Grundsätze zur Durchführung von Unternehmensbewertungen (IDW S 1 i. d. F. 2008), IDW FN 2008, S. 271 (S. 282, Rn. 90). Zustimmend *Baetge/Krause*, Die Berücksichtigung des Risikos bei der Unternehmensbewertung – Eine empirisch gestützte Betrachtung des Kalkulationszinses, BFuP 1994, S. 433 (S. 435); *Ballwieser*, Methoden der Unternehmensbewertung, in: Gebhardt/Gerke/Steiner (Hrsg.), Handbuch des Finanzmanagements (1993), S. 151 (S. 159); *Mandl/Rabel*, Unternehmensbewertung (1997), S. 215; *Moxter*, Grundsätze ordnungsmäßiger Unternehmensbewertung (1983), S. 120; *Siepe*, Kapitalisierungszinssatz und Unternehmensbewertung, WPg 1998, S. 325 (S. 327).

250 Vgl. *Ballwieser/Leuthier*, Betriebswirtschaftliche Steuerberatung: Grundprinzipien, Verfahren und Probleme der Unternehmensbewertung (Teil I), DStR 1986, S. 545 (S. 548–549).

251 Vgl. *Ballwieser*, Die Wahl des Kalkulationszinsfußes bei der Unternehmensbewertung unter Berücksichtigung von Risiko und Geldentwertung, BFuP 1981, S. 97 (S. 105); IDW Standard: Grundsätze zur Durchführung von Unternehmensbewertungen (IDW S 1 i. d. F. 2008), IDW FN 2008, S. 271 (S. 286, Rn. 123); *Mandl/Rabel*, Unternehmensbewertung (1997), S. 226.

kozuschläge verwenden als weniger risikoaverse. Höhere Risikozuschläge führen demnach auch zu niedrigeren Entscheidungswerten."[252]

Die Beurteilung der Angemessenheit der Höhe eines bestimmten Zuschlagssatzes kann des Weiteren nur vor dem Hintergrund einer bekannten Bandbreite von Ertragserwartungen erfolgen; denn die alleinige Kenntnis des Erwartungswerts besagt nichts über die Wahrscheinlichkeitsverteilung der Ausschüttungen.[253]

Um jedoch einen subjektiven, auf die Risikopräferenz des Individuums zurückgehenden Zuschlag zu berechnen, muss die Risikonutzenfunktion bekannt sein, die zum einen praktisch kaum ermittelbar ist. Zum anderen wird die Risikozuschlagsmethode bei gegebener Nutzenfunktion überflüssig, da das Konzept des sicherheitsäquivalenten Ertrags unmittelbar angewendet werden kann.[254] Eine Erweiterung der Problematik tritt ein, wenn die Unternehmensbewertung für eine Gruppe von Investoren durchgeführt werden soll, da fraglich erscheint, welche Risikoeinstellung in welchem Umfang zu berücksichtigen ist.[255] Liegt die Nutzenfunktion nicht vor, ist die Überprüfung der Plausibilität von Risikozuschlägen zwingend notwendig, um überhöhte oder willkürliche Zuschläge auszuschließen.[256]

Im Zusammenhang mit den Discounted-Cashflow-(DCF-)Verfahren ist die marktgestützte, nicht selten als willkürfrei angesehene Ermittlung des Risikozuschlags auf der Grundlage des Capital Asset Pricing Model (CAPM) in den Vordergrund gerückt:[257]

$$(8) \quad z = (\mu(R_m) - i) \cdot \beta$$

mit i = risikoloser Zins,
$\mu(R_m)$ = erwartete Rendite des Marktportefeuille,
β = Beta-Faktor = Maß für das systematische Risiko.

Ein zentraler Nachteil der marktorientierten Bestimmung des Zuschlagssatzes ist aber die für eine Anwendbarkeit des CAPM grundlegende Voraussetzung des vollkommenen Kapitalmarkts, deren Übertragbarkeit auf die Realität nicht gegeben

---

252 *Mandl/Rabel*, Unternehmensbewertung (1997), S. 226.

253 Vgl. *Ballwieser*, Unternehmensbewertung, in: Gerke/Steiner (Hrsg.), Handwörterbuch des Bank- und Finanzwesens (2001), Sp. 2082 (Sp. 2086); *Moxter*, Grundsätze ordnungsmäßiger Unternehmensbewertung (1983), S. 156.

254 Vgl. *Henselmann*, Unternehmensrechnungen und Unternehmenswert (1999), S. 135–136; *Mandl/Rabel*, Unternehmensbewertung (1997), S. 234.

255 Vgl. *Henselmann*, Unternehmensrechnungen und Unternehmenswert (1999), S. 136.

256 Vgl. Fall 12.

257 Vgl. *Böcking/Nowak*, Der Beitrag der Discounted Cash Flow-Verfahren zur Lösung der Typisierungsproblematik bei Unternehmensbewertungen – Eine Warnung vor einer „naiven" Übertragung modelltheoretischer Erkenntnisse auf die Bewertungspraxis, DB 1998, S. 685 (S. 688). Vgl. zur detaillierten Darstellung des CAPM Fall 21.

ist.[258] Weitere beispielhaft anzusprechende Probleme ergeben sich hinsichtlich der Ermittlung der Marktrisikoprämie $(\mu(\tilde{R}_m) - i)$ und der Regressionsanalyse[259] zur Berechnung des Beta-Faktors, die auf vergangenen Aktienrenditen des zu bewertenden Unternehmens und Renditen eines Aktienindexes als Annäherung an das Marktportefeuille aufbaut.[260] Nicht nur, dass durch die Wahl des zu Grunde liegenden Auswertungszeitraums Manipulationen möglich sind; die Verwendung eines vergangenheitsorientierten Zuschlags stellt auch einen Verstoß gegen das Prinzip der Zukunftsbezogenheit dar.[261]

2. Ertragswertberechnung mittels der Risikozuschlagsmethode

Gemäß (7) wird der Ertragswert eines Unternehmens mithilfe der Risikozuschlagsmethode wie folgt berechnet:

$$(7)\quad EW_0 = \sum_{t=1}^{T} \frac{\mu(E)_t}{(1+i+z)^t} + \frac{\frac{\mu(E)_{T+1}}{i+z}}{(1+i+z)^T}.$$

Bezogen auf die gegebene Ertragsbandbreite können die Erwartungswerte der einzelnen Perioden unmittelbar als gewogener Durchschnitt der potenziellen Ergebnisse, gewichtet mit ihren Eintrittswahrscheinlichkeiten, ermittelt werden:

Tabelle 36: Erwartungswerte der Ertragsbandbreite

(in €)	**t_1**	**t_2**	**t_3**	**t_4**	**t_5**	**ab t_6**
Erwartungswert der Ausschüttungen	145 000	150 000	140 000	150 000	145 000	150 000

Die Erhöhung des landesüblichen Zinssatzes ($i = 8$ %) um einen Risikozuschlagssatz von 50 % impliziert einen Risikozuschlag in Höhe von $z = 0{,}04$:

---

258 Vgl. *Böcking/Nowak*, Der Beitrag der Discounted Cash Flow-Verfahren zur Lösung der Typisierungsproblematik bei Unternehmensbewertungen – Eine Warnung vor einer „naiven“ Übertragung modelltheoretischer Erkenntnisse auf die Bewertungspraxis, DB 1998, S. 685 (S. 689–690).

259 Vgl. Fall 24.

260 Vgl. *Ballwieser*, Aktuelle Aspekte der Unternehmensbewertung, WPg 1995, S. 119 (S. 123).

261 Vgl. *Ballwieser*, Aktuelle Aspekte der Unternehmensbewertung, WPg 1995, S. 119 (S. 126). Ausführlicher *Böcking/Nowak*, Der Beitrag der Discounted Cash Flow-Verfahren zur Lösung der Typisierungsproblematik bei Unternehmensbewertungen – Eine Warnung vor einer „naiven“ Übertragung modelltheoretischer Erkenntnisse auf die Bewertungspraxis, DB 1998, S. 685 (S. 688–690); *Hachmeister*, Der Discounted Cash Flow als Maß der Unternehmenswertsteigerung (2000), S. 178–195.

$z = 0{,}5 \cdot 0{,}08 = 0{,}04,$

und der Diskontierungszinssatz beträgt dementsprechend 12 %:

$i + z = 0{,}08 + 0{,}04 = 0{,}12,$

so dass sich folgender Ertragswert ergibt:

$$EW_0 = \sum_{t=1}^{T} \frac{\mu(E)_t}{(1+i+z)^t} + \frac{\frac{\mu(E)_{T+1}}{i+z}}{(1+i+z)^T}$$

$$= \frac{145\,000}{(1+0{,}12)} + \frac{150\,000}{(1+0{,}12)^2} + \frac{140\,000}{(1+0{,}12)^3}$$

$$+ \frac{150\,000}{(1+0{,}12)^4} + \frac{145\,000}{(1+0{,}12)^5} + \frac{\frac{150\,000}{0{,}12}}{(1+0{,}12)^5} = 1\,235\,581\ €.$$

Der Grenzpreis des A, unter Verwendung eines gewählten Risikozuschlags in Höhe von 50 % auf den risikolosen Kapitalmarktzins, beträgt 1 235 581 Euro.

Kritikpunkte:

- Ein frei gewählter Zuschlagssatz kann nur in Ausnahmefällen dem subjektiven Risikoempfinden des Bewerters entsprechen.
- Wird der Risikozuschlag zu groß gewählt, so kann es vorkommen, dass implizit ein Ertrag der Ertragsbandbreite gleichgesetzt wird, der nicht innerhalb dieser Bandbreite liegt.
- Die Höhe des Risikos ist vom sicheren Zins des Kapitalmarkts abhängig. Der Risikozuschlag wird nicht mehr allein von der Unternehmung und der subjektiven Risikoeinstellung bestimmt.

Weiterführende Literatur

Baetge, Jörg/ Krause, Clemens, Die Berücksichtigung des Risikos bei der Unternehmensbewertung – Eine empirisch gestützte Betrachtung des Kalkulationszinses, BFuP, 46. Jg. (1994), S. 433–456

Ballwieser, Wolfgang, Die Wahl des Kalkulationszinsfußes bei der Unternehmensbewertung unter Berücksichtigung von Risiko und Geldentwertung, BFuP, 33. Jg. (1981), S. 97–114

ders.,	Unternehmensbewertung und Komplexitätsreduktion, 3. Aufl., Wiesbaden 1990, S. 167–177
ders.,	Unternehmensbewertung, 2. Aufl., Stuttgart 2007, S. 12–115
Bamberg, Günter/ Dorfleitner, Gregor/ Krapp, Michael,	Zur Bewertung risikobehafteter Zahlungsströme mit intertemporaler Abhängigkeit, BFuP, 56. Jg. (2004), S. 101–118
Böcking, Hans-Joachim/ Nowak, Karsten,	Der Beitrag der Discounted Cash Flow-Verfahren zur Lösung der Typisierungsproblematik bei Unternehmensbewertungen – Eine Warnung vor einer „naiven" Übertragung modelltheoretischer Erkenntnisse auf die Bewertungspraxis, DB, 51. Jg. (1998), S. 685–690
Drukarczyk, Jochen,	Unternehmensbewertung, 4. Aufl., München 2003, S. 73–116
Drukarczyk, Jochen/ Schüler, Andreas,	Unternehmensbewertung, 6. Aufl., München 2009, S. 35–80
Moxter, Adolf,	Grundsätze ordnungsmäßiger Unternehmensbewertung, 2. Aufl., Wiesbaden 1983, S. 123–202
Siegel, Theodor,	Unternehmensbewertung, Unsicherheit und Komplexitätsreduktion, BFuP, 46. Jg. (1994), S. 457–476

Fall 11: Sicherheitsäquivalenzmethode

Sachverhalt:

D möchte eine Brauerei erwerben. Die Unternehmensentwicklung ist unsicher und hängt ganz entscheidend davon ab, ob es der Brauerei gelingt, den Großkunden, die Malz AG, langfristig an sich zu binden. Gelingt es ihr, kann D mit jährlichen Unternehmenserträgen von 160 000 Euro rechnen. Scheitern die Vertragsverhandlungen mit der Malz AG, so vermindert sich der jährliche Unternehmensertrag auf 40 000 Euro. Zum Bewertungsstichtag dauern die Vertragsverhandlungen noch an. Beide Unternehmensentwicklungen sind gleich wahrscheinlich.

Alternativ kann D den Betrag des Kaufpreises bei einer weltweit agierenden Bank mit bestem Ruf anlegen. Die Bank bietet D eine langfristige, festverzinsliche Anlage zu 10 %.

Aufgabenstellung:

- Berechnen Sie den *Unternehmenswert* der Brauerei für D, wenn er risikoneutral ist!
- Verdeutlichen Sie graphisch, wie man bei einer Nutzenfunktion eines risikoscheuen Bewerters den Erwartungswert des Nutzens und den *sicherheitsäquivalenten Ertrag* ermittelt! Ist der sicherheitsäquivalente Ertrag höher oder niedriger als der Erwartungswert der Erträge, wenn der Bewerter risikoscheu, risikoneutral oder risikofreudig ist?
- Welche *Probleme* bestehen, wenn D risikoscheu ist?

I. Umsetzung der Sicherheitsäquivalenzmethode

1. Erläuterung

Zur Herstellung der Risikoäquivalenz zwischen Ertragsbandbreite und Kapitalisierungszinssatz kann z. B. die Sicherheitsäquivalenzmethode herangezogen werden. Bei Anwendung der Sicherheitsäquivalenzmethode werden die Ertragserwartungen auf den sicherheitsäquivalenten Betrag verdichtet, indem „jene innerhalb der Ertragsbandbreite gelegene Ertragsgröße [berücksichtigt wird], für die gilt, dass das Risiko niedrigerer Erträge gerade aufgewogen wird durch die Chance höherer Erträge“[262]. Das von der individuellen Risikoeinstellung des Bewerters abhängende Sicherheitsäquivalent ist gegenüber der Ertragsbandbreite subjektiv gleichwertig und wird mit dem landesüblichen Zinsfuß auf den Bewertungsstichtag diskontiert. Die Risikozuschlagsmethode bewertet dagegen den Erwartungswert der Er-

262 *Moxter*, Grundsätze ordnungsmäßiger Unternehmensbewertung (1983), S. 147.

träge mit dem risikoangepassten Kalkulationszinssatz (= landesüblicher Zinssatz zuzüglich Risikozuschlag).

2. Anwendung auf den Fall: Unternehmenswert der Malz AG

In der Aufgabenstellung sind zwei mit gleicher Wahrscheinlichkeit eintretende Umweltzustände und das dazugehörige Ergebnis (Erträge) angegeben: Gelingen die Vertragsverhandlungen, so treten jährliche Unternehmenserträge in Höhe von 160 000 Euro ein. Scheitern sie, so beträgt die künftige Ausschüttung 40 000 Euro. Der Erwartungswert berechnet sich gemäß Gleichung (1) wie folgt:

$$(1)\quad \mu(E) = \sum_{s=1}^{S} E_s \cdot p_s$$

$$\mu(E) = 160\,000 \cdot 0{,}5 + 40\,000 \cdot 0{,}5 = 100\,000\ €.$$

Risikoneutralität liegt vor, wenn der Erwartungswert der möglichen Ergebnisse $\mu(E)$ dem Sicherheitsäquivalent des Bewerters entspricht:

$$\mu(E) = S\ddot{A}E = 100\,000\ €.$$

Zur Berechnung des Unternehmenswerts ist die Sicherheitsäquivalenzmethode im Rentenmodell (3) anzuwenden. Für den risikoneutralen D beträgt der Unternehmenswert der Brauerei 1 000 000 Euro:

$$EW_0 = \frac{S\ddot{A}E}{i} = \frac{100\,000}{0{,}1} = 1\,000\,000\ €.$$

II. Sicherheitsäquivalenter Ertrag

1. Bernoulli-Prinzip

Zur Lösung von Entscheidungsproblemen unter Unsicherheit, bei denen der Entscheidungsträger zwischen mehreren Handlungsalternativen A_j ($j = 1, \ldots, J$) zu wählen hat, deren Konsequenzen von verschiedenen Umweltzuständen Z_s (s = 1,…, S) abhängen, wird das Bernoulli-Prinzip[263] herangezogen.[264] Es besagt:

„Wähle die Handlungsmöglichkeit mit dem höchsten Erwartungswert des Nutzens $[\mu[u(E_j)]]$ der möglichen Ergebnisse $[E_{js}]$."[265]

$$(9)\quad \mu[u(E_j)] = \sum_{s=1}^{S} u(E_{js}) \cdot p_s \rightarrow \max!(j = 1, \ldots, J).$$

Der Erwartungswert des Nutzens berechnet sich ebenfalls als gewogener Durchschnitt der den jeweiligen Ergebnissen mithilfe der Nutzenfunktion zugeordneten Nutzenwerte $u(E_{js})$, gewichtet mit ihren Eintrittswahrscheinlichkeiten p_s. Die subjektive Risikoeinstellung des Bewerters wird durch den Verlauf der Nutzenfunktion ausgedrückt.[266]

Die graphische Ermittlung des sicherheitsäquivalenten Ertrags ist in Abbildung 5 dargestellt:

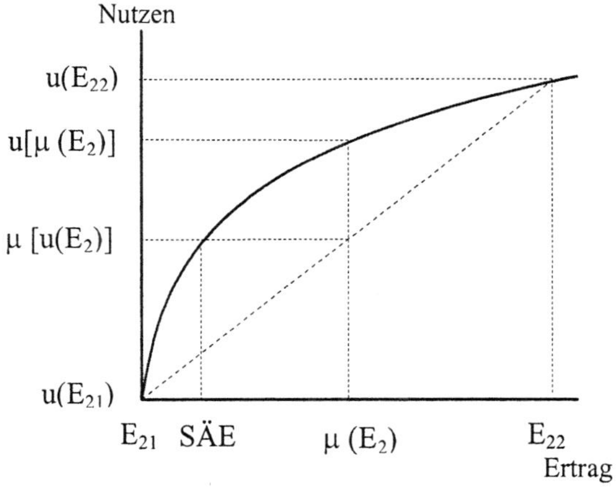

Abbildung 5: Graphische Ermittlung des sicherheitsäquivalenten Ertrags I

263 Vgl. ausführlich zum Bernoulli-Prinzip: *Kruschwitz/Husmann*, Finanzierung und Investition (2010), S. 83–103.

264 Vgl. ebenfalls *Ballwieser*, Unternehmensbewertung (2007), S. 65–68.

265 *Schmidt/Terberger*, Grundzüge der Investitions- und Finanzierungstheorie (1997), S. 289.

266 Vgl. *Schmidt/Terberger*, Grundzüge der Investitions- und Finanzierungstheorie (1997), S. 289.

Beispiel:[267]

Dem Bewerter stehen zwei Investitionsmöglichkeiten offen. Das Investitionsprojekt I bringt ihm einen sicheren Ertrag in Höhe von 16 Euro, womit der Erwartungswert dieses Ergebnisses ebenfalls $\mu(E_I) = 1 \cdot 16 = 16$ beträgt. Die Erträge des unsicheren Investitionsprojekts II betragen mit einer Wahrscheinlichkeit von jeweils 0,5 entweder 0 Euro oder 32 Euro. Der Erwartungswert berechnet sich mit $\mu(E_{II}) = 0 \cdot 0{,}5 + 32 \cdot 0{,}5 = 16$ Euro. Zur Beurteilung der Investitionsprojekte sind nun zunächst die Nutzenwerte zu ermitteln. Der Bewerter gibt seinen individuellen Nutzen des Investitionsprojekts I mit $u(16) = 2{,}77$ an. Auf Grund der Sicherheit des Ergebnisses von Investitionsprojekt I stellt dieser Nutzen zugleich den Nutzen des Erwartungswerts $u[\mu(E_I) = 16] = 2{,}77$ sowie den Erwartungswert des Nutzens gemäß $\mu[u(E_I)] = \sum_{s=1}^{S} u(E_{Is}) \cdot p_s = 2{,}77 \cdot 1 = 2{,}77$ dar. Für das Investitionsprojekt II gibt der Bewerter seinen Nutzen für die einzelnen Ergebnisse mit $u(0) = 0$ und $u(32) = 3{,}43$ an, so dass sich der Erwartungswert des Nutzens berechnet nach $\mu[u(E_{II})] = \sum_{s=1}^{S} u(E_{IIs}) \cdot p_s = 0 \cdot 0{,}5 + 3{,}43 \cdot 0{,}5 = 1{,}72$.

Gemäß dem Bernoulli-Prinzip stellt das Investitionsprojekt I die optimale Entscheidung dar, da dessen Erwartungswert des Nutzens $\mu[u(E_I)] = 2{,}77$ größer ist als der Erwartungswert des Nutzens $\mu[u(E_{II})] = 1{,}72$ der Investitionsalternative II. Die Ergebnisse sind zusammengefasst in Abbildung 6 dargestellt:

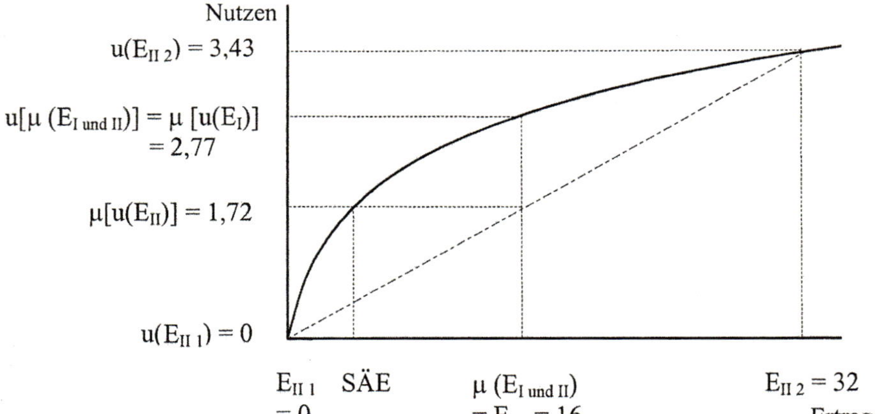

Abbildung 6: Graphische Ermittlung des sicherheitsäquivalenten Ertrags II

267 Das Beispiel ist angelehnt an *Schmidt/Terberger*, Grundzüge der Investitions- und Finanzierungstheorie (1997), S. 291–292.

Anhand dieses Beispiels kann *Risikoaversion* wie folgt definiert werden: Der Bewerter ist risikoavers, wenn er ein Investitionsprojekt, dessen Ergebnis mit Sicherheit eintritt, jeder anderen risikobehafteten Investitionsalternative, deren Ertragsbandbreite denselben Erwartungswert verspricht, vorzieht. Risikoaversion ist gegeben, wenn der Erwartungswert des Nutzens der Ergebnisse kleiner ist als der Nutzen des Erwartungswerts der Ergebnisse. Der Verlauf der Nutzenfunktion einer risikoscheuen Person ist *konkav*.

Zur graphischen Ermittlung des Erwartungswerts des Nutzens sind die den erwarteten unsicheren Erträgen des Investitionsprojekts II ($E_{\text{II}\,1} = 0$ und $E_{\text{II}\,2} = 32$) zugehörigen Nutzenwerte mittels einer Geraden zu verbinden. Des Weiteren wird auf der Abszisse im Erwartungswert der Erträge $\mu(E) = 16$ eine Senkrechte errichtet, welche die Nutzenfunktion in dem dem Erwartungswert der Erträge zugehörigen Nutzenwert ($u[\mu(E_{\text{I und II}})] = 2{,}77$) schneidet. Der dem Schnittpunkt zwischen Gerade und Senkrechte zuzuordnende Ordinatenwert ist der Erwartungswert des Nutzens ($\mu[u(E_{\text{II}})] = 1{,}72$), dessen entsprechender Abszissenwert der gesuchte sicherheitsäquivalente Ertrag darstellt. Das *Sicherheitsäquivalent* ist demnach „dasjenige *sichere* Ergebnis, das vom Entscheider *gleich bewertet* wird (den gleichen Nutzen hat) wie die unsichere Handlungsmöglichkeit“[268] (das Investitionsprojekt II).

2. Risikoaversion, Risikoneutralität und Risikofreude

Risikoscheu liegt vor, wenn das Sicherheitsäquivalent kleiner ist als der Erwartungswert der Erträge: $SÄE < \mu(E)$. Der Erwartungswert des Nutzens der Erträge ist demnach ebenfalls kleiner als der Nutzen des Erwartungswerts der Erträge, und die Nutzenfunktion ist konkav.

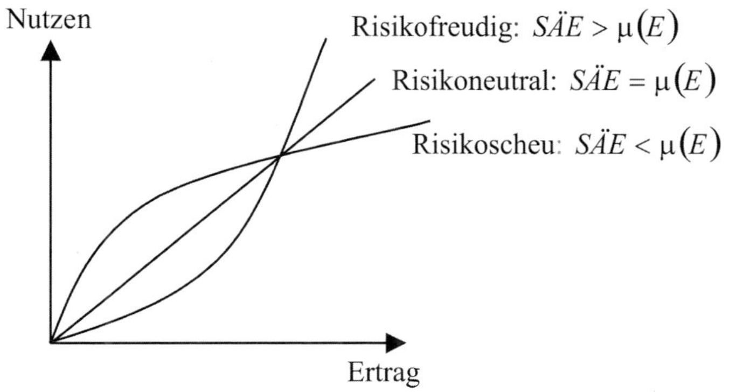

Abbildung 7: Risikoaversion, Risikoneutralität und Risikofreude

268 *Schmidt/Terberger*, Grundzüge der Investitions- und Finanzierungstheorie (1997), S. 292.

Risikoneutralität ist gegeben, wenn das Sicherheitsäquivalent dem Erwartungswert der Erträge entspricht: $SÄE = \mu(E)$. Der Erwartungswert des Nutzens der Erträge entspricht ebenfalls dem Nutzen des Erwartungswerts der Erträge, und die Nutzenfunktion ist linear.

Risikofreude zeichnet sich durch ein Sicherheitsäquivalent aus, das größer ist als der Erwartungswert der Erträge: $SÄE > \mu(E)$. Ebenso ist der Erwartungswert des Nutzens der Erträge größer als der Nutzen des Erwartungswerts der Erträge, und die Nutzenfunktion ist konvex.

III. Anwendungsgrenzen

Um für einen risikoaversen Entscheider das in der Aufgabenstellung gegebene Unternehmensbewertungsproblem zu lösen, muss dessen „persönliche Einstellung zum Risiko … [so] in die Wertermittlung einbezogen werden, … dass jeweils ein nach Maßgabe dieser Risikoeinstellung zu der Verteilung möglicher Zahlungen subjektiv gleichwertig erscheinender Betrag der Wertermittlung zu Grunde gelegt wird“[269]. Das individuelle Sicherheitsäquivalent folgt jedoch allein aus der Risikonutzenfunktion des risikoaversen Unternehmenskäufers bzw. -verkäufers.[270] Auf Grund der in realen Verhältnissen nicht ermittelbaren Risikonutzenfunktionen kann das Sicherheitsäquivalent nur mehr oder minder unbegründet gegriffen werden, da sowohl Bewerter als auch Schiedsgutachter mit der Quantifizierung der Nutzenfunktion des Käufers bzw. Verkäufers überfordert sind.

Die Anwendung der Risikozuschlagsmethode birgt gleichermaßen die Gefahr, dass der Bewerter willkürliche Risikozuschläge wählt, die zu einer grob fehlerhaften Wertermittlung führen. Ob ein bestimmter Risikozuschlag sachgerecht ist, kann nur durch einen Vergleich von sicherheitsäquivalenten Zukunftsausschüttungen und Erwartungswert der Zukunftsausschüttungen beurteilt werden. Als Lösungsansatz kann die simultane Bestimmung von Sicherheitsäquivalent und Risikozuschlag zur Überprüfung der Konsistenz und Eliminierung unzulässiger Zuschläge herangezogen werden. So kann der maximal zulässige Zuschlag auf den Kapitalisierungszins durch das Gleichsetzen von Sicherheitsäquivalent mit der niedrigsten Ausschüttung der Ertragsbandbreite ermittelt werden.[271]

In der bewertungstheoretischen Literatur wurde jüngst eine umfassende Debatte um die theoretische Fundierung der Vorgehensweise der traditionellen Sicherheits-

---

269 *Sieben/Schildbach*, Zum Stand der Entwicklung der Lehre von der Bewertung ganzer Unternehmungen, DStR 1979, S. 455 (S. 460).

270 Vgl. *Ballwieser*, Die Wahl des Kalkulationszinsfußes bei der Unternehmensbewertung unter Berücksichtigung von Risiko und Geldentwertung, BFuP 1981, S. 97 (S. 102).

271 Vgl. *Ballwieser*, Unternehmensbewertung und Komplexitätsreduktion (1990), S. 171–173; *Siegel*, Unternehmensbewertung, Unsicherheit und Komplexitätsreduktion, BFuP 1994, S. 457 (S. 467).

äquivalenzmethode geführt. Den Ausgangspunkt stellt dabei die von *Kürsten* geäußerte Kritik an der Vorgehensweise der traditionellen Sicherheitsäquivalenzmethode dar. Nach *Kürsten* ist die als „entscheidungstheoretische Schimäre“[272] gebrandmarkte traditionelle Sicherheitsäquivalenzmethode „weder zur Bestimmung von Unternehmenswerten noch zur Plausibilisierung von geäußerten Präferenzen geeignet“[273], sondern vielmehr Aufhänger für die „theoretisch interessante und zugleich eben praxisrelevante Frage … [nach der Existenz] andere[r] amalgamierende[r] Größen …, [die] geeignet sind, individuell gegriffene Risikozuschläge auf ihre Plausibilität zu prüfen“[274]. Ein (vorübergehendes) Ende findet die Diskussion mit den Erkenntnissen von *Reichling/Spengler/Vogt*, die für die Klasse von Risikonutzenfunktionen mit hyperbolischer absoluter Risikoaversion (HARA) zeigen können, dass eine theoretische Fundierung der Vorgehensweise der traditionellen Sicherheitsäquivalenzmethode „nur möglich [ist], wenn die Risikoaversion unzulässigerweise null beträgt“[275], eine Implikation, die für sich betrachtet gleichbedeutend ist mit der Risikoneutralität des Bewertungssubjektes.

Weiterführende Literatur

Ballwieser, Wolfgang,	Unternehmensbewertung, 2. Aufl., Stuttgart 2007, S. 65–82
Kruschwitz, Lutz/ Husmann, Sven,	Finanzierung und Investition, 6. Aufl., München 2010, S. 83–103
Obermaier, Robert,	Bewertung, Zins und Risiko, Frankfurt a.M. 2004, S. 211–275
Reichling, Peter/ Spengler, Thomas/ Vogt, Bodo,	Sicherheitsäquivalente, Wertadditivität und Risikoneutralität, ZfB, 76. Jg. (2006), S. 759–769
Schmidt, Reinhard H./ Terberger, Eva,	Grundzüge der Investitions- und Finanzierungstheorie, 4. Aufl., Wiesbaden 1997, S. 264–298

272 *Kürsten*, „Unternehmensbewertung unter Unsicherheit“, oder: Theoriedefizit einer künstlichen Diskussion über Sicherheitsäquivalent- und Risikozuschlagsmethode, zfbf 2002, S. 128 (S. 137).

273 *Schwetzler*, Das Ende des Ertragswertverfahrens?, zfbf 2002, S. 145 (S. 147).

274 *Kürsten*, „Unternehmensbewertung unter Unsicherheit“, oder: Theoriedefizit einer künstlichen Diskussion über Sicherheitsäquivalent- und Risikozuschlagsmethode, zfbf 2002, S. 128 (S. 143).

275 *Reichling/Spengler/Vogt*, Sicherheitsäquivalente, Wertadditivität und Risikoneutralität, ZfB 2006, S. 759 (S. 766).

Fall 12: Vergleich von Sicherheitsäquivalenz- und Risikozuschlagsmethode

Sachverhalt:

Professor Aversi möchte als Kaufinteressent zunächst den Wert einer potenziellen Anlage bestimmen. Ihm ist der Basiszins mit 5 % und die folgende gleichgewichtige Ertragsbandbreite des Bewertungsobjekts bekannt:

Tabelle 37: Erwartete Ertragsbandbreite I – Professor Aversi

Umweltzustand	A	B	C	D	E	F
Erwartete Nettoeinnahmen (in T€)	50	60	70	80	90	100

Aufgabenstellung:

- Gehen Sie in einem ersten Schritt von einer *einperiodigen Betrachtungsweise* aus!
  - Berechnen Sie den Ertragswert mithilfe der Sicherheitsäquivalenz- und Risikozuschlagsmethode, wenn die Anlagedauer nur eine Periode umfasst und Professor Aversi das von ihm empfundene Risiko in einem sicherheitsäquivalenten Ertrag von 70 TEuro berücksichtigt! Wie können willkürliche *Risikozuschläge* eingeschränkt werden? Wenden Sie Ihre Ergebnisse auf die Geldanlage des Professors Aversi an!
  - Welche Auswirkungen ergeben sich auf die Höhe des Risikozuschlags, wenn wiederum nur eine Periode betrachtet wird und die oben in Tabelle 37 gegebene gleichgewichtige Ertragsbandbreite *negative Größen* darstellt, da z.B. eine Fehlinvestition stattgefunden hat?
- Gehen Sie im Nachfolgenden von einer *mehrperiodigen Betrachtungsweise* aus!
  - Vergleichen Sie *Sicherheitsäquivalenz- und Risikozuschlagsmethode*, und bestimmen Sie den Grenzpreis von Professor Aversi, wenn die Anlagedauer fünf Perioden umfasst und Sie die Annahme berücksichtigen, dass der sicherheitsäquivalente Ertrag 70 TEuro beträgt und die unter der ersten Aufgabenstellung abgeleitete Identität gilt.
  - Nehmen Sie Stellung zu der Aussage: „Die für die jeweilige Bewertungsmethode anzuwendende Bewertungsgleichung hängt von der unterstellten Form der stochastischen Verknüpfung der Überschussverteilungen ab."[276] Bestimmen Sie den Grenzpreis von Professor Aversi, wenn seine Nutzenfunktion mit $u(E_s) = \ln(E_s)$ gegeben ist, die Anlagedauer drei Perioden umfasst und die Ertragsbandbreite eingeschränkt wird auf:

276 *Schwetzler*, Unternehmensbewertung unter Unsicherheit – Sicherheitsäquivalent- oder Risikozuschlagsmethode?, zfbf 2000, S. 469 (S. 485).

Tabelle 38: Erwartete Ertragsbandbreite II – Professor Aversi

Umweltzustand	**A** ($p_A = 0{,}5$)	**B** ($p_B = 0{,}5$)
Erwartete Nettoeinnahmen (in T€)	65	85

I. Risikozuschlagsmethode im Einperiodenfall

1. Plausibilisierung von Risikozuschlägen

Im Vergleich der Sicherheitsäquivalenzmethode mit der Risikozuschlagsmethode soll zunächst der einperiodige Fall untersucht werden, in dem gelten muss:[277]

$$(10)\quad EW_0 = \frac{S\ddot{A}E_1}{(1+i)^1} = \frac{\mu(E)_1}{(1+i+z)^1}.$$

Als aus theoretischer Sicht korrekt stellt sich allein die Sicherheitsäquivalenzmethode dar: Ist die Risikonutzenfunktion des potenziellen Käufers oder Verkäufers bekannt, so folgt die dann unproblematische Berechnung des sicherheitsäquivalenten Ertrags sowie dessen Diskontierung mit dem landesüblichen Zinssatz.[278] Unter dieser Prämisse erübrigt sich die Risikozuschlagsmethode. Berücksichtigt Professor Aversi dementsprechend das von ihm empfundene Risiko durch einen Risikoabschlag vom Erwartungswert, indem er das Sicherheitsäquivalent mit 70 TEuro ansetzt, so kann mittels des Sicherheitsäquivalenzverfahrens unmittelbar der Ertragswert in Höhe von 66,67 TEuro berechnet werden:

$$EW_0 = \frac{S\ddot{A}E_1}{(1+i)^1} = \frac{70}{1+0{,}05} = 66{,}67\ \text{T€}.$$

In der Praxis wird die individuelle Risikoneigung bzw. Nutzenfunktion hingegen regelmäßig nicht gegeben sein, und der Bewerter wird „das Sicherheitsäquivalent

277 Vgl. *Ballwieser*, Methoden der Unternehmensbewertung, in: Gebhardt/Gerke/Steiner (Hrsg.), Handbuch des Finanzmanagements (1993), S. 151 (S. 157–158); *ders.*, Unternehmensbewertung (2007), S. 79; *Drukarczyk/Schüler*, Unternehmensbewertung (2009), S. 40.

278 Vgl. *Ballwieser*, Die Wahl des Kalkulationszinsfußes bei der Unternehmensbewertung unter Berücksichtigung von Risiko und Geldentwertung, BFuP 1981, S. 97 (S. 102); *Böcking/Nowak*, Der Beitrag der Discounted Cash Flow-Verfahren zur Lösung der Typisierungsproblematik bei Unternehmensbewertungen – Eine Warnung vor einer „naiven" Übertragung modelltheoretischer Erkenntnisse auf die Bewertungspraxis, DB 1998, S. 685 (S. 688).

nur mehr oder minder unbegründet greifen“[279]. Die „praktisch beliebte“[280] Risikozuschlagsmethode ist der gleichen Kritik ausgesetzt, denn „um einen begründeten Zuschlag ermitteln zu können“, muss zunächst bekannt sein, „welcher Ertragswert sich ... auf Grund der Diskontierung des Sicherheitsäquivalents mit dem landesüblichen Zinsfuß“[281] ergibt. Vom reinen Ermessen des Bewerters abhängige Zuschlagshöhen sind willkürlich und frei gegriffen.[282] Modifiziert man Gleichung (10) zu[283]

$$z = \frac{\mu(E)_1}{S\ddot{A}E_1} \cdot (1 + i) - (1 + i)$$

$$(11) \quad z = \left(\frac{\mu(E)_1}{S\ddot{A}E_1} - 1\right) \cdot (1 + i),$$

ist erkennbar, dass sich der sicherheitsäquivalente Ertrag und der Risikozuschlag simultan bestimmen lassen und eine Plausibilitätskontrolle überhöhte, nicht begründete Zuschläge ausschließen kann.[284] Wird insbesondere in Bewertungssituationen, in denen der exakte sicherheitsäquivalente Ertrag des Investors nicht bekannt ist, das Sicherheitsäquivalent durch den Mindestwert der Ertragsbandbreite ($E_{\min,1}$) ersetzt, denn der sicherheitsäquivalente Ertrag darf – unter der Annahme

279 *Ballwieser*, Die Wahl des Kalkulationszinsfußes bei der Unternehmensbewertung unter Berücksichtigung von Risiko und Geldentwertung, BFuP 1981, S. 97 (S. 103). Zustimmend *Siegel*, Unternehmensbewertung, Unsicherheit und Komplexitätsreduktion, BFuP 1994, S. 457 (S. 474).

280 *Böcking/Nowak*, Der Beitrag der Discounted Cash Flow-Verfahren zur Lösung der Typisierungsproblematik bei Unternehmensbewertungen – Eine Warnung vor einer „naiven“ Übertragung modelltheoretischer Erkenntnisse auf die Bewertungspraxis, DB 1998, S. 685 (S. 688). Das IDW spricht sich im IDW Standard: Grundsätze zur Durchführung von Unternehmensbewertungen (IDW S 1 i. d. F. 2008), IDW FN 2008, S. 271 (S. 282, Rn. 90), für die Anwendung der Zinszuschlagsmethode aus.

281 *Ballwieser*, Die Wahl des Kalkulationszinsfußes bei der Unternehmensbewertung unter Berücksichtigung von Risiko und Geldentwertung, BFuP 1981, S. 97 (S. 102, beide Zitate). Vgl. ebenfalls *ders.*, Unternehmensbewertung und Komplexitätsreduktion (1990), S. 171.

282 Vgl. *Böcking/Nowak*, Der Beitrag der Discounted Cash Flow-Verfahren zur Lösung der Typisierungsproblematik bei Unternehmensbewertungen – Eine Warnung vor einer „naiven“ Übertragung modelltheoretischer Erkenntnisse auf die Bewertungspraxis, DB 1998, S. 685 (S. 688).

283 Vgl. *Ballwieser*, Methoden der Unternehmensbewertung, in: Gebhardt/Gerke/Steiner (Hrsg.), Handbuch des Finanzmanagements (1993), S. 151 (S. 160–161); *Drukarczyk/Schüler*, Unternehmensbewertung (2009), S. 41.

284 Vgl. *Drukarczyk/Schüler*, Unternehmensbewertung (2009), S. 206–209; *Schwetzler*, Stochastische Verknüpfung und implizite bzw. maximal zulässige Risikozuschläge bei der Unternehmensbewertung, BFuP 2000, S. 478 (S. 479).

eines rationalen Investors – niemals kleiner als der Mindestertrag sein,[285] so kann der maximal zulässige Zuschlag berechnet werden mit:[286]

$$(12)\quad z_{\max} = \left(\frac{\mu(E)_1}{E_{\min,1}} - 1\right) \cdot (1 + i).$$

Unter der Annahme, dass die in der Aufgabenstellung gegebene Anlagemöglichkeit nur eine einperiodige Lebensdauer aufweist und der landesübliche Zinssatz 5 % beträgt, können zur Berechnung des maximal zulässigen Risikozuschlags der Mindestwert der Ertragsbandbreite (50 TEuro) und der Erwartungswert $\mu(E)_1 = \frac{1}{6} \cdot (50 + 60 + 70 + 80 + 90 + 100) = 75$ TEuro in Gleichung (12) eingesetzt werden:

$$z_{\max} = \left(\frac{\mu(E)_1}{E_{\min,1}} - 1\right) \cdot (1 + i) = \left(\frac{75}{50} - 1\right) \cdot (1 + 0{,}05) = 0{,}525.$$

Unter Anwendung der Identität (10) kann über Gleichung (11) jedoch der korrekte Risikozuschlag von 0,075 ermittelt werden, da das Sicherheitsäquvialent bekannt ist:

$$z = \left(\frac{\mu(E)_1}{S\ddot{A}E_1} - 1\right) \cdot (1 + i) = \left(\frac{75}{70} - 1\right) \cdot (1 + 0{,}05) = 0{,}075,$$

was in Bezug auf den landesüblichen Zinssatz einem prozentualen Risikozuschlag von 150 % entspricht. Das subjektiv empfundene Risiko des Bewertungssubjekts entspricht einem Kapitalisierungszinssatz von 12,5 %, und der mit dem risikoangepassten Zinssatz berechnete Ertragswert beträgt somit ebenfalls 66,67 TEuro:

$$EW_0 = \frac{\mu(E)_1}{(1 + i + z)^1} = \frac{75}{(1 + 0{,}05 + 0{,}075)} = \frac{75}{(1 + 0{,}125)} = 66{,}67\ \text{T€}.$$

2. Risikoabschläge

Unternehmen zeichnen sich nicht generell durch positive Einzahlungsüberschüsse in allen zukünftigen Wirtschaftsjahren aus, auch negative Nettoeinnahmen sind in einzelnen Perioden möglich. So sind insbesondere Wachstumsunternehmen durch ihren hohen Kapitalbedarf sowie hohe Anfangsverluste in den ersten Jahren ihres

285 Vgl. *Drukarczyk/Schüler*, Unternehmensbewertung (2009), S. 206.

286 Vgl. *Ballwieser*, Methoden der Unternehmensbewertung, in: Gebhardt/Gerke/Steiner (Hrsg.), Handbuch des Finanzmanagements (1993), S. 151 (S. 160–161); *ders.*, Unternehmensbewertung (2007), S. 91.

Bestehens charakterisiert.[287] Negative Ertragsverteilungen führen zu einem negativen Erwartungswert. Da „das Vorzeichen des ‚Risikozuschlages' [im Diskontierungssatz] vom Vorzeichen des Erwartungswertes der Zahlungsverteilung der Periode abhängt", folgt: „Aus einem negativen Erwartungswert resultiert ein Risikoabschlag, ansonsten ein Risikozuschlag."[288]

Infolge der Fehlinvestition erwartet Professor Aversi eine einmalige negative Belastung. Unter Berücksichtigung der noch bestehenden Unsicherheit über die Höhe der Zahllast wird die negative Nettoeinnahmenverteilung mit einem Erwartungswert in Höhe von $\mu(E)_1 = -75$ TEuro für $t = 1$ prognostiziert:

Tabelle 39: Für $t = 1$ erwartete negative Nettoeinnahmenverteilung – Professor Aversi

Umweltzustand	**A**	**B**	**C**	**D**	**E**	**F**
Erwartete Nettoeinnahmen (in T€)	–50	–60	–70	–80	–90	–100
$\mu(E)_1 = \frac{1}{6} \cdot (-50 - 60 - 70 - 80 - 90 - 100) = -75$ T€						

Zu untersuchen ist, welchen Betrag Professor Aversi bereit wäre auszugeben, um der negativen Zahlung in $t = 1$ zu entgehen. Wäre er risikoneutral, so entspräche sein Sicherheitsäquivalent dem Erwartungswert von –75 TEuro, und der Barwert der negativen Entnahmeverteilung würde –71,43 TEuro betragen:

$$EW_0 = \frac{SÄE_1}{(1+i)^1} = \frac{-75}{1+0{,}05} = -71{,}43 \text{ T€}.$$

Da Professor Aversi jedoch risikoscheu ist, wird er das Risiko, mehr als 75 TEuro in das Unternehmen einzahlen zu müssen, höher einschätzen als die Chance, weniger als 75 TEuro zahlen zu müssen. Gibt Professor Aversi seinen sicherheitsäquivalenten Ertrag für die gegebene Ertragsverteilung z. B. mit –80 TEuro an, so beträgt der Ertragswert im Zeitpunkt $t = 0$:

287 Vgl. *Hommel/Braun/Schmotz*, Neue Wege in der Unternehmensbewertung – Kritische Würdigung des neuen IDW-Standards (IDW S 1) zur Unternehmensbewertung, DB 2001, S. 341 (S. 346).

288 *Drukarczyk*, Unternehmensbewertung (2003), S. 360 (beide Zitate). *Kruschwitz*, Risikoabschläge, Risikozuschläge und Risikoprämien in der Unternehmensbewertung, DB 2001, S. 2409 (S. 2410): „Das Sicherheitsäquivalent künftiger Einzahlungen entsteht, indem die erwarteten Einzahlungen um einen Risikoabschlag gemindert werden. Das Sicherheitsäquivalent künftiger Auszahlungen wird hingegen gewonnen, indem die erwarteten Auszahlungen um einen Risikozuschlag erhöht werden."

$$EW_0 = \frac{S\ddot{A}E_1}{(1+i)^1} = \frac{-80}{1+0{,}05} = -76{,}19 \text{ T€}.$$

Professor Aversi wäre mithin bereit, in $t = 0$ eine im Vergleich zur Risikoneutralität höhere Prämie in Höhe von 76,19 TEuro zu *zahlen*, um der unsicheren negativen Ertragserwartung in $t = 1$ zu entgehen. Das in dieser Betrachtung *den Erwartungswert übersteigende Sicherheitsäquivalent* (80 TEuro > 75 TEuro) impliziert einen negativen Risikozuschlag, d.h. einen Risikoabschlag. Aus Gleichung (11) folgt:

$$z = \left(\frac{\mu(E)_1}{S\ddot{A}E_1} - 1\right) \cdot (1+i) = \left(\frac{-75}{-80} - 1\right) \cdot (1+0{,}05) = -0{,}065625,$$

und der Barwert berechnet sich auch unter Anwendung der Risikozuschlagsmethode mit 76,19 TEuro:

$$EW_0 = \frac{\mu(E)_1}{(1+i+z)^1} = \frac{-75}{(1+0{,}05-0{,}065625)} = -76{,}19 \text{ T€}.$$

II. Risikozuschlagsmethode im Mehrperiodenfall

1. Implizite Risikozuschläge und Sicherheitsäquivalente

Aus Vereinfachungsgründen werden im mehrperiodigen Fall regelmäßig nicht Entscheidungs- oder Zustandsbäume, sondern den einzelnen Prognoseperioden zugeordnete Ertragsverteilungen zur Grenzpreisfindung herangezogen.[289] Auf Grund der Kenntnis des Sicherheitsäquivalents von Professor Aversi könnte die Berechnung des Ertragswerts bei unterstelltem Zeithorizont von fünf Perioden gemäß Gleichung (2) erfolgen:

$$EW_0 = \sum_{t=1}^{5} \frac{S\ddot{A}E_t}{(1+i)^t} = \frac{70}{(1+0{,}05)^1} + \frac{70}{(1+0{,}05)^2} + \frac{70}{(1+0{,}05)^3}$$

$$+ \frac{70}{(1+0{,}05)^4} + \frac{70}{(1+0{,}05)^5} = 303{,}06 \text{ T€}.$$

289 Vgl. *Drukarczyk*, Unternehmensbewertung (2003), S. 340.

Die Übertragung der Identität (10) auf den mehrperiodigen Anwendungsfall

$$EW_0 = \sum_{t=1}^{T} \frac{S\ddot{A}E_t}{(1+i)^t} = \sum_{t=1}^{T} \frac{\mu(E)_t}{(1+i+z_t)^t}$$

impliziert den gleichen Ertragswert, jedoch „führt die Diskontierung von periodisch konstanten Sicherheitsäquivalenten mit dem … [quasi-sicheren] Zinssatz zu im Zeitablauf sinkenden impliziten Risikozuschlägen“[290]. Anstatt nur „die Identität der Summe der Barwerte zu verlangen“, stellt sich

$$(13) \quad \frac{S\ddot{A}E_t}{(1+i)^t} = \frac{\mu(E)_t}{(1+i+z_t)^t}$$

als strengere Anforderung zur Vermeidung „beliebig viele[r] z_t“[291] dar. Tabelle 40 zeigt die periodenindividuellen, sinkenden Risikozuschläge z_t[292]

$$(14) \quad z_t = \left(\frac{\mu(E)_t}{S\ddot{A}E_t}\right)^{1/t} \cdot (1+i) - (1+i),$$

Tabelle 40: Implizite Risikozuschläge

t	$S\ddot{A}E_t$	i	periodischer Wertbeitrag $S\ddot{A}E_t \cdot (1+i)^{-t}$	$\mu(E)_t$	implizierter Risikozuschlag z_t
1	70	5 %	66,667	75	0,07500
2	70	5 %	63,492	75	0,03685
3	70	5 %	60,469	75	0,02443
4	70	5 %	57,589	75	0,01827
5	70	5 %	54,847	75	0,01459

bei deren Anwendung die Risikozuschlagsmethode gemäß (5) ebenfalls einen Ertragswert in Höhe von 303,06 TEuro ergibt:

---

290 *Schwetzler*, Unternehmensbewertung unter Unsicherheit – Sicherheitsäquivalent- oder Risikozuschlagsmethode?, zfbf 2000, S. 469 (S. 472).

291 *Ballwieser*, Methoden der Unternehmensbewertung, in: Gebhardt/Gerke/Steiner (Hrsg.), Handbuch des Finanzmanagements (1993), S. 151 (S. 157–158, beide Zitate). Vgl. ebenfalls *Robichek/Myers*, Conceptual Problems in the Use of Risk-Adjusted Discount Rates, JoF 1966, S. 727 (S. 728).

292 Vgl. *Drukarczyk*, Unternehmensbewertung (2003), S. 343.

$$EW_0 = \sum_{t=1}^{5} \frac{\mu(E)_t}{(1+i+z_t)^t} = \frac{75}{(1+0{,}05+0{,}075)^1} + \frac{75}{(1+0{,}05+0{,}03685)^2} + \frac{75}{(1+0{,}05+0{,}02443)^3} + \frac{75}{(1+0{,}05+0{,}01827)^4} + \frac{75}{(1+0{,}05+0{,}01459)^5}$$

$$= 66{,}667 + 63{,}492 + 60{,}469 + 57{,}589 + 54{,}847 = 303{,}06 \text{ T€}.$$

Wird alternativ der unter Gliederungspunkt I abgeleitete risikoangepasste Zinssatz $i + z = 1{,}125$ auf Grund des unveränderten Risikos als konstant angesehen und zur Diskontierung der Erwartungswerte genutzt, resultieren ein Ertragswert in Höhe von 267,04 TEuro und „trotz uniformer Überschussverteilung im Zeitablauf sinkende Sicherheitsäquivalente"[293] (Tabelle 41):

$$EW_0 = \sum_{t=1}^{5} \frac{\mu(E)_t}{(1+i+z_t)^t} = \frac{75}{(1+0{,}125)^1} + \frac{75}{(1+0{,}125)^2} + \frac{75}{(1+0{,}125)^3} + \frac{75}{(1+0{,}125)^4} + \frac{75}{(1+0{,}125)^5} = 267{,}04 \text{ T€}.$$

Tabelle 41: Implizite Sicherheitsäquivalente

t	$\mu(E)_t$	$i+z$	**periodischer Wertbeitrag** $\mu(E)_t \cdot (1+i+z)^{-t}$	i	**impliziertes Sicherheitsäquivalent** $S\ddot{A}E_t$
1	75	12,5 %	66,667	5 %	70,000
2	75	12,5 %	59,259	5 %	65,333
3	75	12,5 %	52,675	5 %	60,978
4	75	12,5 %	46,822	5 %	56,913
5	75	12,5 %	41,620	5 %	53,118

293 *Schwetzler*, Unternehmensbewertung unter Unsicherheit – Sicherheitsäquivalent- oder Risikozuschlagsmethode?, zfbf 2000, S. 469 (S. 472). Vgl. ebenfalls *Ballwieser*, Methoden der Unternehmensbewertung, in: Gebhardt/Gerke/Steiner (Hrsg.), Handbuch des Finanzmanagements (1993), S. 151 (S. 158); *Hachmeister*, Diskontierung bei Unsicherheit, in: Kruschwitz/ Löffler (Hrsg.), Ergebnisse des Berliner Workshops „Unternehmensbewertung" vom 7. Februar 1998, Diskussionsbeiträge des Fachbereichs Wirtschaftswissenschaft der Freien Universität Berlin Nr. 1998/7, S. 25 (S. 26).

Die Diskontierung dieser Sicherheitsäquivalente mit dem quasisicheren Zinsfuß führt ebenfalls zu einem Ertragswert von:

$$EW_0 = \sum_{t=1}^{5} \frac{S\ddot{A}E_t}{(1+i)^t} = \frac{70}{(1+0{,}05)^1} + \frac{65{,}333}{(1+0{,}05)^2} + \frac{60{,}978}{(1+0{,}05)^3}$$

$$+ \frac{56{,}913}{(1+0{,}05)^4} + \frac{53{,}118}{(1+0{,}05)^5} = 267{,}04 \text{ T€}.$$

2. Cashflow-Struktur

a) „Stochastische Unabhängigkeit"

Das unter Gliederungspunkt II.1 gefundene Ergebnis sagt scheinbar,[294] dass die Diskontierung konstanter Sicherheitsäquivalente mit dem landesüblichen Zinsfuß und die Diskontierung konstanter Erwartungswerte mit einem konstanten risikoangepassten Zinssatz zu divergierenden Ertragswerten führt. Zunächst stellt sich die Frage, aus welchem Grund die Anwendung der Risikozuschlagsmethode mit einem konstanten Risikozuschlag im Zeitablauf sinkende sicherheitsäquivalente Erträge zur Folge hat. Zunehmendes Risiko respektive zunehmende Risikoaversion des Investors sind als Argumente auszuschließen, da sich infolge der gegebenen, als konstant angenommenen Ausschüttungsverteilung sowie der Prämisse einer konstanten Risikonutzenfunktion weder das Risiko noch die Risikoneigung als variabel darstellen.[295] Folgt man der Auffassung von *Schwetzler*, so liegt die Ursache „in der implizit unterstellten unterschiedlichen stochastischen Verknüpfung aufeinander folgender Überschussverteilungen"[296]. Dazu ist es erforderlich, da-

294 Vgl. *Schwetzler*, Unternehmensbewertung unter Unsicherheit – Sicherheitsäquivalent- oder Risikozuschlagsmethode?, zfbf 2000, S. 469 (S. 473).

295 Vgl. *Drukarczyk*, Unternehmensbewertung (2003), S. 343; *Schwetzler*, Unternehmensbewertung unter Unsicherheit – Sicherheitsäquivalent- oder Risikozuschlagsmethode?, zfbf 2000, S. 469 (S. 472–473).

296 *Schwetzler*, Unternehmensbewertung unter Unsicherheit – Sicherheitsäquivalent- oder Risikozuschlagsmethode?, zfbf 2000, S. 469 (S. 473). Vgl. ebenfalls *ders.*, Unternehmensbewertung und Risiko – Anmerkungen zu Kruschwitz, DB 2001 S. 2409, DB 2002, S. 390 (S. 390–391); *Hachmeister*, Diskontierung bei Unsicherheit, in: Kruschwitz/Löffler (Hrsg.), Ergebnisse des Berliner Workshops „Unternehmensbewertung" vom 7. Februar 1998, Diskussionsbeiträge des Fachbereichs Wirtschaftswissenschaft der Freien Universität Berlin Nr. 1998/7, S. 25 (S. 28–29). Zur Diskussion und den kontroversen Stellungnahmen zur Eignung des Bernoulli-Prinzips im Rahmen der Sicherheitsäquivalenzmethode sei verwiesen auf: *Ballwieser*, Unternehmensbewertung (2007), S. 77–78; *Bamberg/Dorfleitner/Krapp*, Zur Bewertung risikobehafteter Zahlungsströme mit intertemporaler Abhängigkeit, BFuP 2004, S. 101 (S. 101–118); *Diedrich*, Die Sicherheitsäquivalentmethode der Unternehmensbewertung: Ein (auch) entscheidungstheoretisch wohlbegründbares Verfahren – Anmerkungen zu dem Beitrag von

nach zu unterscheiden, ob die Wahrscheinlichkeitsverteilungen der einzelnen Perioden voneinander stochastisch unabhängig oder aber stochastisch abhängig sind.

Stochastische Unabhängigkeit der Verteilungen bedeutet, dass die Wahrscheinlichkeitsverteilung einer Periode *t* unabhängig von den realisierten Umweltzuständen der vorangehenden Perioden eintritt und sich die in ihr enthaltene Unsicherheit erst vollkommen und ausschließlich im Zeitpunkt *t* auflöst.[297] Abbildung 8 verdeutlicht den Zusammenhang für die uniforme Überschussverteilung (in TEuro):

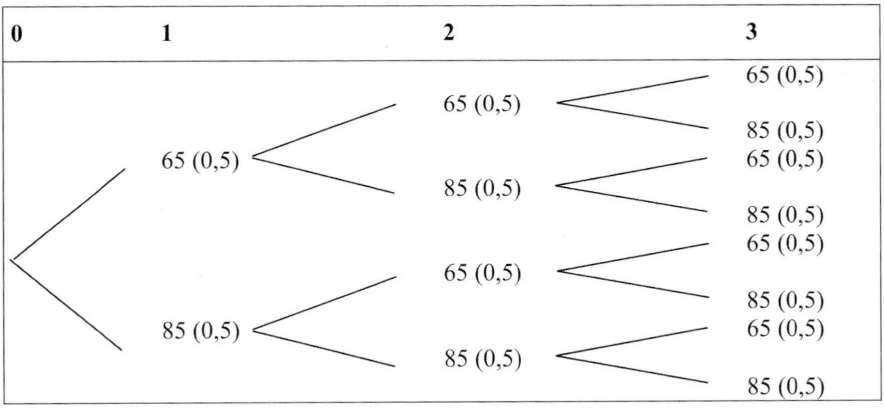

Abbildung 8: Wahrscheinlichkeitsverteilung bei „stochastischer Unabhängigkeit“

Wolfgang Kürsten in der zfbf (März 2002, S. 128–144), zfbf 2003, S. 281 (S. 281–286); *Kruschwitz*, Risikoabschläge, Risikozuschläge und Risikoprämien in der Unternehmensbewertung, DB 2001, S. 2409 (S. 2412); *Kruschwitz/Löffler*, Semi-subjektive Bewertung, ZfB 2003, S. 1335 (S. 1335–1345); *Kürsten*, „Unternehmensbewertung unter Unsicherheit“, oder: Theoriedefizit einer künstlichen Diskussion über Sicherheitsäquivalent- und Risikozuschlagsmethode, zfbf 2002, S. 128 (S. 128–144); *ders.*, Grenzen und Reformbedarfe der Sicherheitsäquivalentmethode in der (traditionellen) Unternehmensbewertung – Erwiderung auf die Anmerkungen von Ralf Diedrich und Jörg Wiese in der zfbf, zfbf 2003, S. 306 (S. 306–314); *Schwetzler*, Das Ende des Ertragswertverfahrens?, Replik zu den Anmerkungen von Wolfgang Kürsten zu meinem Beitrag in der zfbf (August 2000, S. 469–486), zfbf 2002, S. 145 (S. 145–158); *Wiese*, Zur theoretischen Fundierung der Sicherheitsäquivalentmethode und des Begriffs der Risikoauflösung bei der Unternehmensbewertung – Anmerkungen zu dem Beitrag von Wolfgang Kürsten in der zfbf (März 2002, S. 128–144), zfbf 2003, S. 287 (S. 287–305).

297 Vgl. *Drukarczyk*, Unternehmensbewertung (2003), S. 340; *Schwetzler*, Unternehmensbewertung unter Unsicherheit – Sicherheitsäquivalent- oder Risikozuschlagsmethode?, zfbf 2000, S. 469 (S. 474); *ders.*, Stochastische Verknüpfung und implizite bzw. maximal zulässige Risikozuschläge bei der Unternehmensbewertung, BFuP 2000, S. 478 (S. 480).

Die in Periode t eintretende bedingte Wahrscheinlichkeitsverteilung ist – unabhängig davon, welcher Umweltzustand in der Vorperiode realisiert wurde – stets identisch, so dass die „bedingten Sicherheitsäquivalente [ebenfalls] alle gleich sind"[298] und sich die Verteilung der bedingten Sicherheitsäquivalente der Periode t ebenso wie ihr Wert im Zeitpunkt t–1 nicht als risikobehaftet darstellt. Zur Ermittlung des Ertragswerts der gegebenen uniformen Ertragsverteilung ist daher die Sicherheitsäquivalenzmethode gemäß (2) heranzuziehen:

$$(2)\quad EW_0 = \sum_{t=1}^{T} \frac{S\ddot{A}E_t}{(1+i)^t}.$$

Wird die individuelle Nutzenfunktion des Investors mit $u(E_s) = \ln(E_s)$ als gegeben angenommen, so kann der sicherheitsäquivalente Ertrag unter Anwendung von (9) wie folgt berechnet werden:

$$(15)\quad u(S\ddot{A}E_t) = \mu[u(E_s)] = \left(\sum_{s=1}^{S} u(E_s) \cdot p_s\right).$$

Der Einsatz der Nutzenfunktion ergibt

$$u(S\ddot{A}E_t) = \mu[u(E_s)] = \ln(E_A) \cdot p_A + \ln(E_B) \cdot p_B,$$

und der Erwartungswert des Nutzens beträgt 4,30852:

$$u(S\ddot{A}E_t) = \mu[u(E_s)] = \ln(E_A) \cdot p_A + \ln(E_B) \cdot p_B$$

$$= \ln(65) \cdot 0{,}5 + \ln(85) \cdot 0{,}5 = 4{,}30852.$$

Das Sicherheitsäquivalent ist somit definiert als

$$(16)\quad S\ddot{A}E_t = u^{-1}(\mu[u(E_s)])$$

und berechnet sich über den Einsatz der Nutzenfunktion und des Erwartungswerts des Nutzens mit:

$$S\ddot{A}E_t = e^{\mu[u(E_s)]} = e^{4{,}30852} = 74{,}33 \text{ T€}.$$

Wird nun der so errechnete sicherheitsäquivalente Ertrag in die Bewertungsformel (2) eingesetzt, erhält man den für Professor Aversi geltenden Grenzpreis in Höhe von 202,42 TEuro:

298 *Drukarczyk*, Unternehmensbewertung (2003), S. 341.

$$EW_0 = \sum_{t=1}^{3} \frac{S\ddot{A}E_t}{(1+i)^t} = \frac{74,33}{(1,05)^1} + \frac{74,33}{(1,05)^2} + \frac{74,33}{(1,05)^3} = 202{,}42 \text{ T€}.$$

Soll der Ertragswert nun mithilfe der Risikozuschlagsmethode eruiert werden, ist zu beachten, dass sich die in der Wahrscheinlichkeitsverteilung der Periode *t* enthaltene Unsicherheit allein in *t* auflöst. Dementsprechend erfolgt die Diskontierung des Erwartungswerts der Verteilung in *t* mit einem risikoangepassten Zinssatz auf *t*–1. Der Wert der Verteilung „im Zeitpunkt *t*–1 [ist jedoch] zustandsunabhängig und damit sicher realisierbar“[299], so dass nach *Schwetzler* für die weitere Diskontierung folglich nur der quasisichere Zinssatz *i* herangezogen werden darf:[300]

$$(17)\quad EW_0 = \sum_{t=1}^{T} \frac{\mu(E)_t}{(1+i+z_t)^1 \cdot (1+i)^{t-1}}.$$

Da beide Verfahren zur Herstellung der Risikoäquivalenz zum gleichen Ergebnis führen müssen, gilt:[301]

$$(18)\quad EW_0 = \sum_{t=1}^{T} \frac{S\ddot{A}E_t}{(1+i)^t} = \sum_{t=1}^{T} \frac{\mu(E)_t}{(1+i+z_t)^1 \cdot (1+i)^{t-1}},$$

und der Risikozuschlag berechnet sich auf der Grundlage von (11) mit

$$z_t = \left(\frac{\mu(E)_t}{S\ddot{A}E_t} - 1\right) \cdot (1+i) = \left(\frac{75}{74{,}33} - 1\right) \cdot (1+0{,}05) = 0{,}00946.$$

Einsetzen von z_t in (17) liefert ebenfalls einen Ertragswert in Höhe von 202,42 TEuro:

299 *Schwetzler*, Unternehmensbewertung unter Unsicherheit – Sicherheitsäquivalent- oder Risikozuschlagsmethode?, zfbf 2000, S. 469 (S. 474). Vgl. *Fama*, Risk-adjusted Discount Rates and Capital Budgeting under Uncertainty, JFE 1977, S. 3 (S. 9).

300 Vgl. *Ballwieser*, Methoden der Unternehmensbewertung, in: Gebhardt/Gerke/Steiner (Hrsg.), Handbuch des Finanzmanagements (1993), S. 151 (S. 158); *Fama*, Risk-adjusted Discount Rates and Capital Budgeting under Uncertainty, JFE 1977, S. 3 (S. 9); *Schwetzler*, Stochastische Verknüpfung und implizite bzw. maximal zulässige Risikozuschläge bei der Unternehmensbewertung, BFuP 2000, S. 478 (S. 481).

301 Vgl. *Ballwieser*, Methoden der Unternehmensbewertung, in: Gebhardt/Gerke/Steiner (Hrsg.), Handbuch des Finanzmanagements (1993), S. 151 (S. 158); *ders.*, Unternehmensbewertung (2007), S. 79.

$$EW_0 = \sum_{t=1}^{T} \frac{\mu(E)_t}{(1+i+z_t)^1 \cdot (1+i)^{t-1}} = \frac{75}{(1{,}05 + 0{,}00946)}$$
$$+ \frac{75}{(1{,}05 + 0{,}00946) \cdot (1{,}05)} + \frac{75}{(1{,}05 + 0{,}00946) \cdot (1{,}05)^2}$$
$$= 202{,}42 \text{ T€}.$$

Die Bewertungsformel für den Fall der unendlichen Rente hat ebenfalls die Äquivalenzbedingung zu erfüllen:[302]

$$(19) \quad EW_0 = \frac{S\ddot{A}E}{i} = \frac{\mu(E)}{i} \cdot \frac{(1+i)}{(1+i+z)}.$$

b) „Stochastische Abhängigkeit"

Im Fall der stochastischen Abhängigkeit sind die Wahrscheinlichkeitsverteilungen nicht unabhängig voneinander. Die in den, der Periode t vorangehenden, Perioden $t = 1, \ldots, t-1$ realisierten Umweltzustände beeinflussen die Zahlungsverteilung der Periode t, so dass sich die in ihr enthaltene Unsicherheit „gleichmäßig ... über den gesamten Zeitraum von 0 bis Periode t"[303] auflöst. Abbildung 9, in der sich die Nettoerträge (in TEuro) einer Folgeperiode $t+1$ mit $E_{t,s} \cdot (1 - 0{,}13333)$ und $E_{t,s} \cdot (1 + 0{,}13333)$ bei gleicher Wahrscheinlichkeit entwickeln, verdeutlicht den Zusammenhang.

Die dem Investor im Zeitpunkt 3 zufließende Ausschüttung ist davon abhängig, welcher Umweltzustand im Zeitpunkt 2 eingetreten ist, und die im Zeitpunkt 2 realisierten Erträge sind wiederum von den im Zeitpunkt 1 verwirklichten Zuständen abhängig.[304] Soll nun die Ermittlung des Ertragswerts mithilfe der Sicherheitsäquivalenzmethode erfolgen, so ist zu beachten, dass die Diskontierung der für Periode 3 zu berechnenden, von den bedingten Ausschüttungsverteilungen abhängigen Sicherheitsäquivalente $S\ddot{A}E_{3,s}$ mit dem risikolosen Zinssatz zu „eine[r] Verteilung von unterschiedlichen bedingten Sicherheitsäquivalenten" $S\ddot{A}E_{3,s}/(1+i)$ führt, so dass

302 Vgl. *Drukarczyk*, Unternehmensbewertung (2003), S. 342; *Schwetzler*, Unternehmensbewertung unter Unsicherheit – Sicherheitsäquivalent- oder Risikozuschlagsmethode?, zfbf 2000, S. 469 (S. 475).

303 *Schwetzler*, Unternehmensbewertung unter Unsicherheit – Sicherheitsäquivalent- oder Risikozuschlagsmethode?, zfbf 2000, S. 469 (S. 474). Vgl. *Drukarczyk*, Unternehmensbewertung (2003), S. 340–341; *Hachmeister*, Diskontierung bei Unsicherheit, in: Kruschwitz/Löffler (Hrsg.), Ergebnisse des Berliner Workshops „Unternehmensbewertung" vom 7. Februar 1998, Diskussionsbeiträge des Fachbereichs Wirtschaftswissenschaft der Freien Universität Berlin Nr. 1998/7, S. 25 (S. 28–29).

304 Vgl. zum Folgenden *Drukarczyk/Schüler*, Unternehmensbewertung (2009), S. 47–49.

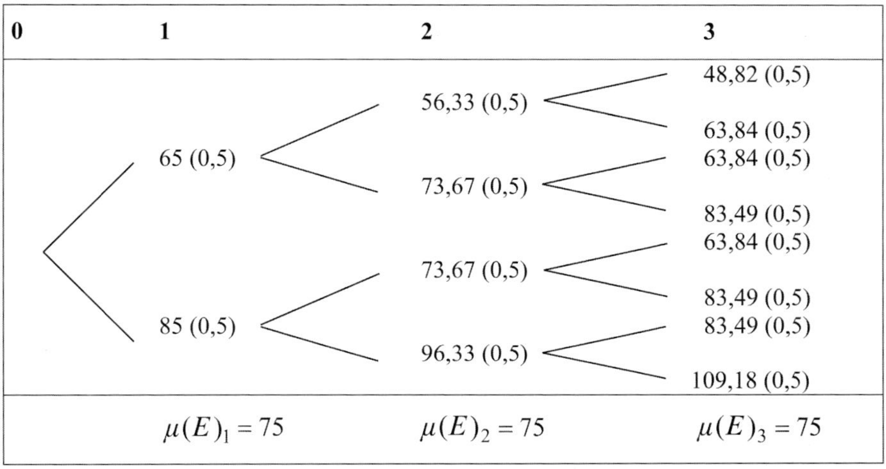

Abbildung 9: Wahrscheinlichkeitsverteilung bei „stochastischer Abhängigkeit“

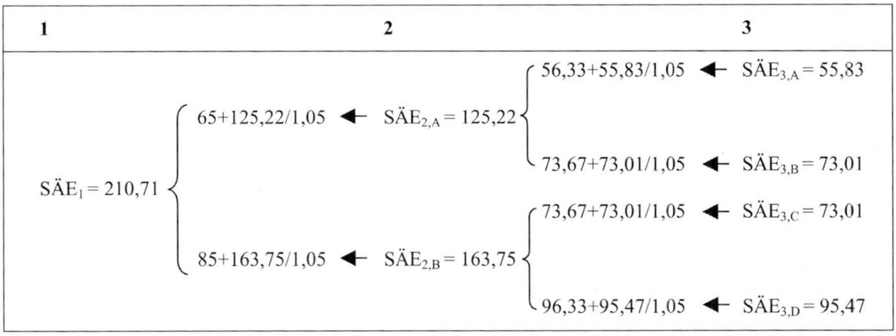

Abbildung 10: „Stochastische Abhängigkeit“ und Sicherheitsäquivalenzmethode

die „Unsicherheit ... [auch] in Periode 2 fort[besteht], weil die Ausprägung dieser Sicherheitsäquivalente nicht zustandsunabhängig ist“[305]. Die in Abbildung 10 dargestellten sicherheitsäquivalenten Erträge der Periode 3 berechnen sich unter Verwendung der individuellen Nutzenfunktion des Investors, des Bernoulli-Prinzips (9) sowie der in Abbildung 9 gegebenen Erträge mit

305 *Drukarczyk*, Unternehmensbewertung (2003), S. 344 (beide Zitate, im Original mit Hervorhebung).

(16) $S\ddot{A}E_t = u^{-1}(\mu[u(E_s)])$:

$S\ddot{A}E_{3,A} = 55{,}83 = e^{4{,}0223}$ wegen $u(S\ddot{A}E_{3,A}) = \ln(48{,}82) \cdot 0{,}5 + \ln(63{,}84) \cdot 0{,}5 = 4{,}0223$,

$S\ddot{A}E_{3,B} = 73{,}01 = e^{4{,}2906}$ wegen $u(S\ddot{A}E_{3,B}) = \ln(63{,}84) \cdot 0{,}5 + \ln(83{,}49) \cdot 0{,}5 = 4{,}2906$,

$S\ddot{A}E_{3,C} = 73{,}01 = e^{4{,}2906}$ wegen $u(S\ddot{A}E_{3,C}) = \ln(63{,}84) \cdot 0{,}5 + \ln(83{,}49) \cdot 0{,}5 = 4{,}2906$,

$S\ddot{A}E_{3,D} = 95{,}47 = e^{4{,}55886}$ wegen $u(S\ddot{A}E_{3,D}) = \ln(83{,}49) \cdot 0{,}5 + \ln(109{,}18) \cdot 0{,}5 = 4{,}55886$.

Die sicherheitsäquivalenten Erträge in Periode 2 berechnen sich dementsprechend wie folgt:

$S\ddot{A}E_{2,A} = 125{,}22 = e^{4{,}8301}$ wegen

$$u(S\ddot{A}E_{2,A}) = \ln\left(56{,}33 + \frac{55{,}83}{1{,}05}\right) \cdot 0{,}5 + \ln\left(73{,}67 + \frac{73{,}01}{1{,}05}\right) \cdot 0{,}5 = 4{,}8301,$$

$S\ddot{A}E_{2,B} = 163{,}75 = e^{5{,}09837}$ wegen

$$u(S\ddot{A}E_{2,B}) = \ln\left(73{,}67 + \frac{73{,}01}{1{,}05}\right) \cdot 0{,}5 + \ln\left(96{,}33 + \frac{95{,}47}{1{,}05}\right) \cdot 0{,}5 = 5{,}09837.$$

Das Sicherheitsäquivalent der Periode 1 ergibt sich gemäß:

$S\ddot{A}E_1 = 210{,}71 = e^{5{,}3505}$ wegen

$$u(S\ddot{A}E_1) = \ln\left(65 + \frac{125{,}22}{1{,}05}\right) \cdot 0{,}5 + \ln\left(85 + \frac{163{,}75}{1{,}05}\right) \cdot 0{,}5 = 5{,}3505,$$

so dass der Grenzpreis von Professor Aversi 200,68 TEuro beträgt:

$$EW_0 = \frac{S\ddot{A}E_1}{(1+i)} = \frac{210{,}71}{1{,}05} = 200{,}68 \text{ T€}.$$

Für die Risikozuschlagsmethode folgt aus der gleichmäßigen Risikoauflösung über den gesamten Zeithorizont die mehrperiodige Anwendung von Risikozuschlägen; denn „das durch z repräsentierte Risiko [tritt] nicht nur in Zeitpunkt t, sondern in jeder Periode 1,..., $t-1$ auf“[306]. Zur Berechnung des Ertragswerts ist demzufolge Gleichung (5) anzuwenden:[307]

$$(5)\quad EW_0 = \sum_{t=1}^{T} \frac{\mu(E)_t}{(1+i+z)^t},$$

wobei der Risikozuschlag z die für den einperiodigen Fall abgeleitete Risikoprämie darstellen soll:[308]

$$(11)\quad z_t = \left(\frac{\mu(E)_t}{S\ddot{A}E_t} - 1\right) \cdot (1+i).$$

Der Erwartungswert der durch die bedingten Ausschüttungen in $t = 3$ erzielten Sicherheitsäquivalente[309] beträgt 74,33 TEuro

$$\mu(S\ddot{A}E)_3 = 0,25 \cdot (55{,}83 + 73{,}01 + 73{,}01 + 95{,}47) = 74{,}33,$$

so dass sich, bei einem Erwartungswert der Zahlungen von 75 TEuro, ein Risikozuschlag in Höhe von 0,00946 ergibt:

$$z_3 = \left(\frac{\mu(E)_3}{\mu(S\ddot{A}E)_3} - 1\right) \cdot (1+i) = \left(\frac{75}{74{,}33} - 1\right) \cdot (1 + 0{,}05) = 0{,}00946.$$

Für die Ermittlung von z_2 muss dementsprechend zunächst das in $t = 2$ erwartete Sicherheitsäquivalent berechnet werden, das sowohl die Ausschüttungen in $t = 2$ als auch die, aus den Ausschüttungen in $t = 3$ abgeleiteten, bedingten Sicherheitsäquivalente verkörpert:[310]

$$\mu(S\ddot{A}E)_2 = 0{,}5 \cdot \left(S\ddot{A}E_{2,A} + S\ddot{A}E_{2,B}\right) = 0{,}5 \cdot (125{,}223 + 163{,}755) = 144{,}489.$$

306 *Schwetzler*, Unternehmensbewertung unter Unsicherheit – Sicherheitsäquivalent- oder Risikozuschlagsmethode?, zfbf 2000, S. 469 (S. 476). Vgl. *Drukarczyk*, Unternehmensbewertung (2003), S. 345.

307 Vgl. *Schwetzler*, Unternehmensbewertung unter Unsicherheit – Sicherheitsäquivalent- oder Risikozuschlagsmethode?, zfbf 2000, S. 469 (S. 476); *ders.*, Stochastische Verknüpfung und implizite bzw. maximal zulässige Risikozuschläge bei der Unternehmensbewertung, BFuP 2000, S. 478 (S. 483).

308 Vgl. *Drukarczyk/Schüler*, Unternehmensbewertung (2009), S. 50–51. Vgl. ausführlich *Schwetzler*, Unternehmensbewertung unter Unsicherheit – Sicherheitsäquivalent- oder Risikozuschlagsmethode?, zfbf 2000, S. 469 (S. 480), sowie *ders.*, Stochastische Verknüpfung und implizite bzw. maximal zulässige Risikozuschläge bei der Unternehmensbewertung, BFuP 2000, S. 478 (S. 484).

309 Vgl. zum Folgenden *Drukarczyk*, Unternehmensbewertung (2003), S. 345–346.

310 Vgl. zu den Zahlen Abbildung 10 (auf S. 149).

Mit der zugehörigen erwarteten Zahlung in Höhe von 145,79 TEuro

$$\mu(E)_2 + \frac{\mu(S\ddot{A}E)_3}{(1+i)} = 75 + \frac{74{,}33}{1+0{,}05} = 145{,}7905$$

beträgt der Risikozuschlag daher ebenfalls

$$z_2 = \left(\frac{145{,}7905}{144{,}489} - 1\right) \cdot (1+0{,}05) = 0{,}00946.$$

Wird letztlich auch der Erwartungswert der Ausschüttungen und bedingten Sicherheitsäquivalente in $t = 1$ mit dem risikoangepassten Zinssatz $(1 + i + z = 1{,}05946)$ diskontiert, so erhält man als Ergebnis den gleichen Ertragswert ($EW_0 = 200{,}68$ TEuro) wie bei Anwendung der Sicherheitsäquivalenzmethode:

$$EW_0 = \frac{\mu(E)_1 + \frac{\mu(S\ddot{A}E)_2}{(1+i)}}{1+i+z} = \frac{75 + \frac{144{,}489}{1{,}05}}{(1{,}05946)^1} = 200{,}68 \text{ T€}.$$

Zusammenfassend kann festgestellt werden, dass die Risikozuschlagsmethode mit konstanten Risikozuschlägen im Zeitablauf den Ertragswert korrekt berechnet

$$EW_0 = \sum_{t=1}^{3} \frac{\mu(E)_t}{(1+i+z)^t} = \frac{75}{(1{,}05+0{,}00946)} + \frac{75}{(1{,}05+0{,}00946)^2}$$

$$+ \frac{75}{(1{,}05+0{,}00946)^3} = 200{,}68 \text{ T€},$$

unter der Bedingung, dass „das Risiko aller bedingten Verteilungen, die aus den [Umwelt]zuständen … der jeweiligen Vorperiode hervorgehen, genau so groß ist wie das der ‚Ursprungsverteilung', in der die bedingten Verteilungen ihren Startpunkt haben"[311]. Die Bemessung des Risikos kann dabei über die Höhe des Risikoabschlags vom Erwartungswert der Ausschüttungen gemessen werden, mit dem Risikoabschlag als „Differenz zwischen dem Erwartungswert und dem Sicherheitsäquivalent"[312]:

(20) $Risikoabschlag = \mu(E)_t - S\ddot{A}E_t.$

311 *Drukarczyk/Schüler*, Unternehmensbewertung (2009), S. 50–51.

312 *Schmidt/Terberger*, Grundzüge der Investitions- und Finanzierungstheorie (1997), S. 292.

In Abhängigkeit von den periodenspezifischen Ertragsbandbreiten und den unterstellten individuellen Nutzenfunktionen können konstante Risikoabschläge zu konstanten Risikozuschlägen führen.[313] Tabelle 42 verdeutlicht den Zusammenhang für die „Ursprungsverteilung" im Zeitpunkt eins:

Tabelle 42: Ermittlung der Risikoabschläge vom Erwartungswert

t	**1**	**2**		**3**			
Verteilung	„Ursprung"	Umweltzustand A	Umweltzustand B	Umweltzustand A	Umweltzustand B	Umweltzustand C	Umweltzustand D
Ertragsbandbreite	65 (0,5) 85 (0,5)	56,33 (0,5) 73,67 (0,5)	73,67 (0,5) 96,33 (0,5)	48,82 (0,5) 63,84 (0,5)	63,84 (0,5) 83,49 (0,5)	63,84 (0,5) 83,49 (0,5)	83,49 (0,5) 109,18 (0,5)
$\mu(E)_t$	75	65	85	56,33	73,67	73,67	96,33
$SÄE_t$	74,33	64,42	84,24	55,83	73,01	73,01	95,47
$\mu(E)_t - SÄE_t$	0,67	0,58	0,76	0,5	0,66	0,66	0,86
	= 0,67	$\mu(\mu(E)_2 - SÄE_2) = 0{,}67$		$\mu(\mu(E)_3 - SÄE_3) = 0{,}67$			

Weiterführende Literatur

Bamberg, Günter/ Dorfleitner, Gregor/ Krapp, Michael, Zur Bewertung risikobehafteter Zahlungsströme mit intertemporaler Abhängigkeit, BFuP, 56. Jg. (2004), S. 101–118

Diedrich, Ralf, Die Sicherheitsäquivalentmethode der Unternehmensbewertung: Ein (auch) entscheidungstheoretisch wohlbegründbares Verfahren – Anmerkungen zu dem Beitrag von Wolfgang Kürsten in der zfbf (März 2002, S. 128–144), zfbf, 55. Jg. (2003), S. 281–286

Drukarczyk, Jochen, Unternehmensbewertung, 4. Aufl., München 2003, S. 338–362

Kruschwitz, Lutz, Risikoabschläge, Risikozuschläge und Risikoprämien in der Unternehmensbewertung, DB, 54. Jg. (2001), S. 2409–2413

313 Zu den Anwendungsbedingungen vgl. *Schwetzler*, Unternehmensbewertung unter Unsicherheit – Sicherheitsäquivalent- oder Risikozuschlagsmethode?, zfbf 2000, S. 469 (S. 475–480).

Kürsten, Wolfgang, „Unternehmensbewertung unter Unsicherheit“, oder: Theoriedefizit einer künstlichen Diskussion über Sicherheitsäquivalent- und Risikozuschlagsmethode, zfbf, 54. Jg. (2002), S. 128–144

ders., Grenzen und Reformbedarfe der Sicherheitsäquivalentmethode in der (traditionellen) Unternehmensbewertung – Erwiderung auf die Anmerkungen von Ralf Diedrich und Jörg Wiese in der zfbf, zfbf, 55. Jg. (2003), S. 306–314

Obermaier, Robert, Bewertung, Zins und Risiko, Frankfurt a. M. 2004, S. 248–272

Schwetzler, Bernhard, Unternehmensbewertung unter Unsicherheit – Sicherheitsäquivalent- oder Risikozuschlagsmethode?, zfbf, 52. Jg. (2000), S. 469–486

ders., Stochastische Verknüpfung und implizite bzw. maximal zulässige Risikozuschläge bei der Unternehmensbewertung, BFuP, 52. Jg. (2000), S. 478–492

Tschöpel, Andreas, Risikoberücksichtigung bei Grenzpreisbestimmungen im Rahmen der Unternehmensbewertung, Köln 2004, S. 158–189

ders., Unternehmensbewertung und Risiko – Anmerkungen zu Kruschwitz, DB 2001 S. 2409, DB, 55. Jg. (2002), S. 390–391

Wiese, Jörg, Zur theoretischen Fundierung der Sicherheitsäquivalentmethode und des Begriffs der Risikoauflösung bei der Unternehmensbewertung – Anmerkungen zu dem Beitrag von Wolfgang Kürsten in der zfbf (März 2002, S. 128–144), zfbf, 55. Jg. (2003), S. 287–305

5. Kapitel: Ertragswertverfahren – Verfügbarkeitsäquivalenzprinzip

Fall 13: Relevanz von Steuern

Sachverhalt:

Antonia Abels beabsichtigt, die Unisystems GmbH privat zu erwerben, und ermittelt folgende (sichere) Ausschüttungen für den Detailplanungszeitraum t_1 bis t_4. Ab Periode t_5 geht Antonia von einer ewigen Rente vor Steuern in Höhe von 100 000 Euro aus.

Tabelle 43: Ausgangsbeispiel zur Relevanz von Steuern

(in €)	t_1	t_2	t_3	t_4	**ab t_5**
Ausschüttungen	40 000	40 000	60 000	80 000	100 000

Der von der hebeberechtigten Gemeinde festgelegte Gewerbesteuer-Hebesatz beträgt 400 %. Steuerlicher Gewinn und Zahlungsüberschuss sind identisch. Antonia könnte in der besten ihr möglichen risikoäquivalenten Alternativanlage eine Rendite von 10 % vor Steuern erzielen.

Aufgabenstellung:

- Ermitteln Sie Antonias *Käufergrenzpreis* unter der Annahme, dass beide Anlagen steuerfrei sind (*Bruttorechnung*)!
- Beachten Sie nun den Grundsatz der *Verfügbarkeitsäquivalenz* unter der Prämisse, dass die Erträge beider Anlagen einer Einkommensteuer von 25 % unterliegen!
  - Ermitteln Sie den steuerangepassten *Käufergrenzpreis* (*Nettorechnung*)!
  - Was wird unter dem „*Steuerparadoxon*" verstanden? Nehmen Sie zu der These Stellung, dass *Steuern* für die Unternehmensbewertung *irrelevant* sind, weil sie Anlage und Alternativanlage gleichermaßen betreffen!
- Erläutern Sie die zentralen Vorschriften für die *Gewerbesteuer*, die *Körperschaftsteuer* und die *Einkommensteuer*, soweit sie für die Bewertung relevant sind!
  - Berechnen Sie Antonias *Käufergrenzpreis unter Beachtung des deutschen Steuerrechts*!

– Wie hoch ist der Unternehmenswert nach dem deutschen Steuerrecht, wenn es sich bei dem zum Verkauf stehenden Objekt um ein *Einzelunternehmen* handelt und Antonias Grenzeinkommensteuersatz 25 % einschließlich des Solidaritätszuschlags und der Kirchensteuer beträgt?

I. Unternehmenswert in einer Welt ohne Steuern

1. Erläuterung

Der Käufergrenzpreis ist unter Anwendung des Zwei-Phasen-Modells[314] zu ermitteln. In einer Welt ohne Steuern lautet die Bewertungsgleichung wie folgt:

$$(1)\quad GP_{ohne\ Steuer} = \sum_{t=1}^{T} \frac{E_t}{(1+i)^t} + \frac{\frac{E_{T+1}}{i}}{(1+i)^T}.$$

2. Anwendung auf den Fall: Antonias Käufergrenzpreis gemäß Bruttorechnung

$$GP_{A,\ ohne\ Steuer} = \frac{40\,000}{(1+0{,}1)} + \frac{40\,000}{(1+0{,}1)^2} + \frac{60\,000}{(1+0{,}1)^3} + \frac{80\,000}{(1+0{,}1)^4} + \frac{\frac{100\,000}{0{,}1}}{(1+0{,}1)^4} = 852\,155\ €.$$

Unter Anwendung von Formel (1) beträgt der Käufergrenzpreis 852 155 Euro.

„Bewerten heißt vergleichen“[315]. Bei der Anwendung des Ertragswertverfahrens erfolgt ein Vergleich des Bewertungsobjekts „Unternehmung“ mit einer durch den Kapitalisierungszinssatz ausgedrückten Finanzanlage. Beide Anlageformen müssen im Rahmen dieses Vergleichs einen der Höhe, der Zeit und dem Risiko nach identischen Konsumstrom ermöglichen.

Investiert Antonia den Betrag von 852 155 Euro alternativ in die risikoadäquate Finanzanlage, die eine Rendite von 10 % verspricht, so resultiert daraus zunächst ein jährlich gleichbleibender Konsumstrom von 85 216 Euro. Dieser wäre scheinbar nicht mehr unmittelbar vergleichbar mit dem aus dem Unternehmen erwarteten Einzahlungsstrom, der im Zeitablauf zunächst steigt und erst ab der fünften Perio-

314 Vgl. Fall 2.

315 *Moxter*, Grundsätze ordnungsmäßiger Unternehmensbewertung (1983), S. 123.

de linear verläuft. Antonia kann aber den zeitlichen Zufluss beider Konsumströme in Gleichklang bringen, indem sie den Nettocashflow aus der Finanzanlage in den ersten Jahren nicht vollständig konsumiert, sondern einen Teil der Zinsen reinvestiert und so den nicht uniformen Ertragsstrom des Unternehmens „nachbaut". Bei einer entsprechenden Wiederanlagestrategie resultiert daraus der in Tabelle 44 abgebildete Nettocashflow, der tatsächlich mit den finanziellen Zuflüssen aus dem Unternehmen übereinstimmt.

Tabelle 44: Entwicklung der Alternativanlage ohne Berücksichtigung der Besteuerung

(in €)	**t_1**	**t_2**	**t_3**	**t_4**	**ab t_5**
Finanzanlagebetrag (KAP_t)	852 155	897 371	947 108	981 819	1 000 000
Zinsen (brutto) 10 %	85 216	89 737	94 711	98 181	100 000
Konsum gemäß den Unternehmenserträgen	**40 000**	**40 000**	**60 000**	**80 000**	**100 000**
Wiederanlage	45 216	49 737	34 711	18 181	0

II. Unternehmenswert in einer Welt mit einem einfachen Steuersystem

1. Einfluss der Besteuerung auf die Berechnungsformel

a) Erläuterung: Grundsatz der Verfügbarkeitsäquivalenz

„Der ‚Wert' eines Unternehmens für seinen Eigner resultiert aus den Bedürfnisbefriedigungsmöglichkeiten, die ihm das Unternehmen verspricht."[316] Unter rein finanziellen Gesichtspunkten stellen allein die dem Unternehmenseigner für den Konsum zur Verfügung stehenden Beträge Potenziale zur Bedürfnisbefriedigung dar. Zur Deckung der Konsumausgaben können aber nur die vorhandenen Erträge als Zahlungsströme *nach* der Erfassung *aller* Steuern verwendet werden; denn lediglich die Nettoerträge (Nachsteuergrößen) sind für Konsumzwecke verfügbar.[317] In diesem Sinne sind nicht nur die auf Unternehmensebene anfallenden Steuern, wie die Körperschaftsteuer, einschließlich des auf sie entfallenden Solidaritätszuschlags, und die Gewerbesteuer, relevant, sondern ebenso die vom Investor zu zah-

316 *Moxter*, Grundsätze ordnungsmäßiger Unternehmensbewertung (1983), S. 177.

317 Vgl. *Moxter*, Grundsätze ordnungsmäßiger Unternehmensbewertung (1983), S. 177; *Ballwieser*, Unternehmensbewertung und Steuern, in: Elschen/Siegel/Wagner (Hrsg.), FS Schneider (1995), S. 15 (S. 19–20).

lenden persönlichen Steuern (Einkommensteuer zzgl. Solidaritätszuschlag und ggf. Kirchensteuer).[318]

Der Grundsatz der Verfügbarkeitsäquivalenz fordert zudem, die Besteuerung sowohl bei den Unternehmenserträgen als auch bei den Alternativerträgen zu berücksichtigen.[319] Dabei sind bei der Ermittlung subjektiver Entscheidungswerte grundsätzlich die individuellen Steuersätze des jeweiligen Bewertungssubjekts relevant.[320] Sind an einer Unternehmenstransaktion indessen zahlreiche Verkäufer und/oder Käufer beteiligt, auf die jeweils nur ein Bruchteil des Unternehmensvermögens entfällt (z. B. Käufer- und/oder Verkäufergemeinschaften), so liegt es aus Vereinfachungs- und Kostengründen nahe, die individuellen Steuersätze zu normieren.[321] So verweist auch das IDW darauf, dass „die wertrelevanten steuerlichen Verhältnisse der Anteilseigner bei der Ermittlung des [dann heranzuziehenden sog.] objektivierten Unternehmenswertes im Bewertungskalkül sachgerecht zu typisieren“[322] sind. Im Nachfolgenden wird die zu entrichtende Einkommensteuer einschließlich des Solidaritätszuschlags und der Kirchensteuer mit 25 % typisiert.

Zur Berechnung des Käufergrenzpreises sind folgende Anpassungen im Vergleich zu einer Welt ohne Steuern vorzunehmen: Die dem Eigner aus dem Unternehmen zufließenden Erträge sind der Einkommensteuer unterworfen. Antonia stehen nach der Unternehmenstransaktion lediglich 75 % der Bruttoerträge für Konsumzwecke zur Verfügung. Die Nettoeinzahlungen pro Periode berechnen sich, indem vom Bruttoertrag (E_t) die Einkommensteuerzahlung $\left(S_{ESt,\,Soli,\,t}\right)$ abgezogen wird:

$$(2)\quad Nettoertrag_t = E_t - S_{ESt,\,Soli,\,t}.$$

318 Vgl. *Braun*, Discounted Cashflow-Verfahren und der Einfluss von Steuern (2005), S. 125–132; *Hommel/Braun/Schmotz*, Neue Wege in der Unternehmensbewertung – Kritische Würdigung des neuen IDW-Standards (IDW S 1) zur Unternehmensbewertung, DB 2001, S. 341 (S. 344–345); *Siepe*, Kapitalisierungszinssatz und Unternehmensbewertung, WPg 1998, S. 325 (S. 332); *Ballwieser*, Betriebswirtschaftliche (kapitalmarkttheoretische) Anforderungen an die Unternehmensbewertung, WPg-Sonderheft 2008, S. 102 (S. 106–107); *Hachmeister/Wiese*, Der Zinsfuß in der Unternehmensbewertung: Aktuelle Probleme und Rechtsprechung, WPg 2009, S. 54 (S. 60–61).

319 Vgl. *Baetge/Niemeyer/Kümmel*, Darstellung der Discounted-Cashflow-Verfahren (DCF-Verfahren) mit Beispiel, in: Peemöller (Hrsg.), Praxishandbuch der Unternehmensbewertung (2009), S. 402–403. Vgl. ebenfalls *Ballwieser/Leuthier*, Grundprinzipien, Verfahren und Probleme der Unternehmensbewertung (Teil II), DStR 1986, S. 604 (S. 608).

320 Vgl. *Löhr*, Die Bewertung von Kapitalgesellschaften mit dem Zukunftserfolgswert – Auswirkungen des Steuersenkungsgesetzes, BB 2001, S. 351 (S. 351).

321 Vgl. *Hommel/Pauly/Nagelschmitt*, IDW ES 1 – Neuerungen beim objektivierten Unternehmenswert, BB 2007, S. 2728 (S. 2729).

322 IDW Standard: Grundsätze zur Durchführung von Unternehmensbewertungen (IDW S 1 i. d. F. 2008), IDW FN 2008, S. 271 (S. 278, Rn. 43).

Wird unterstellt, dass der Bruttoertrag zugleich der Steuerbemessungsgrundlage entspricht, berechnet sich die Steuerzahlung durch Multiplikation des konstanten Einkommensteuersatzes $\left(s^{ESt,\,Soli} = 25\ \%\right)$ mit dem Bruttoertrag:

$$(3)\quad S_{ESt,\,Soli,\,t} = s^{ESt,\,Soli} \cdot E_t.$$

Aus den Gleichungen (2) und (3) folgt damit:

$$Nettoertrag_t = E_t - S_{ESt,\,Soli,\,t} = E_t - s^{ESt,\,Soli} \cdot E_t$$

$$(4)\quad Nettoertrag_t = E_t \cdot \left(1 - s^{ESt,\,Soli}\right).$$

Würde das Geld alternativ zum Zinssatz von $i = 10\ \%$ angelegt, so wären auch die am Kapitalmarkt erzielten Zinserträge steuerpflichtig. Der Zinsertrag pro angelegtem Euro in Höhe von i löst eine Steuerzahlung in Höhe von $i \cdot s^{ESt,\,Soli}$ aus, so dass netto nur ein Betrag von $i - i \cdot s^{ESt,\,Soli} = i \cdot \left(1 - s^{ESt,\,Soli}\right)$ aus der Alternativanlage verbleibt. Indem der Investor das Unternehmen erwirbt, verzichtet er auf den alternativ realisierbaren Nettoertrag $i \cdot \left(1 - s^{ESt,\,Soli}\right)$, der somit den Kapitalisierungszinssatz darstellt.[323]

b) Anwendung auf den Fall: Antonias Käufergrenzpreis gemäß Nettorechnung

$$(5)\quad GP_{A,\,mit\,Steuer} = \sum_{t=1}^{T} \frac{E_t \cdot \left(1 - s^{ESt,\,Soli}\right)}{\left(1 + i \cdot \left(1 - s^{ESt,\,Soli}\right)\right)^t} + \frac{\dfrac{E_{T+1} \cdot \left(1 - s^{ESt,\,Soli}\right)}{i \cdot \left(1 - s^{ESt,\,Soli}\right)}}{\left(1 + i \cdot \left(1 - s^{ESt,\,Soli}\right)\right)^T}$$

$$GP_{A,\,mit\,Steuer} = \frac{40\,000 \cdot (1 - 0{,}25)}{(1 + 0{,}1 \cdot (1 - 0{,}25))} + \frac{40\,000 \cdot (1 - 0{,}25)}{(1 + 0{,}1 \cdot (1 - 0{,}25))^2}$$

$$+ \frac{60\,000 \cdot (1 - 0{,}25)}{(1 + 0{,}1 \cdot (1 - 0{,}25))^3} + \frac{80\,000 \cdot (1 - 0{,}25)}{(1 + 0{,}1 \cdot (1 - 0{,}25))^4}$$

$$+ \frac{\dfrac{100\,000 \cdot (1 - 0{,}25)}{0{,}1 \cdot (1 - 0{,}25)}}{(1 + 0{,}1 \cdot (1 - 0{,}25))^4}$$

323 Vgl. *Franke/Hax*, Finanzwirtschaft des Unternehmens und Kapitalmarkt (2009), S. 209.

$$GP_{A,\,mit\ Steuer} = \frac{30\,000}{(1+0{,}075)} + \frac{30\,000}{(1+0{,}075)^2} + \frac{45\,000}{(1+0{,}075)^3} + \frac{60\,000}{(1+0{,}075)^4} + \frac{\frac{75\,000}{0{,}075}}{(1+0{,}075)^4} = 883\,819\ €.$$

Der Käufergrenzpreis von Antonia beträgt unter Beachtung der Ertragsteuern 883 819 Euro.

2. Steuerparadoxon und „Irrelevanz der Besteuerung"

a) Entstehung und Auswirkung des Steuerparadoxons

Der Grenzpreis unter Berücksichtigung der Besteuerung ist im Sachverhalt mit 883 819 Euro größer als der Grenzpreis ohne Einbezug der Steuerzahlungen (852 155 Euro). Dieses Phänomen wird im Schrifttum als „*Steuerparadoxon*"[324] bezeichnet. Es ist ökonomisch wie folgt zu begründen:[325]

Das Ertragswertverfahren vergleicht eine Sachanlage (das zu bewertende Unternehmen) mit einer Finanzanlage (dem Kapitalisierungszinssatz).[326] Es unterstellt, dass beide Anlageformen einen „der Höhe und der zeitlichen Struktur nach (Geldäquivalenzprinzip)"[327] identischen Zahlungsstrom nach Steuern generieren. Wachsen die Unternehmenserträge, muss diese Tatsache auch bei der Alternativanlage berücksichtigt werden, indem der Ertragsstrom durch die Wiederanlage von Zinserträgen „nachgebaut" wird. Dadurch erfolgt eine Mehrfachbesteuerung der Zins-

---

324 Zum Steuerparadoxon *Bartels/Engler*, Das Steuerparadoxon bei Wachstum im Rahmen der Unternehmensbewertung, DB 1999, S. 917 (S. 917): „[S]teigender Kapitalwert bei Einführung von Steuern bzw. bei steigenden Steuersätzen". *Haase*, Steuerreform und investitionsneutrale Unternehmensbesteuerung, in: Matschke/Schildbach (Hrsg.), FS Sieben (1998), S. 39 (S. 51): „Bei Steuerniveauerhöhungen sinkt der Zahlungsüberschuss des Bewertungsobjektes (negativer Einfluss auf den Kapitalwert) und zugleich der Kalkulationszinssatz des Bewertungsobjektes (positiver Einfluss auf den Kapitalwert)." Vgl. ebenfalls *Breuer*, Das Steuerparadoxon in der Investitionsrechnung, WiSt 1999, S. 325 (S. 326); *Günther*, Unternehmensbewertung: Steuerparadoxe Ertragswerte bei Risiko und Wachstum?, DB 1999, S. 2425 (S. 2429–2430); *Laitenberger*, Die Berücksichtigung von Kursgewinnen bei der Unternehmensbewertung, FB 2000, S. 546 (S. 546–550); *Richter*, Relativer Unternehmenswert und Einkommensteuer oder: Was ist paradox am Steuerparadoxon?, in: Richter/Schüler/Schwetzler (Hrsg.), FS Drukarczyk (2003), S. 307 (S. 307–329).

325 Die folgenden Ausführungen sind angelehnt an *Bartels/Engler*, Das Steuerparadoxon bei Wachstum im Rahmen der Unternehmensbewertung, DB 1999, S. 917 (S. 918).

326 Vgl. *Wagner/Dirrigl*, Die Steuerplanung der Unternehmung (1980), S. 34.

327 *Günther*, Unternehmensbewertung: Ermittlung des Ertragswerts nach Einkommensteuer bei Risiko und Wachstum, DB 1998, S. 382 (S. 384).

erträge, denn es werden dann nicht nur die originären Zinserträge besteuert, sondern auch die aus ihrer Wiederanlage resultierenden Zinsen.[328]

Bezogen auf die in der Aufgabe gegebenen Erträge des Unternehmens kann die Investorin Antonia mit den in Tabelle 45 aufgeführten Konsumströmen rechnen, deren Diskontierung mit dem Nachsteuerzinssatz $\left(i \cdot \left(1 - s^{ESt,\,Soli}\right) = 0{,}1 \cdot (1 - 0{,}25) = 0{,}075\right)$ zum schon bekannten Käufergrenzpreis in Höhe von 883 819 Euro führt.

Tabelle 45: Konsummöglichkeiten unter Berücksichtigung der Besteuerung

(in €)	**t_1**	**t_2**	**t_3**	**t_4**	**ab t_5**
Erträge E_t	40 000	40 000	60 000	80 000	100 000
Steuerzahlung $\left(S_{ESt-U,\,Soli}\right)$	–10 000	–10 000	–15 000	–20 000	–25 000
Konsum	**30 000**	**30 000**	**45 000**	**60 000**	**75 000**

Würde sie dagegen den für den Unternehmenskauf benötigten Betrag in Höhe von 883 819 Euro alternativ in die Finanzanlage investieren, entwickelte sich diese wie folgt:

Tabelle 46: Entwicklung der Alternativanlage unter Berücksichtigung der Besteuerung (ggf. Rundungsdifferenzen)

(in €)	**t_1**	**t_2**	**t_3**	**t_4**	**ab t_5**
Finanzanlagebetrag (KAP_t)	883 819	920 105	959 113	986 047	1 000 000
Zinsen (brutto) 10 %	88 382	92 011	95 911	98 605	100 000
Steuerzahlung $\left(S_{ESt-F,\,Soli}\right)$	–22 095	–23 003	–23 978	–24 651	–25 000
Konsum gemäß Sachanlage	**30 000**	**30 000**	**45 000**	**60 000**	**75 000**
Wiederanlage	36 286	39 008	26 933	13 953	0
Steuerdifferenz $\left(S_{ESt-F,\,Soli} - S_{ESt-U,\,Soli}\right)$	12 095	13 003	8 978	4 651	0

Um identische Konsumausgaben zu erzeugen, muss in jeder Periode die (bereits versteuerte) Differenz aus Bruttozinsertrag und geplantem Konsum wieder angelegt werden. Die darauf entfallenden, sich künftig realisierenden Zinserträge unterliegen in der Zukunft wiederum der Besteuerung. Daraus folgt einerseits, dass die

328 Vgl. *Bartels/Engler*, Das Steuerparadoxon bei Wachstum im Rahmen der Unternehmensbewertung, DB 1999, S. 917 (S. 918).

Steuerzahlungen für die Sachinvestition gegenüber denjenigen für die Finanzinvestition zeitlich nachgelagert sind. Andererseits ist die Anlage zum Kapitalmarktzins durch höhere Steuerbemessungsgrundlagen gekennzeichnet als die Investition in das Unternehmen. Höhere Steuerbemessungsgrundlagen implizieren jedoch höhere Steuerzahlungen, und im Vergleich zur Vorsteuer-Rechnung tritt eine „relative Bewertungsverbesserung der Sachanlage gegenüber der Finanzanlage“ ein. „Die Vorziehenswürdigkeit drückt sich in einem höheren Ertragswert der Unternehmung im Vergleich zum Vorsteuerfall aus.“[329]

Der Differenzbetrag zwischen Brutto- und Nettoertragswert

$$GP_{A,\,mit\,Steuer} - GP_{A,\,ohne\,Steuer} = 883\,819 - 852\,155 = 31\,664\ €$$

berechnet sich auch „als Unterschiedsbetrag zwischen der mit dem Basiszinssatz i abgezinsten Steuerbarwertsumme der Finanzinvestition und der korrespondierenden Steuerbarwertsumme der Sachinvestition“[330] (Diskontierung der Steuerdifferenz):

$$(6)\quad \sum_{t=1}^{\infty} \frac{KAP_t \cdot i \cdot s^{ESt,\,Soli}}{(1+i)^t} - \sum_{t=1}^{\infty} \frac{E_t \cdot s^{ESt,\,Soli}}{(1+i)^t}$$

$$= \sum_{t=1}^{\infty} \frac{KAP_t \cdot i \cdot s^{ESt,\,Soli} - E_t \cdot s^{ESt,\,Soli}}{(1+i)^t} = \sum_{t=1}^{\infty} \frac{S_{ESt-F,\,Soli,\,t} - S_{ESt-U,\,Soli,\,t}}{(1+i)^t}$$

mit KAP_t = das zu Beginn des Jahres t in der Finanzinvestition angelegte Kapital,

$$= \frac{12\,095}{(1+0{,}1)} + \frac{13\,003}{(1+0{,}1)^2} + \frac{8\,978}{(1+0{,}1)^3} + \frac{4\,651}{(1+0{,}1)^4} + \frac{\frac{0}{0{,}1}}{(1+0{,}1)^4}$$

$$= 31\,664\ €.$$

329 *Bartels/Engler*, Das Steuerparadoxon bei Wachstum im Rahmen der Unternehmensbewertung, DB 1999, S. 917 (S. 918, beide Zitate). Vgl. ebenfalls *Günther*, Unternehmensbewertung: Ermittlung des Ertragswerts nach Einkommensteuer bei Risiko und Wachstum, DB 1998, S. 382 (S. 386).

330 *Günther*, Unternehmensbewertung: Ermittlung des Ertragswerts nach Einkommensteuer bei Risiko und Wachstum, DB 1998, S. 382 (S. 386). Vgl. zur mathematischen Herleitung *Rhiel*, Ein Mysterium in der Unternehmensbewertung: Steuerparadoxe Ertragswerte bei Risiko und Wachstum?, FB 2000, S. 550 (S. 552).

Die zusätzliche Berücksichtigung der Einkommensteuer als persönliche Steuer des Investors bewirkt im Beispiel, dass sich die Sachanlage „Unternehmen“ – im Vergleich zur Rechnung ohne Beachtung persönlicher Steuern – relativ gegenüber der Finanzanlage verbessert. Die pauschale Behauptung, „ein Investitionsprojekt sei umso ungünstiger zu beurteilen, je höher die marginale Einkommensteuerbelastung ist“[331], kann somit „nicht [als] allgemein richtig“[332] angesehen werden. Es ist aber zu beachten, dass sich die relative Vorteilhaftigkeit des Unternehmenserwerbs im Vergleich zur Finanzinvestition nur einstellt, wenn der Investor mit im Zeitablauf tendenziell steigenden Unternehmenserträgen rechnet. Erwartet er dagegen, dass die Unternehmenserträge jährlich geringer werden, so führt das Steuerparadoxon zu einem gegenläufigen Ergebnis, bei dem sich die Unternehmensinvestition nach Einkommensteuern im Vergleich zur Finanzanlage relativ verschlechtert. Geht der Investor von konstanten Unternehmenserträgen aus, tritt das Steuerparadoxon ggf. überhaupt nicht auf. Diese Wirkung zeigt sich im Ausgangssachverhalt bei der Berechnung der ewigen Rente.

b) Bedeutung der Irrelevanz der Besteuerung

Die These von der „Irrelevanz der Besteuerung“ besagt, dass der Bewerter den Einfluss der Besteuerung auf den Unternehmenswert vernachlässigen kann; denn die Besteuerung betrifft sowohl die Nettocashflows aus dem Unternehmen als auch die Nettocashflows aus der Alternativanlage. Ist der auf Zähler und Nenner anzuwendende Steuersatz identisch, so kürzt er sich heraus. Es gilt die Bezugsgleichung:

$$(7)\quad EW = \frac{E \cdot \left(1 - s^{ESt,\,Soli}\right)}{i \cdot \left(1 - s^{ESt,\,Soli}\right)} = \frac{E}{i}.$$

Der Unternehmenswert nach Steuern entspricht unter dieser Prämisse dem Unternehmenswert vor Steuern. Mithin sind die Steuern für die Bewertung irrelevant.

Wird der Barwert der ewigen Rente im vorstehenden Beispiel zum Zeitpunkt $t = 4$ berechnet, ergeben sich folgende Ergebnisse für Brutto- und Nettorechnung:

Berechnung ohne Steuern:

$$RW_{4,\,ohne\ Steuer} = \frac{E_5}{i} = \frac{100\,000}{0{,}1} = 1\,000\,000\ €.$$

331 *Franke/Hax*, Finanzwirtschaft des Unternehmens und Kapitalmarkt (2009), S. 214.
332 *Franke/Hax*, Finanzwirtschaft des Unternehmens und Kapitalmarkt (2009), S. 215.

Berechnung mit Steuern:

$$RW_{4,\,mit\,Steuer} = \frac{E_5 \cdot \left(1 - s^{ESt,\,Soli}\right)}{i \cdot \left(1 - s^{ESt,\,Soli}\right)} = \frac{100\,000 \cdot (1 - 0{,}25)}{0{,}1 \cdot (1 - 0{,}25)} = \frac{100\,000}{0{,}1}$$

$$= 1\,000\,000\ €.$$

Das identische Ergebnis von Brutto- und Nettorechnung legt scheinbar nahe, dass persönliche Steuern keine Relevanz für die Unternehmensbewertung besitzen.[333] Der Bereich, für den sich diese These aufstellen lässt, ist jedoch eng gesteckt. So verdeutlichte das zuvor behandelte Beispiel, dass die Irrelevanz der Besteuerung bereits dann nicht mehr gilt, wenn Unternehmens- und Alternativerträge zwar einer einheitlichen Besteuerung unterliegen, aber mit im Zeitablauf schwankenden Unternehmenserträgen zu rechnen ist. Steuern sind dann zwingend in die Unternehmensbewertung mit einzubeziehen.[334]

Generell lässt sich sagen: Die Kompensation der Besteuerung in Zähler und Nenner gelingt nur unter der Annahme folgender realitätsferner Prämissen:

- Im unendlichen Rentenfall kann „der Steuerabzugsfaktor im Zähler und Nenner der Ertragswertformel"[335] gekürzt werden, wenn sichere Erwartungen, uniforme Unternehmens- und Alternativerträge, die zugleich als Steuerbemessungsgrundlage dienen und demselben konstanten Steuersatz unterliegen, anzunehmen sind. Zudem müssen „das Bewertungsobjekt und die Alternativanlage zu gleichen Zeitpunkten Ausschüttungen vornehmen sowie Kursgewinne realisieren."[336] Nur dann gilt die bereits bekannte Bezugsgleichung (7):[337]

$$EW_{mit\,Steuer} = \frac{E \cdot \left(1 - s^{ESt,\,Soli}\right)}{i \cdot \left(1 - s^{ESt,\,Soli}\right)} = \frac{E}{i} = EW_{ohne\,Steuer}.$$

333 Vgl. *Siegel*, Der steuerliche Einfluss von stillen Reserven und Firmenwert auf die Unternehmensbewertung und auf die Bemessung von Abfindungen, in: Ballwieser u. a. (Hrsg.), FS Moxter (1994), S. 1483 (S. 1485).

334 Vgl. *Ballwieser*, Methoden der Unternehmensbewertung, in: Gebhardt/Gerke/Steiner (Hrsg.), Handbuch des Finanzmanagements (1993), S. 151 (S. 163); *Siegel*, Der steuerliche Einfluss von stillen Reserven und Firmenwert auf die Unternehmensbewertung und auf die Bemessung von Abfindungen, in: Ballwieser u. a. (Hrsg.), FS Moxter (1994), S. 1483 (S. 1486).

335 *Ballwieser*, Unternehmensbewertung und Steuern, in: Elschen/Siegel/Wagner (Hrsg.), FS Schneider (1995), S. 15 (S. 20).

336 *Hommel/Pauly/Nagelschmitt*, IDW ES 1 – Neuerungen beim objektivierten Unternehmenswert, BB 2007, S. 2728 (S. 2730).

337 Vgl. *Siegel*, Der steuerliche Einfluss von stillen Reserven und Firmenwert auf die Unternehmensbewertung und auf die Bemessung von Abfindungen, in: Ballwieser u. a. (Hrsg.), FS Moxter (1994), S. 1483 (S. 1485).

- Wird im Rentenmodell der mit der Prognose künftiger Erträge verbundenen Unsicherheit Rechnung getragen und zur Herstellung der Risikoäquivalenz die Sicherheitsäquivalenzmethode herangezogen, so wirkt die Ertragsteuer allein dann wertneutral, wenn „das Sicherheitsäquivalent der Nettoerträge dem mit dem Faktor $\left[1 - s^{ESt,\,Soli}\right]$ … multiplizierten Sicherheitsäquivalent der Bruttoerträge entspricht“[338]:

$$(8)\quad EW_{mit\,Steuer} = \frac{S\ddot{A}\left(E \cdot \left(1 - s^{ESt,\,Soli}\right)\right)}{i \cdot \left(1 - s^{ESt,\,Soli}\right)} = \frac{S\ddot{A}E \cdot \left(1 - s^{ESt,\,Soli}\right)}{i \cdot \left(1 - s^{ESt,\,Soli}\right)}$$

$$= \frac{S\ddot{A}E}{i} = EW_{ohne\,Steuer}.$$

Wird hingegen infolge der „Besteuerung die Risiken-Chancen-Struktur [derart] berührt“, dass das Sicherheitsäquivalent der Nachsteuer-Ertragsbandbreite niedriger ist als das mit dem Term $\left(1 - s^{ESt,\,Soli}\right)$ multiplizierte Sicherheitsäquivalent der Vorsteuer-Ertragsbandbreite (oder umgekehrt), so führen Brutto- und Nettorechnung zu divergierenden Ertragswerten. „Es hängt von der individuellen Risikoneigung ab, wie die Steuerbelastung den sicherheitsäquivalenten Ertrag verschiebt.“[339]
- Liegt im Nichtrentenfall keine Identität zwischen dem dem Unternehmenseigner zufließenden Zahlungsstrom und dem Gewinn als Steuerbemessungsgrundlage vor (beispielsweise auf Grund steuermindernder, aber zahlungsunwirksamer Abschreibungen), muss für eine Übereinstimmung des Bruttoertragswerts mit dem Nettoertragswert der „Barwert aller Steuerbilanzgewinne dem Barwert aller ökonomischen Gewinne … bzw. der Barwert der bilanziellen Abschreibungen … dem Barwert der Ertragswertabschreibungen“[340] entsprechen. Des Weiteren werden die Prämisse des sofortigen und vollständigen Verlustaus-

---

338 *Leuthier*, Zur Berücksichtigung der Besteuerung bei der Unternehmensbewertung, BFuP 1988, S. 505 (S. 518). Vgl. ebenfalls das dort angegebene Beispiel (S. 519–520) und die untersuchten Nutzenfunktionen, die Gleichung (8) erfüllen. *Ballwieser*, Unternehmensbewertung und Steuern, in: Elschen/Siegel/Wagner (Hrsg.), FS Schneider (1995), S. 15 (S. 20): „[D]ie Risikonutzenfunktion des Bewerters [muss] eine konstante relative Risikoaversionsfunktion“ implizieren. Vgl. auch *Schneider*, Investition, Finanzierung und Besteuerung (1992), S. 493–494.

339 *Moxter*, Grundsätze ordnungsmäßiger Unternehmensbewertung (1983), S. 178 (beide Zitate).

340 *Ballwieser*, Unternehmensbewertung und Steuern, in: Elschen/Siegel/Wagner (Hrsg.), FS Schneider (1995), S. 15 (S. 20). Zur mathematischen Herleitung vgl. *Leuthier*, Das Interdependenzproblem bei der Unternehmensbewertung (1988), S. 162–167. Vgl. ebenfalls *Haase*, Steuerreform und investitionsneutrale Unternehmensbesteuerung, in: Matschke/Schildbach (Hrsg.), FS Sieben (1998), S. 39 (S. 52); *Schneider*, Investition, Finanzierung und Besteuerung (1992), S. 224–229; *Wagner/Dirrigl*, Die Steuerplanung der Unternehmung (1980), S. 37–38; *Wagner/Rümmele*, Ertragsteuern in der Unternehmensbewertung: Zum Einfluss von Steuerrechtsänderungen, WPg 1995, S. 433 (S. 434).

gleichs sowie die der zeitlich unverzögerten Entrichtung der Steuer unterstellt.[341]

Diese scharfen Restriktionen zeigen deutlich: Die mit der Besteuerung verbundenen Auswirkungen auf Zähler und Nenner kürzen sich in der Realität nicht heraus. Die dazu erforderlichen Voraussetzungen sind zumeist nur in einer künstlichen Modellwelt anzutreffen und damit praktisch irrelevant. Der Unternehmensbewerter kommt daher nicht daran vorbei, den Einfluss der Besteuerung sowohl bei den Unternehmenserträgen als auch bei den Alternativerträgen zu berücksichtigen und die damit verbundenen Auswirkungen explizit zu modellieren.

Eine Vernachlässigung der persönlichen Einkommensteuer erscheint daher allein unter den Aspekten der Vereinfachung, Praktikabilität und Internationalisierung als vertretbar. Wird z. B. eine Unternehmensbewertung für eine Vielzahl internationaler Investoren vorgenommen, so kann der Unternehmenswert nicht auf Basis des deutschen Steuerrechts ermittelt werden, da der daraus resultierende Wert für alle nicht im Inland unbeschränkt steuerpflichtigen Gesellschafter irrelevant wäre. Daneben kann eine Unternehmensbewertung z. B. auch im Rahmen des externen Rechnungswesens zur Bewertung des Geschäfts- oder Firmenwerts erforderlich werden, so dass auch hier der Wert des Unternehmens auf Unternehmensebene vor Berücksichtigung persönlicher Einkommensteuern zu bestimmen wäre. Zu beachten ist hierbei aber, dass diese Unternehmenswerte dann keine entscheidungserheblichen Grenzpreise darstellen.[342]

III. Einfluss des deutschen Steuersystems auf den Unternehmenswert

1. Erläuterung

a) Deutsches Steuersystem

Das deutsche Steuerrecht ist extrem komplex. Eine allgemein gültige, alle Auswirkungen der Besteuerung korrekt berücksichtigende Ertragswertformel existiert nicht.[343] Ihrer Herleitung steht zum einen die Abhängigkeit der Besteuerung sowohl von der Rechtsform des zu bewertenden Unternehmens als auch von den persönlichen Verhältnissen des Unternehmenseigners entgegen. Zum anderen wird der Diskontierungszinssatz dadurch beeinflusst, welche Alternativanlage sich für den Investor als individuell beste darstellt und welchen Steuerarten die Erträge aus

341 Vgl. *Ballwieser*, Unternehmensbewertung und Steuern, in: Elschen/Siegel/Wagner (Hrsg.), FS Schneider (1995), S. 15 (S. 20).

342 Vgl. *Hommel/Pauly/Nagelschmitt*, IDW ES 1 – Neuerungen beim objektivierten Unternehmenswert, BB 2007, S. 2728 (S. 2730 und S. 2732).

343 Vgl. *Ballwieser*, Unternehmensbewertung und Steuern, in: Elschen/Siegel/Wagner (Hrsg.), FS Schneider (1995), S. 15 (S. 34).

dieser Alternativinvestition zu unterwerfen sind.[344] Je nach gewählter Anlageform unterliegen die Alternativverträge aber unterschiedlichsten Steuersätzen.

Zu den vom Unternehmen abzuführenden Ertragsteuern gehören die Gewerbe- sowie die Körperschaftsteuer einschließlich des darauf entfallenden Solidaritätszuschlags. Auf der persönlichen Ebene der Investoren sind die Einkommensteuer (ggf. in Form der pauschalierten Abgeltungsteuer) und Kirchensteuer sowie der Solidaritätszuschlag zu berücksichtigen.

Die Ableitung der differierenden Bemessungsgrundlagen der einzelnen Steuerarten, die Schätzung der Steuerzahlungsreihen (auch indirekter Steuern) unter Berücksichtigung schon geleisteter Steuervorauszahlungen und des korrekten Zeitpunkts von Steuerabschlusszahlungen respektive Steuererstattungen, die „Abstimmung von geplanten Ausschüttungen an die Eigentümer mit gesellschafts- bzw. handelsrechtlichen Restriktionen"[345] etc. erfordern zusätzlich zur Prognose zukünftiger Zahlungsströme auch die Aufstellung von Plan-Bilanzen sowie Plan-Gewinn- und Verlustrechnungen, in denen neben dem geltenden Steuerrecht ebenso erkennbare Änderungen in der Steuergesetzgebung zu berücksichtigen sind.[346]

Für die genaue Berechnung der vom Unternehmenseigner zu leistenden Einkommensteuerzahlungen reicht die Schätzung der zukünftig erwarteten Ausschüttungen aus dem Unternehmen nicht aus. Zusätzlich muss der Bewerter die sonstigen Einkünfte des (potenziellen) Unternehmensbeteiligten und dessen persönliche steuerlich relevante Situation (z. B. Höhe der Sonderausgaben und der außergewöhnlichen Belastungen) kennen.[347] Die exakte Ermittlung und Planung dieser Eckdaten ist nicht nur zeit- und kostenintensiv, sondern auch formal anspruchsvoll. Häufig wird sich der Bewerter dabei aus Gründen der „Praktikabilität und Wirtschaftlichkeit"[348] von Vereinfachungsaspekten leiten lassen (müssen).

b) Berücksichtigung der Gewerbesteuer

„Der Gewerbesteuer unterliegt jeder stehende Gewerbebetrieb, soweit er im Inland betrieben wird."[349] Da die Gewerbesteuer das Unternehmen (unabhängig von der Rechtsform) als Steuersubjekt belastet, ist sie bei der Ermittlung der finanziellen Einzahlungsüberschüsse abzuziehen. Steuerschuldner der Gewerbesteuer ist „der

---

344 Vgl. *Leuthier*, Zur Berücksichtigung der Besteuerung bei der Unternehmensbewertung, BFuP 1988, S. 505 (S. 513).

345 *Ballwieser*, Unternehmensbewertung und Steuern, in: Elschen/Siegel/Wagner (Hrsg.), FS Schneider (1995), S. 15 (S. 35).

346 Vgl. *Ballwieser*, Unternehmensbewertung und Steuern, in: Elschen/Siegel/Wagner (Hrsg.), FS Schneider (1995), S. 15 (S. 30–32 und S. 35).

347 Vgl. *Ballwieser*, Unternehmensbewertung und Steuern, in: Elschen/Siegel/Wagner (Hrsg.), FS Schneider (1995), S. 15 (S. 35).

348 *Henselmann*, Unternehmensrechnungen und Unternehmenswert (1999), S. 166.

349 § 2 Abs. 1 GewStG.

Unternehmer …, für dessen Rechnung das Gewerbe betrieben wird."[350] Als Bemessungsgrundlage ist der Gewerbeertrag heranzuziehen.[351] Ausgangspunkt für die Ermittlung des Gewerbeertrags ist der „nach den Vorschriften des Einkommensteuergesetzes oder des Körperschaftsteuergesetzes zu ermittelnde Gewinn aus dem Gewerbebetrieb"[352]. Durch die in den §§ 8 und 9 GewStG kodifizierten Hinzurechnungen und Kürzungen ergibt sich schließlich der Gewerbeertrag. Eine bedeutsame Anpassungsverpflichtung stellt § 8 Nr. 1 GewStG dar. Danach sind 25 % aller Entgelte für Schulden bei der Berechnung des Gewerbeertrags hinzuzurechnen.[353]

Der nominale Gewerbesteuersatz s_{nom}^{GewSt} wird ermittelt, indem die im Gewerbesteuergesetz festgelegte Steuermesszahl für den Gewerbeertrag (m_{GewSt})[354] mit dem von der hebeberechtigten Gemeinde festgesetzten Hebesatz(H)[355] multipliziert wird. Der Hebesatz wird dabei durch die Gemeinde, in der das Unternehmen ansässig ist, weitgehend autonom durch die Gemeindesatzung prozentual fixiert[356]:

$$(9) \quad s_{nom}^{GewSt} = m_{GewSt} \cdot H.$$

Die Anwendung dieses nominalen Satzes auf den Gewerbeertrag des Unternehmens ergibt die Gewerbesteuerschuld (S_{GewSt}):[357]

$$(10) \quad S_{GewSt} = s_{nom}^{GewSt} \cdot Gewerbeertrag.$$

Wird Gleichung (9) in Gleichung (10) eingesetzt, folgt für die Gewerbesteuerschuld:

$$(11) \quad S_{GewSt} = m_{GewSt} \cdot H \cdot Gewerbeertrag = H \cdot Steuermessbetrag,$$

wobei sich der Steuermessbetrag aus der Multiplikation der Steuermesszahl (m_{GewSt}) mit dem Gewerbeertrag ergibt.

350 § 5 Abs. 1 GewStG. Das Gewerbe kann in Form einer Kapitalgesellschaft, einer Personengesellschaft oder eines Einzelunternehmens betrieben werden.

351 Vgl. § 6 GewStG.

352 § 7 Abs. 1 Satz 1 GewStG.

353 Vgl. § 8 Nr. 1 GewStG. Es besteht ein Freibetrag von 100 000 Euro. Die Hinzurechnung erfolgt dabei nur insoweit, als die Zinsen bei der Ermittlung des Gewinns abgesetzt sind. Zu weiteren Änderungen der §§ 8 und 9 GewStG vgl. *Ortmann-Babel/Zipfel*, Unternehmensteuerreform 2008 Teil I: Gewerbesteuerliche Änderungen und Besteuerung von Kapitalgesellschaften und deren Anteilseignern, BB 2007, S. 1869 (S. 1869–1871).

354 Vgl. § 11 GewStG.

355 Vgl. § 16 GewStG.

356 Gemäß § 16 Abs. 4 Satz 2 GewStG beträgt der Hebesatz 200 %, „wenn die Gemeinde nicht einen höheren Hebesatz bestimmt hat."

357 Vgl. § 11 Abs. 1 und § 16 GewStG.

Durch das Unternehmensteuerreformgesetz 2008 wurde die Steuermesszahl für alle Gewerbebetriebe auf einheitlich 3,5 % festgelegt[358] und vorgeschrieben, dass die Gewerbesteuer nicht zu den steuerlich abzugsfähigen Betriebsausgaben zählt.[359] Sie darf deshalb weder die gewerbesteuerliche noch die körperschaftsteuerliche Bemessungsgrundlage mindern.

Setzt die Gemeinde den Hebesatz z. B. auf 400 % fest, so beträgt der Gewerbesteuersatz 14 %:

$$s_{nom}^{GewSt} = m_{GewSt} \cdot H = 0{,}035 \cdot 4 = 0{,}14.$$

Einzelunternehmen und Personengesellschaften erhalten einen gewerbesteuerlichen Freibetrag. Ihr Gewerbeertrag unterliegt nur dann der Gewerbesteuer, wenn und soweit er den Betrag von 24 500 Euro überschreitet.[360]

c) Berücksichtigung der Körperschaftsteuer

Kapitalgesellschaften, wie Aktiengesellschaften oder Gesellschaften mit beschränkter Haftung, unterliegen neben der Gewerbesteuer zusätzlich der Körperschaftsteuer zzgl. eines Solidaritätszuschlags. Die Körperschaftsteuerbelastung des Unternehmens erfolgt mit dem in § 23 Abs. 1 KStG festgelegten einheitlichen Steuersatz von 15 %. Diese Definitiv-Körperschaftsteuer fällt unabhängig davon an, ob die Gewinne thesauriert oder ausgeschüttet werden. Unter Beachtung des Solidaritätszuschlags von 5,5 %, der sich auf die Körperschaftsteuer berechnet, ergibt sich eine effektive Belastung des Unternehmens von 15,825 %:

$$s^{KSt,\,Soli} = s^{KSt} \cdot \left(1 + s^{Soli}\right) = 0{,}15 \cdot (1 + 0{,}055) = 0{,}15825.$$

Werden gewerbesteuerliche Hinzurechnungen und Kürzungen sowie die sich aus den körperschaftsteuerlichen Vorschriften ergebenden Modifikationen bei der Ermittlung des zu versteuernden Einkommens vernachlässigt, entspricht das körperschaftlich zu versteuernde Einkommen dem Gewerbeertrag. Damit folgt für die Körperschaftsteuerschuld $\left(S_{KSt,\,Soli}\right)$:

$$(12) \quad S_{KSt,\,Soli} = s^{KSt,\,Soli} \cdot Gewinn.$$

358 Vgl. § 11 Abs. 2 GewStG. Die Steuermesszahl von 3,5 % „ist erstmals für den Erhebungszeitraum 2008 anzuwenden“ (§ 36 Abs. 9a GewStG).

359 So besagt § 4 Abs. 5b EStG: „Die Gewerbesteuer und die darauf entfallenden Nebenleistungen sind keine Betriebsausgaben.“

360 Vgl. § 11 Abs. 1 Nr. 1 GewStG.

d) Berücksichtigung der Einkommensteuer

aa) Einkommensteuer auf Einkünfte aus Kapitalgesellschaften

Die auf der Ebene der Unternehmenseigner anfallenden Ertragsteuern (Einkommensteuer, Solidaritätszuschlag und ggf. Kirchensteuer) mindern ebenfalls die den Unternehmenseignern zur Verfügung stehenden Konsumausgaben.

Anteilseigner einer Kapitalgesellschaft, die ihre Beteiligung im Privatvermögen halten, erzielen einkommensteuerpflichtige Einkünfte aus Kapitalvermögen,[361] während Anteilseigner einer Kapitalgesellschaft, deren Beteiligung zum Betriebsvermögen gehört, einkommensteuerpflichtige Einkünfte aus Gewerbebetrieb erwirtschaften.[362]

Die private Einkommensteuerbelastung eines unbeschränkt steuerpflichtigen, natürlichen (konfessionslosen) Investors, der an einer Kapitalgesellschaft beteiligt ist, bestimmt sich in Abhängigkeit der Höhe der erhaltenen Dividendengutschrift. Schüttet die Kapitalgesellschaft ihren Jahresüberschuss unverzüglich in voller Höhe aus, so errechnet sich die Ausschüttung unter Einbezug der Gewerbe- und Körperschaftsteueraufwendungen des Unternehmens mit:

$$(13)\quad Ausschüttung = Gewinn - S_{GewSt} - S_{KSt,\,Soli}.$$

Seit dem Veranlagungszeitraum 2009[363] ist die Abgeltungsteuer in Kraft.[364] Danach werden grundsätzlich sämtliche Einkünfte aus Kapitalvermögen, wie z. B. Zinsen und Dividenden, mit einem einheitlichen Steuersatz von 25 % zzgl. des Solidaritätszuschlags von 5,5 % besteuert.[365] Diese Abgeltungsteuer ist, von den Regelungen in § 17 EStG abgesehen,[366] ebenfalls auf Veräußerungsgewinne aus Beteiligungen an Kapitalgesellschaften anzuwenden, wenn die Beteiligungen im Pri-

361 Vgl. § 20 EStG.

362 Vgl. § 20 Abs. 8 und § 15 EStG.

363 Vgl. § 52a Abs. 3 und Abs. 15 EStG.

364 Vgl. § 32d EStG. Bei Anteilen an Kapitalgesellschaften, die im Betriebsvermögen eines Personenunternehmens (Personengesellschaften und Einzelunternehmen) gehalten werden, gilt das Teileinkünfteverfahren des § 3 Nr. 40d EStG i. V. m. § 3 Nr. 40 Satz 2 EStG. Danach werden hier nur noch 40 % der Dividenden steuerfrei gestellt, so dass Dividenden zu 60 % steuerpflichtig werden und dem persönlichen Steuersatz des jeweiligen Gesellschafters unterliegen. Vgl. *Ortmann-Babel/Zipfel*, Unternehmensteuerreform 2008, Teil I: Gewerbesteuerliche Änderungen und Besteuerung von Kapitalgesellschaften und deren Anteilseignern, BB 2007, S. 1869 (S. 1875 und S. 1878).

365 Vgl. § 32d EStG, § 1 Abs. 1 SolzG und § 4 SolzG.

366 So besagt § 17 Abs. 1 Satz 1 EStG: „Zu den Einkünften aus Gewerbebetrieb gehört auch der Gewinn aus der Veräußerung von Anteilen an einer Kapitalgesellschaft, wenn der Veräußerer innerhalb der letzten fünf Jahre am Kapital der Gesellschaft unmittelbar oder mittelbar zu mindestens 1 Prozent beteiligt war.“ Damit unterliegen diese Veräußerungsgewinne nicht der Abgeltungsteuer, sondern dem Teileinkünfteverfahren.

vatvermögen gehalten und nach dem 31. 12. 2008 erworben werden.[367] Für den Fall, dass der persönliche Einkommensteuersatz unter 25 % liegt, kann der Steuerpflichtige nach § 32d Abs. 6 EStG die Veranlagung mit der niedrigeren Einkommensteuer beantragen.

Der Abgeltungsteuersatz von 25 % erhöht sich um den auf ihn berechneten 5,5 %-igen Solidaritätszuschlag und beträgt damit zur Zeit 26,375 %:

$$s^{ESt,\,Soli} = s^{ESt} \cdot \left(1 + s^{Soli}\right) = 0{,}25 \cdot (1 + 0{,}055) = 0{,}26375.$$

Die Einkommensteuerlast $\left(S_{ESt,\,Soli}\right)$ eines unbeschränkt steuerpflichtigen Investors kann unter vereinfachenden Annahmen formal wie folgt ermittelt werden:

$$(14) \quad S_{ESt,\,Soli} = s^{ESt,\,Soli} \cdot Ausschüttung$$

$$= s^{ESt,\,Soli} \cdot \left(Gewinn - S_{GewSt} - S_{KSt,\,Soli}\right).$$

Unter Einsatz der Gleichungen (10) und (12) für die Gewerbe- und Körperschaftsteuerschuld folgt:

$$S_{ESt,\,Soli} = s^{ESt,\,Soli} \cdot \left(Gewinn - s_{nom}^{GewSt} \cdot Gewinn - s^{KSt,\,Soli} \cdot Gewinn\right)$$

$$= s^{ESt,\,Soli} \cdot Gewinn \cdot \left(1 - s_{nom}^{GewSt} - s^{KSt,\,Soli}\right)$$

$$(15) \quad S_{ESt,\,Soli} = s^{ESt,\,Soli} \cdot Gewinn \cdot \left(1 - \left(s_{nom}^{GewSt} + s^{KSt,\,Soli}\right)\right).$$

bb) Besonderheiten bei gewerblichen Einkünften von Einzelunternehmen und Personengesellschaften

Einzelunternehmer und Gesellschafter von Personengesellschaften erzielen in der Regel nach § 15 EStG einkommensteuerpflichtige Einkünfte aus Gewerbebetrieb.[368] Die Einkünfte unterliegen dem individuellen Steuersatz des Unternehmers. Sind keine gewerbesteuerlichen Hinzurechnungen bzw. Kürzungen vorzunehmen, so entspricht der Gewerbeertrag eines gewerblichen Unternehmens dem zu versteuernden Einkommen.

Da die Gewerbesteuer nicht zu den steuerlich abzugsfähigen Betriebsausgaben zählt, darf sie auch nicht den einkommensteuerpflichtigen Gewinn aus Gewerbe-

367 Vgl. § 20 Abs. 2 Satz 1 Nr. 1 EStG. Gemäß § 52a Abs. 10 Satz 1 EStG ist § 20 Abs. 2 Satz 1 Nr. 1 EStG „erstmals auf Gewinne aus der Veräußerung von Anteilen anzuwenden, die nach dem 31. Dezember 2008 erworben werden."

368 Freiberufler erzielen gemäß § 18 EStG Einkünfte aus selbstständiger Tätigkeit und sind in der nachfolgenden Betrachtung ausgeklammert.

betrieb mindern. Die von dem Einzelunternehmen bzw. der Personengesellschaft zu entrichtende Gewerbesteuer ist jedoch gemäß § 35 Abs. 1 EStG auf die zu zahlende Einkommensteuer anrechenbar. Danach ermäßigt sich die für die gewerblichen Einkünfte im Sinne des § 15 Abs. 1 EStG zu zahlende Einkommensteuer um das 3,8-fache des festgesetzten Steuermessbetrags. Der Steuermessbetrag ergibt sich dabei unter Verwendung von Gleichung (11) aus der Multiplikation der Steuermesszahl mit dem Gewerbeertrag unter Berücksichtigung des Freibetrags von 24 500 Euro:

$$Steuermessbetrag = m_{GewSt} \cdot (Gewinn - 24\,500).$$

Der Steuerermäßigungsbetrag ist aber zweifach begrenzt. Er wird maximal in der Höhe gewährt, in der der Steuerpflichtige auch tatsächlich Gewerbesteuer zahlen muss, und ist zudem „beschränkt … auf die tarifliche Einkommensteuer im Sinne des § 35 EStG, soweit sie anteilig auf die nach § 35 EStG tarifbegünstigten gewerblichen Einkünfte entfällt (sog. Ermäßigungshöchstbetrag). Der Ermäßigungshöchstbetrag bildet damit neben der tatsächlich zu zahlenden Gewerbesteuer die absolute Obergrenze für die Gewährung von Steuerermäßigungen."[369]

Gewinne aus Gewerbebetrieb unterliegen zudem nicht der Abgeltungsteuer. Stattdessen ist der individuelle Einkommensteuersatz des Investors heranzuziehen. Für die Einkommensteuerlast folgt:

$$S_{ESt,\,Soli} = s^{ESt,\,Soli} \cdot Gewinn - 3{,}8 \cdot Steuermessbetrag$$

$$= s^{ESt,\,Soli} \cdot Gewinn - 3{,}8 \cdot m_{GewSt} \cdot (Gewinn - 24\,500)$$

$$(16) \quad S_{ESt,\,Soli} = Gewinn \cdot \left(s^{ESt,\,Soli} - 3{,}8 \cdot m_{GewSt}\right) + 3{,}8 \cdot m_{GewSt} \cdot 24\,500.$$

cc) Besteuerung der Alternativanlage

Der Grundsatz der Verfügbarkeitsäquivalenz verlangt auch hinsichtlich der Alternativinvestition die Berücksichtigung von Steuern. Besteht die individuell beste Alternative in der privaten Anlage in festverzinsliche Wertpapiere, so ist der Kapi-

369 BT-Drucksache 16/7036, S. 15. Zur Ermittlung des Ermäßigungshöchstbetrags vgl. § 35 Abs. 1 Satz 2 EStG. Durch das Unternehmensteuerreformgesetz 2008 wurde für Personenunternehmen darüber hinaus eine Begünstigung von thesaurierten Gewinnen eingeführt: Nicht entnommene Gewinne werden mit einem Einkommensteuersatz von 28,25 % besteuert (§ 34a Abs. 1 EStG). Bei einer späteren Entnahme der ermäßigt besteuerten Gewinne erfolgt eine Nachversteuerung mit 25 % (§ 34a Abs. 4 EStG).

talisierungszinssatz um die auf die Rendite entfallende Einkommensteuer zzgl. Solidaritätszuschlag und ggf. Kirchensteuer zu kürzen:[370]

$$(17)\quad S_{ESt,\,Soli} = s^{ESt,\,Soli} \cdot i.$$

Die Nachsteuerrendite der Alternativanlage berechnet sich dann mit:

$$(18)\quad i_{ESt,\,Soli} = i \cdot (1 - s^{ESt,\,Soli}).$$

Auf Grund des Abgeltungsteuergesetzes beträgt die pauschalierte Abgeltungsteuer 25 % zzgl. des Solidaritätszuschlags, so dass für einen konfessionslosen Investor gilt:

$$i_{ESt,\,Soli} = i \cdot (1 - s^{ESt,\,Soli}) = i \cdot (1 - 0{,}26375).$$

Ein ökonomisch handelnder Eigentümer wird die Alternativanlage aber nicht notwendigerweise im Privatvermögen tätigen. Stellt sich die Investition in ein anderes Unternehmen als individuell vorteilhafteste Alternative dar, so müssen auch hier die Unternehmensteuern im Diskontierungssatz berücksichtigt werden.[371]

e) Zusammenfassung der Ergebnisse und Ermittlung des Nettobetrags

Zusammenfassend ergibt sich der dem Investor einer Kapitalgesellschaft für Konsummöglichkeiten zur Verfügung stehende Nettoertrag aus der Kombination der Gewerbe-, Körperschaft- und Einkommensteuerlast (Abgeltungsteuer) mit:

$$\begin{aligned}
Nettoertrag &= Gewinn - S_{GewSt} - S_{KSt,\,Soli} - S_{ESt,\,Soli}\\
&= Gewinn - s_{nom}^{GewSt} \cdot Gewinn - s^{KSt,\,Soli} \cdot Gewinn\\
&\quad - s^{ESt,\,Soli} \cdot Gewinn \cdot \left(1 - \left(s_{nom}^{GewSt} + s^{KSt,\,Soli}\right)\right).
\end{aligned}$$

---

370 In der Regel besteht die Alternativanlage eines Unternehmenseigners insbesondere aus einem Bündel von am Kapitalmarkt notierten Unternehmensanteilen (Aktienportefeuille). Vgl. IDW Standard: Grundsätze zur Durchführung von Unternehmensbewertungen (IDW S 1 i. d. F. 2008), IDW FN 2008, S. 271 (S. 283, Rn. 93); *Leuthier*, Zur Berücksichtigung der Besteuerung bei der Unternehmensbewertung, BFuP 1988, S. 505 (S. 514).

371 Vgl. *Hommel/Braun/Schmotz*, Neue Wege in der Unternehmensbewertung – Kritische Würdigung des neuen IDW-Standards (IDW S 1) zur Unternehmensbewertung, DB 2001, S. 341 (S. 345).

Vereinfachen der Gleichung führt zu:

$$Nettoertrag = Gewinn \cdot \left(1 - s_{nom}^{GewSt} - s^{KSt,\,Soli} - s^{ESt,\,Soli} \cdot \left(1 - \left(s_{nom}^{GewSt} + s^{KSt,\,Soli}\right)\right)\right)$$

$$= Gewinn \cdot \left(1 - \left(s_{nom}^{GewSt} + s^{KSt,\,Soli}\right) - s^{ESt,\,Soli} \cdot \left(1 - \left(s_{nom}^{GewSt} + s^{KSt,\,Soli}\right)\right)\right)$$

$$(19) \quad Nettoertrag = Gewinn \cdot \left(1 - \left(s_{nom}^{GewSt} + s^{KSt,\,Soli}\right)\right) \cdot \left(1 - s^{ESt,\,Soli}\right).$$

Für Einzelunternehmen bzw. Personengesellschaften lautet die Berechnung des Nettoertrags wie folgt:

$$Nettoertrag = Gewinn - S_{GewSt} - S_{ESt,\,Soli}$$

$$= Gewinn - s_{nom}^{GewSt} \cdot (Gewinn - 24\,500)$$

$$- Gewinn \cdot \left(s^{ESt,\,Soli} - 3{,}8 \cdot m_{GewSt}\right) - 3{,}8 \cdot m_{GewSt} \cdot 24\,500$$

$$(20) \quad Nettoertrag = Gewinn \cdot \left(1 - s_{nom}^{GewSt} - \left(s^{ESt,\,Soli} - 3{,}8 \cdot m_{GewSt}\right)\right)$$

$$+ s_{nom}^{GewSt} \cdot 24\,500 - 3{,}8 \cdot m_{GewSt} \cdot 24\,500.$$

Tabelle 47 stellt die für die Bewertung maßgeblichen steuerlichen Regelungen zusammenfassend dar.

Tabelle 47: Tabellarische Übersicht der geltenden steuerlichen Regelungen

	geltende steuerliche Regelung
Gewerbesteuer	Die Gewerbesteuer ist weder von der gewerbe- noch von der körperschaft- oder einkommensteuerlichen Bemessungsgrundlage abzugsfähig.
	Die Steuermesszahl beträgt für alle Gewerbebetriebe 3,5 %.
	25 % aller Entgelte für Schulden sind bei der Ermittlung des Gewerbeertrags hinzuzurechnen.
Körperschaftsteuer bei Kapitalgesellschaften	Der Definitiv-Steuersatz beträgt 15 % zzgl. Solidaritätszuschlag.

Tabelle 47 (Forts.)

Einkommensteuer	Der Anrechnungsfaktor beträgt 3,8. Der Abzug des Steuerermäßigungsbetrags ist auf die tatsächlich zu zahlende Gewerbesteuer und auf einen Ermäßigungshöchstbetrag beschränkt.
	Pauschale Abgeltungsteuer für sämtliche Kapitaleinkünfte (Zinsen und Dividenden) in Höhe von 25 % zzgl. Solidaritätszuschlag und Kirchensteuer.
	Veräußerungsgewinne sind ebenfalls pauschal abgeltungsteuerpflichtig, wenn die Kapitalanlagen nach dem 31.12.2008 erworben wurden.

2. Anwendung auf den Fall: Antonias Käufergrenzpreis unter Beachtung des deutschen Steuerrechts

a) Unternehmenswert der Kapitalgesellschaft

Unter Berücksichtigung des Gewerbesteuersatzes von 14 %, des Körperschaftsteuersatzes inklusive Solidaritätszuschlag von 15,825 % sowie des Einkommensteuersatzes inklusive Solidaritätszuschlag von 26,375 % errechnet sich der Nettoertrag der Unisystems GmbH wie folgt:

Tabelle 48: Ermittlung des Nettoertrags einer Kapitalgesellschaft unter Berücksichtigung von Gewerbe-, Körperschaft- und Einkommensteuer

(in €)	t_1	t_2	t_3	t_4	ab t_5
Brutto-Ertragsstrom	40000	40000	60000	80000	100000
– Gewerbesteuer (14 %)	–5600	–5600	–8400	–11200	–14000
– Körperschaftsteuer (15,825 %)	–6330	–6330	–9495	–12660	–15825
= Ausschüttung	28070	28070	42105	56140	70175
– Einkommensteuer (26,375 %)	–7403	–7403	–11105	–14807	–18509
= Nettoertrag	20667	20667	31000	41333	51666

Die bestmögliche von Antonia realisierbare Alternative besteht in dem Erwerb von festverzinslichen Wertpapieren, die eine Rendite in Höhe von 10 % vor Einkommensteuer erwarten lassen. Zinseinkünfte unterliegen im Privatbereich wie die Dividenden einer Abgeltungsteuer (einschließlich Solidaritätszuschlag) von 26,375 %. Dadurch verringert sich die konsumfähige Rendite der Alternativanlage auf 7,3625 %:

$$i \cdot \left(1 - s^{ESt,\,Soli}\right) = 0{,}1 \cdot (1 - 0{,}26375) = 0{,}073625.$$

Der Preis, den Antonia maximal für das Unternehmen bezahlen sollte (Käufergrenzpreis), berechnet sich mit 621 503 Euro:

$$GP_A = \sum_{t=1}^{T} \frac{Nettoertrag_t}{\left(1 + i \cdot \left(1 - s^{ESt,\,Soli}\right)\right)^t} + \frac{\dfrac{Nettoertrag_{T+1}}{i \cdot \left(1 - s^{ESt,\,Soli}\right)}}{\left(1 + i \cdot \left(1 - s^{ESt,\,Soli}\right)\right)^T}$$

$$= \frac{20\,667}{(1 + 0{,}073625)} + \frac{20\,667}{(1 + 0{,}073625)^2} + \frac{31\,000}{(1 + 0{,}073625)^3}$$

$$+ \frac{41\,333}{(1 + 0{,}073625)^4} + \frac{\dfrac{51\,666}{0{,}073625}}{(1 + 0{,}073625)^4}$$

$$= 621\,503\ €.$$

b) Unternehmenswert des Einzelunternehmens

Wird die Unisystems als Einzelunternehmen geführt, so ermitteln sich die aus ihm erwarteten prognosefähigen Nettocashflows nach sämtlichen Steuern wie in Tabelle 49 (auf S. 177).

Der Steuerermäßigungsbetrag ist jeweils geringer als die tatsächlich zu zahlende Gewerbesteuer, so dass keine weitere Anpassung der Nettoerträge vorgenommen werden muss.

Tabelle 49: Ermittlung des Nettoertrags eines Einzelunternehmens unter Berücksichtigung von Gewerbe- und Einkommensteuer

(in €)	**t_1**	**t_2**	**t_3**	**t_4**	**ab t_5**
Brutto-Ertragsstrom	40 000	40 000	60 000	80 000	100 000
– Freibetrag	24 500	24 500	24 500	24 500	24 500
= Gewerbesteuer-Bemessungsgrundlage	15 500	15 500	35 500	55 500	75 500
– Gewerbesteuer (14 %)	–2 170	–2 170	–4 970	–7 770	–10 570
– Einkommensteuer (25 %)	–10 000	–10 000	–15 000	–20 000	–25 000
+ Steuerermäßigung (§ 35 EStG)	2 062	2 062	4 722	7 382	10 042
= Nettoertrag	29 892	29 892	44 752	59 612	74 472

Zieht Antonia auch hier die im Privatvermögen gehaltene Anlage in festverzinsliche Wertpapiere als Alternativinvestition heran, errechnet sich der Käufergrenzpreis, den Antonia maximal für das Unternehmen zahlen sollte, mit 896 106 Euro:

$$GP_A = \sum_{t=1}^{T} \frac{Nettoertrag_t}{\left(1 + i \cdot \left(1 - s^{ESt,\,Soli}\right)\right)^t} + \frac{\dfrac{Nettoertrag_{T+1}}{i \cdot \left(1 - s^{ESt,\,Soli}\right)}}{\left(1 + i \cdot \left(1 - s^{ESt,\,Soli}\right)\right)^T}$$

$$= \frac{29\,892}{(1 + 0{,}073625)} + \frac{29\,892}{(1 + 0{,}073625)^2} + \frac{44\,752}{(1 + 0{,}073625)^3}$$

$$+ \frac{59\,612}{(1 + 0{,}073625)^4} + \frac{\dfrac{74\,472}{0{,}073625}}{(1 + 0{,}073625)^4}$$

$$= 896\,106 \text{ €}.$$

c) Zusammenfassung der Ergebnisse

Tabelle 50 (auf S. 178) fasst nochmals die wesentlichen Formeln, die bei der Berechnung des Unternehmenswerts zu beachten sind, und deren konkrete Auswirkung auf den Sachverhalt zusammen.

Tabelle 50: Rechtsformabhängige Steuerberücksichtigung

	Kapitalgesellschaften	**Einzelunternehmen**
GewSt	$S_{GewSt} = m_{GewSt} \cdot H \cdot Gewinn^{*}$	$S_{GewSt} = m_{GewSt} \cdot H \cdot (Gewinn^{*} - 24\,500)$
KSt	$S_{KSt,\,Soli} = s^{KSt,\,Soli} \cdot Gewinn$	entfällt
ESt	$S_{ESt,\,Soli}$ $= s^{ESt,\,Soli} \cdot Gewinn \cdot \left(1 - \left(s_{nom}^{GewSt} + s^{KSt,\,Soli}\right)\right)$	$S_{ESt,\,Soli}$ $= s^{ESt,\,Soli} \cdot Gewinn - 3{,}8 \cdot Steuermessbetrag$ $= s^{ESt,\,Soli} \cdot Gewinn - 3{,}8 \cdot m_{GewSt} \cdot (Gewinn - 24\,500)$
Netto-ertrag	$Nettoertrag$ $= Gewinn - S_{GewSt} - S_{KSt,\,Soli} - S_{ESt,\,Soli}$ $= Gewinn \cdot (1 - (s_{nom}^{GewSt} + s^{KSt,\,Soli})) \cdot (1 - s^{ESt,\,Soli})$	$Nettoertrag$ $= Gewinn - S_{GewSt} - S_{ESt,\,Soli}$ $= Gewinn \cdot (1 - s_{nom}^{GewSt} - (s^{ESt,\,Soli} - 3{,}8 \cdot m_{GewSt}))$ $+ s_{nom}^{GewSt} \cdot 24\,500 - 3{,}8 \cdot m_{GewSt} \cdot 24\,500$
UW (in €)	**621 503**	**896 106**

* Der Gewerbeertrag entspricht dem Gewinn unter Vernachlässigung der gewerbesteuerlichen Hinzurechnungen und Kürzungen.

Weiterführende Literatur

Ballwieser, Wolfgang, Unternehmensbewertung und Steuern, in: Rainer Elschen/Theodor Siegel/Franz W. Wagner (Hrsg.), Unternehmenstheorie und Besteuerung, Festschrift für Dieter Schneider, Wiesbaden 1995, S. 15–37

Bartels, Peter/ Engler, Toralf, Das Steuerparadoxon bei Wachstum im Rahmen der Unternehmensbewertung, DB, 52. Jg. (1999), S. 917–920

Drukarczyk, Jochen/ Schüler, Andreas, Unternehmensbewertung, 6. Aufl., München 2009, S. 13–30

Hommel, Michael/ Pauly, Denise, Unternehmensteuerreform 2008: Auswirkungen auf die Unternehmensbewertung, BB, 62. Jg. (2007), S. 1155–1161

Hommel, Michael/ Pauly, Denise/ Nagelschmitt, Sabine, IDW ES 1 – Neuerungen beim objektivierten Unternehmenswert, BB, 62. Jg. (2007), S. 2728–2732

Leuthier, Rainer, Zur Berücksichtigung der Besteuerung bei der Unternehmensbewertung, BFuP, 40. Jg. (1988), S. 505–521

Richter, Frank, Relativer Unternehmenswert und Einkommensteuer oder: Was ist paradox am Steuerparadoxon, in: Frank Richter/Andreas Schüler/Bernhard Schwetzler (Hrsg.), Kapitalgeberansprüche, Marktwertorientierung und Unternehmenswert, Festschrift für Jochen Drukarczyk, München 2003, S. 307–329

Siepe, Günter, Die Berücksichtigung von Ertragsteuern bei der Unternehmensbewertung (Teil I), WPg, 50. Jg. (1997), S. 1–10

Fall 14: Abschreibung des Kaufpreises und Besteuerung des Veräußerungsgewinns

Sachverhalt:

Die Gesellschafter A und B der AB-OHG haben eine Kapitalbeteiligung von 5/6 und 1/6 übernommen. Im Gründungszeitpunkt legte Gesellschafter A 25 000 Euro und Gesellschafter B 5 000 Euro in das Unternehmen ein. Gesellschafter B ist mit 20 % am Gewinn beteiligt und möchte aus dem Unternehmen ausscheiden. Das Endvermögen beträgt 400 000 Euro, der jährliche Ertrag 40 000 Euro und der relevante Zins vor Steuern 10 %. Lediglich die Einkommensteuer ist im Rahmen der Unternehmensbewertung zu berücksichtigen. Die Bilanz der AB-OHG hat folgendes Aussehen:

Tabelle 51: Besteuerung des Veräußerungsgewinns – Ausgangsbilanz der AB-OHG

Aktiva	**Bilanz der AB-OHG (in €)**		**Passiva**
Anlagevermögen	30 000	Eigenkapital A Eigenkapital B	25 000 5 000
	30 000		30 000

Der Zeitwert der aktivierten Vermögensgegenstände entspricht ihrem Buchwert.

Aufgabenstellung:

- Welche Abfindung würde Gesellschafter A maximal an Gesellschafter B zahlen, wenn der Steuersatz, der sowohl auf die Unternehmenserträge als auch auf die Erträge der Alternativanlage Anwendung findet, vereinfachungsbedingt einheitlich 25 % beträgt und die *Abschreibung des Geschäfts- oder Firmenwerts* die Steuerbemessungsgrundlage der Einkommensteuer mindert?
- Welche Abfindung müsste B im Rahmen der Unternehmensbewertung nach dem *Grenzpreismodell* fordern, um seine ökonomische Position nicht zu verschlechtern, wenn B seinen *persönlichen Einkommensteuersatz* mit 25 % angibt?
  - Nehmen Sie zunächst die Berechnung des Verkäufergrenzpreises *ohne Berücksichtigung der Veräußerungsgewinnsteuer* vor!
  - Nehmen Sie anschließend die Berechnung des Verkäufergrenzpreises unter *Berücksichtigung der Veräußerungsgewinnsteuer* vor, wenn alle Vermögensmehrungen (einschließlich eines Veräußerungsgewinns) einheitlich zu versteuern sind!
  - *Diskutieren* Sie die nach dem Ergebnis des Grenzpreismodells an Gesellschafter B zu zahlende Abfindung *kritisch*!

I. Abschreibung des Geschäfts- oder Firmenwerts

1. Ertragswert durch Iteration

Gesellschafter A sollte seinen Maximalpreis als Ertragswert nach dem Ertrag, den er sich zukünftig aus der Fortführung des Unternehmens verspricht, und nach dem Ertrag aus seiner bestmöglichen Alternativinvestition bestimmen. Vor der Abfindung von B verfügt Gesellschafter A über einen jährlichen Brutto-Zahlungsstrom in Höhe von 32 000 Euro (gemäß seiner Gewinnbeteiligung von 80 %):

$$Bruttoertrag = Ausschüttung \cdot Gewinnanteil = 40\,000 \cdot 0{,}8 = 32\,000\ €.$$

Nach dem Ausscheiden von B stehen Gesellschafter A die gesamten zukünftig erwarteten Zahlungsüberschüsse in Höhe von 40 000 Euro zu, so dass der Betrag, den er zunächst maximal für den Anteil von Gesellschafter B zahlen sollte, 80 000 Euro beträgt:

$$EW = \frac{E \cdot (1 - s^{ESt})}{i \cdot (1 - s^{ESt})} = \frac{(40\,000 - 32\,000) \cdot (1 - 0{,}25)}{0{,}1 \cdot (1 - 0{,}25)} = 80\,000\ €.$$

Würde A den Unternehmensanteil für 80 000 Euro erwerben, hätte er einen derivativen Geschäfts- oder Firmenwert erlangt: „Der Unterschiedsbetrag, um den die für die Übernahme eines Unternehmens bewirkte Gegenleistung den Wert der einzelnen Vermögensgegenstände des Unternehmens abzüglich der Schulden im Zeitpunkt der Übernahme übersteigt (entgeltlich erworbener Geschäfts- oder Firmenwert), gilt als zeitlich begrenzt nutzbarer Vermögensgegenstand.“[372] In Bezug auf die Aufgabenstellung und unter Beachtung von § 246 Abs. 1 Satz 3 HGB beträgt der Unterschiedsbetrag 75 000 Euro: Er errechnet sich als Differenz zwischen dem gezahlten Kaufpreis von 80 000 Euro und dem Buchwert des Eigenkapitals von B in Höhe von 5 000 Euro. Steuerrechtlich ist der derivative Geschäfts- oder Firmenwert über eine betriebsgewöhnliche Nutzungsdauer von 15 Jahren abzuschreiben,[373] so dass sich in Höhe der jährlichen Abschreibung die steuerliche Bemessungsgrundlage mindert und geringere Steuerzahlungen abzuführen sind.[374] Diesen Steuervorteil der ersten fünfzehn Jahre nach dem Kauf des Unternehmens hat der Käufer jedoch schon in der Ertragsprognose zu berücksichtigen. Aus diesem Grund muss eine Neuberechnung des Ertragswerts vorgenommen werden. Beträgt

372 § 246 Abs. 1 Satz 3 HGB.

373 Vgl. § 7 Abs. 1 Satz 3 EStG.

374 Vgl. *Siepe*, Die Berücksichtigung von Ertragsteuern bei der Unternehmensbewertung (Teil II), WPg 1997, S. 37 (S. 41).

der Geschäfts- oder Firmenwert (GFW) 75 000 Euro, so ist zunächst die jährliche Absetzung für Abnutzung (AfA_t) des Firmenwerts für $t = 1, \ldots, 15$ zu berechnen:

$$AfA_t = \frac{GFW}{15} = \frac{75\,000}{15} = 5\,000 \text{ € für } t = 1, \ldots, 15.$$

Im zweiten Schritt wird die jährliche Ausschüttung der Perioden $t = 1, \ldots, 15$ infolge der Veränderung der Steuerlast bestimmt. Die Abschreibung des Firmenwerts mindert die Steuerbemessungsgrundlage der Ertragsteuer um 5 000 Euro, so dass trotz der ursprünglichen Ertragsprognose in Höhe von 8 000 Euro bezogen auf den Anteil von Gesellschafter B lediglich 3 000 Euro mit dem Steuersatz von 25 % zu belasten sind. Die neu berechneten Nettoausschüttungen betragen demnach:[375]

$$(21) \quad Ausschüttung_t = E_t - (E_t - AfA_t) \cdot s^{ESt} \quad \text{für } t = 1, \ldots, 15$$

$$Ausschüttung_t = 8\,000 - (8\,000 - 5\,000) \cdot 0{,}25$$

$$= 8\,000 - 3\,000 \cdot 0{,}25 = 7\,250 \text{ €}.$$

Ab $t = 16$ ist der Firmenwert vollständig abgeschrieben, und die Steuerbemessungsgrundlage wird mit 8000 Euro beziffert. Die jährlich mögliche Nettoausschüttung ermäßigt sich auf:

$$Ausschüttung_t = E_t \cdot \left(1 - s^{ESt}\right) = 8\,000 - 8\,000 \cdot 0{,}25 = 6\,000 \text{ €}$$
$$\text{für } t \geq 16.$$

Der Ertragswert ist gemäß Gleichung (22) zu ermitteln:

$$(22) \quad EW = \sum_{t=1}^{15} \frac{E_t - (E_t - AfA_t) \cdot s^{ESt}}{(1 + i \cdot (1 - s^{ESt}))^t} + \frac{\dfrac{E_{t=16} \cdot (1 - s^{ESt})}{i \cdot (1 - s^{ESt})}}{(1 + i \cdot (1 - s^{ESt}))^{15}}$$

$$= \left[E_t - (E_t - AfA_t) \cdot s^{ESt}\right] \cdot Rbf_{T=15} + \frac{\dfrac{E_{t=16} \cdot (1 - s^{ESt})}{i \cdot (1 - s^{ESt})}}{(1 + i \cdot (1 - s^{ESt}))^{15}}.$$

375 Vgl. auch *Wagner/Rümmele*, Ertragsteuern in der Unternehmensbewertung: Zum Einfluss von Steuerrechtsänderungen, WPg 1995, S. 433 (S. 437).

Mit einem Rentenbarwertfaktor von

$$Rbf_{T=15} = \frac{\left(1+i\cdot\left(1-s^{ESt}\right)\right)^{15}-1}{\left(1+i\cdot\left(1-s^{ESt}\right)\right)^{15}\cdot i\cdot\left(1-s^{ESt}\right)}$$

$$= \frac{(1+0{,}1\cdot(1-0{,}25))^{15}-1}{(1+0{,}1\cdot(1-0{,}25))^{15}\cdot 0{,}1\cdot(1-0{,}25)} = 8{,}8271197$$

dürfte der Käufer nunmehr maximal 91 034 Euro für den Anteil von Gesellschafter B bezahlen:

$$EW = 7\,250\cdot 8{,}8271197 + \frac{\dfrac{6\,000}{0{,}1\cdot(1-0{,}25)}}{(1+0{,}1\cdot(1-0{,}25))^{15}} = 91\,034\ €.$$

Zahlt A tatsächlich diesen Preis, so steigt der aktivierungspflichtige Geschäfts- oder Firmenwert in der Steuerbilanz auf 86 034 Euro. Die Abschreibung des Geschäfts- oder Firmenwerts muss wieder geändert werden, und eine Neuberechnung wird notwendig. Auch das daraus folgende Ergebnis kann nicht als endgültig gelten, da der Kaufpreis und der daraus abzuleitende Geschäfts- oder Firmenwert ein Zirkularitätsproblem darstellen.[376] Die wechselseitige Beeinflussung von Kaufpreis und Ausschüttung lässt sich entweder durch Iteration oder über die Entwicklung einer allgemein gültigen Formel lösen.

Tabelle 52: Iteration als Lösung des Zirkularitätsproblems zwischen Kaufpreis und GFW

Iterationsschritt	**1**	**2**	**3**	**4**	**5**
(in €)					
Bruttoertrag	8 000	8 000	8 000	8 000	8 000
Ertragswert	80 000	91 034	92 657	92 896	92 931
***GFW* (= *EW* – *BW*)**	75 000	86 034	87 657	87 896	87 931
AfA GFW	5 000	5 736	5 844	5 860	5 862
Steuerbemessungsgrundlage	3 000	2 264	2 156	2 140	2 138
Steuerzahlung	750	566	539	535	534
Ausschüttung (t = 1, …, 15)	7 250	7 434	7 461	7 465	7 466
korrigierter Ertragswert	91 034	92 657	92 896	92 931	92 936
Ertragswert nach vollständiger Iteration		**92 937**			

376 Vgl. *Wagner/Rümmele*, Ertragsteuern in der Unternehmensbewertung: Zum Einfluss von Steuerrechtsänderungen, WPg 1995, S. 433 (S. 437).

2. Formale Ermittlung des Ertragswerts

a) Erläuterung

Den Ausgangspunkt zur Herleitung des formalen Lösungswegs bildet Gleichung (22):

$$(22)\quad EW = \left[E_t - (E_t - AfA_t) \cdot s^{ESt}\right] \cdot Rbf_{T=15} + \frac{\frac{E_{t=16} \cdot (1 - s^{ESt})}{i \cdot (1 - s^{ESt})}}{(1 + i \cdot (1 - s^{ESt}))^{15}}.$$

Wird für den periodenindividuellen Abschreibungsbetrag AfA_t der zu seiner Berechnung notwendige Term

$$AfA_t = \frac{GFW}{15} = \frac{EW - BW}{15}$$

in (22) eingesetzt, folgt:

$$(23)\quad EW = \left[E_t - \left(E_t - \frac{EW - BW}{15}\right) \cdot s^{ESt}\right] \cdot Rbf_{T=15} + \frac{\frac{E_{t=16} \cdot (1 - s^{ESt})}{i \cdot (1 - s^{ESt})}}{(1 + i \cdot (1 - s^{ESt}))^{15}}.$$

Umformung von (23) nach dem gesuchten Grenzpreis ergibt:[377]

$$(24)\quad EW = \frac{E_t \cdot \left(1 - s^{ESt}\right) \cdot Rbf_{T=15} - \frac{BW}{15} \cdot s^{ESt} \cdot Rbf_{T=15} + \frac{\frac{E_{t=16} \cdot \left(1 - s^{ESt}\right)}{i \cdot \left(1 - s^{ESt}\right)}}{\left(1 + i \cdot \left(1 - s^{ESt}\right)\right)^{15}}}{\left(1 - \frac{s^{ESt}}{15} \cdot Rbf_{T=15}\right)}.$$

b) Anwendung auf den Fall: maximale Abfindungszahlung des A bei formaler Ermittlung

Werden die in der Aufgabenstellung gegebenen Werte in (24) eingesetzt, ergibt sich der maximal zu zahlende Kaufpreis in Höhe von 92 937 Euro:

377 Vgl. *Siegel*, Der steuerliche Einfluss von stillen Reserven und Firmenwert auf die Unternehmensbewertung und auf die Bemessung von Abfindungen, in: Ballwieser u. a. (Hrsg.), FS Moxter (1994), S. 1483 (S. 1492).

$$EW = \frac{8\,000 \cdot (1-0,25) \cdot 8,8271197 - \frac{5\,000}{15} \cdot 0,25 \cdot 8,8271197 + \frac{\frac{8\,000 \cdot (1-0,25)}{0,1 \cdot (1-0,25)}}{(1+0,1 \cdot (1-0,25))^{15}}}{\left(1 - \frac{0,25}{15} \cdot 8,8271197\right)}$$

$$= 92\,937\ €.$$

Bezahlt der Käufer genau diesen Preis, so stimmt der erwartete Ertragswert mit dem resultierenden Ertragswert nach dem Kauf überein. Der Kaufpreis bewirkt keine zusätzliche Senkung der Steuerlast mehr, so dass eine weitere Erhöhung des Kaufpreises keinen zusätzlichen Nutzen mehr bringt.

Probe:

Aus dem Kaufpreis von 92 937 Euro folgt ein in der Steuerbilanz zu aktivierender Geschäfts- oder Firmenwert in Höhe von 87 937 Euro, so dass die in den Perioden $t = 1, \ldots, 15$ anfallende Abschreibung 5 862,47 Euro beträgt:

$$AfA_t = \frac{GFW}{15} = \frac{87\,937}{15} = 5\,862,47\ € \text{ für } t = 1, \ldots, 15.$$

Der Ertragswert berechnet sich gemäß Gleichung (22) mit 92 937 Euro, was zu beweisen war:

$$EW = \left[E_t - (E_t - AfA_t) \cdot s^{ESt}\right] \cdot Rbf_{T=15} + \frac{\frac{E_{t=16} \cdot (1 - s^{ESt})}{i \cdot (1 - s^{ESt})}}{(1 + i \cdot (1 - s^{ESt}))^{15}}$$

$$EW = [8\,000 - (8\,000 - 5\,862,47) \cdot 0,25] \cdot 8,8271197$$

$$+ \frac{\frac{8\,000 \cdot (1-0,25)}{0,1 \cdot (1-0,25)}}{(1+0,1 \cdot (1-0,25))^{15}} = 92\,937\ €.$$

II. Besteuerung des Veräußerungsgewinns

1. Verkäufergrenzpreisberechnung ohne Berücksichtigung der Veräußerungsgewinnsteuer

Erfolgt die Abfindung an B allein in Höhe des Ertragswerts

$$VGP_B = EW_B = \frac{E \cdot \left(1 - s^{ESt}\right)}{i \cdot \left(1 - s^{ESt}\right)} = \frac{8\,000 \cdot (1 - 0{,}25)}{0{,}1 \cdot (1 - 0{,}25)} = 80\,000 \text{ €},$$

so erhielte er zunächst ohne Berücksichtigung einer eventuell anfallenden Veräußerungsgewinnsteuer 80 000 Euro.

Zu den der Einkommensteuer unterliegenden „Einkünften aus Gewerbebetrieb gehören auch Gewinne, die erzielt werden bei der Veräußerung

1. des ganzen Gewerbebetriebs oder eines Teilbetriebs ...;
2. des gesamten Anteils eines Gesellschafters, der als Unternehmer (Mitunternehmer) des Betriebs anzusehen ist (§ 15 Abs. 1 Satz 1 Nr. 2);
3. des gesamten Anteils eines persönlich haftenden Gesellschafters einer Kommanditgesellschaft auf Aktien (§ 15 Abs. 1 Satz 1 Nr. 3)“[378].

Als Veräußerungsgewinn wird gemäß § 16 Abs. 2 EStG der Betrag angesehen, „um den der Veräußerungspreis nach Abzug der Veräußerungskosten den Wert des Betriebsvermögens (Absatz 1 Satz 1 Nr. 1) oder den Wert des Anteils am Betriebsvermögen (Absatz 1 Satz 1 Nr. 2 und 3) übersteigt“[379]. Steht der in § 16 Abs. 4 EStG verankerte Freibetrag dem Steuerpflichtigen nicht zu und sieht man von der Einkommensteuerregelung für außerordentliche Einkünfte in § 34 EStG ab, verbleibt Gesellschafter B nach Abzug der „Veräußerungsgewinnsteuer“ von 18 750 Euro

$$(25) \quad S_{VG} = (VP - BW) \cdot s^{ESt}$$

mit S_{VG} = Veräußerungsgewinnsteuer,
VP = Veräußerungspreis,
BW = Buchwert des Betriebsvermögens,

$$S_{VG} = (80\,000 - 5\,000) \cdot 0{,}25 = 18\,750 \text{ €},$$

lediglich ein Endvermögen in Höhe von 61 250 Euro:[380]

$$\textit{Endvermögen Gesellschafter } B = VGP_B - S_{VG} = 80\,000 - 18\,750 = 61\,250 \text{ €}.$$

---

378 § 16 Abs. 1 EStG.

379 § 16 Abs. 2 EStG.

380 Vgl. ebenfalls das Beispiel bei *Siegel*, Der steuerliche Einfluss von stillen Reserven und Firmenwert auf die Unternehmensbewertung und auf die Bemessung von Abfindungen, in: Ballwieser u. a. (Hrsg.), FS Moxter (1994), S. 1483 (S. 1499).

2. Verkäufergrenzpreisberechnung unter Berücksichtigung der Veräußerungsgewinnsteuer von 25 %

Zur Bestimmung des Verkäufergrenzpreises (VGP_B), welcher die Position von B im Vergleich zur Alternative – Verbleib in der OHG und gemeinsame Fortführung des Unternehmens mit A – nicht verschlechtert, ist neben den Ertragserwartungen auch die resultierende Veräußerungsgewinnsteuer nach (25) zu berücksichtigen, da sich „in Höhe der Steuerzahlung die wiederanlegbaren Mittel vermindern“[381]:

$$VGP_B = \frac{E \cdot (1 - s^{ESt})}{i \cdot (1 - s^{ESt})} + (VGP_B - BW) \cdot s^{ESt}$$

$$(26)\quad VGP_B = \frac{\frac{E \cdot (1 - s^{ESt})}{i \cdot (1 - s^{ESt})} - BW \cdot s^{ESt}}{(1 - s^{ESt})}.$$

Damit sich B infolge der Abfindung ökonomisch nicht schlechter stellt, müsste er mindestens 105 000 Euro verlangen:

$$VGP_B = \frac{\frac{8\,000 \cdot (1 - 0{,}25)}{0{,}1 \cdot (1 - 0{,}25)} - 5\,000 \cdot 0{,}25}{(1 - 0{,}25)} = \frac{80\,000 - 1\,250}{0{,}75} = 105\,000\ €.$$

Beweis:

Zur Durchführung eines Vergleichs der Situation vor und nach der Abfindung von B kann das Grenzpreismodell als Gegenüberstellung der Zahlungsströme des Unternehmens und der besten Alternativanlage angewandt werden: „Der Käufer muss nach dem ‚Ertrag‘ (‚Nutzen‘) fragen, den ihm das zu erwerbende Gut X bringen wird, und er wird für X maximal den Preis zu zahlen bereit sein, der für das den gleichen Ertrag stiftende Gut Y gilt.“[382]

Vor seiner Abfindung verfügte Gesellschafter B über einen jährlichen Brutto-Ertragsstrom von 8 000 Euro (gemäß seiner Gewinnbeteiligung von 20 %)

$$Bruttoertrag = Ausschüttung \cdot Gewinnanteil = 40\,000 \cdot 0{,}2 = 8\,000\ €,$$

dessen Wert unter Berücksichtigung der persönlichen Einkommensteuer mit 80 000 Euro angegeben werden kann:

381 *Moxter*, Grundsätze ordnungsmäßiger Unternehmensbewertung (1983), S. 179. Vgl. ebenfalls *Böcking*, Das Verbundberücksichtigungsprinzip als Grundsatz ordnungsmäßiger Unternehmensbewertung, in: Ballwieser u. a. (Hrsg.), FS Moxter (1994), S. 1407 (S. 1431).

382 *Moxter*, Grundsätze ordnungsmäßiger Unternehmensbewertung (1983), S. 9.

$$EW_B = \frac{E \cdot (1 - s^{ESt})}{i \cdot (1 - s^{ESt})} = \frac{8\,000 \cdot (1 - 0{,}25)}{0{,}1 \cdot (1 - 0{,}25)} = 80\,000\ €.$$

Nach seinem Ausscheiden muss B die erhaltene Abfindung (105 000 Euro) nach Abzug des Buchwerts (5 000 Euro) als Gewinn aus Gewerbebetrieb versteuern, und ihm verbleiben nach der Zahlung der Veräußerungsgewinnsteuer von 25 000 Euro

$$S_{VG} = (VGP_B - BW) \cdot s^{ESt} = (105\,000 - 5\,000) \cdot 0{,}25 = 25\,000\ €$$

ebenfalls 80 000 Euro

$$\begin{aligned} \textit{Endvermögen Gesellschafter } B &= VGP_B - S_{VG} = 105\,000 - 25\,000 \\ &= 80\,000\ €, \end{aligned}$$

so dass B keine Vermögenseinbuße erleidet und sich ökonomisch im Vergleich zum Verbleib in der Gesellschaft nicht schlechter stellt.[383] Die alternative Anlage zu 10 % generiert dementsprechend einen jährlichen konsumierbaren Zahlungsstrom in Höhe von 6 000 € (nach Steuern).

3. Kritische Würdigung der Berücksichtigung der Veräußerungsgewinnsteuer im Grenzpreismodell

Der Einbezug der Besteuerung des Veräußerungsgewinns in die Berechnung von Abfindungen ist im Schrifttum umstritten. *Großfeld* lehnt auf der Grundlage des „Gebotes zur Gleichbehandlung“[384] sowie der §§ 738 Abs. 1 Satz 3, 734 BGB die Berücksichtigung subjektiver steuerlicher Faktoren ab.[385] *Wagner* und *Nonnenmacher* sprechen sich hingegen für ihre Erfassung aus, um die „ökonomische Äquivalenz der Positionen vor und nach dem Ausscheiden“[386] zu verwirklichen.

---

383 Vgl. *Böcking*, Das Verbundberücksichtigungsprinzip als Grundsatz ordnungsmäßiger Unternehmensbewertung, in: Ballwieser u. a. (Hrsg.), FS Moxter (1994), S. 1407 (S. 1432).

384 *Großfeld*, Unternehmens- und Anteilsbewertung im Gesellschaftsrecht (2002), S. 31: „Anteile mit der gleichen rechtlichen Ausstattung haben … im Verhältnis der Gesellschafter zueinander gleichen Wert (parteienbezogener Wert), grundsätzlich unabhängig von der Lage der Gesellschafter.“

385 Vgl. *Großfeld*, Unternehmens- und Anteilsbewertung im Gesellschaftsrecht (2002), S. 30–31. *Böcking*, Das Verbundberücksichtigungsprinzip als Grundsatz ordnungsmäßiger Unternehmensbewertung, in: Ballwieser u. a. (Hrsg.), FS Moxter (1994), S. 1407 (S. 1432–1433): „Bei der Unternehmensbewertung im Rechtssinne lässt das so genannte BGB-Modell (§§ 734 und 738 BGB) die Erstattung der Veräußerungsgewinnsteuer grundsätzlich nicht zu.“

386 *Wagner/Nonnenmacher*, Die Abfindung bei der Ausschließung aus einer Personengesellschaft – Besprechung der Entscheidung des BGH vom 12. 2. 1979, ZGR 1981, S. 674 (S. 681).

Im Rahmen der Theorie des Grenzpreismodells bestimmen sich der Käufer- bzw. Verkäufergrenzpreis nach „dem [individuellen] Nutzen, der aus dem zu bewertenden Unternehmen fließt, und dem Preis, der anzulegen wäre, um einen entsprechenden Nutzen alternativ zu beschaffen“[387]. Vor diesem Hintergrund und der Entscheidung zwischen den „sich gegenseitig ausschließenden Alternativen“[388] Verkauf des Unternehmensanteils respektive Unternehmensfortführung erhöht sich der Grenzpreis des Verkäufers um die Veräußerungsgewinnsteuer

$$(26)\quad VGP_B = \frac{\dfrac{E \cdot (1 - s^{ESt})}{i \cdot (1 - s^{ESt})} - BW \cdot s^{ESt}}{(1 - s^{ESt})},$$

da die wiederanlegbaren Mittel in Höhe der Steuerzahlung vermindert werden.[389]

Fraglich ist jedoch, ob die „rein betriebswirtschaftliche Betrachtungsweise … nicht die Interessen … des verbleibenden Gesellschafters A [vernachlässigt] und in diesem Sinne nicht ‚objektiv‘ [ist]“[390]; denn der das Unternehmen fortführende Gesellschafter hat als Käufer des Anteils des Abzufindenden ebenfalls den Anspruch auf ökonomische Äquivalenz seiner Position.

Situation des A vor der Abfindung:

Vor der Abfindung von B verfügt Gesellschafter A über einen jährlichen Brutto-Zahlungsstrom in Höhe von 32 000 Euro (gemäß seiner Gewinnbeteiligung von 80 %), und unter Berücksichtigung der persönlichen Einkommensteuer berechnet sich ein Ertragswert von 320 000 Euro:

$$EW_A = \frac{E \cdot (1 - s^{ESt})}{i \cdot (1 - s^{ESt})} = \frac{32\,000 \cdot (1 - 0{,}25)}{0{,}1 \cdot (1 - 0{,}25)} = 320\,000\ €.$$

Situation des A nach der Abfindung:

Erfolgt die Abfindung von B zu 105 000 Euro, so berechnet sich das Endvermögen des A, der vor der Abfindung über ein Vermögen von 320 000 Euro verfügte, wie folgt: Nach dem Ausscheiden von B steht A der gesamte Ertragswert des Unternehmens in Höhe von 400 000 Euro zu. Da er an B eine Abfindung in Höhe von 105 000 Euro zu zahlen hat, verbleiben ihm 295 000 Euro:

---

387 *Moxter*, Grundsätze ordnungsmäßiger Unternehmensbewertung (1983), S. 10.

388 *Wagner/Rümmele*, Ertragsteuern in der Unternehmensbewertung: Zum Einfluss von Steuerrechtsänderungen, WPg 1995, S. 433 (S. 438).

389 Vgl. *Wagner/Rümmele*, Ertragsteuern in der Unternehmensbewertung: Zum Einfluss von Steuerrechtsänderungen, WPg 1995, S. 433 (S. 438); *Wangler*, Steuerorientierte Gestaltung von Abfindungsklauseln – Ein kollektives Planungsproblem, DB 1994, S. 1432 (S. 1434).

390 *Böcking*, Das Verbundberücksichtigungsprinzip als Grundsatz ordnungsmäßiger Unternehmensbewertung, in: Ballwieser u. a. (Hrsg.), FS Moxter (1994), S. 1407 (S. 1433).

$$Zwischenvermögen = Endvermögen - Abfindung = 400\,000 - 105\,000$$
$$= 295\,000\ €.$$

Des Weiteren muss A einen eventuell derivativ erworbenen Geschäfts- oder Firmenwert aktivieren und gemäß § 7 Abs. 1 Satz 3 EStG über 15 Jahre linear abschreiben. Die Aktivierung führt zu folgender Eröffnungsbilanz:

Tabelle 53: Eröffnungsbilanz I des A mit derivativ erworbenem GFW

Aktiva	**Eröffnungsbilanz des A (in €)**		**Passiva**
Anlagevermögen Geschäfts- oder Firmenwert	30 000 100 000	Eigenkapital	130 000
	130 000		130 000

Die lineare Abschreibung des Geschäfts- oder Firmenwerts über 15 Jahre (§ 7 Abs. 1 Satz 3 EStG) ergibt folgende jährliche Abschreibungsrate

$$AfA_t = \frac{GFW}{15} = \frac{100\,000}{15} = 6\,666{,}67\ € \quad \text{für } t = 1, \ldots, 15,$$

so dass als Folge dieser jährlichen Abschreibung (AfA_t) von 6 666,67 Euro die Steuerbemessungsgrundlage reduziert wird und sich die jährlichen Steuerzahlungen um 1 666,67 Euro vermindern:

$$Steuerersparnis_t = AfA_t \cdot s^{ESt} = 6\,666{,}67 \cdot 0{,}25 = 1\,666{,}67 \text{ für } t = 1, \ldots, 15.$$

Die Unternehmenswerterhöhung infolge der Abschreibung des Geschäfts- oder Firmenwerts im Zeitpunkt der Abfindung des ausscheidenden Gesellschafters $t = 0$ berechnet sich als Barwert (PV; Present Value) der periodischen Steuerersparnisse mithilfe des Rentenbarwertfaktors (Rbf) gemäß (27)[391]

$$PV(Steuerersparnisse)_0 = \frac{Steuerersparnis_1}{(1 + i \cdot (1 - s^{ESt}))} + \frac{Steuerersparnis_2}{(1 + i \cdot (1 - s^{ESt}))^2}$$
$$+ \ldots + \frac{Steuerersparnis_{15}}{(1 + i \cdot (1 - s^{ESt}))^{15}}$$

$$(27) \quad PV(Steuerersparnisse)_0 = Steuerersparnis_t \cdot Rbf_{T=15}$$

391 Vgl. *Siegel*, Der steuerliche Einfluss von stillen Reserven und Firmenwert auf die Unternehmensbewertung und auf die Bemessung von Abfindungen, in: Ballwieser u. a. (Hrsg.), FS Moxter (1994), S. 1483 (S. 1492). Vgl. zum Rentenbarwertfaktor Fall 1.

mit $$Rbf_{T=15} = \frac{\left(1 + i \cdot \left(1 - s^{ESt}\right)\right)^{15} - 1}{\left(1 + i \cdot \left(1 - s^{ESt}\right)\right)^{15} \cdot i \cdot \left(1 - s^{ESt}\right)}$$

und beträgt 14 711,90 Euro:

$$PV(Steuerersparnisse)_0 = Steuerersparnis_t \cdot \frac{\left(1 + i \cdot \left(1 - s^{ESt}\right)\right)^{15} - 1}{\left(1 + i \cdot \left(1 - s^{ESt}\right)\right)^{15} \cdot i \cdot \left(1 - s^{ESt}\right)}$$

$$= 1\,666{,}67 \cdot \frac{(1 + 0{,}1 \cdot (1 - 0{,}25))^{15} - 1}{(1 + 0{,}1 \cdot (1 - 0{,}25))^{15} \cdot 0{,}1 \cdot (1 - 0{,}25)}$$

$$= 1\,666{,}67 \cdot 8{,}8271197$$

$$= 14\,711{,}90\ €.$$

Das Endvermögen von Gesellschafter A ergibt sich unter Berücksichtigung des Steuervorteils der Geschäfts- oder Firmenwertabschreibung durch Saldierung der drei Vermögensveränderungen mit 309 711,90 Euro:

$$Endvermögen\ Gesellschafter\ A = 400\,000 - 105\,000 + 14\,711{,}90$$

$$= 309\,711{,}90\ €.$$

Im Vergleich zur Situation vor der Abfindung ist das Vermögen um 10 288,10 Euro gesunken.[392] A erleidet trotz der Möglichkeit, Steuervorteile zu realisieren, einen Vermögensverlust, so dass davon auszugehen ist, dass er der Abfindung des Gesellschafters B in Höhe von 105 000 Euro nicht zustimmt.

III. Fazit

Anhand der Fallgestaltungen ist erkennbar, dass trotz der Möglichkeit der Realisierung von Steuerersparnissen aus der Aktivierung und Abschreibung eines durch die Abfindung von B entstehenden Geschäfts- oder Firmenwerts nicht von vornherein feststeht, ob der verbleibende Gesellschafter seine Vermögensposition halten respektive verbessern kann. Ob sich ein Vermögensvorteil ergibt und ein Einigungsspielraum zustande kommt, ist beispielsweise von den individuellen Steuersätzen oder den zu Grunde liegenden Kalkulationszinssätzen abhängig.[393] Ein weiteres, in der bisherigen Darstellung vernachlässigtes Problem zeigt *Moxter* auf, nach dem die Formel (26) zur Berechnung des Verkäufergrenzpreises inklusive

392 Vgl. ebenfalls *Wangler*, Steuerorientierte Gestaltung von Abfindungsklauseln – Ein kollektives Planungsproblem, DB 1994, S. 1432 (S. 1434).

393 Vgl. *Wangler*, Abfindungsregelungen in Gesellschaftsverträgen (2003), S. 143.

Veräußerungsgewinnsteuer „nur unter der Bedingung [gilt], dass der potentielle Veräußerer die Veräußerung auch künftig vermeiden will …; nur wenn die Veräußerung niemals erfolgt, ist die Veräußerungsgewinnsteuer vermeidbar". Sind der Verkauf des Unternehmensanteils und die Steuerzahlung zukünftig nicht auszuschließen, „so stellt sich diese Steuerlast als Minderung der Unternehmenserträge dar. Die Alternative des potentiellen Verkäufers lautet dann, ob er gegenwärtig oder ob er (erst) künftig veräußern soll"[394], um eventuelle Zinsvorteile zu erlangen. Eine derartige „Motivforschung" stellt sich im Rahmen einer Unternehmensbewertung als äußerst problematisch dar. Sie ist für den jeweiligen Einzelfall zu prüfen.[395]

Weiterführende Literatur

Böcking, Hans-Joachim,	Das Verbundberücksichtigungsprinzip als Grundsatz ordnungsmäßiger Unternehmensbewertung, in: Wolfgang Ballwieser u. a. (Hrsg.), Bilanzrecht und Kapitalmarkt, Festschrift für Adolf Moxter, Düsseldorf, 1994, S. 1407–1434
Hommel, Michael/ Dehmel, Inga,	Tax Amortization Benefit und Fair Value – Traumwelten auf der Spur, in: Heinz Königsmaier/Klaus Rabel (Hrsg.), Unternehmensbewertung: Theoretische Grundlagen – Praktische Anwendung, Festschrift für Gerwald Mandl, Wien, 2010, S. 281–302
Siegel, Theodor,	Der steuerliche Einfluss von stillen Reserven und Firmenwert auf die Unternehmensbewertung und auf die Bemessung von Abfindungen, in: Wolfgang Ballwieser u. a. (Hrsg.), Bilanzrecht und Kapitalmarkt, Festschrift für Adolf Moxter, Düsseldorf 1994, S. 1483–1502
Wagner, Franz W./ Nonnenmacher, Rolf,	Die Abfindung bei der Ausschließung aus einer Personengesellschaft – Besprechung der Entscheidung des BGH vom 12. 2. 1979, ZGR, 10. Jg. (1981), S. 674–683

394 *Moxter*, Grundsätze ordnungsmäßiger Unternehmensbewertung (1983), S. 180 (beide Zitate). Vgl. ebenfalls *Siegel*, Der steuerliche Einfluss von stillen Reserven und Firmenwert auf die Unternehmensbewertung und auf die Bemessung von Abfindungen, in: Ballwieser u. a. (Hrsg.), FS Moxter (1994), S. 1483 (S. 1500).

395 Vgl. *Moxter*, Grundsätze ordnungsmäßiger Unternehmensbewertung (1983), S. 180 und S. 184; *Siegel*, Der steuerliche Einfluss von stillen Reserven und Firmenwert auf die Unternehmensbewertung und auf die Bemessung von Abfindungen, in: Ballwieser u. a. (Hrsg.), FS Moxter (1994), S. 1483 (S. 1500).

6. Kapitel:

Ertragswertverfahren – Kaufkraftäquivalenzprinzip

Fall 15: Inflation versus Kaufkraft

Sachverhalt:

Die Teuerung GmbH hat für den Detailplanungszeitraum $t = 1, \ldots, 10$ und in einer Welt ohne Inflation die folgende Ertragsprognose aufgestellt:

Tabelle 54: Ertragsprognose in einer Welt ohne Inflation

(in €)	t_0	t_1	t_2	t_3	t_4	…	t_{10}
Einnahmen	100	100	100	100	100		100
Ausgaben	80	80	80	80	80		80
Ausschüttung	20	20	20	20	20		20

Aufgabenstellung:

- Welchen Einfluss hat die Inflation auf die *Kaufkraft* der Ausschüttungen eines Unternehmens? Verwenden Sie für Ihre Erläuterungen die Detailplanung der Teuerung GmbH!
- Erläutern Sie unter Verwendung des Beispiels
  - inflationsproportionales Wachstum,
  - reales Wachstum und
  - Kaufkraftabnahme
    - bei entnahmeneutraler Überwälzung bzw.
    - bei sinkenden entziehbaren Überschüssen,

  wenn die *Inflationsrate* 3 % beträgt!
- Wie unterscheidet sich hierbei die *Real-* von der Nominal*rechnung* in einer Welt ohne Steuern und bei sicheren Erwartungen?
- Die Teuerung GmbH erzielte in den letzten fünf Jahren vor dem Detailplanungszeitraum einen jährlichen Gewinn von konstant 20 Euro. In jedem Jahr wurden 50 % des Gewinns ausgeschüttet, der verbleibende Betrag *thesauriert*. Der Geschäftsführer bezeichnet die Ertragslage des Unternehmens als gleich bleibend gut. Nehmen Sie dazu Stellung!

I. Preissteigerungen und Kaufkraft

1. Erläuterung

Im Rahmen des Ertragswertverfahrens wird der Unternehmenswert als Barwert der künftig aus dem Unternehmen erwarteten Ausschüttungen errechnet.[396] Unter dem Einfluss künftiger Inflationserwartungen muss der Bewerter „zwischen ‚nominalen' (inflationär aufgeblähten) und ‚realen' (kaufkraftbereinigten)"[397] Erträgen differenzieren. Dabei versteht man unter Inflation „eine andauernde Preisniveausteigerung, … gleichbedeutend mit einem fortwährenden Sinken der Kaufkraft des Geldes"[398]. Für die Unternehmensbewertung sind allein die zukünftig realisierbaren Konsummöglichkeiten relevant, die durch das Unternehmen ermöglicht werden. Dabei spielt es keine Rolle, wie viele Ausschüttungen ein Unternehmen nominal ermöglicht. Wichtig sind allein die von den Ausschüttungen „verkörperte Kaufkraft"[399] sowie die Kaufkraft der Erträge aus der besten Alternative. Künftige Geldwertänderungen beeinflussen jedoch sowohl die Kaufkraft der Unternehmens- als auch die der Alternativerträge.[400]

2. Anwendung auf den Fall: Kaufkraftentwicklung der Teuerung GmbH

Angenommen, in einer Welt ohne Inflation erwarte die Teuerung GmbH folgende Einnahmen und Ausgaben, so bliebe die Kaufkraft in Bezug auf den Bewertungszeitpunkt $t = 0$ konstant bei 20 Euro.

Tabelle 55: Konstante Kaufkraft in einer Welt ohne Inflation

(in €)	**t_0**	**t_1**	**t_2**	**t_3**	**t_4**	…	**t_{10}**
Einnahmen	100	100	100	100	100		100
Ausgaben	80	80	80	80	80		80
Ausschüttung	20	20	20	20	20		20
Kaufkraft	**20**	**20**	**20**	**20**	**20**		**20**

396 Vgl. *Mandl/Rabel*, Unternehmensbewertung (1997), S. 31.
397 *Moxter*, Grundsätze ordnungsmäßiger Unternehmensbewertung (1983), S. 185.
398 *Aders*, Unternehmensbewertung bei Preisinstabilität und Inflation (1998), S. 9.
399 *Moxter*, Grundsätze ordnungsmäßiger Unternehmensbewertung (1983), S. 185.
400 Vgl. *Mandl/Rabel*, Unternehmensbewertung (1997), S. 190.

Beträgt die Inflationsrate *g* pro Periode 3 % und wird diese nicht in der Ertragsplanung berücksichtigt, so kommt es zu einer Abnahme der periodenindividuellen Kaufkraft:

Tabelle 56: Kaufkraftabnahme in einer Welt mit Inflation

(in €) $g = 3\ \%$	t_0	t_1	t_2	t_3	t_4	...	t_{10}
Einnahmen	100,00	100,00	100,00	100,00	100,00		100,00
Ausgaben	80,00	80,00	80,00	80,00	80,00		80,00
Ausschüttung	20,00	20,00	20,00	20,00	20,00		20,00
Kaufkraft	**20,00**	**19,42**	**18,85**	**18,30**	**17,77**		**14,88**
		$20 \cdot (1{,}03)^{-1}$	$20 \cdot (1{,}03)^{-2}$	$20 \cdot (1{,}03)^{-3}$	$20 \cdot (1{,}03)^{-4}$		$20 \cdot (1{,}03)^{-10}$

Bei einer nominalen Alternativrendite von beispielsweise 13,3 % beträgt der Barwert der nominalen Ausschüttungen bis zum Planungshorizont 107,24 Euro:

$$PV_0^{g=3\,\%} = \sum_{t=1}^{10} \frac{E_t}{(1+i)^t} = \frac{20}{(1+0{,}133)} + \frac{20}{(1+0{,}133)^2} + \frac{20}{(1+0{,}133)^3}$$

$$+ \frac{20}{(1+0{,}133)^4} + \ldots + \frac{20}{(1+0{,}133)^{10}} = 107{,}24\ €.$$

„Preissteigerungen berühren [jedoch] nicht nur die Kaufkraft nominal entziehbarer Überschüsse. Sie beeinflussen auch die entziehbaren Überschüsse selbst“[401], da Preisänderungen sowohl bei den Beschaffungspreisen der einzusetzenden Faktoren als auch bei den Absatzpreisen eines Unternehmens auftreten können. Die aus der Geldentwertung entstehenden Chancen und Risiken sind dementsprechend bei der Prognose der zukünftig entziehbaren Unternehmensüberschüsse zumindest so zu berücksichtigen, dass Preisveränderungen bezüglich der wesentlichen Erfolgselemente kalkuliert und im Rahmen des Detailplanungszeitraums differenziert in die Ertragsprognose einbezogen werden.[402] So wird das Unternehmensmanagement versuchen, Preisveränderungen auf der Beschaffungsseite auf die Kunden zu überwälzen. Zugleich muss der Bewerter berücksichtigen, dass die Unternehmenslei-

401 *Drukarczyk*, Unternehmensbewertung (2003), S. 502.

402 Vgl. *Matschke*, Geldentwertung und Unternehmensbewertung, WPg 1986, S. 549 (S. 551). Vgl. ebenfalls *Schildbach*, Die Berücksichtigung der Geldentwertung bei der Unternehmensbewertung, in: Goetzke/Sieben (Hrsg.), Moderne Unternehmensbewertung und Grundsätze ihrer ordnungsmäßigen Durchführung, Bericht von der 1. Kölner BFuP-Tagung am 18. und 19. 11. 1976 (1977), S. 225 (S. 227).

tung auf unterschiedliche Veränderungen in den Preisrelationen mit Rationalisierungen oder Anpassungen des Beschaffungs- oder Absatzprogramms reagieren kann, indem beispielsweise „relativ teurer gewordene Faktoren durch relativ billiger gewordene Faktoren oder Produkte mit relativ geringerem Preiserhöhungsspielraum durch Produkte mit relativ größerem Preiserhöhungsspielraum“[403] ersetzt werden.

II. Inflationsauswirkungen

1. Inflationsproportionales Wachstum ($w = g$)

a) Erläuterung

In Abhängigkeit davon, bis zu welchem Grad das Unternehmen Inflationsauswirkungen auf die Kunden überwälzen kann, unterscheidet man zwischen inflationsproportionalem Wachstum, realem Wachstum und einer Kaufkraftabnahme:[404]

Inflationsproportionales Wachstum bedeutet, dass die Preissteigerungen auf der Beschaffungsseite des zu bewertenden Unternehmens so auf die Unternehmenskunden überwälzt werden können, dass sich die künftig entziehbaren Ausschüttungen entsprechend der Geldentwertungsrate verändern ($w = g$).[405] Die Kaufkraft der Unternehmenserträge, die durch Diskontierung der ausschüttbaren Beträge mit der Preissteigerungsrate berechnet wird, bleibt bezogen auf den Bewertungsstichtag $t = 0$ konstant.[406]

b) Anwendung auf den Fall: Kaufkraftentwicklung der Teuerung GmbH bei inflationsproportionalem Wachstum

Für die Teuerung GmbH folgt somit die Konstanz der Kaufkraft in Höhe von 20 Euro, und „die Eigentümer … [erhalten] einen der Kaufkraft im Zeitpunkt 0 äquivalenten Einkommensstrom“[407]:

---

403 *Matschke*, Geldentwertung und Unternehmensbewertung, WPg 1986, S. 549 (S. 551). Vgl. ebenfalls *Siepe*, Die Bemessung des Kapitalisierungszinsfußes bei der Unternehmensbewertung in Zeiten fortschreitender Geldentwertung (I), DB 1984, S. 1689 (S. 1690).

404 Vgl. *Drukarczyk*, Unternehmensbewertung (2003), S. 502–504; *Mandl/Rabel*, Unternehmensbewertung (1997), S. 191.

405 Vgl. *Drukarczyk*, Unternehmensbewertung (2003), S. 502.

406 Vgl. *Matschke*, Geldentwertung und Unternehmensbewertung, WPg 1986, S. 549 (S. 550).

407 *Drukarczyk*, Unternehmensbewertung (2003), S. 503.

Tabelle 57: Inflationsproportionales Wachstum

(in €) $w = g = 3\ \%$	t_0	t_1	t_2	t_3	t_4	...	t_{10}
Einnahmen 3 %	100,00	103,00	106,09	109,27	112,55		134,39
Ausgaben 3 %	80,00	82,40	84,87	87,42	90,04		107,51
Ausschüttung	20,00	20,60	21,22	21,85	22,51		26,88
Kaufkraft	**20,00**	**20,00**	**20,00**	**20,00**	**20,00**		**20,00**

Bei einer nominalen Alternativrendite von 13,3 % beträgt der Barwert der Ausschüttungen bis zum Planungshorizont 122,89 Euro. Er ist somit größer als im Fall der Nichtberücksichtigung von Inflationserwartungen in der Ertragsprognose (107,24 Euro):

$$PV_0^{w=g=3\,\%} = \sum_{t=1}^{10} \frac{E_t}{(1+i)^t} = \frac{20{,}6}{(1+0{,}133)} + \frac{21{,}22}{(1+0{,}133)^2} + \frac{21{,}85}{(1+0{,}133)^3} + \frac{22{,}51}{(1+0{,}133)^4} + \ldots + \frac{26{,}88}{(1+0{,}133)^{10}} = 122{,}89\ €.$$

2. Reales Wachstum

a) Erläuterung

Die erlösseitigen Steigerungen der Preise liegen höher als die Inflationsrate, so dass ein Unternehmenswachstum erzielt werden kann, das über die inflationsbedingte Preissteigerung hinausgeht.[408] Es kommt zu einer Steigerung der Kaufkraft im Zeitablauf.[409] Mengenänderungen können sich beispielsweise durch Ersparnisse beim Bezug von Produktionsfaktoren auf dem Beschaffungsmarkt oder durch Steigerungen des Unternehmensumsatzes auf dem Absatzmarkt ergeben. Über inflationsbedingte Preisveränderungen hinaus können weitere Preissteigerungen auf Grund neuer, technisch verbesserter Produkte sowie bei sehr hoher, das Angebot übersteigender Nachfrage nach einzelnen Gütern durchgesetzt werden.[410]

---

408 Vgl. *Baetge/Niemeyer/Kümmel*, Darstellung der Discounted-Cashflow-Verfahren (DCF-Verfahren) mit Beispiel, in: Peemöller (Hrsg.), Praxishandbuch der Unternehmensbewertung (2009), S. 432.

409 Vgl. *Mandl/Rabel*, Unternehmensbewertung (1997), S. 191.

410 Vgl. *Baetge/Niemeyer/Kümmel*, Darstellung der Discounted-Cashflow-Verfahren (DCF-Verfahren) mit Beispiel, in: Peemöller (Hrsg.), Praxishandbuch der Unternehmensbewertung (2009), S. 432.

b) Anwendung auf den Fall: Kaufkraftentwicklung der Teuerung GmbH bei realem Wachstum

So könnte es in Bezug auf die Teuerung GmbH dem Management gelingen, eine über der Inflationsrate liegende Wachstumsrate der Einnahmen von 8 % zu realisieren, so dass sich die entziehbaren Erträge wie folgt entwickeln:

Tabelle 58: Reales Wachstum

(in €) $g = 3\ \%$		t_0	t_1	t_2	t_3	t_4	t_5
Einnahmen	**8 %**	100,00	108,00	116,64	125,97	136,05	146,93
Ausgaben	**3 %**	80,00	82,40	84,87	87,42	90,04	92,74
Ausschüttung		20,00	25,60	31,77	38,55	46,01	54,19
Kaufkraft		**20,00**	**24,85**	**29,95**	**35,28**	**40,88**	**46,75**
			t_6	t_7	t_8	t_9	t_{10}
Einnahmen	**8 %**		158,69	171,38	185,09	199,90	215,89
Ausgaben	**3 %**		95,52	98,39	101,34	104,38	107,51
Ausschüttung			63,17	72,99	83,75	95,52	108,38
Kaufkraft			**52,90**	**59,35**	**66,11**	**73,21**	**80,64**

Beträgt die nominale Alternativrendite wiederum 13,3 %, so berechnet sich der Barwert der Ausschüttungen bis zum Planungshorizont mit 284,09 Euro:

$$PV_0 = \sum_{t=1}^{10} \frac{E_t}{(1+i)^t} = \frac{25{,}6}{(1+0{,}133)} + \frac{31{,}77}{(1+0{,}133)^2} + \frac{38{,}55}{(1+0{,}133)^3}$$

$$+ \frac{46{,}01}{(1+0{,}133)^4} + \frac{54{,}19}{(1+0{,}133)^5} + \frac{63{,}17}{(1+0{,}133)^6} + \frac{72{,}99}{(1+0{,}133)^7}$$

$$+ \frac{83{,}75}{(1+0{,}133)^8} + \frac{95{,}52}{(1+0{,}133)^9} + \frac{108{,}38}{(1+0{,}133)^{10}}$$

$$= 284{,}09\ €.$$

3. Kaufkraftabnahme

a) Entnahmeneutrale Überwälzung

aa) Erläuterung

Ein Verlust an Kaufkraft tritt ein, wenn „die Unternehmenserträge in einem unter der Inflationsrate liegenden Ausmaß wachsen“[411]. In Abhängigkeit vom Ausmaß der unvollständigen Inflationsüberwälzung kann zusätzlich differenziert werden zwischen dem Fall der entnahmeneutralen Überwälzbarkeit und dem Fall sinkender entziehbarer Überschüsse.

Bei der entnahmeneutralen Überwälzung wird eine konstante Ausschüttung erzielt, indem das Unternehmen „Preissteigerungen an die Abnehmer seiner Produkte (Dienstleistungen) so weitergeben [kann], dass die nominalen Nettoeinzahlungen auf dem Niveau verharren, das sie in einer Welt ohne Preissteigerungsraten hätten“[412].

bb) Anwendung auf den Fall: Kaufkraftentwicklung der Teuerung GmbH bei entnahmeneutraler Überwälzung

Sie führt jedoch im Zeitablauf zu einer Kaufkraftabnahme. Bei einer Inflationsrate von 3 % pro Periode, die der Preissteigerungsrate der Beschaffungsseite entspricht, müssen die Einnahmen um ca. 2,4 % pro Periode steigen, um die nominalen Ausschüttungen einer Welt ohne Inflation zu erreichen:[413]

Tabelle 59: Entnahmeneutrale Überwälzung

(in €) ***w* = 0 %** ***g* = 3 %**	t_0	t_1	t_2	t_3	t_4	...	t_{10}
Einnahmen ca. 2,4 %	100,00	102,40	104,87	107,42	110,04		127,51
Ausgaben 3 %	80,00	82,40	84,87	87,42	90,04		107,51
Ausschüttung	20,00	20,00	20,00	20,00	20,00		20,00
Kaufkraft	**20,00**	**19,42**	**18,85**	**18,30**	**17,77**		**14,88**

411 *Mandl/Rabel*, Unternehmensbewertung (1997), S. 191.
412 *Drukarczyk*, Unternehmensbewertung (2003), S. 503.
413 Vgl. ebenfalls das Beispiel von *Drukarczyk*, Unternehmensbewertung (2003), S. 503–504.

Der Barwert des Detailprognosezeitraums beträgt 107,24 Euro:

$$PV_0^{w=0\,\%} = \sum_{t=1}^{10} \frac{E_t}{(1+i)^t} = \frac{20}{(1+0{,}133)} + \frac{20}{(1+0{,}133)^2} + \frac{20}{(1+0{,}133)^3}$$

$$+ \frac{20}{(1+0{,}133)^4} + \ldots + \frac{20}{(1+0{,}133)^{10}} = 107{,}24\ €.$$

b) Sinkende entziehbare Überschüsse

aa) Erläuterung

Verfügt das Unternehmen über keine respektive nur geringe Möglichkeiten zur Inflationsüberwälzung, so sinken die nominal entziehbaren Ertragsüberschüsse.

bb) Anwendung auf den Fall: Kaufkraftentwicklung der Teuerung GmbH bei sinkenden entziehbaren Überschüssen

Erfolgt die Prognose der Höhe der zukünftig erwarteten Einnahmen beispielsweise wie in Tabelle 60 angegeben und beträgt die Preissteigerungsrate auf der Ausgabenseite 3 %, so ergibt sich ein negatives Wachstum der Erträge von 6 %, und die Ausschüttungen sinken:

Tabelle 60: Sinkende entziehbare Überschüsse

(in €) $w = -6\,\%$ $g = 3\,\%$	t_0	t_1	t_2	t_3	t_4	t_5
Einnahmen	100,00	101,20	102,54	104,03	105,65	107,42
Ausgaben 3 %	80,00	82,40	84,87	87,42	90,04	92,74
Ausschüttung	20,00	18,80	17,67	16,61	15,61	14,68
Kaufkraft	**20,00**	**18,25**	**16,66**	**15,20**	**13,87**	**12,66**
		t_6	t_7	t_8	t_9	t_{10}
Einnahmen		109,32	111,36	113,53	115,84	118,28
Ausgaben 3 %		95,52	98,39	101,34	104,38	107,51
Ausschüttung		13,80	12,97	12,19	11,46	10,77
Kaufkraft		**11,56**	**10,55**	**9,62**	**8,78**	**8,02**

Der Barwert des Detailprognosezeitraums sinkt dementsprechend auf 82,35 Euro:

$$PV_0^{w=-6\,\%} = \sum_{t=1}^{10} \frac{E_t}{(1+i)^t} = \frac{18{,}8}{(1+0{,}133)} + \frac{17{,}67}{(1+0{,}133)^2} + \frac{16{,}61}{(1+0{,}133)^3}$$

$$+ \frac{15{,}61}{(1+0{,}133)^4} + \ldots + \frac{10{,}77}{(1+0{,}133)^{10}} = 82{,}35\ €.$$

Die Berechnung der Barwerte für die differierenden Fallgestaltungen zeigt, dass der durch das Unternehmen realisierbare Grad der Überwälzbarkeit wesentlich für die Höhe des Unternehmenswerts ist;[414] denn in Abhängigkeit vom erzielbaren Wachstum der Ausschüttungen schwankt der Barwert des Detailplanungszeitraums zwischen 82,35 Euro und 284,09 Euro.

III. Unternehmensbewertung bei Inflation – Kaufkraftäquivalenzprinzip

1. Erläuterung

a) Realer Zinssatz

Angenommen, der risikolose nominale Zinssatz, den ein Investor für eine Geldanlage von einem Jahr erhält, betrage $i = 10\ \%$. Tätigt der Investor zum Zeitpunkt $t = 0$ eine Mittelanlage in Höhe von 100 Euro, so erhält er 110 Euro im Zeitpunkt $t = 1$ zurück. Unter der Annahme, dass die Preise aller Konsumgüter in diesem Zeitraum um 3 % gestiegen sind, verkörpern die erhaltenen 110 Euro jedoch keinen Kaufkraftanstieg von 10 %, sondern sie repräsentieren lediglich eine Kaufkraft in Höhe von 110/1,03 = 106,80 Euro. „In Geldeinheiten des Zeitpunkts 0 ausgedrückt (‚realen Geldeinheiten') ist nur ein Kaufkraftanstieg von … [100 Euro auf 106,80 Euro] gegeben"[415]. Eine reale Verzinsung von $i_r = 6{,}8\ \%$ wurde verwirklicht. Der Zusammenhang zwischen nominalem und realem Zinssatz wird im so genannten „Fisher-Effekt"[416] ausgedrückt, der besagt, dass „die Kapitalgeber … im Allgemeinen ihre Renditeforderungen in dem Maße erhöhen, in dem sie mit

414 Vgl. *Drukarczyk*, Unternehmensbewertung (2003), S. 506.

415 *Moxter*, Grundsätze ordnungsmäßiger Unternehmensbewertung (1983), S. 189. Dazu *Drukarczyk*, Unternehmensbewertung (2003), S. 501: Der „im Zeitpunkt 1 mögliche Mehrkonsum (im Vergleich zum Konsumpotenzial im Zeitpunkt 0) [beträgt] offenbar nicht 10 %, sondern weniger".

416 Nach *Fisher*, The Theory of Interest (1930), S. 36–44.

Preissteigerungen rechnen, um einen Ausgleich für die Geldentwertung zu erhalten“[417]. Es gilt:

$$(1)\quad i_r = \frac{1+i}{1+g} - 1,$$

mit g als Inflationsrate, bzw.

$$(2)\quad i_r = \frac{i-g}{1+g}.$$

Vereinfacht wird in der Praxis auch mit der Näherung

$$(3)\quad i_r = i - g$$

gerechnet.[418]

b) Nominalrechnung

Um die Vergleichbarkeit der Alternativerträge mit den Unternehmenserträgen zu gewährleisten, ist der Grundsatz der *Kaufkraftäquivalenz* („Homogenitätsprinzip“[419]) zu beachten. Er besagt bezüglich der Inflationsberücksichtigung, dass „die Erträge aus dem Unternehmen und aus der Vergleichsalternative entweder beide in … Nominalwerten der jeweiligen Perioden, in denen sie anfallen, oder in … Realwerten im Sinne von solchen Werten, die im Hinblick auf eine bestimmte Periode kaufkraftkonstant sind, ausgedrückt werden müssen“[420]. Dementsprechend kann die Berücksichtigung der Auswirkungen der Geldentwertung im Bewertungskalkül entweder mittels einer *Nominal-* oder einer *Realrechnung* erfolgen.[421]

---

417 *Süchting*, Finanzmanagement (1995), S. 437. Vertiefend *Aders*, Unternehmensbewertung bei Preisinstabilität und Inflation (1998), S. 11: Die Anleger „werden … nur bereit sein, am Kapitalmarkt in Nominalwerte (z. B. festverzinsliche Wertpapiere) zu investieren, wenn sie über einen höheren Zins eine angemessene Inflationsentschädigung bekommen und so durch die erwarteten Preissteigerungen keine Realwertverluste in den nominellen Vermögenstiteln erleiden“. Vgl. *Fisher*, The Theory of Interest (1930), S. 36–44. Vgl. ebenfalls *Schneider*, Investition, Finanzierung und Besteuerung (1992), S. 390–393; *Sieben*, Zur Problematik einer auf Bilanzgewinnen basierenden Unternehmensbewertung in Zeiten der Geldentwertung, in: Baetge u. a. (Hrsg.), FS Leffson (1976), S. 255 (S. 265).

418 Vgl. *Ballwieser*, Die Wahl des Kalkulationszinsfußes bei der Unternehmensbewertung unter Berücksichtigung von Risiko und Geldentwertung, BFuP 1981, S. 97 (S. 106–108).

419 *Moxter*, Grundsätze ordnungsmäßiger Unternehmensbewertung (1983), S. 192.

420 *Ballwieser/Leuthier*, Grundprinzipien, Verfahren und Probleme der Unternehmensbewertung (Teil II), DStR 1986, S. 604 (S. 608).

421 Vgl. *Drukarczyk*, Unternehmensbewertung (2003), S. 501; *Mandl/Rabel*, Unternehmensbewertung (1997), S. 192.

Für den Fall einer ewigen Rente mit konstanter nominaler Wachstumsrate w, so dass

(4) $E_t = E_{t-1} \cdot (1 + w)$

gilt, kann die Berechnung des Ertragswerts ähnlich dem Fall der ewigen Rente mit gleich bleibenden Erträgen vereinfacht werden. Doch berechnet sich der Unternehmenswert nicht nach der Rentenformel $EW_0 = E/i$, sondern nach der Summenformel für geometrisch wachsende Reihen[422] mit:

(5) $$EW = \frac{E_0 \cdot (1 + w)}{i - w} = \frac{E_1}{i - w}.$$

Die Wachstumsrate w kann, wie im Fall des inflationsproportionalen Wachstums, der Inflationsrate g entsprechen. Die Äquivalenz ist jedoch nicht zwingend.[423]

c) Realrechnung

Soll der Unternehmenswert mithilfe der Realrechnung ermittelt werden, muss zunächst die nominale Wachstumsrate w in die reale Wachstumsrate w_r, die das Wachstum der Unternehmenserträge, gemessen in der Kaufkraft zum Bewertungsstichtag $t = 0$, angibt, umgerechnet werden.

Aus[424]

(6) $$E_t^r = E_{t-1}^r \cdot \frac{(1 + w)}{(1 + g)}$$

mit E^r = Realertrag

folgt (7), und es ist erkennbar, dass ein inflationsproportionales Wachstum der entziehbaren Überschüsse nur bei Äquivalenz von Wachstumsrate und Geldentwertungsrate gegeben ist:[425]

(7) $$w_r = \frac{1 + w}{1 + g} - 1.$$

---

422 Vgl. *Ballwieser*, Unternehmensbewertung bei unsicherer Geldentwertung, zfbf 1988, S. 798 (S. 801); *Aders*, Unternehmensbewertung bei Preisinstabilität und Inflation (1998), S. 96; *Moxter*, Grundsätze ordnungsmäßiger Unternehmensbewertung (1983), S. 186.

423 Vgl. *Moxter*, Grundsätze ordnungsmäßiger Unternehmensbewertung (1983), S. 186.

424 Vgl. *Ballwieser*, Unternehmensbewertung bei unsicherer Geldentwertung, zfbf 1988, S. 798 (S. 802).

425 Vgl. *Drukarczyk*, Unternehmensbewertung (2003), S. 505.

Für die Berechnung des Unternehmenswerts folgt unter Beachtung von (7) und der formalen Vorgehensweise gemäß (5):[426]

$$(8)\quad EW = \frac{E_0 \cdot (1 + w_r)}{i_r - w_r} \text{ mit } i_r = \frac{i - g}{1 + g}.$$

Reale und nominale Rechnung müssen stets zum selben Ergebnis führen. Das nachfolgende Beispiel verdeutlicht den Zusammenhang beider Berechnungsverfahren.

2. Anwendung auf den Fall: Unternehmenswert der Teuerung GmbH

Die Teuerung GmbH schüttet derzeit 20 Euro an ihre Eigentümer aus. Sie erwartet eine Steigerung der Ausschüttungen von jährlich 4 %. Die Inflationsrate beträgt 3 %, so dass ein reales Wachstum der Ausschüttungen vorliegt. Die maßgebliche, beste Mittelanlage verspricht eine Rendite von 13,3 % nominal.

Die Umformung der realen Werte in nominale Werte und umgekehrt ist jederzeit bei bekannter Geldentwertung (Inflation) möglich.

Tabelle 61: Real- und Nominalrechnung

		t_1	t_2	t_3	t_4 ...
Ausschüttung *(nominal)* *w* = 4 %		20,80	21,63	22,50	23,40
Barwertfaktor *(nominal)* 13,3 %		0,8826	0,7790	0,6876	0,6068
Einzelbarwert *(nominal)*		**18,36**	**16,85**	**15,47**	**14,20**
Barwert$_{t=0}$	**223,66**				
		t_1	t_2	t_3	t_4 ...
Ausschüttung *(real)* *g* = 3 %		20,19	20,39	20,59	20,79
Barwertfaktor *(real)* 10 %		0,9091	0,8264	0,7513	0,6830
Einzelbarwert *(real)*		**18,36**	**16,85**	**15,47**	**14,20**
Barwert$_{t=0}$	**223,66**				

426 Vgl. *Ballwieser*, Unternehmensbewertung bei unsicherer Geldentwertung, zfbf 1988, S. 798 (S. 802); *Drukarczyk*, Unternehmensbewertung (2003), S. 505. Vgl. für konstante reale Ausschüttungen *Moxter*, Grundsätze ordnungsmäßiger Unternehmensbewertung (1983), S. 189.

Im Rahmen der Nominalrechnung beträgt der Unternehmenswert 223,66 Euro, und seine Berechnung erfolgt unter Anwendung von (5) wie folgt:

$$EW = \frac{E_0 \cdot (1 + w)}{i - w} = \frac{20 \cdot (1 + 0{,}04)}{0{,}133 - 0{,}04} = 223{,}66 \text{ €}.$$

Wird die Realrechnung eingesetzt, erhält man unter Verwendung von (7) und (8) den gleichen Wert. Mit

$$w_r = \frac{1 + w}{1 + g} - 1 = \frac{1 + 0{,}04}{1 + 0{,}03} - 1 = 0{,}00971$$

und

$$i_r = \frac{i - g}{1 + g} = \frac{0{,}133 - 0{,}03}{1 + 0{,}03} = 0{,}1$$

folgt

$$EW = \frac{E_0 \cdot (1 + w_r)}{i_r - w_r} = \frac{20 \cdot (1 + 0{,}00971)}{0{,}1 - 0{,}00971} = 223{,}66 \text{ €}.$$

Es gilt somit:[427]

$$EW = \frac{E_0 \cdot (1 + w)}{i - w} = \frac{E_0 \cdot (1 + w_r)}{i_r - w_r}.$$

IV. Inflation und Thesaurierung

Der Jahresabschluss von Kapitalgesellschaften hat „unter Beachtung der Grundsätze ordnungsmäßiger Buchführung ein den tatsächlichen Verhältnissen entsprechendes Bild der Vermögens-, Finanz- und Ertragslage der Kapitalgesellschaft zu vermitteln“[428]. Soll jedoch im Rahmen der Veränderung von Eigentumsverhältnissen an Unternehmen eine Bewertung auf der Grundlage einer verlässlichen und detaillierten Vermögens-, Finanz- und Ertragslage erfolgen, so „werden ebenso umfangreiche wie aufwendige Bewertungsgutachten erstellt“, „deren Inhalt ... sich schon vom Ansatz her wesentlich vom Jahresabschluss“[429] unterscheidet. Durch den Jahresabschluss erhält der interessierte Käufer oder Verkäufer eines Unterneh-

427 Vgl. *Moxter*, Grundsätze ordnungsmäßiger Unternehmensbewertung (1983), S. 190–191.
428 § 264 Abs. 2 Satz 1 HGB.
429 *Moxter*, Bilanzlehre, Bd. 2: Einführung in das neue Bilanzrecht (1986), S. 64 (beide Zitate).

mens lediglich einen begrenzten Überblick über die Vermögens-, Finanz- und Ertragslage des zu bewertenden Unternehmens.

Hinsichtlich der Konkretisierung des Begriffs „Ertragslage" sind die Informationsinteressen der Jahresabschlussadressaten heranzuziehen.[430] Die Unternehmensgesellschafter und potenziellen Unternehmenskäufer interessiert, ob sich das Unternehmen wirtschaftlich positiv oder negativ entwickelt, um beispielsweise das Management überprüfen oder Entscheidungen über Investitionen in das Unternehmen tätigen zu können.[431] Die Entwicklung eines Unternehmens hängt jedoch von künftigen unsicheren Umwelteinflüssen sowie differierenden subjektiven Erwartungen über die wirtschaftliche Lage eines Unternehmens ab,[432] so dass „sich die im abgelaufenen Geschäftsjahr eingetretene wirtschaftliche Unternehmensentwicklung nach der im abgelaufenen Geschäftsjahr eingetretenen Veränderung der Ertragserwartungen"[433] beurteilt. In der Bilanz sowie der Gewinn- und Verlustrechnung sind hingegen nur einwertige Größen enthalten, mit denen sich eine „Bandbreite möglicher künftiger Entwicklungen"[434] nicht aufzeigen lässt. Der Jahresabschluss kann nicht die Angaben geben, welche die Informationsinteressierten unter der Vermögens-, Finanz- und Ertragslage verstehen: das „wirkliche Vermögen (Effektivvermögen)", die „Liquiditätssituation" und „die zu erwartenden (Rein-)Erträge"[435].

Wird das Ertragswertverfahren zur Bewertung eines Unternehmens herangezogen, so ist die Einhaltung von Grundprinzipien, wie die Prinzipien der Gesamtbewertung, der Zukunftsbezogenheit und der Subjektivität, zu gewährleisten.[436] Der Gesamtbewertungsgrundsatz fordert die Berücksichtigung des Nutzens, den der Unternehmenseigner aus dem gesamten Unternehmen erwarten kann. Als relevant wird üblicherweise das „finanziell Herausholbare"[437] im Sinne von künftig erzielbaren Nettoentnahmen angesehen.[438] Unmaßgeblich ist aus diesem Grund der handelsrechtlich ermittelte Gewinn, „da Periodisierungen und Thesaurierungen nicht mit der der Unternehmensbewertung zu Grunde liegenden Orientierung an dem

---

430 Vgl. *Moxter*, Die Jahresabschlussaufgaben nach der EG-Bilanzrichtlinie: Zur Auslegung von Art. 2 EG-Bilanzrichtlinie, AG 1979, S. 141 (S. 144).

431 Vgl. *Moxter*, Bilanzlehre, Bd. 2: Einführung in das neue Bilanzrecht (1986), S. 65.

432 Vgl. *Schildbach*, Die neue Generalklausel für den Jahresabschluss von Kapitalgesellschaften – zur Interpretation des Paragraphen 264 Abs. 2 HGB, BFuP 1987, S. 1 (S. 5–6); *Moxter*, Die Jahresabschlussaufgaben nach der EG-Bilanzrichtlinie: Zur Auslegung von Art. 2 EG-Bilanzrichtlinie, AG 1979, S. 141 (S. 144): „Die Informationsadressaten wollen die zu erwartenden (Rein-)Erträge kennen."

433 *Moxter*, Bilanzlehre, Bd. 2: Einführung in das neue Bilanzrecht (1986), S. 65–66.

434 *Schildbach*, Die neue Generalklausel für den Jahresabschluss von Kapitalgesellschaften – zur Interpretation des Paragraphen 264 Abs. 2 HGB, BFuP 1987, S. 1 (S. 6).

435 *Moxter*, Die Jahresabschlussaufgaben nach der EG-Bilanzrichtlinie: Zur Auslegung von Art. 2 EG-Bilanzrichtlinie, AG 1979, S. 141 (S. 143–144, alle Zitate).

436 Vgl. *Aders*, Unternehmensbewertung bei Preisinstabilität und Inflation (1998), S. 15.

437 *Ballwieser/Leuthier*, Betriebswirtschaftliche Steuerberatung: Grundprinzipien, Verfahren und Probleme der Unternehmensbewertung (Teil I), DStR 1986, S. 545 (S. 548).

438 Vgl. *Aders*, Unternehmensbewertung bei Preisinstabilität und Inflation (1998), S. 15.

‚Herausholbaren' vereinbar sind"[439]. Ein weiteres die Unternehmenswertermittlung auf Basis von Gewinnen ablehnendes Argument stellt das Doppelzählungsverbot dar.[440] Maßgeblich für die Berechnung eines Unternehmenswerts sind die in der Zukunft tatsächlich dem Unternehmenseigner zufließenden Ausschüttungen – nicht die Gewinne; denn „das in Zukunft höhere Konsumausgabenpotential (infolge der künftigen Mehrgewinne) muss erkauft werden durch eine Verringerung möglicher Konsumausgaben (infolge der Gewinnthesaurierung) in der Gegenwart"[441]. Ob es jedoch der Teuerung GmbH gelingen wird, die infolge der Gewinnthesaurierung verringerten Konsumausgaben in der Vergangenheit mit einer Steigerung der in Zukunft möglichen Konsumausgaben infolge von künftig realisierten Mehrgewinnen zu rechtfertigen, kann der Aufgabenstellung nicht entnommen werden. Innerhalb des betrachteten Fünfjahreszeitraums werden die Unternehmenseigner jedoch nicht für ihren Verzicht auf Konsum belohnt. Gemessen am eingesetzten Kapital verschlechtert sich die Ertragslage der Teuerung GmbH.

Die Analyse der Vergangenheitserträge bietet einen ersten Anhaltspunkt darüber, wie sich die Unternehmenserträge (bei gleicher Unternehmensstrategie und gleichen Umwelteinflüssen) zukünftig entwickeln könnten.[442] Die vergangenen Gewinn- und Verlustrechnungen sind aber nicht immer aussagefähig für die Zukunft, weil sie Gewinne ausweisen können, die zu hoch oder zu niedrig und aus diesem Grund nicht prognosefähig sind. Der Bewerter kann nicht ausschließen, dass die im Jahresabschluss aufgezeigten Größen bewusst verfälscht sind (Scheingeschäfte) respektive durch die bilanzpolitische Ausnutzung handels- und steuerrechtlich gegebener Ansatz- und Bewertungswahlrechte verzerrt dargestellt werden.[443] Aus diesem Grund sind im Rahmen der Rückschauanalyse die vergangenen Erträge und Aufwendungen um außerordentliche, aperiodische und bilanzpolitische Determinanten zu korrigieren und hinsichtlich der jeweiligen Mengen- und Preisbasis anzupassen, um zu prüfen, ob die „gegebene Ausstattung mit Personal, Maschinen etc. in Bezug auf die … erzielten Umsätze angemessen ist"[444]. Zur Beurteilung der Teuerung GmbH müsste dementsprechend zunächst eine Analyse der

---

439 *Aders*, Unternehmensbewertung bei Preisinstabilität und Inflation (1998), S. 16. Vgl. ebenfalls *Leuthier*, Das Interdependenzproblem bei der Unternehmensbewertung (1988), S. 28–29.

440 Vgl. *Leuthier*, Das Interdependenzproblem bei der Unternehmensbewertung (1988), S. 29; *Moxter*, Grundsätze ordnungsmäßiger Unternehmensbewertung (1983), S. 79.

441 *Ballwieser/Leuthier*, Betriebswirtschaftliche Steuerberatung: Grundprinzipien, Verfahren und Probleme der Unternehmensbewertung (Teil I), DStR 1986, S. 545 (S. 549).

442 Vgl. *Moxter*, Grundsätze ordnungsmäßiger Unternehmensbewertung (1983), S. 107: „Eine Vergangenheitsanalyse gewährt Anhaltspunkte über gewisse, in der Vergangenheit wirksam gewordene Ertragsdeterminanten."

443 Vgl. *Moxter*, Grundsätze ordnungsmäßiger Unternehmensbewertung (1983), S. 99–100.

444 *Moxter*, Grundsätze ordnungsmäßiger Unternehmensbewertung (1983), S. 108. Vgl. ebenfalls *Ballwieser/Leuthier*, Grundprinzipien, Verfahren und Probleme der Unternehmensbewertung (Teil II), DStR 1986, S. 604 (S. 605).

in der Vergangenheit wirksam gewordenen Ertragsdeterminanten vorgenommen werden, um aussagefähige Beträge zu erhalten.

Selbst wenn der nach der Thesaurierung in Höhe von 10 Euro verbleibende Geldbetrag einen um „Scheingewinnanteile bereinigte[n] … Gewinn" in dem Sinn bezeichnen sollte, dass „als Gewinn … [der] Geldbetrag [definiert ist], der ausgeschüttet werden kann, nachdem die Unternehmung alle bei der Gewinnerzielung verbrauchten Produktionsfaktoren aus den Umsatzerlösen (zumindest gedanklich) wiederbeschafft hat" (Konzept der Substanzerhaltung), so stellt sich die Ausschüttung zwar als ein Betrag dar, welcher „der Unternehmung ohne Gefährdung ihrer Substanz für konsumtive Zwecke entnommen werden kann, er ermöglicht jedoch je nach der Periode seines Anfalls infolge des Preisanstieges einen Konsum unterschiedlichen Ausmaßes"[445]. Da die nominalen Entnahmen der Teuerung GmbH konstant geblieben sind, fällt – unter der Annahme einer jährlich gleich bleibenden Geldentwertungsrate – der mit der Ausschüttung erworbene reale Konsumanspruch, so dass auch aus diesem Grund die Ertragslage aus Sicht der Unternehmenseigentümer nicht als gleichbleibend gut bezeichnet werden kann.[446] Wird beispielsweise eine jährliche Geldentwertungsrate von 3 % unterstellt, so ergibt sich folgende Entwicklung der realen Kaufkraft bezogen auf den Zeitpunkt $t = -4$:

Tabelle 62: Entwicklung der realen Kaufkraft der X-GmbH bei 3 % Inflation

(in €) $g = 3$ **%**	t_{-4}	t_{-3}	t_{-2}	t_{-1}	t_0
Gewinn	20,00	20,00	20,00	20,00	20,00
Ausschüttung	10,00	10,00	10,00	10,00	10,00
Kaufkraft	10,00	9,71	9,43	9,15	8,88

Weiterführende Literatur

Ballwieser, Wolfgang, Unternehmensbewertung bei unsicherer Geldentwertung, zfbf, 40. Jg. (1988), S. 798–812

Matschke, Manfred Jürgen, Geldentwertung und Unternehmensbewertung, WPg, 39. Jg. (1986), S. 549–555

445 *Sieben*, Zur Problematik einer auf Bilanzgewinnen basierenden Unternehmensbewertung in Zeiten der Geldentwertung, in: Baetge u. a. (Hrsg.), FS Leffson (1976), S. 255 (S. 259 und S. 262, alle Zitate).

446 Vgl. *Sieben*, Zur Problematik einer auf Bilanzgewinnen basierenden Unternehmensbewertung in Zeiten der Geldentwertung, in: Baetge u. a. (Hrsg.), FS Leffson (1976), S. 255 (S. 262). Vgl. ebenfalls *Aders*, Unternehmensbewertung bei Preisinstabilität und Inflation (1998), S. 73.

Moxter, Adolf, Grundsätze ordnungsmäßiger Unternehmensbewertung, 2. Aufl., Wiesbaden 1983, S. 185–201

Schildbach, Thomas, Die Berücksichtigung der Geldentwertung bei der Unternehmensbewertung, in: Wolfgang Goetzke/Günter Sieben (Hrsg.), Moderne Unternehmensbewertung und Grundsätze ihrer ordnungsmäßigen Durchführung, Bericht von der 1. Kölner BFuP-Tagung am 18. und 19. 11. 1976, Köln 1977, S. 225–235

Sieben, Günter, Zur Problematik einer auf Bilanzgewinnen basierenden Unternehmensbewertung in Zeiten der Geldentwertung, in: Jörg Baetge u. a. (Hrsg.), Bilanzfragen, Festschrift für Ulrich Leffson, Düsseldorf 1976, S. 255–271

Siepe, Günter, Die Bemessung des Kapitalisierungszinsfußes bei der Unternehmensbewertung in Zeiten fortschreitender Geldentwertung, DB, 37. Jg. (1984), S. 1689–1695 und S. 1738–1741

Fall 16: Nominal- und Realrechnung

Sachverhalt:

Professor Bibliomane möchte die Buchhandlung „Büchernarr“ kaufen und bittet Sie um Rat, wie viel er maximal für das Unternehmen ausgeben darf. Er rechnet zukünftig mit jährlichen sicheren Bruttoeinzahlungen von 160 000 Euro und jährlichen sicheren Auszahlungen von 60 000 Euro.

Aufgabenstellung:

- Berechnen Sie den Unternehmenswert der Buchhandlung mithilfe der *Nominalrechnung*, wenn Professor Bibliomane mit jährlichem (sicherem) Wachstum der ausschüttbaren Überschüsse von 2 % (nominal) rechnet, gleichzeitig aber eine Inflationsrate von 3 % jährlich angenommen wird. Die Alternativanlage von Professor Bibliomane bringt derzeit 8,15 % Zinsen.
- Wie hoch sind unter diesen Annahmen und unter Anwendung der *Realrechnung*
  - der (korrekte) *reale Zinssatz*,
  - die *reale Wachstumsrate* und der *real gleich bleibende Ausschüttungsstrom E**?
  - Wie hoch wäre der Unternehmenswert der Buchhandlung für Professor Bibliomane in einer *Welt ohne Inflation und Wachstum*?

I. Anwendung der Nominalrechnung zur Unternehmensbewertung

Um den Unternehmenswert der Buchhandlung berechnen zu können, sind zunächst die zukünftig grundsätzlich möglichen Ausschüttungen des Unternehmens ohne Berücksichtigung des Wachstums zu ermitteln (Annahme: Vollausschüttung):

$$E_t = Einzahlungen - Auszahlungen$$

$$E_t = 160\,000 - 60\,000 = 100\,000\ €.$$

Um die Nominalrechnung durchführen zu können, muss als Erstes festgestellt werden, ob die angegebenen Erträge und Zinsen nominal oder real vorliegen. Die nominalen künftigen Ausschüttungsgrößen ergeben sich unter Einbezug der Wachstumsrate von 2 % gemäß (4) mit

$$(4)\quad E_t = E_{t-1} \cdot (1 + w),$$

so dass sich die nominalen Ausschüttungen und die reale Kaufkraft wie folgt entwickeln:

Tabelle 63: Entwicklung der Ausschüttungen und der realen Kaufkraft bei 2 % Wachstum

(in €) w **= 2 %** g **= 3 %**	t_0	t_1	t_2	t_3	t_4 …
Ausschüttung	100 000,00	102 000,00	104 040,00	106 120,80	108 243,22
Kaufkraft	100 000,00	99 029,13	98 067,68	97 115,57	96 172,70

„Im landesüblichen Zins [ist] grundsätzlich auch eine Vergütung für das in der Realität meist bestehende Geldentwertungsrisiko enthalten."[447] Da die im Sachverhalt gegebene Alternativrendite eine nominale Größe darstellt, kann die Berechnung des maximalen Kaufpreises mithilfe von Gleichung (5) erfolgen. Unter Berücksichtigung des nominalen Wachstums von 2 % sollte Professor Bibliomane maximal 1 658 536,59 Euro für die Buchhandlung zahlen:

$$EW = \frac{E_0 \cdot (1+w)}{i-w} = \frac{E_1}{i-w} = \frac{100\,000 \cdot (1+0{,}02)}{0{,}0815-0{,}02} = 1\,658\,536{,}59\text{ €}.$$

II. Anwendung der Realrechnung zur Unternehmensbewertung

1. Realer Zinssatz

Im Rahmen dieser Aufgabenstellung sind aus den gegebenen nominalen Werten die entsprechenden realen Werte abzuleiten. Der reale Zinssatz wird in der Praxis häufig mittels der Praktikerformel (3)

$$(3)\quad i_r = i - g$$

ermittelt. Korrekt ist jedoch allein die Berechnung mithilfe des Fisher-Effekts (2):

$$(2)\quad i_r = \frac{i-g}{1+g},$$

so dass sich ein realer Zinssatz von 5 % ergibt:

$$i_r = \frac{0{,}0815-0{,}03}{1+0{,}03} = 0{,}05.$$

447 *Matschke*, Geldentwertung und Unternehmensbewertung, WPg 1986, S. 549 (S. 553). Vgl. ebenfalls IDW Standard: Grundsätze zur Durchführung von Unternehmensbewertungen (IDW S 1 i. d. F. 2008), IDW FN 2008, S. 271 (S. 283, Rn. 94).

Real- und Nominalrechnung unterscheiden sich nur in der Wahl der Kaufkrafteinheiten (gegenwärtige oder zukünftige), sie führen aber beide zum gleichen Unternehmenswert. Auf Basis dieser Abhängigkeit lässt sich im folgenden Beispiel zeigen, dass nur unter Verwendung des Fisher-Effekts ein Barwert erzielt wird, der mit der Nominalrechnung übereinstimmt:

Tabelle 64: Vergleich der Barwerte bei Verwendung der Praktikerformel und des Fisher-Effekts

		t_1	t_2	t_3	$t_4 \ldots$
Nominalrechnung					
Nominalausschüttung (in T€) $w = 2\,\%$		102,00	104,04	106,12	108,24
Barwertfaktor $(1+i)^{-t}$ $i = 8{,}15\,\%$		0,9246	0,8550	0,7905	0,7310
Einzelbarwert (in T€)		94,31	88,95	83,89	79,12
Barwert$_{t=0}$ (in €)	**1 658 537**				
Realrechnung – Praktikerformel (3)					
Realausschüttung (in T€) $g = 3\,\%$		99,03	98,07	97,11	96,17
Barwertfaktor $(1+i_r)^{-t}$ $i_r = 5{,}15\,\%$		0,9510	0,9044	0,8601	0,8180
Einzelbarwert (in T€)		94,18	88,70	83,53	78,67
Barwert$_{t=0}$ (in €)	**1 617 892**				
Realrechnung – Fisher-Effekt (2)					
Realausschüttung (in T€) $g = 3\,\%$		99,03	98,07	97,11	96,17
Barwertfaktor $(1+i_r)^{-t}$ $i_r = 5\,\%$		0,9524	0,9070	0,8638	0,8227
Einzelbarwert (in T€)		94,31	88,95	83,89	79,12
Barwert$_{t=0}$ (in €)	**1 658 537**				

2. Reale Wachstumsrate und real gleichbleibender Ausschüttungsstrom

Die reale Wachstumsrate lässt sich nach der Formel (7)

$$(7) \quad w_r = \frac{1+w}{1+g} - 1$$

aus den Werten des Sachverhalts wie folgt berechnen:

$$w_r = \frac{1 + 0{,}02}{1 + 0{,}03} - 1 = -0{,}00970874.$$

Auf Basis dieser realen Wachstumsrate lassen sich ebenfalls die periodenindividuellen realen Ausschüttungen abbilden:

Tabelle 65: Entwicklung der realen Kaufkraft unter Anwendung der realen Wachstumsrate

(in €) w_r **= – 0,970874 %**	t_0	t_1	t_2	t_3	$t_4 \ldots$
Kaufkraft	100 000,00	99 029,13	98 067,68	97 115,57	96 172,70

Gesucht ist jedoch nicht die Angabe einer sich verändernden Ausschüttung im Zeitablauf, sondern die reale Ausschüttung E^*, die „eine Reihe uniformer (jährlich gleichbleibender) Ausschüttungen [mit gleichbleibender Kaufkraft], die zum Zeitpunkt 1 beginnt“, verkörpert und aus der „gegebenen nominalen Ausschüttungsreihe abgeleitet“[448] werden kann.

Im Fall von inflationsproportionalem Wachstum der nominalen Überschüsse gilt wegen $g = w$:

$w_r = 0$ und[449]

$$(9) \quad EW = \frac{E^*}{i_r}.$$

Die reale Ausschüttung E^* lässt sich einfach aus der nominalen Ausschüttung E_1 herleiten. Aus der Gleichheitsbedingung des Ergebnisses von Real- und Nominalrechnung und aus $g = w$ folgt:

$$EW = \frac{E^*}{i_r} = \frac{E_1}{i - g}.$$

Die Umformung der vorstehenden Gleichung nach E^* unter Einsatz von Gleichung (2) ergibt:[450]

$$E^* = \frac{E_1}{i - g} \cdot i_r = \frac{E_1}{i - g} \cdot \frac{i - g}{1 + g}$$

448 *Moxter*, Grundsätze ordnungsmäßiger Unternehmensbewertung (1983), S. 190 (beide Zitate).

449 Vgl. *Moxter*, Grundsätze ordnungsmäßiger Unternehmensbewertung (1983), S. 189 und S. 190.

450 Vgl. *Moxter*, Grundsätze ordnungsmäßiger Unternehmensbewertung (1983), S. 190.

$$(10)\quad E^* = \frac{E_1}{1+g}.$$

Fehlt es, wie in der Aufgabenstellung, am inflationsneutralen Wachstum, erfolgt die formale Ermittlung von E^* nach der Annuitätenrechnung.[451] Im ersten Schritt wird unter Verwendung der Nominalrechnung der „Barwert des mit der Wachstumsrate w steigenden, mit der Anfangsausschüttung ... E_1 beginnenden nominalen Ausschüttungsstroms ermittelt“[452]:

$$EW = \frac{E_1}{i-w}.$$

Im zweiten Schritt wird der so berechnete Barwert mit dem realen Zins als Annuitätenfaktor multipliziert, und man erhält den real gleich bleibenden Ausschüttungsstrom E^*:[453]

$$(11)\quad E^* = \frac{E_1}{i-w} \cdot i_r.$$

Ausgehend von der nominalen Anfangsausschüttung E_1 = 102 000 Euro beläuft sich die real gleich bleibende Ausschüttung gemäß (11) auf 82 926,83 Euro:

$$E^* = \frac{E_1}{i-w} \cdot i_r = \frac{102\,000}{0{,}0815 - 0{,}02} \cdot 0{,}05 = 82\,926{,}83\ €.$$

Durch Wiederanlage eines Teils der dem Unternehmen entziehbaren Überschüsse zum nominalen Zinssatz[454] können „im Zeitablauf ungleichmäßig anfallende Zahlungen in eine ‚durchschnittliche‘, für alle Perioden gleich hohe Zahlung“[455] (Annuität) transformiert werden, um beispielsweise mit den Konsumwünschen des Entscheiders konform zu gehen. Zur Verdeutlichung der Bedeutung eines real gleichbleibenden Ausschüttungsstroms sollen die in den Tabellen 66 und 67 (auf S. 216) dargestellten Rechnungen dienen. Nimmt Professor Bibliomane zur Finanzierung der Anschaffung des Buchladens ein Darlehen in Höhe von 1 658 537 Euro auf, so fallen jährliche Schuldzinsen zu einem nominalen Zinssatz von 8,15 % an. Der oben berechnete real gleichbleibende, nominal jedoch mit der Geldentwertungsrate steigende Ausschüttungsstrom wird am Ende jeden Jahres zur Tilgung des Darlehens eingesetzt. Die Differenz zwischen der tatsächlich fälli-

451 Zur Annuitätenrechnung vgl. Fall 2.

452 *Moxter*, Grundsätze ordnungsmäßiger Unternehmensbewertung (1983), S. 190.

453 Vgl. *Moxter*, Grundsätze ordnungsmäßiger Unternehmensbewertung (1983), S. 190.

454 Vgl. *Moxter*, Grundsätze ordnungsmäßiger Unternehmensbewertung (1983), S. 190.

455 *Schneider*, Investition, Finanzierung und Besteuerung (1992), S. 79 sowie S. 80–81. Vgl. ebenfalls *Schmidt/Terberger*, Grundzüge der Investitions- und Finanzierungstheorie (1997), S. 138–143.

gen jährlichen Ausschüttung (z. B. 102 000 Euro in $t = 1$) und dem tatsächlich entnommenen Überschuss (85 414,63 Euro entsprechen einer realen Ausschüttung von 85 414,63/1,03 = 82 926,83 Euro) verbleibt zur Wiederanlage (= 16 585,37 Euro). Die Zinsen, die Professor Bibliomane aus dieser Mittelanlage jährlich erhält, belaufen sich auf 8,15 % (16 585,37 · 0,0815 = 1 351,71 Euro). Der am Ende des Jahres 2 als Geldanlage vorhandene Betrag wird berechnet, indem zum Anlagebetrag vom 31. 12. in t_1 die darauf entfallenden Zinsen sowie die Differenz aus fälliger und tatsächlich entnommener Ausschüttung in t_2 hinzugefügt werden. Das Darlehen und die Anlage entwickeln sich wie folgt:

Tabelle 66: Darlehensentwicklung bei real gleichbleibendem Ausschüttungsstrom

(in €)	t_1	t_2	t_3	t_4	t_5
Ausschüttung	102 000,00	104 040,00	106 120,80	108 243,22	110 408,08
Darlehen 1. 1.	1 658 536,59	1 708 292,69	1 759 541,47	1 812 327,71	1 866 697,54
Schuldzinsen 31. 12.	135 170,73	139 225,85	143 402,63	147 704,71	152 135,85
Darlehenstilgung nominal	85 414,63	87 977,07	90 616,39	93 334,88	96 134,92
(real gleichbleibend)	(82 926,83)	(82 926,83)	(82 926,83)	(82 926,83)	(82 926,83)
Darlehen-Restbetrag 31. 12.	**1 708 292,69**	**1 759 541,47**	**1 812 327,71**	**1 866 697,54**	**1 922 698,47**
Wiederanlage zum 31. 12.	16 585,37	34 000,01	52 275,42	71 444,21	91 540,07
Anlagezinsen		1 351,71	2 771,00	4 260,45	5 822,70

Darüber hinaus verfolgt Professor Bibliomane auch die Wertentwicklungen seines Buchladens (bei unterstellter Konstanz aller Daten) sowie seiner zusätzlichen Geldanlage, und er erkennt, dass er den in jedem Jahr anstehenden Restbetrag seines Darlehens durch den Verkauf der Buchhandlung zum Ertragswert und die Realisierung seiner Mittel aus der Kapitalmarktanlage tilgen könnte, ohne zusätzliches Eigenkapital zu verwenden:

Tabelle 67: Entwicklung des Ertragswerts und der Wiederanlage bei real gleichbleibendem Ausschüttungsstrom

(in €)	t_1	t_2	t_3	t_4	t_5
Unternehmensverkauf/ Ertragswert	1 691 707,32	1 725 541,46	1 760 052,29	1 795 253,33	1 831 158,40
zuzüglich Anlagebetrag	16 585,37	34 000,01	52 275,42	71 444,21	91 540,07
Kreditrückzahlung	**1 708 292,69**	**1 759 541,47**	**1 812 327,71**	**1 866 697,54**	**1 922 698,47**

III. Unternehmensbewertung in einer Welt ohne Inflation und Wachstum

1. Erläuterung

In einer Welt ohne Inflation und Wachstum kann auf die Unterscheidung zwischen Real- und Nominalrechnung verzichtet werden, so dass der Unternehmenswert dem Ertragswert, der sich mittels der Formel für die ewige Rente ergibt, entspricht. Doch muss der reale Zinssatz verwendet werden, denn der in der Aufgabenstellung angegebene Zinssatz enthält eine Vergütung für die Inflationsrate von 3 %.[456]

2. Anwendung auf den Fall: Grenzpreis der Buchhandlung „Büchernarr" in einer Welt ohne Inflation und Wachstum

Der Grenzpreis von Professor Bibliomane beträgt unter Berücksichtigung der Konstanz der Ausschüttungen 2 000 000 Euro:

$$EW = \frac{E}{i_r} = \frac{100\,000}{0{,}05} = 2\,000\,000\ €.$$

456 Dazu *Matschke*, Geldentwertung und Unternehmensbewertung, WPg 1986, S. 549 (S. 553): Der „landesübliche Zins … verändert sich im Zeitablauf auch in Abhängigkeit von der Kaufkraftentwicklung und damit der allgemeinen Geldentwertung".

Im Vergleich zum Ergebnis unter Gliederungspunkt I von 1 658 536,59 Euro ist eine Steigerung des maximal zu zahlenden Kaufpreises eingetreten, da in einer Welt ohne Inflation die Konstanz der Kaufkraft gegeben ist, während unter Gliederungspunkt I das Wachstum der Erträge die Inflation nicht kompensieren konnte.

Weiterführende Literatur

Matschke, Manfred Jürgen, Geldentwertung und Unternehmensbewertung, WPg, 39. Jg. (1986), S. 549–555

Moxter, Adolf, Grundsätze ordnungsmäßiger Unternehmensbewertung, 2. Aufl., Wiesbaden 1983, S. 185–201

Schneider, Dieter, Investition, Finanzierung und Besteuerung, 7. Aufl., Wiesbaden 1992, S. 74–95

7. Kapitel: Discounted-Cashflow-Verfahren – Kapitalstruktur

Fall 17: Grundstruktur von Equity- und Entity-Verfahren

Sachverhalt:

Die Bewertung von Unternehmen ist ein anspruchsvoller Themenkomplex. Insbesondere die Diskussion um die Frage, welche Methode bei der Unternehmensbewertung anzuwenden ist, hat zugenommen. Während in Deutschland die Ertragswertmethode für lange Zeit unumschränkt Anwendung fand, rücken nunmehr die in den USA präferierten, am Shareholder-Value-Gedanken orientierten Discounted-Cashflow-Methoden in den Vordergrund.

Gehen Sie von folgenden Daten der Sonnenschein AG aus:

– konstantes Fremdkapital (Buchwert = Marktwert):	4 500 Euro,
– Cashflow vor Zinsen und Steuern:	1 350 Euro,
– Steuersatz:	30 %,
– Fremdkapitalzinssatz (risikoloser Zins):	8 %,
– erwartete Rendite der Eigenkapitalgeber für das rein eigenfinanzierte Unternehmen:	10 %.

Aufgabenstellung:

Welche vier *zentralen Discounted-Cashflow-Verfahren* zur Ermittlung des Unternehmenswerts kennen Sie? Beschreiben Sie diese formal für den Fall der ewigen Rente, basierend auf den von *Modigliani/Miller* aufgestellten Annahmen,[457] und verdeutlichen Sie anhand der oben genannten Ausgangsdaten der Sonnenschein AG die formale Äquivalenz der Ansätze bei Annahme eines einfachen Steuersystems mit konstantem Gewinnsteuersatz!

---

457 Es gelten folgende Annahmen: vollkommener Kapitalmarkt (d. h. insbesondere: keine Transaktionskosten, keine Steuern, keine Informationskosten oder Informationsbarrieren, homogene Erwartungen), vollständiger Kapitalmarkt, keine Liquiditätsrisiken. Die Investitionsprogramme sind gegeben. Investoren sind risikoavers. Der Fremdkapitalzinssatz ist risikolos; zu ihm können sowohl von Unternehmen als auch von privaten Individuen Kredite aufgenommen werden. Vgl. *Drukarczyk*, Theorie und Politik der Finanzierung (1993), S. 131–132; *Schmidt/Terberger*, Grundzüge der Investitions- und Finanzierungstheorie (1997), S. 263–264.

I. Erläuterung

1. Überblick über Netto- und Bruttoverfahren

Die Discounted-Cashflow-(DCF-)Verfahren haben, ebenso wie die Ertragswertmethode, ihren Ursprung im Kapitalwertkalkül:[458] Zukünftige Zahlungsströme – Cashflows – werden mit einem risikoäquivalenten Diskontierungszinssatz auf den Bewertungszeitpunkt abgezinst. Innerhalb der DCF-Verfahren können vier Varianten unterschieden werden. Sie differieren in der Definition der Cashflows, der Berücksichtigung der Besteuerung und der Fremdfinanzierung:[459]

- Nettoverfahren (Equity Approach),
- Bruttoverfahren (Entity Approach),
  - DUK-Verfahren (Berücksichtigung der Steuervorteile im Zähler),
  - Weighted-Average-Cost-of-Capital-(WACC-)Verfahren (Berücksichtigung der Steuervorteile im Nenner),
  - Adjusted-Present-Value-(APV-)Verfahren.

2. Equity Approach

Innerhalb des Equity-Verfahrens wird der Unternehmenswert direkt ermittelt, indem die erwarteten, allein den Eigenkapitalgebern zufließenden Zahlungsströme, die sog. Flow to Equity (*FTE*), mit den hinsichtlich des leistungs- und finanzwirtschaftlichen Risikos risikoadäquaten Eigenkapitalkosten des verschuldeten Unternehmens diskontiert werden:

$$(1)\quad EK_v^M = \frac{FTE}{r(EK)_v}.$$

458 Vgl. *Hachmeister*, Der Discounted Cash Flow als Unternehmenswert, WISU 1996, S. 357 (S. 357); *Schmidt*, Die Discounted Cash-flow-Methode – nur eine kleine Abwandlung der Ertragswertmethode?, zfbf 1995, S. 1088 (S. 1088).

459 Vgl. zu folgender Einteilung *Ballwieser*, Unternehmensbewertung mit Discounted Cash Flow-Verfahren, WPg 1998, S. 81 (S. 82–92); *Böcking/Nowak*, Der Beitrag der Discounted Cash Flow-Verfahren zur Lösung der Typisierungsproblematik bei Unternehmensbewertungen – Eine Warnung vor einer „naiven" Übertragung modelltheoretischer Erkenntnisse auf die Bewertungspraxis, DB 1998, S. 685 (S. 686). Vgl. ebenfalls *Mandl/Rabel*, Unternehmensbewertung (1997), S. 285, die das APV-Verfahren allerdings als eigenständige Methode neben dem Brutto- und Nettoansatz ansehen. Vgl. zur Kritik an dieser Sichtweise *Ballwieser*, Verbindungen von Ertragswert- und Discounted-Cashflow-Verfahren, in: Peemöller (Hrsg.), Praxishandbuch der Unternehmensbewertung (2009), S. 481.

Diese Vorgehensweise der Unternehmensbewertung entspricht konzeptionell dem in Deutschland vorrangig angewandten Ertragswertverfahren, wenn die Herstellung der Risikoäquivalenz mithilfe der Risikozuschlagsmethode erfolgt.[460]

Das Grundmodell vernachlässigt im Allgemeinen die explizite Berücksichtigung persönlicher Steuern auf der Investorenebene.[461] Aus Vereinfachungsgründen wird unterstellt, dass bei einem angenommenen einfachen Steuersystem der Einzahlungsüberschuss nach Fremdkapitalzinsen als Steuerbemessungsgrundlage anzusetzen ist.[462] Die Flows to Equity ergeben sich in diesem einfachen Modell der ewigen Rente, indem der erwartete Einzahlungsüberschuss X um die zu leistenden Fremdkapitalzinsen verringert und anschließend dem Steuerabzug unterzogen wird:[463]

$$(2) \quad FTE = (X - i \cdot FK) \cdot (1 - s).$$

Der Steuervorteil (Tax Shield), der auf Grund der Abzugsfähigkeit der Fremdkapitalzinsen von der Steuerbemessungsgrundlage in Höhe von $(i \cdot FK \cdot s)$ entsteht,[464] wird damit explizit im Zahlungsstrom berücksichtigt.[465]

Des Weiteren gilt, dass der Eigenkapitalkostensatz des verschuldeten Unternehmens eine lineare Funktion des Verschuldungsgrades (FK/EK_v^M) ist:

$$(3) \quad r(EK)_v = r(EK)_u + \big(r(EK)_u - i\big) \cdot (1 - s) \cdot \frac{FK}{EK_v^M}.$$

Wird der Fremdkapitalanteil des Unternehmens vergrößert, so erhöhen die zu zahlenden Fremdkapitalzinsen die Fixkostenlast, da annahmegemäß das Fremdkapital sicher ist, die Fremdkapitalzinsen nicht ausgesetzt werden können und die Gläubiger vor den Eigenkapitalgebern bedient werden.[466] Die Unternehmenseigner erhalten als Dividende den residualen Betrag, der nach Abzug der Fremdkapitalzinsen von den erwarteten unsicheren Investitionserträgen verbleibt.[467] Der Einsatz von Fremdkapital ist aus Sicht der Eigenkapitalgeber vorteilhaft, solange die intern er-

460 Vgl. *Ballwieser*, Unternehmensbewertung (2007), S. 116.

461 Vgl. *Mandl/Rabel*, Unternehmensbewertung (1997), S. 367.

462 Vgl. *Hachmeister*, Der Discounted Cash Flow als Unternehmenswert, WISU 1996, S. 357 (S. 357).

463 Vgl. auch *Drukarczyk*, DCF-Methoden und Ertragswertmethode – einige klärende Anmerkungen, WPg 1995, S. 329 (S. 330): Fremdkapitaltilgungen werden im Rentenfall nicht berücksichtigt. Vgl. *Hachmeister*, Der Discounted Cash Flow als Unternehmenswert, WISU 1996, S. 357 (S. 357): Die Abschreibungen entsprechen den Reinvestitionen, so dass keine Erweiterungsinvestitionen erfolgen.

464 Denn aus Gleichung (2) folgt: $FTE = X \cdot (1 - s) - i \cdot FK + i \cdot FK \cdot s$.

465 Vgl. *Hachmeister*, Der Discounted Cash Flow als Unternehmenswert, WISU 1996, S. 357 (S. 358).

466 Vgl. *Süchting*, Finanzmanagement (1995), S. 446.

467 Vgl. *Kruschwitz/Husmann*, Finanzierung und Investition (2010), S. 256.

wartete Rentabilität des eingesetzten Gesamtkapitals höher ist als die Fremdkapitalkosten.[468] Allerdings ist die Position der Eigentümer auf Grund des zusätzlich zum Geschäftsrisiko hinzukommenden finanzwirtschaftlichen Risikos unsicherer geworden, da sich „das Risiko, dass die Nettogewinne für die Eigentümer sinken oder … negativ werden“[469], verstärkt hat.[470] Risikoaverse Investoren werden als Ausgleich eine höhere Eigenkapitalrendite fordern. Damit erhöhen sich die Eigenkapitalkosten bei einem ansteigenden Verschuldungsgrad. Der Term $(1 - s)$ folgt aus dem hier unterstellten einfachen Steuersystem. Infolge der aus der steuerlichen Abzugsfähigkeit der Fremdkapitalzinsen entstehenden Steuerersparnis wird der Leverage-Effekt gedämpft.[471]

3. Entity Approach

a) Gemeinsamkeiten der Bruttoverfahren

Die Bruttoverfahren zeichnen sich durch eine zweistufige Vorgehensweise aus: Im ersten Schritt wird der Marktwert des Gesamtkapitals (Unternehmensgesamtwert) $V_v = EK_v^M + FK$ berechnet. Im zweiten Schritt ermittelt man den Marktwert des Eigenkapitals (Unternehmenswert), indem vom Unternehmensgesamtwert der Wert des Fremdkapitals abgezogen wird.[472] Eine weitere Gemeinsamkeit der Entity-Ansätze besteht darin, dass ein Cashflow diskontiert wird, der „sowohl den Eigen- als auch den Fremdkapitalgebern zur Verfügung steht“[473]. Die tiefergehende Differenzierung des Entity Approach basiert auf der unterschiedlichen Berücksichtigung der Steuervorteile.[474]

468 Vgl. *Wagner*, Die Unternehmensbewertung, in: IDW (Hrsg.), WP Handbuch 2008, Bd. II (2007), S. 1 (S. 82, Rn. 229).

469 *Süchting*, Finanzmanagement (1995), S. 446.

470 Vgl. *Wagner*, Die Unternehmensbewertung, in: IDW (Hrsg.), WP Handbuch 2008, Bd. II (2007), S. 1 (S. 82, Rn. 229).

471 Vgl. *Hering*, Unternehmensbewertung (2006), S. 176.

472 Vgl. *Ballwieser*, Unternehmensbewertung mit Discounted Cash Flow-Verfahren, WPg 1998, S. 81 (S. 84); *Hachmeister*, Der Discounted Cash Flow als Maß der Unternehmenswertsteigerung (2000), S. 121.

473 *Böcking/Nowak*, Der Beitrag der Discounted Cash Flow-Verfahren zur Lösung der Typisierungsproblematik bei Unternehmensbewertungen – Eine Warnung vor einer „naiven“ Übertragung modelltheoretischer Erkenntnisse auf die Bewertungspraxis, DB 1998, S. 685 (S. 686).

474 Vgl. *Böcking/Nowak*, Der Beitrag der Discounted Cash Flow-Verfahren zur Lösung der Typisierungsproblematik bei Unternehmensbewertungen – Eine Warnung vor einer „naiven“ Übertragung modelltheoretischer Erkenntnisse auf die Bewertungspraxis, DB 1998, S. 685 (S. 686).

b) DUK-Verfahren (Berücksichtigung der Steuervorteile im Zähler)

Entscheidend für die korrekte Berechnung des Unternehmenswerts mittels der DCF-Verfahren ist, „dass der Diskontierungssatz mit der Cashflow-Abgrenzung korrespondiert“[475]. Stellt sich der bewertungsrelevante Cashflow als ein *allen* Kapitalgebern zufließender Zahlungsstrom dar und soll die Berücksichtigung des durch die Fremdfinanzierung entstehenden Steuervorteils bei der Prognose des zu diskontierenden Cashflow erfolgen, so wird der Unternehmenswert wie folgt bestimmt:

Erster Schritt: Ermittlung des Marktwerts des Gesamtkapitals

$$(4)\quad V_v = \frac{TCF}{k^{DUK}}.$$

Der zu diskontierende Zahlungsüberschuss wird als Total Cashflow (*TCF*) bezeichnet, da es sich bei ihm um den ausschüttungsfähigen Betrag handelt, der nach Abzug der Steuerzahlungen und der Investitionsausgaben Unternehmenseignern und Gläubigern zur Verfügung steht.[476] Deshalb mindern die Fremdkapitalzinsen den maßgebenden Cashflow nicht. Dagegen wird die Steuerersparnis, die das Unternehmen durch die Abzugsfähigkeit der Fremdkapitalzinsen erzielt, dem Cashflow hinzugerechnet, da sie den ausschüttungsfähigen Betrag erhöht:

$$(5)\quad TCF = (X - i \cdot FK) \cdot (1 - s) + i \cdot FK = X \cdot (1 - s) + i \cdot FK \cdot s.$$

Als Diskontierungszinssatz ist der durchschnittliche Kapitalkostensatz als „arithmetisches Mittel …, dessen Gewichte die Kapitalanteile, bewertet zu Marktwerten, am Unternehmensgesamtwert sind“[477], heranzuziehen, um die im Zähler nicht berücksichtigten Finanzierungsentscheidungen einzubeziehen

$$(6)\quad k^{DUK} = r(EK)_v \cdot \frac{EK_v^M}{V_v} + i \cdot \frac{FK}{V_v},$$

denn die „relevante Diskontierungsgröße muss nicht nur die Renditeforderung der Eigentümer [$r(EK)_v$], sondern auch die der Gläubiger [i] enthalten“[478], wobei

---

475 *Hachmeister*, Der Discounted Cash Flow als Maß der Unternehmenswertsteigerung (2000), S. 94.

476 Vgl. *Ballwieser*, Verbindungen von Ertragswert- und Discounted-Cashflow-Verfahren, in: Peemöller (Hrsg.), Praxishandbuch der Unternehmensbewertung (2009), S. 483.

477 *Drukarczyk/Schüler*, Unternehmensbewertung (2009), S. 118.

478 *Hachmeister*, Der Discounted Cash Flow als Maß der Unternehmenswertsteigerung (2000), S. 94. Vertiefend *Böcking/Nowak*, Der Beitrag der Discounted Cash Flow-Verfahren zur Lösung der Typisierungsproblematik bei Unternehmensbewertungen – Eine Warnung vor einer

idealtypisch angenommen wird, dass es nur zwei Finanzierungsformen gibt. Die als Gewichtungsfaktoren heranzuziehenden Eigen- und Fremdkapitalquoten $\left(EK_v^M / V_v \text{ und } FK / V_v\right)$ müssen zukünftig erwartete Marktwerte,[479] keine Buchwerte, darstellen, da mit der Anwendung der DCF-Verfahren ein Kapitalmarktbezug hergestellt werden soll und „Buchwerte oder Anschaffungsausgaben historische Kosten darstellen“[480].

Zweiter Schritt: Ermittlung des Marktwerts des Eigenkapitals

$$(7) \quad EK_v^M = V_v - FK.$$

Um schließlich den Unternehmenswert zu berechnen, muss vom Marktwert des Gesamtkapitals noch der Wert des Fremdkapitals subtrahiert werden.

c) WACC-Verfahren (Berücksichtigung der Steuervorteile im Nenner)

Beim WACC-Verfahren erfolgt im Gegensatz zur vorstehenden Methode die Berücksichtigung des Steuervorteils im Nenner:

Erster Schritt: Ermittlung des Marktwerts des Gesamtkapitals

$$(8) \quad V_v = \frac{FCF}{k^{WACC}}.$$

Der Free Cashflow (*FCF*) steht wie der Total Cashflow Eigen- und Fremdkapitalgebern zur Verfügung. Beide Cashflows bezeichnen den Betrag, den das Unternehmen in Form von Dividenden, Zinsen oder Kapitalrückzahlungen ausschütten kann. Beide Cashflow-Größen berücksichtigen explizit die Steuerzahlungen des Unternehmens.

Total Cashflow und Free Cashflow unterscheiden sich aber dadurch, dass bei der Berechnung des Free Cashflow die steuerliche Abzugsfähigkeit der Fremdkapitalzinsen nicht berücksichtigt wird.[481] Im Ergebnis wird der Free Cashflow so ermittelt, als sei das Unternehmen rein eigenfinanziert:

„naiven“ Übertragung modelltheoretischer Erkenntnisse auf die Bewertungspraxis, DB 1998, S. 685 (S. 687).

479 Dazu *Hachmeister*, Der Discounted Cash Flow als Maß der Unternehmenswertsteigerung (2000), S. 95: „Die zukünftig erwartete Kapitalstruktur [muss] betrachtet werden.“ Vgl. ebenfalls *Koller/Goedhart/Wessels*, Valuation (2010), S. 265–266; *Wagner*, Die Unternehmensbewertung, in: IDW (Hrsg.), WP Handbuch 2008, Bd. II (2007), S. 1 (S. 127, Fn. 564).

480 *Hachmeister*, Der Discounted Cash Flow als Maß der Unternehmenswertsteigerung (2000), S. 95.

481 Vgl. *Ballwieser*, Unternehmensbewertung mit Discounted Cash Flow-Verfahren, WPg 1998, S. 81 (S. 84–85); *Hachmeister*, Der Discounted Cash Flow als Unternehmenswert, WISU 1996, S. 357 (S. 358).

$$(9)\quad FCF = X \cdot (1 - s).$$

Infolgedessen ist die Steuerschuld bei der Bemessung der Free Cashflows zu hoch angesetzt. Als Korrektur muss dementsprechend der Steuervorteil in den Diskontierungszinssatz k^{WACC} einbezogen werden, indem der Fremdkapitalzinssatz um $(1 - s)$ gemindert wird.[482] Auch bei der Berechnung der gewogenen Kapitalkosten k^{WACC} sind Marktwerte als Gewichte anzusetzen:[483]

$$(10)\quad k^{WACC} = r(EK)_v \cdot \frac{EK_v^M}{V_v} + i \cdot (1 - s) \cdot \frac{FK}{V_v}.$$

Zweiter Schritt: Ermittlung des Marktwerts des Eigenkapitals

$$(7)\quad EK_v^M = V_v - FK.$$

d) APV-Verfahren

Das APV-Verfahren hat mit dem WACC-Verfahren viele Gemeinsamkeiten. Auch hier wird der Steuervorteil aus der Fremdfinanzierung nicht im Cashflow berücksichtigt. Beim APV-Verfahren wird damit auch ein Einzahlungsüberschuss diskontiert, der von der Fiktion der reinen Eigenfinanzierung ausgeht, indem der an die Eigentümer ausschüttungsfähige Cashflow um die Zahlungen erhöht wird, die an die Fremdkapitalgeber geleistet werden (sollen). Die steuerliche Abzugsfähigkeit der Schuldzinsen und die dadurch erzielbare anteilige Steuerrückerstattung wird dagegen nicht Cashflow-erhöhend berücksichtigt. Das WACC-Verfahren und das APV-Verfahren diskontieren damit im Ergebnis die gleichen Zahlungsströme, den Free Cashflow.

Im Gegensatz zum WACC-Verfahren wird der Steuervorteil aber nicht bei der Ermittlung des Diskontierungssatzes berücksichtigt. Um die steuerliche Vorteilhaftigkeit der Fremdfinanzierung klarer offen zu legen, ermittelt das APV-Verfahren den Unternehmenswert komponentenweise.[484] In einem ersten Schritt wird der Marktwert eines fiktiv unverschuldeten Unternehmens V_u durch Diskontierung der Free Cashflows mit den Eigenkapitalkosten für das rein eigenfinanzierte Unternehmen $r(EK)_u$ berechnet. Der sich daraus ergebende Unternehmenswert wird an-

---

482 Vgl. *Ballwieser*, Unternehmensbewertung mit Discounted Cash Flow-Verfahren, WPg 1998, S. 81 (S. 84–85); *ders.*, Verbindungen von Ertragswert- und Discounted-Cashflow-Verfahren, in: Peemöller (Hrsg.), Praxishandbuch der Unternehmensbewertung (2009), S. 483.

483 Vgl. *Hachmeister*, Der Discounted Cash Flow als Maß der Unternehmenswertsteigerung (2000), S. 95.

484 Vgl. *Ballwieser*, Unternehmensbewertung mit Discounted Cash Flow-Verfahren, WPg 1998, S. 81 (S. 91).

schließend um den Barwert der Steuervorteile aus der Fremdfinanzierung *TS* (TS = Tax Shield)[485] angepasst.[486]

Erster Schritt: Ermittlung des Marktwerts des Gesamtkapitals

$$(11)\quad V_v = \frac{FCF}{r(EK)_u} + \frac{s \cdot i \cdot FK}{i} = \frac{FCF}{r(EK)_u} + s \cdot FK$$

mit

$$(9)\quad FCF = X \cdot (1 - s).$$

Ist der Fremdkapitalbestand gegeben und konstant, werden die künftigen Steuerersparnisse $s \cdot i \cdot FK$ im Rentenmodell unter den gegebenen Prämissen mit dem risikolosen Fremdkapitalzinssatz i diskontiert.[487] Weiterhin lässt sich $r(EK)_u$ unter Umstellung der Gleichung (3) wie folgt berechnen:[488]

$$(12)\quad r(EK)_u = \frac{r(EK)_v + i \cdot (1 - s) \cdot \frac{FK}{EK_v^M}}{1 + (1 - s) \cdot \frac{FK}{EK_v^M}}.$$

Zweiter Schritt: Ermittlung des Marktwerts des Eigenkapitals

$$(7)\quad EK_v^M = V_v - FK.$$

II. Anwendung auf den Fall: Formale Äquivalenz der Discounted-Cashflow-Methoden bei der Sonnenschein AG

1. APV-Verfahren

Die Ausgangsdaten der Sonnenschein AG geben nur die Eigenkapitalrendite für das unverschuldete Unternehmen an. Der Anteil des Fremdkapitals am Marktwert

---

485 Aus dieser Anpassung resultiert der Begriff „Adjusted“ Present Value, der erstmals von *Myers*, Interactions of corporate financing and investment decisions – implications for capital budgeting, JoF 1974, S. 1 (S. 4) geprägt wurde.

486 Vgl. *Mandl*, Discounted Cash-flow-Verfahren: Ein Verfahrensvergleich, in: Kofler/Nadvornik/Pernsteiner (Hrsg.), FS Vodrazka (1996), S. 405 (S. 420); *Brealey/Myers/Allen*, Principles of Corporate Finance (2011), S. 514–518.

487 Vgl. *Modigliani/Miller*, Corporate Income Taxes and the Cost of Capital: A Correction, AER 1963, S. 433 (S. 438, Fn. 9).

488 Vgl. *Mandl*, Discounted Cash-flow-Verfahren: Ein Verfahrensvergleich, in: Kofler/Nadvornik/Pernsteiner (Hrsg.), FS Vodrazka (1996), S. 405 (S. 414).

des Gesamtkapitals (FK/V_v) ist dagegen unbekannt. Deshalb wird das APV-Verfahren herangezogen, um den Unternehmensgesamtwert zu ermitteln.

Der Free Cashflow beträgt gemäß (9):

$$FCF = X \cdot (1 - s) = 1\,350 \cdot (1 - 0{,}3) = 945 \text{ €}.$$

Für die Sonnenschein AG berechnet sich unter Heranziehung der angegebenen Daten und Formel (11) folgender Marktwert des Gesamtkapitals:

$$V_v = \frac{FCF}{r(EK)_u} + s \cdot FK = \frac{945}{0{,}1} + 0{,}3 \cdot 4\,500 = 10\,800 \text{ €}.$$

Der Unternehmenswert als Marktwert des Eigenkapitals ergibt sich nach (7), indem der Marktwert des Gesamtkapitals um den Marktwert des Fremdkapitals vermindert wird:

$$EK_v^M = V_v - FK = 10\,800 - 4\,500 = 6\,300 \text{ €}.$$

2. Equity-Verfahren

Wird das Equity-Verfahren zur Unternehmensbewertung herangezogen, so muss zunächst die von den Eigenkapitalgebern für das verschuldete Unternehmen geforderte Rendite gemäß (3), unter Ausnutzung des mittels des APV-Verfahrens erzielten Ergebnisses, ermittelt werden:

$$r(EK)_v = r(EK)_u + \left(r(EK)_u - i\right) \cdot (1 - s) \cdot \frac{FK}{EK_v^M}$$

$$= 0{,}1 + (0{,}1 - 0{,}08) \cdot (1 - 0{,}3) \cdot \frac{4\,500}{6\,300} = 0{,}11.$$

Der als zu kapitalisierende Größe zu Grunde zu legende Flow to Equity ist gemäß (2):

$$FTE = (X - i \cdot FK) \cdot (1 - s) = (1\,350 - 0{,}08 \cdot 4\,500) \cdot (1 - 0{,}3) = 693 \text{ €}.$$

Eingesetzt in die Berechnungsformel des Equity-Verfahrens (1) erhält man folgendes Ergebnis

$$EK_v^M = \frac{FTE}{r(EK)_v} = \frac{693}{0{,}11} = 6\,300 \text{ €},$$

das mit dem Ergebnis des APV-Verfahrens übereinstimmt.

3. WACC-Verfahren

Die Anwendung des WACC-Verfahrens erfordert zunächst die Ermittlung von k^{WACC} gemäß Gleichung (10)

$$k^{WACC} = r(EK)_v \cdot \frac{EK_v^M}{V_v} + i \cdot (1 - s) \cdot \frac{FK}{V_v}$$

$$= 0{,}11 \cdot \frac{6\,300}{10\,800} + 0{,}08 \cdot (1 - 0{,}3) \cdot \frac{4\,500}{10\,800} = 0{,}0875,$$

und der Unternehmensgesamtwert beträgt nach (8)

$$V_v = \frac{FCF}{k^{WACC}} = \frac{945}{0{,}0875} = 10\,800\text{ €}.$$

Wird auch hier wieder der Wert des Fremdkapitals in Abzug gebracht, ergibt sich der Marktwert des Eigenkapitals ebenso wie mit dem Equity- und APV-Verfahren als

$$EK_v^M = V_v - FK = 10\,800 - 4\,500 = 6\,300\text{ €}.$$

4. DUK-Verfahren

Auch die Berücksichtigung des Steuervorteils im Zähler und Diskontierung mit den durchschnittlichen Kapitalkosten liefert:

$$TCF = X \cdot (1 - s) + i \cdot FK \cdot s = 1\,350 \cdot (1 - 0{,}3) + 0{,}08 \cdot 4\,500 \cdot 0{,}3$$

$$= 1\,053\text{ €},$$

$$k^{DUK} = r(EK)_v \cdot \frac{EK_v^M}{V_v} + i \cdot \frac{FK}{V_v}$$

$$= 0{,}11 \cdot \frac{6\,300}{10\,800} + 0{,}08 \cdot \frac{4\,500}{10\,800} = 0{,}0975,$$

$$V_v = \frac{TCF}{k^{DUK}} = \frac{1\,053}{0{,}0975} = 10\,800\text{ €}$$

und daher

$$EK_v^M = V_v - FK = 10\,800 - 4\,500 = 6\,300\text{ €}.$$

Weiterführende Literatur

Baetge, Jörg/ Niemeyer, Kai/ Kümmel, Jens,	Darstellung der Discounted-Cashflow-Verfahren (DCF-Verfahren) mit Beispiel, in: Volker H. Peemöller (Hrsg.), Praxishandbuch der Unternehmensbewertung, 4. Aufl., Herne 2009, S. 339–477
Ballwieser, Wolfgang,	Unternehmensbewertung mit Discounted Cash Flow-Verfahren, WPg, 51. Jg. (1998), S. 81–92
Hachmeister, Dirk,	Der Discounted Cash Flow als Maß der Unternehmenswertsteigerung, 4. Aufl., Frankfurt a. M. et al. 2000, S. 91–139
Hering, Thomas,	Unternehmensbewertung, 2. Aufl., München/Wien 2006, S. 206–231
Mandl, Gerwald,	Discounted Cash-flow-Verfahren: Ein Verfahrensvergleich, in: Herbert Kofler/Wolfgang Nadvornik/Helmut Pernsteiner (Hrsg.), Betriebswirtschaftliches Prüfungswesen in Österreich, Festschrift für Karl Vodrazka, Wien 1996, S. 405–424

Fall 18: Einfluss der Kapitalstruktur und der Besteuerung auf die Unternehmensbewertung

Sachverhalt:

Herrn Clever, den Eigentümer der Infonion-Technologiepark AG, interessiert brennend, in welcher Höhe er zum jetzigen Zeitpunkt den Verkaufspreis für sein Unternehmen ansetzen könnte. Da Herr Clever sich gestern intensiv mit den, seiner Meinung nach problemlosen, DCF-Verfahren beschäftigt hat, beauftragt er Sie mit der Bewertung seines Unternehmens auf Basis dieser Bewertungsansätze und stellt Ihnen folgende Prognosedaten seines Unternehmens zur Verfügung:

Tabelle 68: Prognosedaten – Infonion-Technologiepark AG

(in €)	**t_0**	**t_1**	**t_2**	**t_3**	**ab t_4**
erwarteter Einzahlungsüberschuss vor Steuern und vor Bedienung des Fremdkapitals		250	275	300	335
Fremdkapitalplanung	500	490	480	520	520
Eigenkapitalrendite für das unverschuldete Unternehmen	12 %				

Das Steuersystem sieht eine einfache Gewinnsteuer auf Unternehmensebene mit einem konstanten Steuersatz (s) in Höhe von 30 % vor. Eine Einkommensteuer auf Anteilseignerebene existiert nicht. Der risikolose Fremdkapitalzinssatz beträgt 7 %. Die auf Unternehmensebene zu leistenden Fremdkapitalzinsen mindern die steuerliche Bemessungsgrundlage.

Aufgabenstellung:

- In welcher Weise beeinflusst die *Fremdkapitalfinanzierung* die Höhe des Marktwerts des Gesamtkapitals?
- Berechnen Sie den Unternehmenswert der Infonion-Technologiepark AG mit dem *am leichtesten implementierbaren Verfahren*!
- Vor welchem *Problem* stehen Sie, wenn Herr Clever verlangt, dass ein anderes als das unter der zweiten Aufgabenstellung gewählte Verfahren eingesetzt werden soll, ohne die unter der zweiten Aufgabenstellung erlangten Erkenntnisse über den Verkaufspreis der Infonion-Technologiepark AG zu nutzen? Schlagen Sie Alternativen zur Lösung dieses Problems vor!

I. Einfluss der Fremdfinanzierung auf den Unternehmensgesamtwert

Die Kapitalstruktur ist irrelevant für den gesamten Marktwert eines Unternehmens. So lautet das erste von *Modigliani/Miller* 1958 unter restriktiven Prämissen abgeleitete Theorem.[489] Da Anteilseigner die Erfolge eines verschuldeten Unternehmens selbst herstellen können, indem sie sich an einem unverschuldeten Unternehmen mit gleichem operativen Risiko beteiligen und sich privat verschulden, um die gleiche Risikosituation herzustellen, kann der Marktwert des verschuldeten Unternehmens nicht größer sein als der Marktwert des unverschuldeten Unternehmens. Eine für die These von der Irrelevanz der Kapitalstruktur maßgebliche Annahme, die Abwesenheit von Steuern,[490] ist jedoch in der Realität nicht gegeben. Daher ist zu untersuchen, welchen Einfluss das einfache, in der Aufgabenstellung angenommene Steuersystem auf den Unternehmensgesamtwert hat. Um einen Vergleich mit der grundlegenden These von *Modigliani/Miller* herzustellen, ist zu prüfen, inwieweit es „Unternehmen bzw. Investoren [gelingt,] durch Verschuldung Vorteile [zu] erzielen (Nachteile [zu] erfahren), die die jeweils andere Partei nicht erzielt bzw. nicht erfährt“[491]. Die unter Fall 17, Fußnote 457, aufgeführten Annahmen behalten ihre Gültigkeit.

Das erwartete periodische Einkommen eines Aktionärs, der mit dem Anteil a am Eigenkapital des unverschuldeten Unternehmens beteiligt ist, beträgt

$$\begin{aligned} Einkommen &= a \cdot X - s \cdot a \cdot X \\ &= a \cdot X \cdot (1 - s). \end{aligned}$$

Das erwartete periodische Einkommen eines Aktionärs, der mit dem Anteil a am Eigenkapital des mit FK verschuldeten Unternehmens beteiligt ist, beträgt demgegenüber

$$\begin{aligned} Einkommen &= a \cdot (X - i \cdot FK) - s \cdot a \cdot (X - i \cdot FK) \\ &= a \cdot (X - i \cdot FK) \cdot (1 - s), \end{aligned}$$

da die Fremdkapitalzinsen $(i \cdot FK)$ die steuerliche Bemessungsgrundlage mindern.

---

489 So *Modigliani/Miller*, The Cost of Capital, Corporation Finance and the Theory of Investment, AER 1958, S. 261 (S. 268): „The market value of any firm is independent of its capital structure.“

490 Ebenso kann gemäß *Hering*, Unternehmensbewertung (2006), S. 171, vorausgesetzt werden, dass „keine Unterschiede in der steuerlichen Behandlung von Eigen- und Fremdkapital“ bestehen. Vgl. ebenfalls *Schmidt/Terberger*, Grundzüge der Investitions- und Finanzierungstheorie (1997), S. 264.

491 *Drukarczyk*, Theorie und Politik der Finanzierung (1993), S. 152.

Der am unverschuldeten Unternehmen beteiligte Investor könnte ein Einkommen in dieser Höhe nicht erreichen, wenn er zur Herstellung der gleichen Leverage-Wirkung einen Teil seines Aktienkaufs in Höhe von $a \cdot FK$ privat fremdfinanziert. Sein erzielbares periodisches Einkommen beträgt dann:[492]

$$Einkommen = a \cdot X \cdot (1 - s) - a \cdot i \cdot FK.$$

Doch das vom Aktionär aus einer Beteiligung am teilweise fremdfinanzierten Unternehmen erwartete Einkommen ist um $a \cdot s \cdot i \cdot FK$ größer als das erwartete Einkommen aus einer Beteiligung an der unverschuldeten Unternehmung unter Berücksichtigung der privat zu leistenden Fremdkapitalzinsen:[493]

Einkommen aus einer Beteiligung am verschuldeten Unternehmen		*Einkommen aus einer Beteiligung am unverschuldeten Unternehmen und private Verschuldung*
$a \cdot (X - i \cdot FK) \cdot (1 - s)$	$\gtreqless$	$a \cdot X \cdot (1 - s) - a \cdot i \cdot FK$
$a \cdot X \cdot (1 - s) - a \cdot i \cdot FK \cdot (1 - s)$	$\gtreqless$	$a \cdot X \cdot (1 - s) - a \cdot i \cdot FK$
$a \cdot X \cdot (1 - s) - a \cdot i \cdot FK + a \cdot s \cdot i \cdot FK$	$>$	$a \cdot X \cdot (1 - s) - a \cdot i \cdot FK.$

Die Differenz $a \cdot s \cdot i \cdot FK$ wird als *Steuervorteil (Tax Shield)* bezeichnet und resultiert aus der steuerlichen Abzugsfähigkeit der Fremdkapitalzinsen auf Unternehmensebene. Die auf diese Weise gekürzte Steuerbemessungsgrundlage ermöglicht eine niedrigere Steuerzahlung des verschuldeten Unternehmens und somit das Entstehen einer Steuerersparnis respektive Steuersubvention, welche auch durch Arbitrage nicht mehr beseitigt werden kann.[494] Wird diese Erkenntnis auf die Unternehmensbewertung übertragen, so berechnet sich der Marktwert des Gesamtkapitals des fremdfinanzierten Unternehmens als Summe aus dem Marktwert des rein eigenfinanzierten Unternehmens und dem Barwert des periodischen „Mehrerfolg[s] des verschuldeten Unternehmens in Höhe von"[495] $s \cdot i \cdot FK$.[496] Die periodischen Steuervorteile sind im Fall der ewigen Rente mit dem risikolosen Fremd-

---

492 Vgl. *Drukarczyk*, Theorie und Politik der Finanzierung (1993), S. 152. Vgl. ebenfalls die Beweisführung von *Modigliani/Miller*, Reply to Heins and Sprenkle, AER 1969, S. 592 (S. 594).

493 Vgl. *Drukarczyk*, Theorie und Politik der Finanzierung (1993), S. 152.

494 Vgl. *Hering*, Unternehmensbewertung (2006), S. 173.

495 *Drukarczyk/Schüler*, Unternehmensbewertung (2009), S. 119.

496 Vgl. *Modigliani/Miller*, Corporate Income Taxes and the Cost of Capital: A Correction, AER 1963, S. 433 (S. 436). Vgl. ebenfalls *Hering*, Unternehmensbewertung (2006), S. 173.

kapitalzins zu diskontieren, wenn Illiquiditätsrisiken ausgeschlossen sind[497] und der Fremdkapitalbestand gegeben und konstant ist:[498]

$$(13)\quad V_v = V_u + \frac{s \cdot i \cdot FK}{i} = V_u + s \cdot FK.$$

Fremdkapitalfinanzierung beeinflusst die Höhe des Unternehmensgesamtwerts, da „private Anleger die gleiche Steuersubvention … durch private Verschuldung *nicht* erzielen können“[499]. Die Kapitalstruktur ist nicht mehr irrelevant, da eine höhere Verschuldung (ceteris paribus) einen höheren Marktwert des Gesamtkapitals impliziert.

II. Umsetzung des Adjusted-Present-Value-Verfahrens

1. Marktwert des fiktiv rein eigenfinanzierten Unternehmens

a) Erläuterung

Zur Berechnung des Unternehmenswerts der Infonion-Technologiepark AG kann grundsätzlich das APV-Verfahren herangezogen werden, da alle für dessen Anwendung benötigten Daten gegeben sind. Der Marktwert des Gesamtkapitals berechnet sich gemäß:[500]

$$(14)\quad V_{v,0} = V_{u,0} + TS_0 = \sum_{t=1}^{\infty} \frac{FCF_t}{\left(1 + r(EK)_u\right)^t} + \sum_{t=1}^{\infty} \frac{s \cdot i \cdot FK_{t-1}}{(1+i)^t}.$$

Im ersten Schritt sind die zur Diskontierung benötigten Free Cashflows des fiktiv rein eigenfinanzierten Unternehmens zu berechnen, indem der Steuersatz auf den erwarteten Einzahlungsüberschuss, ohne Berücksichtigung der steuerlichen Abzugsfähigkeit der Fremdkapitalzinsen, angewandt wird. Um der Definition des Cashflow als Zahlungsstromgröße[501] gerecht zu werden, sind bei seiner Berechnung alle zahlungswirksamen Maßnahmen, z. B. Ersatz- und Erweiterungsinvesti-

497 Vgl. *Drukarczyk/Schüler*, Unternehmensbewertung (2009), S. 118–121.

498 Vgl. *Modigliani/Miller*, Corporate Income Taxes and the Cost of Capital: A Correction, AER 1963, S. 433 (S. 438, Fn. 9).

499 *Drukarczyk*, Theorie und Politik der Finanzierung (1993), S. 153.

500 Vgl. *Mandl/Rabel*, Unternehmensbewertung (1997), S. 374.

501 Vgl. *Hachmeister*, Der Discounted Cash Flow als Maß der Unternehmenswertsteigerung (2000), S. 59.

tionen oder Desinvestitionen, zu berücksichtigen,[502] von denen aus Vereinfachungsgründen in der Aufgabenstellung abstrahiert wurde, so dass sich der erwartete Free Cashflow wie folgt errechnet:[503]

$$(15) \quad FCF_t = X_t \cdot (1 - s).$$

Zur Berechnung des Marktwerts des fiktiv unverschuldeten Unternehmens $V_{u,0}$ ist der Free Cashflow der jeweiligen Periode mit dem Eigenkapitalkostensatz für das unverschuldete Unternehmen auf den Bewertungsstichtag ($t = 0$) zu diskontieren (Zwei-Phasen-Modell[504]):

$$(16) \quad V_{u,0} = \sum_{t=1}^{\infty} \frac{FCF_t}{\left(1 + r(EK)_u\right)^t} = \sum_{t=1}^{T} \frac{FCF_t}{\left(1 + r(EK)_u\right)^t} + \frac{\frac{FCF_{T+1}}{r(EK)_u}}{\left(1 + r(EK)_u\right)^T}.$$

b) Anwendung auf den Fall: Marktwert der Infonion-Technologiepark AG unter der Fiktion der reinen Eigenfinanzierung

Tabelle 69: Berechnung der erwarteten Free Cashflows

(in €)	t_1	t_2	t_3	**ab** t_4
X_t	250,00	275,00	300,00	335,00
$-s \cdot X_t$	–75,00	–82,50	–90,00	–100,50
$= FCF_t$	175,00	192,50	210,00	234,50

Herr Clever, der Eigentümer der Infonion-Technologiepark AG, hat für die detaillierte Prognose der Zahlungsüberschüsse seines Unternehmens einen Planungszeitraum von drei Jahren ($T = 3$) gewählt. Daran schließt sich die Fortführungsphase zur Berechnung des Restwerts als Barwert einer ewigen Rente an:

$$V_{u,0} = \sum_{t=1}^{3} \frac{FCF_t}{\left(1 + r(EK)_u\right)^t} + \frac{\frac{FCF_4}{r(EK)_u}}{\left(1 + r(EK)_u\right)^3}.$$

502 Vgl. *Mandl/Rabel*, Unternehmensbewertung (1997), S. 317–318.

503 Vgl. *Hachmeister*, Der Discounted Cash Flow als Maß der Unternehmenswertsteigerung (2000), S. 112, zur vereinfachten Berechnung der Free Cashflows in der Prognosephase unter Berücksichtigung von Erweiterungsinvestitionen. Zur vereinfachten Berechnung im Rentenmodell vgl. Fall 17, zur detaillierten Darstellung der Cashflow-Berechnung vgl. Fall 20.

504 Vgl. zum Zwei-Phasen-Modell Fall 2.

Werden die in Tabelle 69 prognostizierten Free Cashflows des Unternehmens in die Formel eingesetzt, so ergibt sich der Marktwert des fiktiv vollständig eigenfinanzierten Unternehmens mit:

$$V_{u,0} = \frac{175}{1+0{,}12} + \frac{192{,}5}{(1+0{,}12)^2} + \frac{210}{(1+0{,}12)^3} + \frac{\frac{234{,}5}{0{,}12}}{(1+0{,}12)^3} = 1\,850{,}12\ €.$$

2. Barwert der Steuervorteile

a) Erläuterung

Um die durch Fremdfinanzierung des Unternehmens entstehende Marktwerterhöhung[505] zu ermitteln, sind (ausgehend vom vorgegebenen Fremdkapitalplan) die periodisch anfallenden Steuerersparnisse zu kalkulieren. Der am jeweiligen Periodenende entstehende Steuervorteil berechnet sich, indem der am Beginn der Periode vorhandene Fremdkapitalbestand mit dem Fremdkapitalzinssatz und dem Steuersatz multipliziert wird:[506]

$$Steuervorteil_t = s \cdot i \cdot FK_{t-1}.$$

Der Barwert der Steuervorteile als gesuchte Marktwerterhöhung ergibt sich, „indem das Tax Shield aus der Fremdfinanzierung mit den risikoadäquaten, periodenspezifischen Kapitalkosten diskontiert wird“[507]. Das zur Bewertung herangezogene APV-Verfahren beruht auf der Annahme, dass Insolvenzrisiken ausgeschlossen sind und die Gläubigerposition als risikolos angesehen wird, so dass der Fremdkapitalkostensatz dem risikolosen Zinssatz entspricht.[508] Diese Prämisse wird auch im Schrifttum und in der praktischen Anwendung beibehalten.[509] Als

505 Vgl. *Mandl/Rabel*, Unternehmensbewertung (1997), S. 373.

506 Vgl. *Steiner/Wallmeier*, Unternehmensbewertung mit Discounted Cash Flow-Methoden und dem Economic Value Added-Konzept, FB 1999, S. 1 (S. 5); *Volpert*, Kapitalwert und Ertragsteuern – Die Bedeutung der Finanzierungsprämisse für die Investitionsrechnung (1989), S. 172, Fn. 3: „Anfangszeitpunkt der *Periode j* [*t*] ist der Zeitpunkt *j* – 1 [*t* – 1], Endzeitpunkt *j* [*t*].“

507 *Mandl/Rabel*, Unternehmensbewertung (1997), S. 373.

508 Vgl. *Richter*, Konzeption eines marktwertorientierten Steuerungs- und Monitoringsystems (1999), S. 77.

509 Vgl. *Langenkämper*, Unternehmensbewertung (2000), S. 58 m. w. N.

Folge stellt sich der zur Diskontierung heranzuziehende risikoadäquate Kapitalkostensatz als der risikolose Fremdkapitalzinssatz dar:[510]

$$(17)\quad TS_0 = \sum_{t=1}^{\infty} \frac{i \cdot s \cdot FK_{t-1}}{(1+i)^t} = \sum_{t=1}^{T} \frac{i \cdot s \cdot FK_{t-1}}{(1+i)^t} + \frac{\frac{i \cdot s \cdot FK_T}{i}}{(1+i)^T}.$$

Auch für die Planung des Fremdkapitalbestands und der daraus hervorgehenden Steuerersparnisse wurde ein Detailprognosezeitraum von drei Jahren ($T = 3$) gewählt. Daran schließt sich wieder die Fortführungsphase zur Berechnung des Restwerts als Barwert einer ewigen Rente an:

$$TS_0 = \sum_{t=1}^{3} \frac{i \cdot s \cdot FK_{t-1}}{(1+i)^t} + \frac{\frac{i \cdot s \cdot FK_3}{i}}{(1+i)^3}.$$

b) Anwendung auf den Fall: Barwert des Steuervorteils der Infonion-Technologiepark AG

Tabelle 70: Fremdkapitalplanung und Berechnung der Steuervorteile

(in €)	**t_0**	**t_1**	**t_2**	**t_3**	**ab t_4**
Fremdkapitalplanung	500,00	490,00	480,00	520,00	520,00
Fremdkapitalzinsen (7 %)		35,00	34,30	33,60	36,40
Steuervorteil		10,50	10,29	10,08	10,92

Mit den Daten der Infonion-Technologiepark AG in Tabelle 70 berechnet sich die durch Fremdfinanzierung hervorgerufene Marktwerterhöhung TS_0 mit:

$$TS_0 = \frac{10{,}50}{1+0{,}07} + \frac{10{,}29}{(1+0{,}07)^2} + \frac{10{,}08}{(1+0{,}07)^3} + \frac{\frac{10{,}92}{0{,}07}}{(1+0{,}07)^3} = 154{,}37\ €.$$

510 Vgl. *Richter*, Konzeption eines marktwertorientierten Steuerungs- und Monitoringsystems (1999), S. 77; *Steiner/Wallmeier*, Unternehmensbewertung mit Discounted Cash Flow-Methoden und dem Economic Value Added-Konzept, FB 1999, S. 1 (S. 8): Die weitere Prämisse zur Heranziehung des risikolosen Fremdkapitalzinssatzes ist, dass der Fremdkapitalbestand für alle Perioden vorgegeben wird.

3. Unternehmenswert der Infonion-Technologiepark AG

Den Marktwert des Gesamtkapitals des Unternehmens erhält man nun als Summe aus dem Marktwert des rein eigenfinanzierten Unternehmens und dem Barwert der Steuervorteile:

$$V_{v,0} = V_{u,0} + TS_0 = 1\,850{,}12 + 154{,}37 = 2\,004{,}49 \text{ €}.$$

Wird von diesem Unternehmens*gesamt*wert der Marktwert des Fremdkapitals im Bewertungszeitpunkt abgezogen, so ergibt sich der Unternehmenswert des verschuldeten Unternehmens (Shareholder Value)[511] mit:

$$EK_{v,0}^{M} = V_{v,0} - FK_0 = 2\,004{,}49 - 500 = 1\,504{,}49 \text{ €}.$$

III. Zirkularitätsproblem

Neben dem APV-Verfahren können alternativ das Equity-, das DUK- oder das WACC-Verfahren zur Berechnung des Unternehmenswerts herangezogen werden:[512]

Equity-Verfahren:

$$(18)\quad EK_v^M = \frac{FTE}{r(EK)_v} \text{ mit } r(EK)_v = r(EK)_u + \left(r(EK)_u - i\right) \cdot (1-s) \cdot \frac{FK}{EK_v^M},$$

DUK-Verfahren:

$$(19)\quad V_v = \frac{TCF}{k^{DUK}} \text{ mit } k^{DUK} = r(EK)_v \cdot \frac{EK_v^M}{V_v} + i \cdot \frac{FK}{V_v},$$

WACC-Verfahren:

$$(20)\quad V_v = \frac{FCF}{k^{WACC}} \text{ mit } k^{WACC} = r(EK)_v \cdot \frac{EK_v^M}{V_v} + i \cdot (1-s) \cdot \frac{FK}{V_v}.$$

Allen zur Bestimmung der Marktwerte des Eigen- und Gesamtkapitals benötigten Kapitalkosten ist eigen, dass sie von der Kapitalstruktur, d. h. vom Verschuldungsgrad (FK/EK_v^M) respektive von der Fremd- und Eigenkapitalquote $(FK/V_v$ und $EK_v^M/V_v)$ abhängig sind. Um jedoch diese zur Berechnung des Kapitalisierungs-

---

511 Vgl. *Böcking/Nowak*, Der Beitrag der Discounted Cash Flow-Verfahren zur Lösung der Typisierungsproblematik bei Unternehmensbewertungen – Eine Warnung vor einer „naiven" Übertragung modelltheoretischer Erkenntnisse auf die Bewertungspraxis, DB 1998, S. 685 (S. 687).

512 Vgl. zum Folgenden Fall 17.

zinses notwendigen Gewichtungsfaktoren zu ermitteln, muss der Bewerter bereits den gesuchten Marktwert des Eigenkapitals bzw. den Marktwert des Gesamtkapitals kennen. Infolge dieser gegenseitigen Abhängigkeit des gesuchten Unternehmenswerts vom Verschuldungsgrad und den von diesen determinierten Kapitalkosten wird im bewertungstheoretischen Schrifttum insbesondere die als „Zirkularitätsproblem" bezeichnete Problematik hervorgehoben.[513]

Zur Umgehung des Zirkularitätsproblems werden im Schrifttum alternative Lösungsmöglichkeiten vorgeschlagen:

- *Iteration:*
  Es wird zunächst eine Schätzung für den Marktwert des Eigenkapitals angenommen, zur Berechnung der Kapitalkosten eingesetzt und ein vorläufiger Unternehmenswert ermittelt, der dann wiederum zur Berechnung des Kapitalkostensatzes herangezogen wird. Dieses Verfahren wird so lange durchgeführt, bis der geschätzte Wert mit dem berechneten Wert übereinstimmt.[514]
- *Zielkapitalstruktur:*
  Wird eine Zielkapitalstruktur vorgegeben, so legt der Bewerter den Verschuldungsgrad des Unternehmens (FK/EK_v^M) eindeutig fest, dessen „Einhaltung für alle künftigen Perioden durch entsprechende Investitions-, Ausschüttungs- und Finanzierungspolitik[en] zu sichern ist"[515]. Diese Vorgehensweise wird als unternehmenswertorientierte Finanzierungspolitik bezeichnet.[516] Daneben

513 Vgl. etwa *Hachmeister*, Der Discounted Cash Flow als Maß der Unternehmenswertsteigerung (2000), S. 95; *Richter*, Konzeption eines marktwertorientierten Steuerungs- und Monitoringsystems (1999), S. 29. A. A. *Kruschwitz/Löffler*, Fünf typische Missverständnisse im Zusammenhang mit DCF-Verfahren, FB 2003, S. 731 (S. 733).

514 Vgl. *Ballwieser*, Verbindungen von Ertragswert- und Discounted-Cashflow-Verfahren, in: Peemöller (Hrsg.), Praxishandbuch der Unternehmensbewertung (2009), S. 484–485; *Mandl*, Discounted Cash-flow-Verfahren: Ein Verfahrensvergleich, in: Kofler/Nadvornik/Pernsteiner (Hrsg.), FS Vodrazka (1996), S. 405 (S. 410).

515 *Ballwieser*, Verbindungen von Ertragswert- und Discounted-Cashflow-Verfahren, in: Peemöller (Hrsg.), Praxishandbuch der Unternehmensbewertung (2009), S. 484. Zur Kritik und Implikation der Vorgabe einer Zielkapitalstruktur vgl. *Böcking/Nowak*, Der Beitrag der Discounted Cash Flow-Verfahren zur Lösung der Typisierungsproblematik bei Unternehmensbewertungen – Eine Warnung vor einer „naiven" Übertragung modelltheoretischer Erkenntnisse auf die Bewertungspraxis, DB 1998, S. 685 (S. 687); *Schmidt*, Die Discounted Cash-flow-Methode – nur eine kleine Abwandlung der Ertragswertmethode?, zfbf 1995, S. 1088 (S. 1100); *Wagner*, Die Unternehmensbewertung, in: IDW (Hrsg.), WP Handbuch 2008, Bd. II (2007), S. 1 (S. 128, Rn. 348).

516 Vgl. *Ballwieser*, Unternehmensbewertung (2007), S. 135; *Kruschwitz/Löffler*, Fünf typische Missverständnisse im Zusammenhang mit DCF-Verfahren, FB 2003, S. 731 (S. 731); *dies.*, DCF = APV + (FTE & TCF & WACC)?, in: Richter/Schüler/Schwetzler (Hrsg.), FS Drukarczyk (2003), S. 235 (S. 243); *Wallmeier*, Kapitalkosten und Finanzierungsprämissen, ZfB 1999, S. 1473 (S. 1474).

existiert die sog. autonome[517] Finanzierungspolitik, bei der eine Festlegung der Entwicklung des künftigen Fremdkapitalbestands erfolgt und bei deren Annahme das APV-Verfahren angewendet werden soll.[518]

– *Rekursive Lösung:*
  Geht der Bewerter rekursiv vor, so berechnet er in einem ersten Schritt den Barwert der sich an die Detailplanungsperiode ($t = 1, \ldots, T$) anschließenden ewigen Rente der Fortführungsphase $V_{v,T}$. Dieser Restunternehmensgesamtwert und der sich daraus errechnende Restunternehmenswert $EK^M_{v,T}$ werden im zweiten Schritt genutzt, um den Marktwert des Gesamtkapitals im Zeitpunkt T–1 $\left(V_{v,T-1}\right)$ und den daraus folgenden Marktwert des Eigenkapitals $\left(EK^M_{v,T-1}\right)$ zu berechnen. Die Fortsetzung dieses Roll-back-Verfahrens bis zum Bewertungsstichtag ergibt als Ergebnis den gesuchten Unternehmenswert $EK^M_{v,0}$.[519]

Weiterführende Literatur

Böcking, Hans-Joachim/ Nowak, Karsten,	Der Beitrag der Discounted Cash Flow-Verfahren zur Lösung der Typisierungsproblematik bei Unternehmensbewertungen – Eine Warnung vor einer „naiven" Übertragung modelltheoretischer Erkenntnisse auf die Bewertungspraxis, DB, 51. Jg. (1998), S. 685–690
Drukarczyk, Jochen/ Schüler, Andreas,	Unternehmensbewertung, 6. Aufl., München 2009, S. 118–122
Koller, Tim/ Goedhart, Marc/ Wessels, David,	Valuation, 5. Aufl. (University ed.), Hoboken 2010, S. 235–271
Kruschwitz, Lutz/ Löffler, Andreas,	Discounted Cash Flow, Chichester 2006, S. 61–65
Modigliani, Franco/ Miller, Merton H.,	The Cost of Capital, Corporation Finance and the Theory of Investment, AER, Vol. 48 (1958), S. 261–297
dies.,	Corporate Income Taxes and the Cost of Capital: A Correction, AER, Vol. 53 (1963), S. 433–443
Stellbrink, Jörn,	Der Restwert in der Unternehmensbewertung, Düsseldorf 2005, S. 159–203

517 Vgl. *Richter*, Unternehmensbewertung bei variablem Verschuldungsgrad, ZBB 1998, S. 379 (S. 380).

518 Vgl. *Kruschwitz/Löffler*, Discounted Cash Flow (2006), S. 61–65.

519 Vgl. *Ballwieser*, Verbindungen von Ertragswert- und Discounted-Cashflow-Verfahren, in: Peemöller (Hrsg.), Praxishandbuch der Unternehmensbewertung (2009), S. 484–485; *Steiner/ Wallmeier*, Unternehmensbewertung mit Discounted Cash Flow-Methoden und dem Economic Value Added-Konzept, FB 1999, S. 1 (S. 3).

Fall 19: Einfluss der Kapitalstruktur und der Besteuerung auf die Beurteilung von Investitionsprojekten

Sachverhalt:

Die börsennotierte, vollständig eigenfinanzierte Z AG hat vor, ein Investitionsprojekt durchzuführen, dessen Geschäftsrisiko sich nicht von dem der bisher im Unternehmen realisierten Investitionen unterscheidet ($r(EK)_u =$ konstant). Die von den Eigentümern geforderte Rendite für das vollständig eigenfinanzierte Unternehmen beträgt 14 %, und allein auf Unternehmensebene ist ein konstanter Gewinnsteuersatz von 30 % zu berücksichtigen. Die Prognose der künftig erwarteten Cashflows, die bei Durchführung der Investition dem Unternehmen zufließen werden, lautet:

Tabelle 71: Prognosedaten der Z AG

(in €)	t_0	t_1	t_2	t_3	ab t_4
erwarteter FCF nach Steuern		102,40	107,50	110,60	114,50
Investitionssumme	–850,00				

Aufgabenstellung:

- Berechnen Sie den *Kapitalwert* des Projekts, wenn das Unternehmen seine Kapitalstruktur beibehält! Ist die Durchführung des Investitionsprojekts sinnvoll?
- Da das Unternehmen in seiner bisherigen Struktur am Markt unterbewertet ist, hat sich das Management für eine Modifikation der Finanzierungsstrategie ausgesprochen. Wie verändert sich der Kapitalwert des Investitionsprojekts, wenn die *Investitionssumme zu 50 % fremdfinanziert* werden soll und der Kredit bis einschließlich t_3 jährlich um 10 % (bezogen auf den jeweilig vorhergehenden Kreditrestbetrag) getilgt wird? Der ab dem Zeitpunkt t_3 bestehende Fremdkapitalbestand soll beibehalten werden. Der risikolose Fremdkapitalzinssatz ist mit 8 % gegeben. Wie sieht die Fremdkapitalplanung für die Jahre t_1, t_2, t_3 und t_4 aus?

I. Kapitalwertberechnung

1. Erläuterung

Für ein rein mit Eigenkapital finanziertes Unternehmen errechnet sich der Marktwert des Gesamtkapitals, indem der Free Cashflow (FCF_t) mit den korrespondierenden Eigenkapitalkosten bei reiner Eigenfinanzierung $\left(r(EK)_u\right)$ bewertet wird:

$$(21)\quad V_{u,0} = \sum_{t=1}^{\infty} \frac{FCF_t}{\left(1 + r(EK)_u\right)^t}.$$

Sollen die DCF-Verfahren herangezogen werden, um unternehmensintern Investitionsprojekte anhand ihres Kapitalwerts (KW_0) zu bewerten, so muss vom Ertragswert $\left(\text{hier } V_{u,0}\right)$ die zur Durchführung der Investition notwendige Anschaffungsauszahlung (I_0) abgezogen werden:[520]

$$(22)\quad KW_0 = -I_0 + \sum_{t=1}^{\infty} \frac{FCF_t}{\left(1 + r(EK)_u\right)^t}.$$

Im ersten Schritt sind die zur Diskontierung benötigten Free Cashflows des fiktiv rein eigenfinanzierten Unternehmens zu berechnen, indem der Steuersatz auf den erwarteten Einzahlungsüberschuss angewandt wird. Um der Definition des Cashflow als Zahlungsstromgröße[521] gerecht zu werden, sind bei seiner Berechnung alle zahlungswirksamen Maßnahmen, z. B. Ersatz- und Erweiterungsinvestitionen oder Desinvestitionen, zu berücksichtigen und alle zahlungsunwirksamen Erträge und Aufwendungen, z. B. Abschreibungen, herauszurechnen,[522] von denen aus Vereinfachungsgründen in der Aufgabenstellung abstrahiert wurde.

Um den Kapitalwert eines Investitionsprojekts zu bestimmen, müssen die *projektspezifischen* Kapitalkosten herangezogen werden, denn unterschiedliche Projekte mit unterschiedlichen Risiken können nicht mit einem Zins diskontiert werden, der

---

520 Vgl. *Hachmeister*, Der Discounted Cash Flow als Maß der Unternehmenswertsteigerung (2000), S. 92.

521 Vgl. *Hachmeister*, Der Discounted Cash Flow als Maß der Unternehmenswertsteigerung (2000), S. 59–60: „Der Cash-flow wird als Saldo der Ein- und Auszahlungen des Unternehmens mit seiner Umwelt auf Absatz- und Beschaffungsmärkten (Leistungsbereich) während einer Periode verstanden."

522 Vgl. *Mandl/Rabel*, Unternehmensbewertung (1997), S. 317–318. Zur vereinfachten Berechnung der Free Cashflows in der Prognosephase unter Berücksichtigung von Erweiterungsinvestitionen vgl. *Hachmeister*, Der Discounted Cash Flow als Maß der Unternehmenswertsteigerung (2000), S. 112. Zur vereinfachten Berechnung im Rentenmodell vgl. Fall 17. Für eine detaillierte Darstellung der Cashflow-Berechnung vgl. Fall 20.

eine konstante Risikoprämie enthält.[523] Das Geschäftsrisiko des zu untersuchenden Investitionsprojekts entspricht jedoch der Risikostruktur der Z AG, so dass die Kapitalkosten des Unternehmens zur Berechnung des Kapitalwerts der Investition angesetzt werden können.[524]

2. Anwendung auf den Fall: Kapitalwert des Investitionsprojekts der Z AG

Unter Einsatz der in der Aufgabenstellung gegebenen Größen errechnet sich der Kapitalwert mit:

$$KW_0 = -850 + \frac{102{,}40}{(1+0{,}14)} + \frac{107{,}50}{(1+0{,}14)^2} + \frac{110{,}60}{(1+0{,}14)^3}$$

$$+ \frac{\frac{114{,}50}{0{,}14}}{(1+0{,}14)^3} = -50{,}78\ €.$$

Das Investitionsprojekt sollte nicht durchgeführt werden, da „ein negativer Kapitalwert … eine Verringerung des Vermögens bzw. der Konsummöglichkeiten [der Investoren] zur Folge“[525] hat.

II. Einfluss der Fremdfinanzierung auf den Kapitalwert von Investitionsprojekten

Auf Grund der vom Unternehmen geplanten Fremdfinanzierung ist der Kapitalwert des Projekts um den Barwert der entstehenden Steuervorteile zu modifizieren (APV-Verfahren):[526]

523 Vgl. *Rudolph*, Neuere Kapitalkostenkonzepte auf der Grundlage der Kapitalmarkttheorie, zfbf 1986, S. 892 (S. 893). Vertiefend *Kruschwitz/Milde*, Geschäftsrisiko, Finanzierungsrisiko und Kapitalkosten, zfbf 1996, S. 1115 (S. 1116): Die unternehmensspezifischen Kapitalkosten sind heranzuziehen, „wenn die bereits realisierten Investitionen und das neue Projekt sowohl hinsichtlich des Geschäftsrisikos als auch hinsichtlich des Finanzierungsrisikos völlig identisch“ sind.

524 So *Rudolph*, Neuere Kapitalkostenkonzepte auf der Grundlage der Kapitalmarkttheorie, zfbf 1986, S. 892 (S. 893): „Wenn das Investitionsprojekt die gleiche Risikostruktur aufweist wie das Unternehmen, das die Investition beabsichtigt, dann ist das Marktrisiko des Projektes mit dem des Unternehmens identisch.“

525 *Schmidt/Terberger*, Grundzüge der Investitions- und Finanzierungstheorie (1997), S. 137.

526 Vgl. Fall 17.

$$(23)\quad KW_0 = -I_0 + \sum_{t=1}^{\infty} \frac{FCF_t}{\left(1 + r(EK)_u\right)^t} + \sum_{t=1}^{\infty} \frac{s \cdot i \cdot FK_{t-1}}{(1+i)^t}.$$

Eine 50%ige Fremdfinanzierung der Anschaffungsauszahlung des Investitionsprojekts impliziert eine Kreditaufnahme in Höhe von 425 Euro. Nachfolgend wird die Fremdkapitalplanung des Unternehmens dargestellt, wenn der Kredit bis einschließlich t_3 jährlich um 10 %, bezogen auf den am Jahresbeginn bestehenden Restbetrag, getilgt wird und ab dem Zeitpunkt t_3 ein konstanter Fremdkapitalbestand angestrebt ist:

Tabelle 72: Fremdkapitalplanung der Z AG

(in €)	**t_0**	**t_1**	**t_2**	**t_3**	**ab t_4**
Investitionssumme	850,00				
Kreditaufnahme (50 %)	425,00				
Tilgung (10 %)		–42,50	–38,25	–34,42	0,00
Kreditrestbetrag		382,50	344,25	309,83	309,83

Die dem Unternehmen auf Grund der steuerlichen Abzugsfähigkeit der Fremdkapitalzinsen jährlich zustehende Steuerersparnis ergibt sich, indem die Fremdkapitalzinsen mit dem Steuersatz multipliziert werden:

$$(24)\quad Steuervorteil_t = s \cdot i \cdot FK_{t-1}.$$

Tabelle 73: Berechnung der Steuervorteile der Z AG

(in €)	**t_0**	**t_1**	**t_2**	**t_3**	**ab t_4**
Fremdkapitalbestand	425,00	382,50	344,25	309,83	309,83
Fremdkapitalzinsen (8 %)		34,00	30,60	27,54	24,79
Steuervorteil (30 %)		10,20	9,18	8,26	7,44

Schließlich wird gemäß Gleichung (23) der Barwert der Steuervorteile berechnet, wobei für die Perioden „ab t_4“ mit dem genauen Steuervorteil in Höhe von 7,435 % gerechnet wird:

$$TS_0 = \sum_{t=1}^{\infty} \frac{s \cdot i \cdot FK_{t-1}}{(1+i)^t} = \frac{10{,}20}{1{,}08} + \frac{9{,}18}{1{,}08^2} + \frac{8{,}26}{1{,}08^3} + \frac{\frac{7{,}435}{0{,}08}}{1{,}08^3} = 97{,}65\ €.$$

Der Barwert der Steuervorteile und der Kapitalwert bei ausschließlicher Eigenfinanzierung (siehe Gliederungspunkt I.) sind dann zu addieren, so dass der Kapitalwert des Investitionsprojekts 46,87 Euro beträgt:

$$KW_0 = -I_0 + \sum_{t=1}^{\infty} \frac{FCF_t}{\left(1 + r(EK)_u\right)^t} + \sum_{t=1}^{\infty} \frac{s \cdot i \cdot FK_{t-1}}{(1+i)^t}$$

$$= -850 + 799{,}22 + 97{,}65 = 46{,}87\ €.$$

„Erst durch die Subventionszahlung des Staates – wegen der steuerlichen Begünstigung der Fremdfinanzierung – wird der NPV [Net Present Value = Kapitalwert] positiv und das Projekt akzeptabel. Dieser Tatbestand weist nachdrücklich auf die Verzerrung von Sachinvestitionsentscheidungen durch die Steuerpolitik des Staates hin.“[527]

Weiterführende Literatur

Hachmeister, Dirk,	Der Discounted Cash Flow als Maß der Unternehmenswertsteigerung, 4. Aufl., Frankfurt a. M. et al. 2000, S. 48–139
Kruschwitz, Lutz/ Milde, Hellmuth,	Geschäftsrisiko, Finanzierungsrisiko und Kapitalkosten, zfbf, 48. Jg. (1996), S. 1115–1132
Rudolph, Bernd,	Neuere Kapitalkostenkonzepte auf der Grundlage der Kapitalmarkttheorie, zfbf, 38. Jg. (1986), S. 892–898

527 *Kruschwitz/Milde*, Geschäftsrisiko, Finanzierungsrisiko und Kapitalkosten, zfbf 1996, S. 1115 (S. 1126).

8. Kapitel:

Discounted-Cashflow-Verfahren – Wertkomponenten

Fall 20: Cashflow-Ermittlung

Sachverhalt:

Für die X GmbH erhalten Sie folgende Angaben bezüglich der Einnahmen und Ausgaben, mit denen die GmbH langfristig rechnet:

– Fremdkapital (Buchwert = Marktwert):	50 000 Euro,
– Eigenkapital (laut Bilanz):	50 000 Euro,
– Anlagevermögen:	40 000 Euro,
– Fremdkapitalzinssatz:	10 %,
– Steuersatz:	30 %,
– EBIT:	12 000 Euro,
– Abschreibungen:	5 000 Euro,
– Investitionen (Anlagevermögen):	6 000 Euro,
– Zunahme des Net Working Capital:	1 000 Euro,
– ROI:	18 %,
– Branchenrendite:	14 %.

Aufgabenstellung:

- Sowohl das WACC-Verfahren als auch das APV-Verfahren verwenden als zu diskontierende zukünftige Zahlungsüberschüsse *Free Cashflows.*
  - Begründen Sie, warum der Free Cashflow als Zahlungsstrom sowohl den Eigen- als auch den Fremdkapitalgebern zusteht und als Cashflow eines *fiktiv rein eigenfinanzierten Unternehmens* bezeichnet wird!
  - Stellen Sie die Ermittlung des Free Cashflow sowohl *direkt als auch indirekt* dar!
- Für den Entity Approach mit Berücksichtigung des Steuervorteils im Zähler (DUK-Verfahren) wird der sog. *Total Cashflow* benötigt. Wie wird er ermittelt?
- Wie wird der für den Equity Approach (Nettoverfahren) benötigte *Flow to Equity* ermittelt?
- Welche *Vor- und Nachteile* sind mit den verschiedenen, der Unternehmensbewertung zu Grunde zu legenden Cashflow-Größen verbunden? Stellen Sie Gemeinsamkeiten und Unterschiede heraus!

– Ermitteln Sie anhand der vorstehenden Daten die Cashflows, die den jeweiligen DCF-Verfahren zu Grunde gelegt werden! Erläutern Sie, welche dieser Kennzahlen Sie für die Ermittlung der Cashflows benötigen und welche dafür unmaßgebend sind!

I. Free Cashflow

1. Cashflow bei unterstellter reiner Eigenfinanzierung

DCF-Verfahren ermitteln „den Unternehmenswert durch Diskontierung von … Cashflows“[528]. Der Begriff des Cashflow wurde in den USA als Instrument zur Analyse von Wertpapieren entwickelt und hat sich auch in Deutschland als häufig angewandte Kennzahl durchgesetzt.[529] Durch die Definition von Cashflows als Zahlungsstromgröße[530] oder Zahlungsmittelüberschuss[531] bleiben zahlungs*un*wirksame Erträge sowie Aufwendungen unberücksichtigt.[532]

Ausgangspunkt für die Ermittlung der Free Cashflows ist die Trennung des Unternehmens in einen Leistungs- und einen Finanzierungsbereich.[533] Da die Kapitalstruktur und insbesondere die aus der Fremdfinanzierung entstehenden steuerlichen Vorteile bei Anwendung des WACC-Verfahrens im Kapitalisierungszinssatz[534]

$$(1)\quad k^{WACC} = r(EK)_v \cdot \frac{EK_v^M}{V_v} + i \cdot (1-s) \cdot \frac{FK}{V_v}$$

zu erfassen sind, umfasst der für die Diskontierung gesuchte Cashflow nur von der Finanzierung unabhängige,[535] allein „im Leistungsbereich … anfallende Einzah-

528 *Wagner*, Die Unternehmensbewertung, in: IDW (Hrsg.), WP Handbuch 2008, Bd. II (2007), S. 1 (S. 123, Rn. 337, im Original teilweise als Fettdruck).

529 Vgl. *Hachmeister*, Der Discounted Cash Flow als Maß der Unternehmenswertsteigerung (2000), S. 59.

530 Vgl. *Ballwieser*, Unternehmensbewertung mit Discounted Cash Flow-Verfahren, WPg 1998, S. 81 (S. 84); *Hachmeister*, Der Discounted Cash Flow als Maß der Unternehmenswertsteigerung (2000), S. 59.

531 Vgl. *Wagner*, Die Unternehmensbewertung, in: IDW (Hrsg.), WP Handbuch 2008, Bd. II (2007), S. 1 (S. 124, Rn. 337).

532 Vgl. *Mandl/Rabel*, Unternehmensbewertung (1997), S. 317.

533 Vgl. *Langenkämper*, Unternehmensbewertung (2000), S. 22; *Mandl/Rabel*, Unternehmensbewertung (1997), S. 312.

534 Vgl. Fall 17.

535 Vgl. *Schmidt*, Die Discounted Cash-flow-Methode – nur eine kleine Abwandlung der Ertragswertmethode?, zfbf 1995, S. 1088 (S. 1092).

lungsüberschüsse aus der laufenden Geschäfts- und Investitionstätigkeit"[536]. Diskontiert werden mithin nur Cashflows des operativen Geschäfts.[537] Bei der Ermittlung des Free Cashflow werden daher keine Zahlungsströme des Finanzbereichs berücksichtigt. Zahlungen an die Eigen- und Fremdkapitalgeber, wie z.B. Fremdkapitalzinsen oder Kredittilgungen, belasten den Cashflow nicht.[538] Dadurch hat ein Unternehmen, das vollständig eigenfinanziert ist, den gleichen Free Cashflow wie ein ganz oder teilweise fremdfinanziertes Unternehmen, da z.B. die den Jahresüberschuss vermindernden Fremdkapitalzinsen bei der Ermittlung des Free Cashflow wieder hinzugerechnet werden. Im Ergebnis entspricht der Free Cashflow deshalb dem Cashflow, der dem Unternehmen bei reiner Eigenfinanzierung zufließen würde. Er wird deshalb auch als Cashflow eines fiktiv vollständig eigenfinanzierten Unternehmens bezeichnet,[539] der zur Berechnung des Marktwerts des unverschuldeten Unternehmens im Rahmen des APV-Verfahrens heranzuziehen ist. Ein positiver Free Cashflow steht sowohl den Eigen- als auch den Fremdkapitalgebern zur Verteilung zur Verfügung. Er zeigt den Betrag an, über den das Unternehmen *frei* (free) verfügen kann, um die Ansprüche der Kapitalgeber, also der Gläubiger (Fremdkapitalzinsen, Kredittilgungen) und der Anteilseigner (Dividenden, Kapitalherabsetzungen), zu befriedigen.[540] Ist der Free Cashflow negativ, muss der bestehende Bedarf an zusätzlichen Finanzierungsmitteln durch Kreditaufnahmen oder Eigenkapitalerhöhungen gedeckt werden.

2. Direkte und indirekte Ermittlung

Zur Berechnung der (Free) Cashflows kann die direkte oder indirekte Methode herangezogen werden. Bei der direkten Schätzung wird der Cashflow als unmittelbarer Saldo der Ein- und Auszahlungen ermittelt:[541]

536 *Langenkämper*, Unternehmensbewertung (2000), S. 22. Vgl. ebenfalls *Hachmeister*, Der Discounted Cash Flow als Maß der Unternehmenswertsteigerung (2000), S. 60; *Coenenberg/Schultze*, Unternehmensbewertung anhand von Entnahme- oder Einzahlungsüberschüssen: Die Discounted Cash Flow-Methode, in: Matschke/Schildbach (Hrsg.), FS Sieben (1998), S. 269 (S. 275–284).

537 Vgl. *Ballwieser*, Unternehmensbewertung mit Discounted Cash Flow-Verfahren, WPg 1998, S. 81 (S. 84); *Koller/Goedhart/Wessels*, Valuation (2010), S. 137–138.

538 Vgl. *Mandl/Rabel*, Unternehmensbewertung (1997), S. 312.

539 Vgl. *Ballwieser*, Unternehmensbewertung mit Discounted Cash Flow-Verfahren, WPg 1998, S. 81 (S. 84); *Koller/Goedhart/Wessels*, Valuation (2010), S. 137–138.

540 Vgl. *Ballwieser*, Unternehmensbewertung mit Discounted Cash Flow-Verfahren, WPg 1998, S. 81 (S. 84); *Hachmeister*, Der Discounted Cash Flow als Maß der Unternehmenswertsteigerung (2000), S. 60; *Langenkämper*, Unternehmensbewertung (2000), S. 22–23; *Wagner*, Die Unternehmensbewertung, in: IDW (Hrsg.), WP Handbuch 2008, Bd. II (2007), S. 1 (S. 128, Rn. 349).

541 Vgl. *Ballwieser*, Unternehmensbewertung mit Discounted Cash Flow-Verfahren, WPg 1998, S. 81 (S. 85–86); *Hachmeister*, Der Discounted Cash Flow als Maß der Unternehmenswertsteigerung (2000), S. 70–72.

(2) *Cashflow = Einzahlungen – Auszahlungen.*

Die indirekte Methode wählt als Bezugspunkte den Plan-Jahresabschluss und Daten des Rechnungswesens und korrigiert die periodisierten Größen schrittweise um erfolgswirksame, aber zahlungsunwirksame sowie erfolgsneutrale, aber zahlungswirksame Erträge und Aufwendungen.[542] Im Schrifttum wird häufig folgendes stark vereinfachtes Berechnungsschema vorgeschlagen:[543]

Tabelle 74: Ermittlung des Free Cashflow – Indirekte Methode I

	Operatives Ergebnis vor Zinsen und Steuern (EBIT[544])
–	(Adaptierte) Steuern auf das operative Ergebnis
=	Operatives Ergebnis vor Zinsen, nach adaptierten Steuern (NOPLAT[545])
+/–	Abschreibungen/Zuschreibungen
+/–	Erhöhungen/Verminderungen der langfristigen Rückstellungen[546]
+/–	Veränderungen des Net Working Capital
+/–	Desinvestitionen/Investitionen im Anlagevermögen
=	**Free Cashflow**

Vom operativen Ergebnis der laufenden Umsatz- und Geschäftstätigkeit[547] (Leistungsbereich) sind Steuerzahlungen des Unternehmens abzuziehen. Die zu berücksichtigenden Steuerzahlungen werden als adaptierte Steuerzahlungen bezeichnet, da sie sich von den tatsächlichen Steuerzahlungen unterscheiden. Die Abweichung vom tatsächlichen Steueraufwand des Unternehmens resultiert daraus, dass bei den adaptierten Steuerzahlungen die steuerliche Abzugsfähigkeit der Fremdkapitalzinsen nicht berücksichtigt wird.[548] Des Weiteren ist zu beachten, dass zahlungswirksame Steuerzahlungen anzusetzen sind. Aktive und passive latente Steuern[549]

542 Vgl. *Langenkämper*, Unternehmensbewertung (2000), S. 25.

543 Vgl. *Koller/Goedhart/Wessels*, Valuation (2010), S. 138; *Jonas*, Unternehmensbewertung: Zur Anwendung der Discounted-Cash-flow-Methode in Deutschland, BFuP 1995, S. 83 (S. 87); *Mandl*, Discounted Cash-flow-Verfahren: Ein Verfahrensvergleich, in: Kofler/Nadvornik/Pernsteiner (Hrsg.), FS Vodrazka (1996), S. 405 (S. 409); *Mandl/Rabel*, Unternehmensbewertung (1997), S. 316; *Steiner/Wallmeier*, Unternehmensbewertung mit Discounted Cash Flow-Methoden und dem Economic Value Added-Konzept, FB 1999, S. 1 (S. 2).

544 EBIT = Earnings Before Interest and Taxes.

545 NOPLAT = Net Operating Profits Less Adjusted Taxes.

546 Zur Problematik der Pensionsrückstellungen vgl. *Hachmeister*, Der Discounted Cash Flow als Maß der Unternehmenswertsteigerung (2000), S. 243–251; *Mandl/Rabel*, Unternehmensbewertung (1997), S. 352–359.

547 Nach *Mandl/Rabel*, Unternehmensbewertung (1997), S. 316 „kann das operative Ergebnis vor Zinsen und Steuern (EBIT) in etwa mit dem *Betriebserfolg* [der Gewinn- und Verlustrechnung] gleichgesetzt werden".

548 Vgl. *Mandl/Rabel*, Unternehmensbewertung (1997), S. 317.

549 Vgl. § 274 HGB.

sind daher zu korrigieren.[550] Um der Definition des Cashflow als Zahlungsstromgröße gerecht zu werden, sind bei seiner Berechnung alle zahlungsunwirksamen Ertrags- und Aufwandskomponenten, wie z. B. Abschreibungen, Zuschreibungen und Veränderungen der langfristigen Rückstellungen, zu eliminieren.[551] Veränderungen des Net Working Capital[552] betreffen regelmäßig „Vorräte, Forderungen aus Lieferungen und Leistungen, geleistete Anzahlungen, sonstige Forderungen, kurzfristige Rückstellungen, Verbindlichkeiten aus Lieferungen und Leistungen, erhaltene Anzahlungen, sonstige Verbindlichkeiten sowie Rechnungsabgrenzungsposten"[553]. Auch sie sind zu berichtigen. So geht beispielsweise eine Erhöhung der Forderungen aus Lieferungen und Leistungen mit einer Erhöhung der Umsatzerlöse einher. Es ist aber keine Zahlung geflossen. Deshalb sind die entsprechenden zahlungsunwirksamen, im operativen Ergebnis enthaltenen Erträge im Rahmen einer Cashflow-Ermittlung abzuziehen. Abzusetzen sind auch die aus der gesamten Investitionstätigkeit des Unternehmens (Ersatz- und Erweiterungsinvestitionen) resultierenden Mittelabflüsse, da sie zwar nicht den Jahresüberschuss, wohl aber den Cashflow mindern. Dagegen müssen die aus einer Desinvestition zufließenden Mittel dem Jahresüberschuss hinzugerechnet werden, um zum Cashflow zu gelangen,[554] da diese Maßnahmen die freien Zahlungsmittel des Unternehmens erhöhen.

Eine alternative Vorgehensweise ist die Wahl des Jahresüberschusses als Ausgangspunkt.[555] Wieder sind zahlungsunwirksame Komponenten zu eliminieren und zahlungswirksame Vorgänge einzufügen.

---

550 Vgl. *Hachmeister*, Der Discounted Cash Flow als Maß der Unternehmenswertsteigerung (2000), S. 67.

551 Vgl. *Mandl/Rabel*, Unternehmensbewertung (1997), S. 317–318.

552 *Hachmeister*, Der Discounted Cash Flow als Maß der Unternehmenswertsteigerung (2000), S. 60, Fn. 393 definiert das Working Capital bzw. Net Working Capital als „Umlaufvermögen abzüglich der nicht zinstragenden Verbindlichkeiten wie Lieferantenkredite, erhaltene Anzahlungen oder Rückstellungen".

553 *Mandl/Rabel*, Unternehmensbewertung (1997), S. 318.

554 Vgl. *Coenenberg/Schultze*, Unternehmensbewertung anhand von Entnahme- oder Einzahlungsüberschüssen: Die Discounted Cash Flow-Methode, in: Matschke/Schildbach (Hrsg.), FS Sieben (1998), S. 269 (S. 275).

555 Vgl. *Ballwieser*, Unternehmensbewertung mit Discounted Cash Flow-Verfahren, WPg 1998, S. 81 (S. 86); *Wagner*, Die Unternehmensbewertung, in: IDW (Hrsg.), WP Handbuch 2008, Bd. II (2007), S. 1 (S. 129, Rn. 350).

Tabelle 75: Ermittlung des Free Cashflow – Indirekte Methode II

	Jahresüberschuss
+	Zinsaufwendungen
–	Steuerersparnis auf Grund der steuerlichen Abzugsfähigkeit der Fremdkapitalzinsen
=	Operatives Ergebnis vor Zinsen, nach adaptierten Steuern (NOPLAT)
+/–	Abschreibungen/Zuschreibungen
+/–	Erhöhungen/Verminderungen der langfristigen Rückstellungen
+/–	Veränderungen des Net Working Capital
+/–	Desinvestitionen/Investitionen im Anlagevermögen
–	weitere nicht zahlungswirksame Erträge
+	weitere nicht zahlungswirksame Aufwendungen
=	**Free Cashflow**

II. Total Cashflow

Erfolgt die Unternehmensbewertung mithilfe des DUK-Verfahrens, so unterscheidet sich die Ermittlung der zu Grunde zu legenden Zahlungsüberschüsse von den Free Cashflows lediglich in der Berücksichtigung der aus einer Fremdfinanzierung für das Unternehmen entstehenden Steuereinsparungen. Während das WACC-Verfahren die damit verbundenen Steuervorteile im gewogenen Kapitalkostensatz $\left(k^{WACC}\right)$ berücksichtigt, bezieht das DUK-Verfahren die Steuervorteile aus der Fremdfinanzierung (das Tax Shield) bereits bei der Ermittlung des Cashflow mit ein:[556]

Tabelle 76: Ermittlung des Total Cashflow – Indirekte Methode

	Operatives Ergebnis vor Zinsen und Steuern (EBIT)
–	**Fremdkapitalzinsen**
=	Operatives Ergebnis vor Steuern und nach Zinsen
–	Steuern auf das operative Ergebnis
=	Operatives Ergebnis nach Steuern und nach Zinsen
+/–	Abschreibungen/Zuschreibungen
+/–	Erhöhungen/Verminderungen der langfristigen Rückstellungen
+/–	Veränderungen des Net Working Capital
+/–	Desinvestitionen/Investitionen im Anlagevermögen
+	**Fremdkapitalzinsen**
=	**Total Cashflow**

556 Vgl. zum Folgenden *Mandl*, Discounted Cash-flow-Verfahren: Ein Verfahrensvergleich, in: Kofler/Nadvornik/Pernsteiner (Hrsg.), FS Vodrazka (1996), S. 405 (S. 412).

Vom operativen Ergebnis (EBIT) werden die Fremdkapitalzinsen abgezogen. Bei der sich anschließenden Berechnung der vom Unternehmen zu leistenden Steuerzahlungen wird die darauf entfallende Steuerersparnis implizit berücksichtigt. Die weiteren Korrekturen hinsichtlich der Abschreibungen/Zuschreibungen, der Investitionen/Desinvestitionen und der Veränderungen im Net Working Capital entsprechen den bei der Ermittlung des Free Cashflow vorzunehmenden Anpassungen.

Auch der Total Cashflow stellt einen allen Kapitalgebern zuzuordnenden Zahlungsstrom dar. Im Gegensatz zum Free Cashflow repräsentiert er aber den „sich aus der *real geplanten* Finanzierung ergebende[n]“[557], an die Anteilseigner und Gläubiger (inklusive der Fremdkapitalkosten) fließenden erwarteten Cashflow.[558] Aus diesem Grund ist in einem letzten Schritt der vom EBIT erfolgte Abzug der Fremdkapitalzinsen wieder rückgängig zu machen. Im Ergebnis übersteigt der so ermittelte Total Cashflow den Free Cashflow genau um die Unternehmensteuerersparnis. Es gilt folgender Zusammenhang:[559]

Tabelle 77: Ermittlung des Total Cashflow ausgehend von dem Free Cashflow

	Free Cashflow
+	Steuervorteil aus Fremdfinanzierung
=	**Total Cashflow**

III. Flow to Equity

Das Equity-Verfahren berechnet den Shareholder Value direkt, indem die allein den Eigenkapitalgebern aus dem Unternehmen zufließenden (residualen) Zahlungsüberschüsse, die Flows to Equity,[560] mit einem risikoäquivalenten Diskontierungssatz bewertet werden.[561] Da der Flow to Equity als Einzahlungsüberschuss aus der operativen Unternehmenstätigkeit nach Abzug aller Zins-, Steuer-, Investitions- und Kreditzahlungen sämtliche Finanzierungseffekte beinhaltet, ist er nur den Anteilseignern zuzuordnen (in Form von Dividenden, Kapitalerhöhungen, Ka-

557 *Langenkämper*, Unternehmensbewertung (2000), S. 65.

558 Dazu *Mandl*, Discounted Cash-flow-Verfahren: Ein Verfahrensvergleich, in: Kofler/Nadvornik/Pernsteiner (Hrsg.), FS Vodrazka (1996), S. 405 (S. 413): Der Total Cashflow ist „nicht mehr … finanzierungsneutral. Kreditaufnahmen bzw. Kredittilgungen beeinflussen durch die Steuerersparnisse der Zinszahlungen den Total Cash-flow“.

559 Vgl. *Mandl/Rabel*, Unternehmensbewertung (1997), S. 365.

560 Vgl. *Mandl*, Discounted Cash-flow-Verfahren: Ein Verfahrensvergleich, in: Kofler/Nadvornik/Pernsteiner (Hrsg.), FS Vodrazka (1996), S. 405 (S. 417).

561 Zur formalen Darstellung vgl. Fall 17.

pitalherabsetzungen[562]) und wird dementsprechend mit der von den Eigenkapitalgebern geforderten Rendite $(r(EK)_v)$ diskontiert.[563] Aus Vereinfachungsgründen kann folgendes Schema zur Cashflow-Berechnung herangezogen werden:[564]

Tabelle 78: Ermittlung des Flow to Equity – Indirekte Methode

	Operatives Ergebnis vor Zinsen und Steuern (EBIT)
–	**Fremdkapitalzinsen**
=	Operatives Ergebnis vor Steuern und nach Zinsen
–	Steuern auf das operative Ergebnis
=	Operatives Ergebnis nach Steuern und nach Zinsen
+/–	Abschreibungen/Zuschreibungen
+/–	Erhöhungen/Verminderungen der langfristigen Rückstellungen
+/–	Veränderungen des Net Working Capital
+/–	Desinvestitionen/Investitionen im Anlagevermögen
+/–	**Kreditaufnahmen/Kredittilgungen**
=	**Flow to Equity**

IV. Vergleich von Free Cashflow, Total Cashflow und Flow to Equity

1. Erläuterung

Allen drei Cashflows (Free Cashflow, Total Cashflow und Flow to Equity) ist gemeinsam, dass unbare Ertrags- und Aufwandskomponenten, wie Abschreibungen oder Forderungen und Verbindlichkeiten aus Lieferungen und Leistungen, eliminiert werden. Ebenso einheitlich erfolgt der Ansatz von Investitionen und Desinvestitionen im Anlage- und Umlaufvermögen.

Die einzelnen Cashflows unterscheiden sich aber dadurch, dass sowohl der Free Cashflow als auch der Total Cashflow ein allen Kapitalgebern zustehender Zahlungsstrom ist, während der Flow to Equity nur den Zahlungssaldo mit den Eigenkapitalgebern umfasst. Nur beim Flow to Equity wirken Zinszahlungen und Kredittilgungen mindernd und Kreditaufnahmen erhöhend auf den Cashflow.[565] Ein

562 Vgl. *Ballwieser*, Unternehmensbewertung mit Discounted Cash Flow-Verfahren, WPg 1998, S. 81 (S. 82).

563 Vgl. *Hachmeister*, Der Discounted Cash Flow als Maß der Unternehmenswertsteigerung (2000), S. 96.

564 Vgl. *Mandl*, Discounted Cash-flow-Verfahren: Ein Verfahrensvergleich, in: Kofler/Nadvornik/Pernsteiner (Hrsg.), FS Vodrazka (1996), S. 405 (S. 418).

565 Vgl. *Steiner/Wallmeier*, Unternehmensbewertung mit Discounted Cash Flow-Methoden und dem Economic Value Added-Konzept, FB 1999, S. 1 (S. 6).

Unterschied findet sich auch bei der Berücksichtigung der Steuerzahlungen. Während der Free Cashflow unter der Fiktion der reinen Eigenfinanzierung ermittelt wird (und demzufolge grundsätzlich die Steuerlast zu hoch bemisst),[566] baut die bei der Total-Cashflow- und Flow-to-Equity-Ermittlung in Abzug gebrachte Steuerlast auf der realen Unternehmensverschuldung auf.

Zusammenfassend können folgende Unterschiede festgehalten werden:[567]

Tabelle 79: Vergleich von Free Cashflow, Total Cashflow und Flow to Equity

	Free Cashflow
+	Steuervorteil aus Fremdfinanzierung
=	**Total Cashflow**
–	Fremdkapitalzinsen
+/–	Kreditaufnahmen/Kredittilgungen
=	**Flow to Equity**

Der Vorteil im Ansatz der Free Cashflows liegt in der grundsätzlichen Trennung von Leistungs- und Finanzierungsbereich. Der Unternehmensbewerter kann den Cashflow prognostizieren, ohne auf die Kapitalstruktur, insbesondere auf die Planung des Fremdkapitals und die damit verbundenen Zinszahlungen, eingehen zu müssen.[568] Die praktische Umsetzung der Free-Cashflow-Bestimmung bereitet allerdings Ermittlungsprobleme. Da „grundsätzlich nur das ‚zinstragende' Fremdkapital"[569] dem Finanzierungsbereich zugeordnet wird, berücksichtigt der Bewerter (scheinbar) nicht verzinsliche Positionen, wie Kundenanzahlungen oder Lieferantenverbindlichkeiten, im Net Working Capital. Der Free Cashflow wird dadurch verzerrt.[570] Zudem fingiert der Free Cashflow eine reine Eigenfinanzierung des Unternehmens. Er ist deshalb Fiktion.

Für den Total Cashflow spricht, dass er den tatsächlich an die Eigen- und Fremdkapitalgeber fließenden Cashflow darstellt. Die Steuerzahlungen werden korrekt, d. h. unter Berücksichtigung der Steuerersparnisse aus der Fremdfinanzierung, angesetzt. Von Nachteil ist jedoch das bei Anwendung des DUK-Verfahrens „zweifach" bestehende Zirkularitätsproblem: Die im durchschnittlichen Kapitalkostensatz enthaltenen Gewichtungsfaktoren sind vom Unternehmensgesamtwert abhängig. Der Unternehmensgesamtwert kann aber erst zutreffend ermittelt werden,

566 Vgl. *Ballwieser*, Unternehmensbewertung mit Discounted Cash Flow-Verfahren, WPg 1998, S. 81 (S. 85).

567 Vgl. zum Folgenden *Mandl*, Discounted Cash-flow-Verfahren: Ein Verfahrensvergleich, in: Kofler/Nadvornik/Pernsteiner (Hrsg.), FS Vodrazka (1996), S. 405 (S. 418).

568 Vgl. *Langenkämper*, Unternehmensbewertung (2000), S. 57.

569 *Mandl/Rabel*, Unternehmensbewertung (1997), S. 349.

570 Vgl. zu dieser Problematik *Mandl/Rabel*, Unternehmensbewertung (1997), S. 349–359.

wenn die Höhe der Kapitalkosten feststeht. Wird zur Lösung des Zirkels die Vorgabe einer Zielkapitalstruktur vorgeschlagen,[571] muss der Fremdkapitalbestand prozentual vom Unternehmenswert festgelegt werden. Ein neues Zirkularitätsproblem entsteht; denn die Prognose der Total Cashflows setzt die Planung und Schätzung der Steuervorteile und damit einen bekannten Fremdkapitalbestand voraus.[572]

Auch die Berechnung des Flow to Equity ist dem Kritikpunkt der Zirkularität ausgesetzt. So muss die Renditeforderung der Eigenkapitalgeber $\left(r(EK)_v\right)$ an eine in Abhängigkeit von der Entwicklung des Unternehmenswerts variierende Kapitalstruktur angepasst werden.[573] Der Unternehmenswert selbst ist aber das durch Diskontierung der Flows to Equity mit $r(EK)_v$ gesuchte Ergebnis. Kommt auch hier die Zielkapitalstruktur zum Tragen, sind wiederum die Flows to Equity auf Grund der Berücksichtigung der Fremdkapitalzahlungen unternehmenswertabhängig (Zirkularität).[574]

2. Anwendung auf den Fall: Cashflow-Ermittlung der X GmbH

Grundsätzlich ist allen Cashflow-Ermittlungen gemeinsam, dass – ausgehend vom operativen Ergebnis (EBIT) – Steuerzahlungen sowie die im Anlagevermögen getätigten Investitionen und die Zunahme des Net Working Capital in Abzug zu bringen und zahlungsunwirksame Aufwendungen und Erträge zu bereinigen sind.

Sowohl für die Anwendung des APV-Verfahrens als auch für das WACC-Verfahren muss der Unternehmensbewerter die künftig erwarteten Free Cashflows prognostizieren. Da unterstellt wird, dass das Unternehmen rein eigenfinanziert wird, dürfen die Fremdkapitalzinsen bei der Berechnung der Steuerlast nicht einkalkuliert werden.

---

571 Vgl. *Hachmeister*, Der Discounted Cash Flow als Unternehmenswert, WISU 1996, S. 357 (S. 358). Vgl. ebenfalls Fall 19.

572 Vgl. *Steiner/Wallmeier*, Unternehmensbewertung mit Discounted Cash Flow-Methoden und dem Economic Value Added-Konzept, FB 1999, S. 1 (S. 4).

573 Vgl. *Hachmeister*, Der Discounted Cash Flow als Unternehmenswert, WISU 1996, S. 357 (S. 365). Zur formalen Darstellung vgl. Fall 17.

574 Vgl. *Steiner/Wallmeier*, Unternehmensbewertung mit Discounted Cash Flow-Methoden und dem Economic Value Added-Konzept, FB 1999, S. 1 (S. 6).

Tabelle 80: Ermittlung des Free Cashflows (in Euro) der X GmbH

	EBIT (Operatives Ergebnis vor Zinsen und Steuern)	12000
–	Steuerzahlungen (0,3 · 12000)	–3600
=	NOPLAT (Operatives Ergebnis vor Zinsen, nach Steuern)	=8400
+	Abschreibungen	+5000
–	Investitionen	–6000
–	Zunahme des Net Working Capital	–1000
=	**Free Cashflow**	**6400**

Wird das DUK-Verfahren zur Bewertung des Unternehmens herangezogen, erfolgt eine Prognose sog. Total Cashflows. Bei ihrer Kalkulation mindern die Fremdkapitalzinsen zunächst die steuerliche Bemessungsgrundlage. Sie sind jedoch im weiteren Verlauf der Berechnung wieder zu addieren.

Tabelle 81: Ermittlung des Total Cashflows (in Euro) der X GmbH

	EBIT (Operatives Ergebnis vor Zinsen und Steuern)	12000
–	Fremdkapitalzinsen (0,1 · 50000)	–5000
=	Operatives Ergebnis nach Zinsen	=7000
–	Steuerzahlungen (0,3 · 7000)	–2100
=	Operatives Ergebnis nach Zinsen und Steuern	=4900
+	Fremdkapitalzinsen	+5000
+	Abschreibungen	+5000
–	Investitionen	–6000
–	Zunahme des Net Working Capital	–1000
=	**Total Cashflow**	**7900**

Beim Equity-Verfahren sind die den Unternehmenseignern zufließenden Flows to Equity zu prognostizieren. Neben den Fremdkapitalzinszahlungen sind ebenfalls sämtliche Kreditzahlungen mit einzubeziehen.

Tabelle 82: Ermittlung der Flows to Equity (in Euro) der X GmbH

	EBIT (Operatives Ergebnis vor Zinsen und Steuern)	12000
–	Fremdkapitalzinsen (0,1 · 50000)	–5000
=	Operatives Ergebnis nach Zinsen	=7000
–	Steuerzahlungen (0,3 · 7000)	–2100
=	Operatives Ergebnis nach Zinsen und Steuern	=4900
+	Abschreibungen	+5000
–	Investitionen	–6000
–	Zunahme des Net Working Capital	–1000
+/–	Kreditaufnahmen/Kredittilgungen	0
=	**Flows to Equity**	**2900**

Weder das Eigenkapital laut Bilanz, der Buchwert des Anlagevermögens, der ROI noch die Branchenrendite sind für die DCF-Verfahren relevant. Der Buchwert des Eigenkapitals ist unmaßgebend, da die Bilanz mit dem Ausweis eines vorsichtig ermittelten ausschüttungsfähigen Betrags eine andere Aufgabe verfolgt als die Abbildung des Marktwerts des Eigenkapitals. Insbesondere entspricht der Buchwert des Eigenkapitals auf Grund seines Vergangenheitsbezugs nicht dem Zukunftsbezogenheitsprinzip. Wenn überhaupt einmal, dann stimmt er nur rein zufällig mit dem Marktwert des Eigenkapitals überein.

Weiterführende Literatur

Ballwieser, Wolfgang, Unternehmensbewertung mit Discounted Cash Flow-Verfahren, WPg, 51. Jg. (1998), S. 81–92

Coenenberg, Adolf Gerhard/ Schultze, Wolfgang, Unternehmensbewertung anhand von Entnahme- oder Einzahlungsüberschüssen: Die Discounted Cash Flow-Methode, in: Manfred Jürgen Matschke/Thomas Schildbach (Hrsg.), Unternehmensbewertung und Wirtschaftsprüfung, Festschrift für Günter Sieben, Stuttgart 1998, S. 269–299

Hachmeister, Dirk, Der Discounted Cash Flow als Unternehmenswert, WISU, 25. Jg. (1996), S. 357–366

Steiner, Manfred/ Wallmeier, Martin, Unternehmensbewertung mit Discounted Cash Flow-Methoden und dem Economic Value Added-Konzept, FB, 1. Jg. (1999), S. 1–10

Wagner, Wolfgang, Die Unternehmensbewertung, in: IDW (Hrsg.), WP Handbuch 2008, Bd. II, 13. Aufl., Düsseldorf 2007, Abschnitt A, S. 1–196

Fall 21: Renditeforderung der Eigenkapitalgeber und Kapitalstruktur

Sachverhalt:

Der Beta-Faktor der zu bewertenden börsennotierten Eisenherz AG beträgt $\beta_v =$ 0,75 und entspricht einem Verschuldungsgrad in Höhe von $FK/EK_v^M = 1$. Der Kapitalmarkt ist durch folgende Daten gekennzeichnet: Der risikolose Fremdkapitalzinssatz (i) beträgt 7 %, der Steuersatz (s) 30 % und die erwartete Rendite des Marktportefeuille 13 %.

Aufgabenstellung:

- Erläutern Sie kurz die Berechnung und *das zu verwendende Modell* zur Ableitung der Renditeforderung der Eigenkapitalgeber für die verschuldete Eisenherz AG $r(EK)_v$, und ermitteln Sie die Eigenkapitalrendite für den gegebenen Verschuldungsgrad!
- Berechnen Sie die Beta-Faktoren sowie die geforderten Eigenkapitalrenditen, und verdeutlichen Sie die *Abhängigkeit der Eigenkapitalrenditen vom Verschuldungsgrad* graphisch, wenn das Geschäftsrisiko konstant bleibt und das Management folgende Verschuldungsgrade in Betracht zieht:
  0,0; 0,5; 1,0; 1,5 bzw. 2,0.

I. Capital Asset Pricing Model

1. Erläuterung

Die Herstellung von Risikoäquivalenz im Zähler und Nenner bei der Unternehmenswertermittlung „kann mithilfe der (theoretisch korrekten) Sicherheitsäquivalenzmethode oder mithilfe der (praktisch beliebten) Risikozuschlagsmethode erfolgen“[575]. Im Rahmen der DCF-Verfahren wird grundsätzlich die Risikozuschlagsmethode angewendet, wobei die Bemessung des Risikozuschlags regelmäßig nicht auf das subjektive Ermessen des Unternehmensbewerters zurückgeht,

575 *Böcking/Nowak*, Der Beitrag der Discounted Cash Flow-Verfahren zur Lösung der Typisierungsproblematik bei Unternehmensbewertungen – Eine Warnung vor einer „naiven“ Übertragung modelltheoretischer Erkenntnisse auf die Bewertungspraxis, DB 1998, S. 685 (S. 688). Vgl. *Hachmeister/Wiese*, Der Zinsfuß in der Unternehmensbewertung: Aktuelle Probleme und Rechtsprechung, WPg 2009, S. 54 (S. 58).

sondern mittels des *Capital Asset Pricing Model* (CAPM) kapitalmarktorientiert erfolgt.[576]

Das auf *John Lintner, Jan Mossin* und *William F. Sharpe*[577] zurückgehende CAPM[578] zur „Erklärung der Preisbildung an Kapitalmärkten"[579] beruht auf folgenden restriktiven Prämissen:[580]

- Der Planungshorizont beträgt eine Periode.
- Die Investoren sind risikoscheu.
- Die Beurteilung der Portefeuilles erfolgt auf Basis der Erwartungswerte und der Varianz der Wertpapierrenditen (normalverteilt).
- Es existiert ein risikoloser Zinssatz, zu dem Kapitalbeträge unbeschränkt aufgenommen oder angelegt werden können.
- Vollkommener und vollständiger Kapitalmarkt: „Alle Wertpapiere sind unendlich teilbar; es bestehen keine Steuern, Transaktionskosten, Informationsbarrieren bzw. Informationskosten: Alle Marktteilnehmer haben den gleichen Zugang zu allen relevanten Informationen."[581]

Ausgehend von der Portefeuille-Theorie und dem Separationstheorem[582] wird die erwartete Rendite eines unsicheren Wertpapiers i ($\mu(R_i)$) als Summe aus dem risikolosen Zinssatz (i) und einem marktgestützten Risikozuschlag ($(\mu(R_m) - i) \cdot \beta_i$), der sich aus der Multiplikation der *Marktrisikoprämie* ($\mu(R_m) - i$) mit dem *Beta-Faktor* (β_i) als Maß für das systematische wertpapierspezifische Risiko bestimmt, ermittelt. Zwischen der erwarteten Rendite und dem systematischen Risiko wird folgender Zusammenhang unterstellt:[583]

---

576 Vgl. IDW Standard: Grundsätze zur Durchführung von Unternehmensbewertungen (IDW S 1 i. d. F. 2008), IDW FN 2008, S. 271 (S. 282, Rn. 92); *Ballwieser*, Unternehmensbewertung (2007), S. 93–99. Vgl. zum CAPM und persönlichen Steuern *Jonas/Löffler/Wiese*, Das CAPM mit deutscher Einkommensteuer, WPg 2004, S. 898 (S. 898–906).

577 Vgl. *Lintner*, The Valuation of Risky Assets and the Selection of Risky Investments in Stock Portfolios and Capital Budgets, REconStat 1965, S. 13 (13–37); *Mossin*, Equilibrium in a Capital Asset Market, Econometrica 1966, S. 768 (S. 768–783); *Sharpe*, Capital Asset Prices: A Theory of Market Equilibrium under Conditions of Risk, JoF 1964, S. 425 (S. 425–442).

578 Zur Vertiefung vgl. *Göppl*, Unternehmensbewertung und Capital-Asset-Pricing-Theorie, WPg 1980, S. 237 (S. 237–245); *Kruschwitz/Husmann*, Finanzierung und Investition (2010), S. 171–237; *Schmidt/Terberger*, Grundzüge der Investitions- und Finanzierungstheorie (1997), S. 343–375.

579 *Serfling/Marx*, Capital Asset Pricing-Modell, Kapitalkosten und Investitionsentscheidungen (I), WISU 1990, S. 364 (S. 364, im Original als Fettdruck).

580 Vgl. zu den zu Grunde liegenden Annahmen: *Hachmeister*, Der Discounted Cash Flow als Maß der Unternehmenswertsteigerung (2000), S. 160.

581 *Drukarczyk*, Theorie und Politik der Finanzierung (1993), S. 131.

582 Vgl. dazu *Schmidt/Terberger*, Grundzüge der Investitions- und Finanzierungstheorie (1997), S. 311–338.

583 Vgl. *Baetge/Krause*, Die Berücksichtigung des Risikos bei der Unternehmensbewertung – Eine empirisch gestützte Betrachtung des Kalkulationszinses, BFuP 1994, S. 433 (S. 438).

$$(3) \quad \mu(R_i) = i + (\mu(R_m) - i) \cdot \frac{\text{cov}(R_i, R_m)}{\text{var}(R_m)}$$

bzw.

$$(4) \quad \mu(R_i) = i + (\mu(R_m) - i) \cdot \beta_i$$

mit $\mu(R_i)$ = erwartete Rendite eines risikobehafteten Wertpapiers i,

i = risikoloser Zins,

$\mu(R_m)$ = erwartete Rendite des Marktportefeuille,

$\text{cov}(R_i, R_m)$ = Kovarianz der erwarteten Rendite des Wertpapiers i mit der erwarteten Rendite des Marktportefeuille,

$\text{var}(R_m)$ = Varianz der erwarteten Rendite des Marktportefeuille,

β_i = Beta-Faktor = Maß für das systematische Risiko; $\beta_i = \text{cov}(R_i, R_m)/\text{var}(R_m)$.

Der Beta-Faktor „misst die Volatilität der Aktie im Verhältnis zum Marktportefeuille“[584], wobei der Beta-Wert des Marktportefeuille (β_m) eins sein muss. Wertpapiere mit einem Beta-Faktor kleiner als eins sind risikoärmer als das Marktportefeuille und reagieren unterproportional auf allgemeine Markttendenzen, während Wertpapiere mit einem Beta-Faktor größer als eins risikoreicher sind und überproportional reagieren. Ist der Beta-Wert gleich null, so ist die Aktie risikolos.[585] Zu beachten ist weiterhin, dass das unsystematische, aus Managementfehlern oder Wettbewerbsnachteilen resultierende Risiko durch Diversifikation vermeidbar ist und daher allein das systematische Risiko (Marktrisiko), dessen Ursachen in politischen und ökonomischen Faktoren zu suchen sind, vom Markt vergütet wird.[586]

---

584 *Hachmeister*, Der Discounted Cash Flow als Maß der Unternehmenswertsteigerung (2000), S. 162.

585 Vgl. *Serfling/Marx*, Capital Asset Pricing-Modell, Kapitalkosten und Investitionsentscheidungen (I), WISU 1990, S. 364 (S. 368).

586 Vgl. *Baetge/Krause*, Die Berücksichtigung des Risikos bei der Unternehmensbewertung – Eine empirisch gestützte Betrachtung des Kalkulationszinses, BFuP 1994, S. 433 (S. 437–438); *Serfling/Marx*, Capital Asset Pricing-Modell, Kapitalkosten und Investitionsentscheidungen (I), WISU 1990, S. 364 (S. 367). Vertiefend *Mandl/Rabel*, Unternehmensbewertung (1997), S. 291: „Das Marktrisiko wird beeinflusst durch die Höhe des risikolosen Zinsfußes, Konjunkturprognosen, Erwartungen über Verhalten der Tarifpartner (Sozialpartner), steuerpolitische Maßnahmen“ etc.

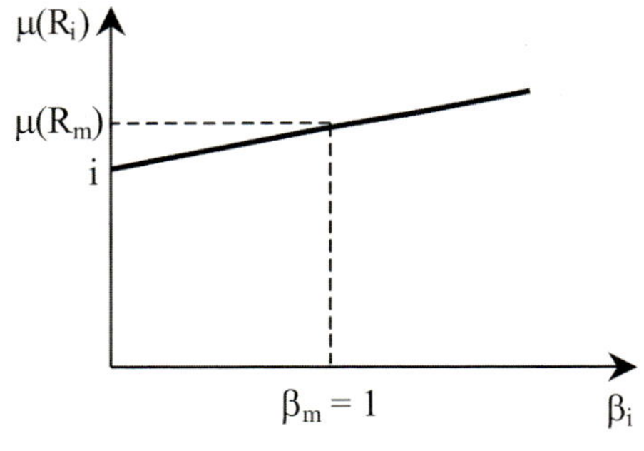

Abbildung 11: Wertpapiermarktlinie

Der lineare, in Gleichung (4) dargestellte Zusammenhang des CAPM kann graphisch als *Wertpapiermarktlinie* abgebildet werden[587] (Abbildung 11).

Werden die Ergebnisse des CAPM auf die Unternehmensbewertung übertragen, so erfolgt in einer Welt ohne Steuern die marktgestützte Ermittlung der risikoangepassten Renditeforderung der Eigenkapitalgeber[588] für ein zunächst rein eigenfinanziertes Unternehmen $(r(EK)_u)$, indem der unternehmensindividuelle Beta-Faktor (β_u) herangezogen wird:[589]

$$(5)\quad r(EK)_u = i + (\mu(R_m) - i) \cdot \beta_u.$$

Für ein unverschuldetes Unternehmen drückt der Beta-Faktor „nur die Höhe des Unternehmensrisikos“, d.h. des „leistungswirtschaftliche[n] Risiko[s] und Umsatzrisiko[s] (operating risk)“[590], aus. Eine Veränderung der Kapitalstruktur des Unternehmens durch die Aufnahme von Fremdkapital bewirkt, dass der Verschuldungsgrad (FK/EK_v^M) steigt und zusätzlich zum Geschäftsrisiko das Finanzierungsrisiko (Financial Risk), welches sich in einer riskanteren Eigenkapitalrendite

587 Vgl. *Schmidt/Terberger*, Grundzüge der Investitions- und Finanzierungstheorie (1997), S. 355–356.

588 „Die erwartete Rendite entspricht den Kosten, die das Unternehmen dem Anleger für die Bereitstellung von Eigenkapital mindestens zahlen muss“, *Serfling/Marx*, Capital Asset Pricing-Modell, Kapitalkosten und Investitionsentscheidungen (II), WISU 1990, S. 425 (S. 426, im Original teilweise als Fettdruck).

589 Vgl. *Ballwieser*, Unternehmensbewertung mit Discounted Cash Flow-Verfahren, WPg 1998, S. 81 (S. 82); *Böcking/Nowak*, Der Beitrag der Discounted Cash Flow-Verfahren zur Lösung der Typisierungsproblematik bei Unternehmensbewertungen – Eine Warnung vor einer „naiven“ Übertragung modelltheoretischer Erkenntnisse auf die Bewertungspraxis, DB 1998, S. 685 (S. 688).

590 *Serfling/Marx*, Capital Asset Pricing-Modell, Kapitalkosten und Investitionsentscheidungen (II), WISU 1990, S. 425 (S. 426, beide Zitate, im Original teilweise als Fettdruck).

bei stärkerer Verschuldung widerspiegelt,[591] zu berücksichtigen ist. Gemäß dem Leverage-Effekt erhöht sich die von den Eigenkapitalgebern geforderte Rendite und somit auch der Beta-Faktor des Unternehmens, der jetzt sowohl das Geschäfts- als auch das Finanzierungsrisiko beinhaltet und daher mit β_v bezeichnet wird[592] (unter der Annahme, dass Fremdkapital risikolos ist und der Beta-Wert des Fremdkapitalrisikos null beträgt[593]):

$$(6)\quad \beta_v = \beta_u \cdot \left(1 + \frac{FK}{EK_v^M}\right).$$

Bei Unterstellung eines einfachen Steuersystems mit konstantem Gewinnsteuersatz und steuerlicher Abzugsfähigkeit der Fremdkapitalzinsen wird die Hebelwirkung einer steigenden Verschuldung vermindert, da auf Grund der Fremdfinanzierung Steuern eingespart werden:[594]

$$(7)\quad \beta_v = \beta_u \cdot \left(1 + (1 - s) \cdot \frac{FK}{EK_v^M}\right).$$

Für ein teilweise mit Fremdkapital finanziertes Unternehmen muss Gleichung (5) modifiziert werden, indem über β_v sowohl das Operating Risk als auch das Financial Risk bei der Berechnung der Eigenkapitalkosten des verschuldeten Unternehmens $\left(r\left(EK\right)_v\right)$ einkalkuliert werden:[595]

$$(8)\quad r\left(EK\right)_v = i + (\mu(R_m) - i) \cdot \beta_v.$$

2. Anwendung auf den Fall: Eigenkapitalkosten der Eisenherz AG

Folgende Daten der Eisenherz AG und des Kapitalmarkts sind gegeben:

- β_v: 0,75,
- FK/EK_v^M: 1,

---

591 Vgl. *Schmidt/Terberger*, Grundzüge der Investitions- und Finanzierungstheorie (1997), S. 243.

592 Vgl. *Drukarczyk*, Theorie und Politik der Finanzierung (1993), S. 278.

593 Vgl. *Kruschwitz/Milde*, Geschäftsrisiko, Finanzierungsrisiko und Kapitalkosten, zfbf 1996, S. 1115 (S. 1123).

594 Vgl. *Drukarczyk*, Theorie und Politik der Finanzierung (1993), S. 278; *Kruschwitz/Milde*, Geschäftsrisiko, Finanzierungsrisiko und Kapitalkosten, zfbf 1996, S. 1115 (S. 1123).

595 Vgl. *Kruschwitz/Milde*, Geschäftsrisiko, Finanzierungsrisiko und Kapitalkosten, zfbf 1996, S. 1115 (S. 1120); *Serfling/Marx*, Capital Asset Pricing-Modell, Kapitalkosten und Investitionsentscheidungen (II), WISU 1990, S. 425 (S. 427).

- i: 7 %,
- s: 30 %,
- $\mu(R_m)$: 13 %.

Die Renditeforderung der Eigenkapitalgeber der verschuldeten Eisenherz AG beträgt gemäß Gleichung (8) für den aktuellen Verschuldungsgrad in Höhe von $FK/EK_v^M = 1$:[596]

$$r(EK)_v = i + (\mu(R_m) - i) \cdot \beta_v = 0{,}07 + (0{,}13 - 0{,}07) \cdot 0{,}75 = 0{,}115.$$

Eine alternative Vorgehensweise nutzt den Zusammenhang zwischen den Eigenkapitalkosten des rein eigenfinanzierten Unternehmens $\left(r(EK)_u\right)$ und den Eigenkapitalkosten des verschuldeten Unternehmens unter den Annahmen von *Modigliani/Miller*. Zur Ermittlung von $r(EK)_u$ ist zunächst der zugehörige Beta-Faktor unter der Fiktion der reinen Eigenfinanzierung (β_u) nach Umstellung von Formel (7) zu berechnen:

$$\beta_u = \frac{\beta_v}{\left(1 + (1 - s) \cdot \frac{FK}{EK_v^M}\right)} = \frac{0{,}75}{(1 + (1 - 0{,}3) \cdot 1)} = 0{,}4411765.$$

Wird β_u in die CAPM-Gleichung (5) eingesetzt, so erhält man:

$$r(EK)_u = i + (\mu(R_m) - i) \cdot \beta_u = 0{,}07 + (0{,}13 - 0{,}07) \cdot 0{,}4411765 = 0{,}0964706.$$

Im letzten Schritt kann die gesuchte Renditeforderung der Eisenherz AG auf der Grundlage der Leverage-Gleichung berechnet werden:[597]

$$r(EK)_v = r(EK)_u + \left(r(EK)_u - i\right) \cdot (1 - s) \cdot \frac{FK}{EK_v^M}$$

$$= 0{,}0964706 + (0{,}0964706 - 0{,}07) \cdot (1 - 0{,}3) \cdot 1 = 0{,}115.$$

---

596 Vertiefend zum CAPM *Hachmeister*, Der Discounted Cash Flow als Maß der Unternehmenswertsteigerung (2000), S. 163–164: Eine Grundvoraussetzung des CAPM ist, dass sich der Planungshorizont über eine Periode erstreckt. Wird das Modell auf einen unendlichen Planungshorizont erweitert, „werden stationäre Bedingungen verlangt: 1. Der risikolose Zinssatz und der Marktpreis des Risikos … bleiben im Zeitablauf konstant. 2. Das systematische Risiko verändert sich nicht, oder eine veränderte projektspezifische Risikohöhe [Cov(R_i, R_m)] wird durch ein verändertes Kapitalmarktrisiko [Var(R_m)] ausgeglichen".

597 Vgl. *Kruschwitz/Milde*, Geschäftsrisiko, Finanzierungsrisiko und Kapitalkosten, zfbf 1996, S. 1115 (S. 1123).

II. Abhängigkeit des Eigenkapitalkostensatzes vom Verschuldungsgrad

Für den Verschuldungsgrad von eins sowie von null wurde schon unter der ersten Aufgabenstellung der zugehörige Beta-Faktor bzw. die Eigenkapitalrendite berechnet:

$$\frac{FK}{EK_v^M} = 1 \qquad \beta_v = 0{,}75 \qquad r(EK)_v = 0{,}115$$

$$\frac{FK}{EK_v^M} = 0 \qquad \beta_u = 0{,}4411765 \qquad r(EK)_u = 0{,}0964706.$$

Ausgehend vom Beta-Faktor des fiktiv unverschuldeten Unternehmens und unter der Annahme des konstanten Geschäftsrisikos können in Abhängigkeit von den vorgegebenen Verschuldungsgraden variierende Beta-Faktoren β_v und Eigenkapitalrenditen auf der Grundlage der Gleichungen (7) und (8) ermittelt werden:[598]

Tabelle 83: Kapitalstruktur und Eigenkapitalrendite

Verschuldungsgrad	**Beta-Faktor** β_v	**geforderte EK-Rendite** $r(EK)_v$
0	0,441176471	9,65 %
0,5	0,595588235	10,57 %
1	0,75	11,50 %
1,5	0,904411765	12,43 %
2	1,058823529	13,35 %

598 Vgl. *Mandl*, Discounted Cash-flow-Verfahren: Ein Verfahrensvergleich, in: Kofler/Nadvornik/Pernsteiner (Hrsg.), FS Vodrazka (1996), S. 405 (S. 414–415); *Serfling/Marx*, Capital Asset Pricing-Modell, Kapitalkosten und Investitionsentscheidungen (II), WISU 1990, S. 425 (S. 428).

Abbildung 12 zeigt den graphischen Zusammenhang:

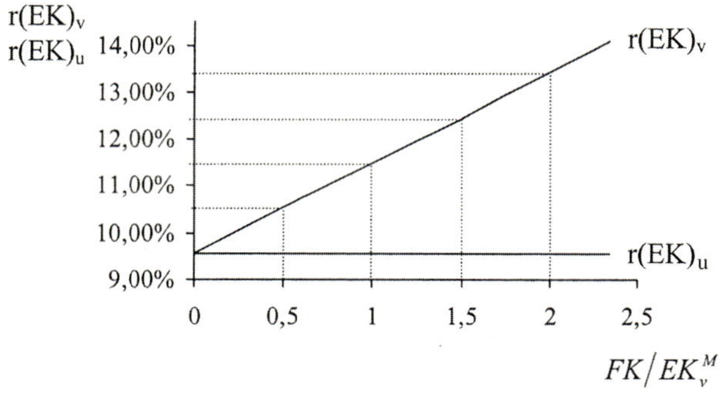

Abbildung 12: Abhängigkeit zwischen Verschuldungsgrad und Eigenkapitalkosten

Weiterführende Literatur

Baetge, Jörg/ Krause, Clemens,	Die Berücksichtigung des Risikos bei der Unternehmensbewertung – Eine empirisch gestützte Betrachtung des Kalkulationszinses, BFuP, 46. Jg. (1994), S. 433–456
Böcking, Hans-Joachim/ Nowak, Karsten,	Der Beitrag der Discounted Cash Flow-Verfahren zur Lösung der Typisierungsproblematik bei Unternehmensbewertungen – Eine Warnung vor einer „naiven" Übertragung modelltheoretischer Erkenntnisse auf die Bewertungspraxis, DB, 51. Jg. (1998), S. 685–690
Göppl, Hermann,	Unternehmensbewertung und Capital-Asset-Pricing-Theorie, WPg, 33. Jg. (1980), S. 237–245
Kruschwitz, Lutz/ Husmann, Sven,	Finanzierung und Investition, 6. Aufl., München 2010, S. 171–237
Lintner, John,	The Valuation of Risky Assets and the Selection of Risky Investments in Stock Portfolios and Capital Budgets, REconStat, Vol. 47 (1965), S. 13–37
Mossin, Jan,	Equilibrium in a Capital Asset Market, Econometrica, Vol. 34 (1966), S. 768–783
Sharpe, William F.,	Capital Asset Prices: A Theory of Market Equilibrium under Conditions of Risk, JoF, Vol. 19 (1964), S. 425–442

Fall 22: Kapitalzinsermittlung

Sachverhalt:

Die Eigentümer der Schluck-Brauerei streben einen Verkauf ihres Unternehmens an und beauftragen Sie mit der Berechnung des Unternehmenswerts auf Basis der DCF-Verfahren. Ihnen werden folgende Zukunftsdaten der Brauerei zur Verfügung gestellt:

– Fremdkapital (Buchwert = Marktwert):	1 350 Euro,
– Eigenkapital (laut Bilanz):	1 350 Euro,
– Steuersatz:	30 %,
– Fremdkapitalzinssatz (risikoloser Zins):	8 %,
– EBIT:	700 Euro,
– Abschreibungen:	178 Euro,
– Investitionen (Anlagevermögen):	96,13 Euro,
– Zunahme des Net Working Capital:	81,87 Euro.

Ihrer heutigen Lektüre des Handelsblattes entnehmen Sie für die völlig identische, aber börsennotierte Malz AG einen Beta-Faktor $(\beta_{v,\,Malz\,AG})$ von 1,062. Da Ihr Wirtschaftsprüfungsunternehmen auch die Malz AG betreut, kennen Sie deren Marktwert des Eigenkapitals in Höhe von 1 825 Euro und deren Marktwert des Fremdkapitals in Höhe von 2 555 Euro.

Aufgabenstellung:

- Berechnen Sie den Unternehmenswert der Schluck-Brauerei mithilfe des *APV-Verfahrens*, wenn die Rendite des Marktportefeuille 13 % beträgt!
- Ermitteln Sie unter Berücksichtigung des aktuellen Verschuldungsgrads, des Beta-Faktors für das verschuldete Unternehmen $(\beta_{v,\,Schluck\text{-}Brauerei})$ und der von den Eigenkapitalgebern geforderten Rendite $(r(EK)_v)$ die *gewichteten Kapitalkosten* (k^{WACC}) der Schluck-Brauerei!

I. Umsetzung des APV-Verfahrens

1. Erläuterung

Im Rahmen des APV-Verfahrens wird der Marktwert des Gesamtkapitals eines Unternehmens berechnet, indem der Marktwert des fiktiv unverschuldeten Unternehmens und der Barwert der periodischen Steuervorteile summiert werden:[599]

599 Vgl. Fall 17.

$$(9)\quad V_v = V_u + TS = \frac{FCF}{r(EK)_u} + \frac{s \cdot i \cdot FK}{i} = \frac{FCF}{r(EK)_u} + s \cdot FK.$$

Die Ermittlung des Marktwerts des rein eigenfinanzierten Unternehmens erfordert zunächst die Prognose der künftig erwarteten Free Cashflows. Ausgehend von den Earnings Before Interest and Taxes (EBIT) werden die auf das operative Ergebnis entfallenden Steuerzahlungen sowie die Investitionen in das Anlagevermögen und das Net Working Capital auf Grund ihrer Zahlungswirksamkeit abgezogen und die im EBIT (wegen ihrer steuerlichen Abzugsfähigkeit) berücksichtigten Abschreibungen als zahlungsunwirksame Aufwendungen wieder addiert,[600] wobei zu beachten ist, dass im unterstellten Fall der ewigen Rente mit einem „unendlichen, uniformen Zahlungsstrom … keine Erweiterungsinvestitionen“[601] erfolgen.

Die Diskontierung der Free Cashflows erfolgt mit der Renditeforderung der Eigenkapitalgeber bei reiner Eigenfinanzierung $\left(r(EK)_u\right)$, zu deren Ableitung das CAPM heranzuziehen ist:

$$(5)\quad r(EK)_u = i + (\mu(R_m) - i) \cdot \beta_u.$$

Die Problematik der für die Schluck-Brauerei nicht vorliegenden Kapitalmarktdaten kann durch die Anwendung der sog. *Analogiemethode* gelöst werden, indem auf die Marktdaten, insbesondere den Beta-Faktor, eines vergleichbaren, aber börsennotierten Unternehmens zurückgegriffen wird.[602] Alternativ können Branchenbetas, Betawerte eines Referenzunternehmens oder Betawerte mehrerer Referenzunternehmen herangezogen werden,[603] wobei sich die „Identifikation des oder der Vergleichsunternehmen bzw…. [die] Definition der Branche des Bewertungssubjekts“[604] regelmäßig als äußerst problematisch erweisen dürfte.

2. Anwendung auf den Fall: Unternehmenswert der Schluck-Brauerei

Ist ein Vergleichsunternehmen gefunden – wie in der Aufgabenstellung die Malz AG –, so spiegelt der Beta-Faktor die unternehmensindividuelle Kapitalstruktur wider, die mit dem Verschuldungsgrad des zu bewertenden Unternehmens nicht

600 Vgl. *Mandl*, Discounted Cash-flow-Verfahren: Ein Verfahrensvergleich, in: Kofler/Nadvornik/Pernsteiner (Hrsg.), FS Vodrazka (1996), S. 405 (S. 409). Vgl. Fall 20.

601 *Hachmeister*, Der Discounted Cash Flow als Unternehmenswert, WISU 1996, S. 357 (S. 357).

602 Vgl. *Nowak*, Marktorientierte Unternehmensbewertung (2003), S. 100.

603 Vgl. Arbeitskreis „Finanzierung“ der Schmalenbach-Gesellschaft Deutsche Gesellschaft für Betriebswirtschaft e. V., Wertorientierte Unternehmenssteuerung mit differenzierten Kapitalkosten, zfbf 1996, S. 543 (S. 552–554).

604 *Nowak*, Marktorientierte Unternehmensbewertung (2003), S. 100.

übereinstimmen muss. Aus diesem Grund ist der Betawert der Malz AG $(\beta_{v,\,Malz\,AG} = 1{,}062)$, der neben dem Geschäftsrisiko auch das dem Verschuldungsgrad der Malz AG $\left(\frac{FK}{EK^M_{v,\,Malz\,AG}} = \frac{2\,555}{1\,825} = 1{,}4\right)$ innewohnende Finanzierungsrisiko enthält, in das nur das Operating Risk wiedergebende unlevered[605] Beta (β_u) umzurechnen, das, die Vergleichbarkeit von Schluck-Brauerei und Malz AG vorausgesetzt, ebenfalls dem Beta-Faktor der Schluck-Brauerei bei fiktiver Eigenfinanzierung entspricht:[606]

$$\beta_u = \frac{\beta_{v,\,Malz\,AG}}{\left(1 + (1-s) \cdot \frac{FK}{EK^M_{v,\,Malz\,AG}}\right)} = \frac{1{,}062}{(1 + (1-0{,}3) \cdot 1{,}4)} = 0{,}53636.$$

Wird β_u in die CAPM-Gleichung (5) eingesetzt, so erhält man als Eigenkapitalrendite des unverschuldeten Unternehmens

$$r(EK)_u = i + (\mu(R_m) - i) \cdot \beta_u = 0{,}08 + (0{,}13 - 0{,}08) \cdot 0{,}53636 = 0{,}10682,$$

und gemäß Gleichung (9) und dem in Tabelle 84 ermittelten Free Cashflow ergibt sich der Gesamtmarktwert des verschuldeten Unternehmens mit 4 992,2 Euro:

Tabelle 84: Ermittlung von Free Cashflows (in Euro)

EBIT (Operatives Ergebnis vor Zinsen und Steuern)	700,00
– Steuerzahlungen	– 210,00
= NOPLAT (Operatives Ergebnis vor Zinsen, nach Steuern)	= 490,00
+ Abschreibungen	+ 178,00
– Investitionen	– 96,13
– Veränderungen des Net Working Capital	– 81,87
= Free Cashflow	**490,00**

$$V_v = \frac{FCF}{r(EK)_u} + s \cdot FK = \frac{490}{0{,}10682} + 0{,}3 \cdot 1\,350 = 4\,992{,}2\ €.$$

Wird im letzten Schritt der Marktwert des Fremdkapitals vom Marktwert des Gesamtkapitals subtrahiert, errechnet sich der Unternehmenswert (Shareholder Value) der Schluck-Brauerei mit 3 642,2 Euro:

$$EK^M_{v,\,Schluck\text{-}Brauerei} = V_v - FK = 4\,992{,}2 - 1\,350 = 3\,642{,}2\ €.$$

605 Unlevered steht für unverschuldet.

606 Vgl. *Mandl/Rabel*, Unternehmensbewertung (1997), S. 301.

II. Gewogener durchschnittlicher Kapitalkostensatz

Zur Angabe des aktuellen Verschuldungsgrades der Schluck-Brauerei werden lediglich der Marktwert des Fremdkapitals und der Marktwert des Eigenkapitals zueinander ins Verhältnis gesetzt:

$$\frac{FK}{EK^{M}_{v,\,Schluck\text{-}Brauerei}} = \frac{1\,350}{3\,642{,}2} = 0{,}37066.$$

Ausgehend vom ebenfalls unter Gliederungspunkt I. berechneten Beta-Faktor des eigenfinanzierten Unternehmens kann nun das Finanzierungsverhältnis der Schluck-Brauerei genutzt werden, um den unternehmensindividuellen Beta-Faktor zu berechnen

$$\beta_{v,\,Schluck\text{-}Brauerei} = \beta_u \cdot \left(1 + (1-s)\cdot \frac{FK}{EK^{M}_{v,\,Schluck\text{-}Brauerei}}\right)$$

$$= 0{,}53636 \cdot (1 + (1 - 0{,}3) \cdot 0{,}37066) = 0{,}67553,$$

so dass die entsprechende Renditeforderung der Eigenkapitalgeber $\left(r(EK)_v\right)$ 11,38 % beträgt:

$$r(EK)_v = i + (\mu(R_m) - i)\cdot \beta_{v,\,Schluck\text{-}Brauerei} = 0{,}08 + (0{,}13 - 0{,}08)\cdot 0{,}67553$$

$$= 0{,}11378.$$

Schließlich ergibt sich k^{WACC} als mit der Fremd- und Eigenkapitalquote gewichteter Durchschnitt der Kapitalkosten:

$$k^{WACC} = r(EK)_v \cdot \frac{EK^{M}_{v,\,Schluck\text{-}Brauerei}}{V_v} + i\cdot(1-s)\cdot\frac{FK}{V_v}$$

$$= 0{,}11378 \cdot \frac{3\,642{,}2}{4\,992{,}2} + 0{,}08\cdot(1-0{,}3)\cdot\frac{1\,350}{4\,992{,}2} = 0{,}098155.$$

Weiterführende Literatur

Arbeitskreis „Finanzierung“ der Schmalenbach-Gesellschaft für Betriebswirtschaft e. V.,	Wertorientierte Unternehmenssteuerung mit differenzierten Kapitalkosten, zfbf, 48. Jg. (1996), S. 543–578
Hachmeister, Dirk,	Der Discounted Cash Flow als Unternehmenswert, WISU, 25. Jg. (1996), S. 357–366
Mandl, Gerwald,	Discounted Cash-flow-Verfahren: Ein Verfahrensvergleich, in: Herbert Kofler/Wolfgang Nadvornik/ Helmut Pernsteiner (Hrsg.), Betriebswirtschaftliches Prüfungswesen in Österreich, Festschrift für Karl Vodrazka, Wien 1996, S. 405–424
Munkert, Michael,	Der Kapitalisierungszinssatz in der Unternehmensbewertung, Wiesbaden 2005, S. 372–403

Fall 23: Beta-Faktor und Geschäftsrisiko

Sachverhalt:

Das Unternehmen Waterproof war in der Vergangenheit nur mit der Herstellung von Regenschirmen beschäftigt. Nun beabsichtigt das Management, das Produktangebot auf Sonnenschutzcreme auszudehnen. Die dafür notwendige anfängliche Investitionssumme beträgt $I_0 = 6\,000$ €, und eine Prognose der künftig aus dem Investitionsprojekt zu erwartenden Cashflows vor Bedienung des Fremdkapitals und vor Steuern (ewige Rente) ergab $X = 976$ €. Die bisherige Kapitalstruktur soll beibehalten werden, doch das Geschäftsrisiko der beiden Geschäftsfelder stimmt nicht überein. Beweggrund für die Geschäftserweiterung ist die Sunshine AG, die sich bereits erfolgreich am Markt für Sonnenschutzcremes etabliert hat. Folgende Unternehmensdaten stehen zur Verfügung:

Unternehmensdaten „Waterproof"

$\beta_{v,\,Waterproof} = 1{,}34$
$FK/V_v = 0{,}35$

Unternehmensdaten „Sunshine"

$\beta_{v,\,Sunshine\,AG} = 0{,}92$
$FK/V_v = 0{,}47.$

Aufgabenstellung:

- Ermitteln Sie die zur Bewertung des Investitionsprojekts heranzuziehenden *Kapitalkosten*, wenn der Kapitalmarkt durch folgende Daten gekennzeichnet ist: erwartete Rendite des Marktportefeuille $\mu(R_m) = 15$ %; einfaches Steuersystem: konstanter Unternehmensgewinnsteuersatz $s = 30$ %; Fremdkapitalzinsen mindern die steuerliche Bemessungsgrundlage; Fremdkapitalzinssatz (risikoloser Zins) $i = 8$ %.
- Sollte das Investitionsprojekt unter Berücksichtigung der Ergebnisse in der ersten Aufgabenstellung durchgeführt werden? Ändert sich das Ergebnis, wenn für die Bewertung des Projekts die *unternehmensspezifischen Kapitalkosten* herangezogen werden?

I. Gewogener durchschnittlicher Kapitalkostensatz unter Beachtung des Geschäftsrisikos

Um die Vorteilhaftigkeit eines Investitionsprojekts zu untersuchen, wird regelmäßig das Kapitalwertkriterium angewandt: Die künftig dem Unternehmen zufließenden Einzahlungsüberschüsse sind mit einem Kapitalkostensatz auf den Bewertungsstichtag zu diskontieren. Wird anschließend die Anschaffungsauszahlung subtrahiert, ergibt sich der Kapitalwert.[607]

607 Vgl. *Hachmeister*, Der Discounted Cash Flow als Maß der Unternehmenswertsteigerung (2000), S. 92.

Die relevanten Kapitalkosten stimmen jedoch nur dann mit den im Durchschnitt geltenden firmenspezifischen Kapitalkosten überein, „wenn die bereits realisierten Investitionen und das neue Projekt sowohl hinsichtlich des Geschäftsrisikos als auch hinsichtlich des Finanzierungsrisikos völlig identisch … [sind]. Das ist aber regelmäßig nicht der Fall, vor allem dann nicht, wenn ein Unternehmen in neue Geschäftsfelder investiert“[608], so dass die Kapitalkosten der bisher im Unternehmen Waterproof durchgeführten Investitionen nicht zur Bewertung der Vorteilhaftigkeit des neuen Investitionsprojekts herangezogen werden können. Aus diesem Grund soll die Ermittlung der Kapitalkosten auf der Grundlage der Analogiemethode erfolgen,[609] um unter Hinzuziehung der Sunshine AG das leistungswirtschaftliche Risiko des Angebots von Sonnenschutzcreme zu isolieren.

Im ersten Schritt ist daher der Beta-Faktor der Sunshine AG unter der Fiktion der Eigenfinanzierung zu ermitteln, indem nachstehender Zusammenhang genutzt wird (das Fremdkapital ist annahmegemäß risikolos):

$$(10)\quad \beta_v = \beta_u \cdot \left(1 + (1-s) \cdot \frac{FK}{EK_v^M}\right).$$

Da die gegebenen Daten nur die Fremdkapitalquote, nicht aber den Verschuldungsgrad enthalten, ist zunächst folgende Umformung vorzunehmen:

$$\frac{FK}{EK_v^M} = \frac{FK}{EK_v^M} \cdot \frac{V_v}{V_v} = \frac{FK}{V_v} \cdot \frac{V_v}{EK_v^M} = \frac{\frac{FK}{V_v}}{\frac{EK_v^M}{V_v}}.$$

Wegen $\frac{FK}{V_v} + \frac{EK_v^M}{V_v} = 1$ gilt daher[610]

$$(11)\quad \frac{FK}{EK_v^M} = \frac{\frac{FK}{V_v}}{1 - \frac{FK}{V_v}}.$$

Der Verschuldungsgrad der Sunshine AG beträgt dementsprechend 0,88679:

608 *Kruschwitz/Milde*, Geschäftsrisiko, Finanzierungsrisiko und Kapitalkosten, zfbf 1996, S. 1115 (S. 1116). Dazu *Brealey/Myers/Allen*, Principles of Corporate Finance (2011), S. 510: The „weighted-average formula [of the firm] works only for projects that are carbon copies of the firm“.

609 Vgl. *Kruschwitz/Milde*, Geschäftsrisiko, Finanzierungsrisiko und Kapitalkosten, zfbf 1996, S. 1115 (S. 1116). Vgl. ebenfalls *Rudolph*, Neuere Kapitalkostenkonzepte auf der Grundlage der Kapitalmarkttheorie, zfbf 1986, S. 892 (S. 893–894).

610 Vgl. *Kruschwitz/Milde*, Geschäftsrisiko, Finanzierungsrisiko und Kapitalkosten, zfbf 1996, S. 1115 (S. 1124).

$$\frac{FK}{EK^{M}_{v,\,Sunshine\,AG}} = \frac{\frac{FK}{V_v}}{1-\frac{FK}{V_v}} = \frac{0{,}47}{1-0{,}47} = 0{,}8867925,$$

und nach Gleichung (10) berechnet sich der allein das Geschäftsrisiko widerspiegelnde Beta-Faktor mit 0,567637:

$$\beta_u = \frac{\beta_{v,\,Sunshine\,AG}}{\left(1+(1-s)\cdot\frac{FK}{EK^{M}_{v,\,Sunshine\,AG}}\right)}$$

$$= \frac{0{,}92}{(1+(1-0{,}3)\cdot 0{,}88679)} = 0{,}567637.$$

Da der Anteil, mit dem die Investitionsauszahlung fremdfinanziert werden soll, sowie die darauf entfallenden Fremdkapitalzinsen nicht bekannt sind, können auf Grund des Zirkularitätsproblems weder das Equity-, das DUK- noch das APV-Verfahren zur Kapitalwertkalkulation herangezogen werden. Lediglich das WACC-Verfahren, in dessen Rahmen die Diskontierung der Free Cashflows mit den gewogenen Kapitalkosten $\left(k^{WACC}\right)$ erfolgt, ist hilfreich. Um k^{WACC} ermitteln zu können, werden die projektspezifischen Eigenkapitalkosten benötigt, die, ausgehend vom oben ermittelten β_u und von der gegebenen Fremdkapitalquote, wie folgt errechnet werden:[611]

Erster Schritt: Umrechnung der Fremdkapitalquote in den Verschuldungsgrad gemäß (11)

$$\frac{FK}{EK^{M}_{v,\,Waterproof}} = \frac{\frac{FK}{V_v}}{1-\frac{FK}{V_v}} = \frac{0{,}35}{1-0{,}35} = 0{,}538462.$$

Zweiter Schritt: Ermittlung des Beta-Faktors für die gegebene Kapitalstruktur gemäß (10)

$$\beta_{v,\,Waterproof} = \beta_u\cdot\left(1+(1-s)\cdot\frac{FK}{EK^{M}_{v}}\right)$$

$$= 0{,}567637\cdot(1+(1-0{,}3)\cdot 0{,}538462) = 0{,}78159.$$

611 Vgl. *Kruschwitz/Milde*, Geschäftsrisiko, Finanzierungsrisiko und Kapitalkosten, zfbf 1996, S. 1115 (S. 1125).

Dritter Schritt: Ermittlung der Eigenkapitalkosten für die gegebene Kapitalstruktur mittels CAPM

$$r(EK)_v = i + (\mu(R_m) - i) \cdot \beta_{v,\,Waterproof} = 0{,}08 + (0{,}15 - 0{,}08) \cdot 0{,}78159$$

$$= 0{,}1347.$$

Mit der erlangten Kenntnis folgt für die gesuchten Kapitalkosten k^{WACC}:

$$k^{WACC} = r(EK)_v \cdot \frac{EK^M_{v,\,Waterproof}}{V_v} + i \cdot (1 - s) \cdot \frac{FK}{V_v}$$

$$= 0{,}1347 \cdot (1 - 0{,}35) + 0{,}08 \cdot (1 - 0{,}3) \cdot 0{,}35 = 0{,}10716.$$

Eine *alternative Lösungsmöglichkeit* berücksichtigt den Zusammenhang zwischen $r(EK)_v$ und $r(EK)_u$, der unter den von *Modigliani/Miller* gesetzten Annahmen gilt,[612] indem die über β_u zu berechnenden Eigenkapitalkosten bei reiner Eigenfinanzierung genutzt werden:

Erster Schritt: Ermittlung der Eigenkapitalkosten bei reiner Eigenfinanzierung mittels CAPM

$$r(EK)_u = i + (\mu(R_m) - i) \cdot \beta_u = 0{,}08 + (0{,}15 - 0{,}08) \cdot 0{,}567637 = 0{,}119735.$$

Zweiter Schritt: Ermittlung der Eigenkapitalkosten für die gegebene Kapitalstruktur mittels Modigliani/Miller-Zusammenhang

$$r(EK)_v = r(EK)_u + \left(r(EK)_u - i\right) \cdot (1 - s) \cdot \frac{FK}{EK^M_{v,\,Waterproof}}$$

$$= 0{,}119735 + (0{,}119735 - 0{,}08) \cdot (1 - 0{,}3) \cdot 0{,}538462 = 0{,}1347.$$

Dritter Schritt: Ermittlung der gesuchten Kapitalkosten k^{WACC}

$$k^{WACC} = r(EK)_v \cdot \frac{EK^M_{v,\,Waterproof}}{V_v} + i \cdot (1 - s) \cdot \frac{FK}{V_v}$$

$$= 0{,}1347 \cdot (1 - 0{,}35) + 0{,}08 \cdot (1 - 0{,}3) \cdot 0{,}35 = 0{,}10716.$$

---

612 Vgl. *Modigliani/Miller*, Corporate Income Taxes and the Cost of Capital: A Correction, AER 1963, S. 433 (S. 439). Vgl. ebenfalls Fall 17.

II. Anwendung des Kapitalwertkriteriums

Entscheidend für die Durchführung eines Investitionsprojekts ist sein positiver Kapitalwert.[613] Unter Einsatz des unter Gliederungspunkt I. ermittelten Kapitalkostensatzes ergibt sich:

$$KW_0 = -I_0 + \sum_{t=1}^{\infty} \frac{FCF_t}{(1 + k^{WACC})^t} = -I_0 + \frac{FCF}{k^{WACC}} = -I_0 + \frac{X \cdot (1 - s)}{k^{WACC}}$$

$$= -6\,000 + \frac{976 \cdot (1 - 0{,}3)}{0{,}10716} = 375{,}51\ €.$$

Das Projekt sollte auf Grund seines positiven Kapitalwerts von 375,51 Euro durchgeführt werden.

Werden die unternehmensspezifischen Kapitalkosten herangezogen, so bestimmt der Beta-Faktor der Waterproof die Eigenkapitalrendite mit

$$r(EK)_v = i + (\mu(R_m) - i) \cdot \beta_{v,\,Waterproof} = 0{,}08 + (0{,}15 - 0{,}08) \cdot 1{,}34 = 0{,}1738$$

sowie die gewogenen firmenspezifischen Kapitalkosten mit

$$k^{WACC} = r(EK)_v \cdot \frac{EK^M_{v,\,Waterproof}}{V_v} + i \cdot (1 - s) \cdot \frac{FK}{V_v}$$

$$= 0{,}1738 \cdot (1 - 0{,}35) + 0{,}08 \cdot (1 - 0{,}3) \cdot 0{,}35 = 0{,}13257.$$

Der auf dieser Grundlage berechnete Kapitalwert nimmt nun einen negativen Wert an, so dass eine Realisierung des Projekts (fälschlicherweise) nicht in Betracht gezogen würde:[614]

$$KW_0 = -6\,000 + \frac{976 \cdot (1 - 0{,}3)}{0{,}13257} = -846{,}5\ €.$$

613 Vgl. *Schmidt/Terberger*, Grundzüge der Investitions- und Finanzierungstheorie (1997), S. 137.

614 Vgl. zu fehlerhaften Entscheidungen *Kruschwitz/Milde*, Geschäftsrisiko, Finanzierungsrisiko und Kapitalkosten, zfbf 1996, S. 1115 (S. 1116–1117).

Weiterführende Literatur

Brealey, Richard A./ Myers, Stewart C./ Allen, Franklin, Principles of Corporate Finance, 10. Aufl. (int. ed.), Boston et al. 2011, S. 507–514

Kruschwitz, Lutz/ Milde, Hellmuth, Geschäftsrisiko, Finanzierungsrisiko und Kapitalkosten, zfbf, 48. Jg. (1996), S. 1115–1132

Modigliani, Franco/ Miller, Merton H., Corporate Income Taxes and the Cost of Capital: A Correction, AER, Vol. 53 (1963), S. 433–443

Rudolph, Bernd, Neuere Kapitalkostenkonzepte auf der Grundlage der Kapitalmarkttheorie, zfbf, 38. Jg. (1986), S. 892–898

Fall 24: Beta-Faktor und Regressionsanalyse

Sachverhalt:

Eine Alternative zur Ermittlung von Beta-Faktoren börsennotierter Unternehmen stellt die Regressionsanalyse dar. Der Zins festverzinslicher langfristiger Staatspapiere beträgt 3 %. Die (zukünftige) Marktrendite der DAX-Werte wird auf 8 % geschätzt. Die Aktienrendite des Unternehmens Regress und die historischen Marktrenditen der letzten zehn Jahre stellen sich wie folgt dar:

Tabelle 85: Historische Kapitalmarktdaten

Jahr	R_m	R_i
1	0,07	0,03
2	0,06	0,06
3	0,05	0,02
4	0,07	0,09
5	0,09	0,05
6	0,08	0,10
7	0,06	0,04
8	0,09	0,08
9	0,07	0,10
10	0,08	0,09

Aufgabenstellung:

- Ermitteln Sie die *Regressionsgerade* des Unternehmens Regress sowohl graphisch als auch mathematisch!
- Würdigen Sie die *Ermittlung der Beta-Faktoren* auf der Grundlage vergangener Daten kritisch!

I. Regressionsanalyse

1. Erläuterung

Bei börsennotierten Unternehmen erfolgt die Ermittlung des Beta-Faktors überwiegend „aus einer Regression zwischen den Aktienrenditen der zu bewertenden

Gesellschaft und der Rendite eines Index, der das Marktportfolio ersetzt“[615]. Empirische Untersuchungen greifen dabei zumeist auf das Marktmodell von *Sharpe*[616] zurück, das einen linearen Zusammenhang zwischen der Rendite eines Wertpapiers i und der Rendite des Marktportefeuille unterstellt (*Characteristic Line*):[617]

$$(12)\quad R_i = \alpha_i + \beta_i \cdot R_m + \varepsilon_i$$

mit R_i = Rendite des Wertpapiers i,
α_i = Renditebestandteil des Wertpapiers, der von der Marktrendite unabhängig ist,
R_m = Rendite des Marktportefeuille,
β_i = Beta-Faktor,
ε_i = Störvariable.

Der Beta-Faktor stellt als Steigung der Regressionsgeraden das systematische Risiko (Marktrisiko) dar, dessen Einflussgrößen, wie z. B. „das Niveau des risikolosen Zinssatzes, Erwartungen über das Verhalten der Tarifpartner, Erwartungen über steuerpolitische Maßnahmen“[618], nicht nur die Rendite des Wertpapiers i, sondern auch die Renditen der anderen im Markt vertretenen Wertpapiere sowie die Rendite des Marktportefeuille beeinflussen.[619] Der Koeffizient β_i drückt aus, in welchem Umfang sich die Wertpapierrendite R_i mit der Marktportefeuillerendite R_m bewegt.[620]

Das unsystematische Risiko wird durch den Störterm ε_i verkörpert, der die Abweichung der tatsächlich realisierten Renditen von den auf der Regressionsgeraden liegenden Renditen erfasst. Diese Abweichungen sind Auswirkungen unternehmensindividueller Ursachen, wie beispielsweise das Ausscheiden eines Managers oder die Einführung eines neuen Produkts, die nicht mit den Einflussgrößen anderer Aktien korreliert sind. Annahmegemäß betragen der Erwartungswert des Störterms $\mu(\varepsilon_i)$, die Kovarianz der Störvariable mit der Rendite des Marktportefeuille $\text{cov}(\varepsilon_i, R_m)$ sowie die Kovarianz der Störvariable der Aktie i mit der Störvariable der Aktie j $\text{cov}(\varepsilon_i, \varepsilon_j)$ Null.[621] Um der Annahme $\mu(\varepsilon_i) = 0$ zu genügen, wird im

615 *Ballwieser*, Aktuelle Aspekte der Unternehmensbewertung, WPg 1995, S. 119 (S. 123).

616 Vgl. *Sharpe*, A Simplified Model for Portfolio Analysis, MSc 1963, S. 277 (S. 277–293).

617 Vgl. *Hachmeister*, Der Discounted Cash Flow als Maß der Unternehmenswertsteigerung (2000), S. 182; *Baetge/Krause*, Die Berücksichtigung des Risikos bei der Unternehmensbewertung – Eine empirisch gestützte Betrachtung des Kalkulationszinses, BFuP 1994, S. 433 (S. 439); *Schmidt/Terberger*, Grundzüge der Investitions- und Finanzierungstheorie (1997), S. 355.

618 *Drukarczyk*, Theorie und Politik der Finanzierung (1993), S. 246.

619 Vgl. *Drukarczyk*, Theorie und Politik der Finanzierung (1993), S. 246.

620 Vgl. *Süchting*, Finanzmanagement (1995), S. 375.

621 Vgl. *Drukarczyk*, Theorie und Politik der Finanzierung (1993), S. 246–247; *Süchting*, Finanzmanagement (1995), S. 376.

wertpapierindividuellen Ordinatenabschnitt α_i[622] „*gesondert* erfasst, wie sich diese von der Marktentwicklung unabhängigen Einflussgrößen im Beobachtungszeitraum *durchschnittlich* in den Periodenrenditen niedergeschlagen haben“[623].

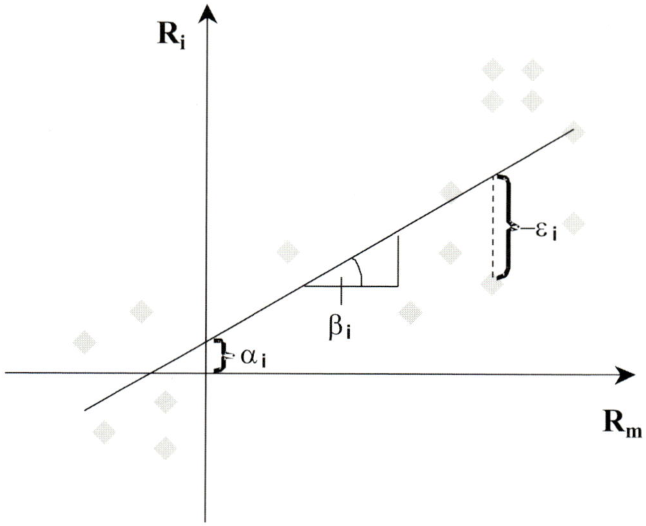

Abbildung 13: Characteristic Line

Indem nun die über einen bestimmten Zeitraum in der Vergangenheit realisierten Werte für R_i und R_m in die Regressionsgleichung eingesetzt werden, erfolgt die Ermittlung von α_i und β_i,[624] so dass der Zusammenhang zwischen R_i und R_m möglichst genau dargestellt wird: „Die Koeffizienten einer Regressionsfunktion $\hat{y} = g(x)$ zur Beschreibung des Zusammenhangs zwischen den Merkmalen x und y werden so bestimmt, dass die *Summe der quadrierten Abweichungen der Beobachtungswerte* $y_i (i = 1, \ldots, n)$ von den zugehörigen Werten auf der Regressionsfunk-

622 Vgl. *Süchting*, Finanzmanagement (1995), S. 376.

623 *Süchting*, Finanzmanagement (1995), S. 376. Dazu *Hachmeister*, Der Discounted Cash Flow als Maß der Unternehmenswertsteigerung (2000), S. 182: „Alpha … entspricht dem Durchschnitt der unsystematischen Renditen“. Vertiefend *Baetge/Krause*, Die Berücksichtigung des Risikos bei der Unternehmensbewertung – Eine empirisch gestützte Betrachtung des Kalkulationszinses, BFuP 1994, S. 433 (S. 440): „Das a_i gibt den Teil der Unternehmensrendite an, der von der Marktrendite unabhängig ist, also bei einer Marktrendite von null bestehen bleibt.“

624 Vgl. *Baetge/Krause*, Die Berücksichtigung des Risikos bei der Unternehmensbewertung – Eine empirisch gestützte Betrachtung des Kalkulationszinses, BFuP 1994, S. 433 (S. 439).

tion $\hat{y}_i = g(x_i)$, also $\sum_{i=1}^{n} (y_i - \hat{y}_i)^2$, zu einem *Minimum* wird“[625]. Für $\hat{y}_i = \alpha + \beta \cdot x_i$ und $i = 1, \ldots, n$ gilt:

$$(13) \quad \min S(\alpha, \beta) = \sum_{i=1}^{n} (y_i - \hat{y}_i)^2 = \sum_{i=1}^{n} (y_i - \alpha - \beta \cdot x_i)^2.$$

Werden für die zu minimierende Gleichung die partiellen Ableitungen erster Ordnung $\frac{\partial S(\alpha, \beta)}{\partial \alpha}$ und $\frac{\partial S(\alpha, \beta)}{\partial \beta}$ gleich null gesetzt und die daraus folgenden sog. „Normalgleichungen“ nach α und β aufgelöst, so ergeben sich die „Bestimmungsgleichungen“ für α und β:[626]

$$(14) \quad \alpha = \frac{\sum_{i=1}^{n} x_i^2 \cdot \sum_{i=1}^{n} y_i - \sum_{i=1}^{n} x_i \cdot \sum_{i=1}^{n} x_i \cdot y_i}{n \cdot \sum_{i=1}^{n} x_i^2 - \left(\sum_{i=1}^{n} x_i \right)^2}$$

$$(15) \quad \beta = \frac{n \cdot \sum_{i=1}^{n} x_i \cdot y_i - \sum_{i=1}^{n} x_i \cdot \sum_{i=1}^{n} y_i}{n \cdot \sum_{i=1}^{n} x_i^2 - \left(\sum_{i=1}^{n} x_i \right)^2}$$

Wird das Kriterium der Kleinsten Quadrate auf die lineare Regressionsgleichung des Marktmodells übertragen, sind die Koeffizienten α_i und β_i so zu bestimmen, dass die Summe der Quadrate der Abweichungen zwischen den beobachteten R_i-Realisierungen und den durch die Regressionsfunktion bestimmten Werten $(R_i - (\alpha_i + \beta_i \cdot R_m))$ minimiert wird. Die Bestimmungsgleichungen (14) und (15) lauten variiert wie folgt:

$$(14\text{-}1) \quad \alpha_i = \frac{\sum_{t=1}^{T} R_{m,t}^2 \cdot \sum_{t=1}^{T} R_{i,t} - \sum_{t=1}^{T} R_{m,t} \cdot \sum_{t=1}^{T} R_{m,t} \cdot R_{i,t}}{T \cdot \sum_{t=1}^{T} R_{m,t}^2 - \left(\sum_{t=1}^{T} R_{m,t} \right)^2}$$

625 *Schwarze*, Grundlagen der Statistik I (2009), S. 109 (Kursivdruck im Original als Fettdruck).

626 Vgl. *Schwarze*, Grundlagen der Statistik I (2009), S. 110–112 zur Vereinfachung der Rechnung mithilfe der arithmetischen Mittelwerte ($y = \Sigma y_i/n$) und ($x = \Sigma x_i/n$). Ob tatsächlich ein Minimum berechnet wurde, muss die Untersuchung der zweiten Ableitung ergeben.

$$(15\text{-}1)\quad \beta_i = \frac{T \cdot \sum_{t=1}^{T} R_{m,t} \cdot R_{i,t} - \sum_{t=1}^{T} R_{m,t} \cdot \sum_{t=1}^{T} R_{i,t}}{T \cdot \sum_{t=1}^{T} R_{m,t}^2 - \left(\sum_{t=1}^{T} R_{m,t}\right)^2}.$$

2. Anwendung auf den Fall: Regressionsgerade des Unternehmens Regress

Bezogen auf die gegebenen Daten berechnen sich α_i und β_i mit:

Tabelle 86: Nebenrechnung zur Lösung der Bestimmungsgleichungen im Rahmen der Regressionsanalyse

Jahr	**R_m**	**R_i**	**R_m^2**	**$R_m \cdot R_i$**
1	0,07	0,03	0,0049	0,0021
2	0,06	0,06	0,0036	0,0036
3	0,05	0,02	0,0025	0,0010
4	0,07	0,09	0,0049	0,0063
5	0,09	0,05	0,0081	0,0045
6	0,08	0,10	0,0064	0,0080
7	0,06	0,04	0,0036	0,0024
8	0,09	0,08	0,0081	0,0072
9	0,07	0,10	0,0049	0,0070
10	0,08	0,09	0,0064	0,0072
Summe	0,72	0,66	0,0534	0,0493
$\left[\sum_{t=1}^{T} R_{m,t}\right]^2$	0,5184			

$$\alpha_i = \frac{\sum_{t=1}^{T} R_{m,t}^2 \cdot \sum_{t=1}^{T} R_{i,t} - \sum_{t=1}^{T} R_{m,t} \cdot \sum_{t=1}^{T} R_{m,t} \cdot R_{i,t}}{T \cdot \sum_{t=1}^{T} R_{m,t}^2 - \left(\sum_{t=1}^{T} R_{m,t}\right)^2}$$

$$= \frac{0{,}0534 \cdot 0{,}66 - 0{,}72 \cdot 0{,}0493}{10 \cdot 0{,}0534 - 0{,}5184} = -0{,}01615$$

$$\beta_i = \frac{T \cdot \sum_{t=1}^{T} R_{m,t} \cdot R_{i,t} - \sum_{t=1}^{T} R_{m,t} \cdot \sum_{t=1}^{T} R_{i,t}}{T \cdot \sum_{t=1}^{T} R_{m,t}^2 - \left(\sum_{t=1}^{T} R_{m,t}\right)^2}$$

$$= \frac{10 \cdot 0{,}0493 - 0{,}72 \cdot 0{,}66}{10 \cdot 0{,}0534 - 0{,}5184} = 1{,}141$$

Die Regressionsgerade lautet gemäß Gleichung (12):

$$R_i = \alpha_i + \beta_i \cdot R_m = -0{,}01615 + 1{,}141 \cdot R_m .$$

Zur graphischen Lösung sind die Wertepaare (R_m, R_i) in ein Koordinatensystem zu übertragen und anschließend ist die Characteristic Line entsprechend der berechneten Regressionsfunktion abzubilden:

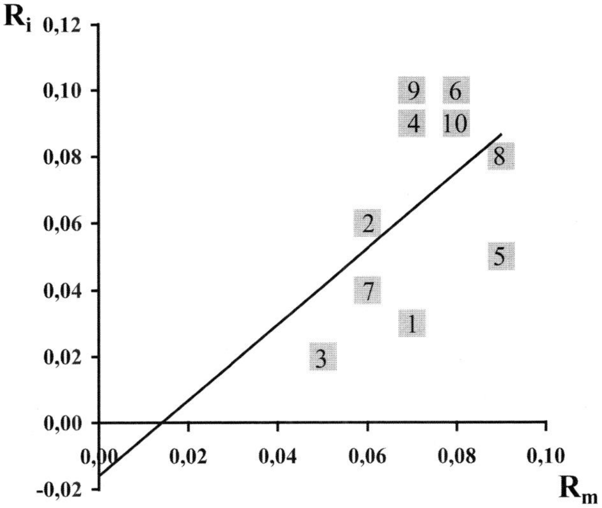

Abbildung 14: Characteristic Line des Unternehmens Regress

II. Kritische Würdigung der vergangenheitsorientierten Ermittlung der Beta-Faktoren

Dem Vorteil des aus dem CAPM abgeleiteten Kapitalisierungszinssatzes, marktgestützt und insofern objektiviert zu sein, stehen gewichtige Nachteile gegenüber,[627] die kurz umrissen werden sollen.

So erfolgt die allein für börsennotierte Unternehmen anwendbare Regressionsanalyse auf der Grundlage historischer Daten, wobei zum einen fraglich ist, „ob und inwieweit Vergangenheitsdaten ... stellvertretend für die Zukunft stehen dürfen“[628]. Zum anderen verstößt die Diskontierung der Cashflows mit einem vergangenheitsbasierten Diskontierungszinssatz gegen das Zukunftsbezogenheitsprinzip. Werden künftige Beta-Faktoren mithilfe der Trendfortschreibung ermittelt, muss – ökonomisch fragwürdig – unterstellt werden, dass das ökonomische Umfeld des Unternehmens zukünftig stabil bleibt.[629]

Hinsichtlich der Wahl der zu Grunde zu legenden Intervalllänge (z.B. Verwendung täglicher, wöchentlicher oder monatlicher Renditen), des zu untersuchenden Berechnungszeitraums (z.B. 10 Jahre, 15 Jahre oder 20 Jahre) oder des zu verwendenden Marktindexes bestehen immense Ermessensspielräume, und es leiten sich erhebliche Schwankungen der Eigenkapitalrenditen ab.[630] Der Ersatz des Marktportefeuille durch einen unvollkommenen Aktienindex kann nur eine Annäherung darstellen, da nicht der gesamte Markt repräsentiert wird.[631]

---

627 Vgl. zu den Problembereichen auch *Hachmeister*, Der Discounted Cash Flow als Maß der Unternehmenswertsteigerung (2000), S. 190–195.

628 *Ballwieser*, Aktuelle Aspekte der Unternehmensbewertung, WPg 1995, S. 119 (S. 126).

629 Vgl. *Böcking/Nowak*, Der Beitrag der Discounted Cash Flow-Verfahren zur Lösung der Typisierungsproblematik bei Unternehmensbewertungen – Eine Warnung vor einer „naiven“ Übertragung modelltheoretischer Erkenntnisse auf die Bewertungspraxis, DB 1998, S. 685 (S. 688).

630 Vgl. *Böcking/Nowak*, Der Beitrag der Discounted Cash Flow-Verfahren zur Lösung der Typisierungsproblematik bei Unternehmensbewertungen – Eine Warnung vor einer „naiven“ Übertragung modelltheoretischer Erkenntnisse auf die Bewertungspraxis, DB 1998, S. 685 (S. 688–689); *Ballwieser*, Aktuelle Aspekte der Unternehmensbewertung, WPg 1995, S. 119 (S. 125). Einen Literaturüberblick über Schätzungen der historischen Marktrisikoprämie gibt *Ballwieser*, Unternehmensbewertung (2007), S. 96–97. Vgl. ebenfalls die Untersuchungen von *Baetge/Krause*, Die Berücksichtigung des Risikos bei der Unternehmensbewertung – Eine empirisch gestützte Betrachtung des Kalkulationszinses, BFuP 1994, S. 433 (S. 442–454); *Frantzmann*, Zur Messung des Marktrisikos deutscher Aktien, zfbf 1990, S. 67 (S. 67–83); *Stehle*, Die Festlegung der Risikoprämie von Aktien im Rahmen der Schätzung des Wertes von börsennotierten Kapitalgesellschaften, WPg 2004, S. 906 (S. 906–927); *Stehle/Hausladen*, Die Schätzung der US-amerikanischen Risikoprämie auf Basis der historischen Renditezeitreihe, WPg 2004, S. 928 (S. 928–936).

631 Vgl. *Böcking/Nowak*, Der Beitrag der Discounted Cash Flow-Verfahren zur Lösung der Typisierungsproblematik bei Unternehmensbewertungen – Eine Warnung vor einer „naiven“ Übertragung modelltheoretischer Erkenntnisse auf die Bewertungspraxis, DB 1998, S. 685

Weiterführende Literatur

Baetge, Jörg/ Krause, Clemens,	Die Berücksichtigung des Risikos bei der Unternehmensbewertung – Eine empirisch gestützte Betrachtung des Kalkulationszinses, BFuP, 46. Jg. (1994), S. 433–456
Ballwieser, Wolfgang,	Aktuelle Aspekte der Unternehmensbewertung, WPg, 48. Jg. (1995), S. 119–129
Böcking, Hans-Joachim/ Nowak, Karsten,	Der Beitrag der Discounted Cash Flow-Verfahren zur Lösung der Typisierungsproblematik bei Unternehmensbewertungen – Eine Warnung vor einer „naiven" Übertragung modelltheoretischer Erkenntnisse auf die Bewertungspraxis, DB, 51. Jg. (1998), S. 685–690
Drukarczyk, Jochen,	Theorie und Politik der Finanzierung, 2. Aufl., München 1993, S. 235–253
Frantzmann, Hans-Jörg,	Zur Messung des Marktrisikos deutscher Aktien, zfbf, 42. Jg. (1990), S. 67–83
Hachmeister, Dirk,	Der Discounted Cash Flow als Maß der Unternehmenswertsteigerung, 4. Aufl., Frankfurt a. M. et al. 2000, S. 178–184
Schwarze, Jochen,	Grundlagen der Statistik I, 11. Aufl., Herne 2009, S. 107–125
Sharpe, William F.,	A Simplified Model for Portfolio Analysis, MSc, Vol. 9 (1963), S. 277–293
Stehle, Richard,	Die Festlegung der Risikoprämie von Aktien im Rahmen der Schätzung des Wertes von börsennotierten Kapitalgesellschaften, WPg, 57. Jg. (2004), S. 906–927

(S. 688). Vgl. aber *Wagner/Jonas/Ballwieser*, Weiterentwicklung der Grundsätze zur Durchführung von Unternehmensbewertungen (IDW S 1), WPg 2004, S. 889 (S. 891–892): Da sich die „Datenbasis durch umfassende Statistiken, Untersuchungen und wissenschaftliche Studien weiter deutlich verbessert" hat, steht „für Zwecke der Ermittlung der Risikoprämien … eine geeignete Datenbasis für deutsche und internationale Kapitalmärkte zur Verfügung".

Fall 25: Einkommensteuer im DCF-Modell*

Sachverhalt:

Die Sonnenschein AG erzielt einen konstanten, prognosefähigen Einzahlungsüberschuss vor Steuern und vor Fremdkapitalzinsen in Höhe von 20000 Euro. Die jährlichen Zinszahlungen betragen 6000 Euro. Die Höhe der jährlichen Abschreibung entspricht der jährlichen Ersatzinvestition. Erweiterungsinvestitionen sind nicht geplant und die Höhe des Working Capital bleibt im Zeitablauf konstant.

Der risikolose Zinssatz (vor Einkommensteuer) beträgt 6 %. Die erwartete Rendite des Marktportefeuille beläuft sich vor Abzug der Einkommensteuer auf 10 % und setzt sich zu 60 % aus der Kursgewinnrendite und zu 40 % aus der Dividendenrendite zusammen. Die verschuldete Sonnenschein AG weist einen Betafaktor von 1,5832 auf. Der von der Gemeinde festgesetzte Gewerbesteuer-Hebesatz beträgt 400 %.

Aufgabenstellung:

Die Sonnenschein AG erteilt Ihnen den Auftrag, den *objektivierten Unternehmenswert* der Sonnenschein AG nach sämtlichen Steuern zu ermitteln.

- Skizzieren Sie die einschlägigen *Vorschriften des IDW S 1 i. d. F. 2008* für die Ermittlung des objektivierten Unternehmenswerts und gehen Sie dabei insbesondere auf die Berücksichtigung der persönlichen Einkommensteuer ein!
- Ermitteln Sie den objektivierten Marktwert des Eigenkapitals der Sonnenschein AG unter Anwendung des Equity-Approach und durch Vornahme einer *mittelbaren Typisierung* der persönlichen Ertragsteuern!
- Ermitteln Sie mithilfe des Equity-Approach den objektivierten Marktwert des Eigenkapitals, indem Sie die persönlichen Ertragsteuern *unmittelbar typisieren*. Gehen Sie dabei von einem typisierten Effektivsteuersatz auf Kursgewinne von 13,19 % und von der Annahme aus, dass das Ausschüttungsverhalten des Unternehmens äquivalent zur Ausschüttungsquote des Marktportefeuille ist!

* Dieser Fall wurde für die vierte Auflage dieses Buches von Prof. *Dr. Michael Hommel*, Prof. *Dr. Inga Dehmel* und Frau *Dr. Denise Pauly-Grundmann*, zu dem Zeitpunkt wissenschaftliche Mitarbeiterin an der Professur für Betriebswirtschaftslehre, insbesondere Wirtschaftsprüfung und Rechnungslegung, der Goethe-Universität Frankfurt a. M. (Professor *Dr. Michael Hommel*), verfasst.

I. Objektivierter Unternehmenswert nach IDW S 1 i.d.F. 2008

Nach der Funktionenlehre des IDW kann der Wirtschaftsprüfer als beratender Gutachter, als Schiedsgutachter oder als neutraler Gutachter agieren.[632] Im Mittelpunkt dieser Funktionenlehre steht allerdings der als Unternehmensbewerter tätig werdende Wirtschaftsprüfer in seiner Funktion als neutraler Gutachter (Sachverständiger). In dieser Funktion ermittelt er „einen von den individuellen Wertvorstellungen betroffener Parteien unabhängigen Wert des Unternehmens – den *objektivierten Unternehmenswert*“[633]. Dieser soll nach den Vorstellungen des IDW „einen intersubjektiv nachprüfbaren Zukunftserfolgswert aus Sicht der Anteilseigner dar[stellen]“[634]. Die dabei zu beachtenden Objektivierungen betreffen den Nettocashflow des Unternehmens, die Wahl der Alternativanlage und die Besteuerung.

Beim neutralen Wertgutachten bestimmt der Bewerter die zukünftigen Nettocashflows „bei Fortführung des Unternehmens auf Basis des bestehenden Unternehmenskonzepts“[635] und erfasst ausschließlich „die Erfolgschancen, die sich zum Bewertungsstichtag aus bereits eingeleiteten Maßnahmen oder aus hinreichend konkretisierten Maßnahmen im Rahmen des bisherigen Unternehmenskonzepts und der Marktgegebenheiten ergeben.“[636] In die Bewertung fließen zudem nur solche markttypischen Cashflows ein, die von der individuellen Situation des Käufers oder Verkäufers unabhängig sind. Darüber hinaus bleiben unechte Synergieeffekte, die „durch den wirtschaftlichen Verbund zweier oder mehrerer Unternehmen“[637] auf Seiten des Käufers oder Verkäufers entstehen, ebenso unberücksichtigt wie höchstpersönliche Vor- und Nachteile, die bei personenbezogenen Unternehmen durch die Person des Eigentümers ausgelöst werden können[638].

Die Objektivierungsdominanz prägt auch die Auswahl des zu verwendenden Diskontierungszinses. Unbeachtlich ist beim neutralen Gutachten die vom jeweiligen

---

632 Vgl. IDW Standard: Grundsätze zur Durchführung von Unternehmensbewertungen (IDW S 1 i. d. F. 2008), IDW FN 2008, S. 271 (S. 274, Rn. 12).

633 IDW Standard: Grundsätze zur Durchführung von Unternehmensbewertungen (IDW S 1 i. d. F. 2008), IDW FN 2008, S. 271 (S. 274, Rn. 12, im Original ohne Hervorhebung).

634 IDW Standard: Grundsätze zur Durchführung von Unternehmensbewertungen (IDW S 1 i. d. F. 2008), IDW FN 2008, S. 271 (S. 276, Rn. 29). Vgl. zur Kritik am objektivierten Unternehmenswert *Braun*, Discounted Cashflow-Verfahren und der Einfluss von Steuern (2005), S. 40–48.

635 IDW Standard: Grundsätze zur Durchführung von Unternehmensbewertungen (IDW S 1 i. d. F. 2008), IDW FN 2008, S. 271 (S. 276, Rn. 29).

636 IDW Standard: Grundsätze zur Durchführung von Unternehmensbewertungen (IDW S 1 i. d. F. 2008), IDW FN 2008, S. 271 (S. 276, Rn. 32).

637 IDW Standard: Grundsätze zur Durchführung von Unternehmensbewertungen (IDW S 1 i. d. F. 2008), IDW FN 2008, S. 271 (S. 277, Rn. 33).

638 Vgl. IDW Standard: Grundsätze zur Durchführung von Unternehmensbewertungen (IDW S 1 i. d. F. 2008), IDW FN 2008, S. 271 (S. 277, Rn. 40).

Individuum realisierbare bestmögliche Mittelanlage. An ihre Stelle tritt die Rendite, die Kapitalmarktteilnehmer im Allgemeinen für Investitionen in Eigenkapitaltitel fordern und die einen Kapitalstrom verspricht, der „dem zu kapitalisierenden Zahlungsstrom hinsichtlich Fristigkeit, Risiko und Besteuerung äquivalent“[639] ist. Als objektivierter Ausgangspunkt zur Bestimmung der marktüblichen Alternativrendite „kommen insbesondere Kapitalmarktrenditen für Unternehmensbeteiligungen (in Form eines Aktienportfolios) in Betracht.“[640]

Der typische Marktteilnehmer unterliegt mit seinen Einkünften der Einkommensteuer. Der objektivierte Unternehmenswert ist daher grundsätzlich unter Beachtung der inländischen und ausländischen Ertragsteuern des Unternehmens sowie der persönlichen Ertragsteuern der Unternehmenseigner zu bestimmen.[641] Dabei hat der Bewerter beim Erstellen des neutralen Gutachtens von der individuellen steuerlichen Situation des (potenziellen) Investors zu abstrahieren. Die persönliche Ertragsteuerbelastung ist stattdessen in Abhängigkeit des Bewertungsanlasses mittelbar oder unmittelbar zu typisieren.[642]

II. Mittelbare Typisierung bei der Ermittlung des objektivierten Unternehmenswerts

1. Erläuterung

a) Irrelevanz der Ertragsteuern

IDW S 1 i.d.F. 2008 schreibt eine mittelbare Typisierung der Ertragsteuerbelastung beim Erstellen eines neutralen Gutachtens vor, wenn der Bewerter auf Grund einer „unternehmerische[n] Initiative(.)“ hin tätig wird und das Gutachten dem Adressaten „als objektivierte Informationsgrundlage“[643] dient. Ein solches, rein informatives Gutachten kann z.B. am Beginn von Kaufpreisverhandlungen stehen oder Fairness Opinions und Kreditwürdigkeitsprüfungen flankieren.[644] Das Gutachten dient dann häufig als eine Art Informationsmemorandum der ersten groben Übersicht über die Unternehmenslage und richtet sich nicht selten an einen

---

639 IDW Standard: Grundsätze zur Durchführung von Unternehmensbewertungen (IDW S 1 i.d.F. 2008), IDW FN 2008, S. 271 (S. 285, Rn. 114).

640 IDW Standard: Grundsätze zur Durchführung von Unternehmensbewertungen (IDW S 1 i.d.F. 2008), IDW FN 2008, S. 271 (S. 285, Rn. 115).

641 Vgl. IDW Standard: Grundsätze zur Durchführung von Unternehmensbewertungen (IDW S 1 i.d.F. 2008), IDW FN 2008, S. 271 (S. 277–278, Rn. 43).

642 Vgl. IDW Standard: Grundsätze zur Durchführung von Unternehmensbewertungen (IDW S 1 i.d.F. 2008), IDW FN 2008, S. 271 (S. 276, Rn. 30–31).

643 IDW Standard: Grundsätze zur Durchführung von Unternehmensbewertungen (IDW S 1 i.d.F. 2008), IDW FN 2008, S. 271 (S. 276, Rn. 30, beide Zitate).

644 Vgl. IDW Standard: Grundsätze zur Durchführung von Unternehmensbewertungen (IDW S 1 i.d.F. 2008), IDW FN 2008, S. 271 (S. 276, Rn. 30).

unbekannten oder offenen Adressatenkreis. Auch ist für das informative Gutachten kennzeichnend, dass es (noch) nicht zu direkten Auszahlungswirkungen, wie z. B. Abfindungszahlungen, führt.

Die *mittelbare Typisierung* bedeutet, dass der Bewerter das Gutachten erstellt, ohne die persönlichen Einkommensteuern zu berücksichtigen.[645] IDW S 1 i. d. F. 2008 begründet den Verzicht auf ihre Berücksichtigung insbesondere mit dem Hinweis, „dass im Bewertungsfall die persönliche Ertragsteuerbelastung der Nettozuflüsse aus dem zu bewertenden Unternehmen der persönlichen Ertragsteuerbelastung der Alternativinvestition in ein Aktienportfolio entspricht."[646] Vereinfachend ausgedrückt gilt dann im Ergebnis die nachfolgende Bezugsgleichung, bei der sich die Einkommensteuerbelastung aus Zähler und Nenner herauskürzt:

$$EK_v^M = \frac{FTE^{UntSt,\,Soli} \cdot \left(1 - s^{ESt,\,Soli}\right)}{r(EK)_v^{ohne\ ESt} \cdot \left(1 - s^{ESt,\,Soli}\right)} = \frac{FTE^{UntSt,\,Soli}}{r(EK)_v^{ohne\ ESt}}$$

mit $FTE^{UntSt,\,Soli}$ = Flow to Equity nach Unternehmen-, aber vor Einkommensteuern,

$r(EK)_v^{ohne\ ESt}$ = erwartete Rendite der Alternativanlage ohne Berücksichtigung persönlicher Einkommensteuern.

Die Vernachlässigung der persönlichen Ertragsteuern ermöglicht nicht nur eine einfachere, schnellere und kostengünstigere Ermittlung des Unternehmenswerts. In zahlreichen Fällen, die der mittelbaren Typisierung zu Grunde liegen, ist die Höhe der persönlichen Steuern auch tatsächlich bewertungsirrelevant. So zielt die Kreditwürdigkeitsprüfung häufig darauf, festzustellen, welche Sicherheit das Unternehmen selbst für den gewährten oder zu gewährenden Kredit darstellt. Dabei steht die Bewertung des vom Unternehmen erzielbaren Nettocashflows (vor Einkommensteuer) im Vordergrund und nicht der Konsumwert, den die Ausschüttungen für den Investor (nach Einkommensteuer) verkörpern. Das Gleiche gilt, wenn die Bewertung der externen Rechnungslegung dient, wie z. B. im Rahmen des Impairmenttests auf den Goodwill oder bei der Kaufpreisallokation im Rahmen einer Business Combination. Auch hier vollzieht sich die Bewertung auf der Ebene des Unternehmens und nicht der Gesellschaftersphäre. In anderen Fällen, wie z. B. bei Kaufpreisverhandlungen, sind die persönlichen Einkommensteuern zwar von zentraler Bedeutung für die endgültige Wertfindung. Dient das Wertgutachten aber zum Auftakt der geplanten Unternehmenstransaktion einer Vielzahl potenzieller Investoren als erster Anhaltspunkt für den Preis des Unternehmens, so ist der Gutachter überhaupt noch nicht dazu in der Lage, die steuerlichen Belastungen der

645 Vgl. IDW Standard: Grundsätze zur Durchführung von Unternehmensbewertungen (IDW S 1 i. d. F. 2008), IDW FN 2008, S. 271 (S. 276, Rn. 30).

646 IDW Standard: Grundsätze zur Durchführung von Unternehmensbewertungen (IDW S 1 i. d. F. 2008), IDW FN 2008, S. 271 (S. 278, Rn. 45).

anonymen Adressaten des Gutachtens angemessen zu erfassen. Eine Normierung der steuerlichen Verhältnisse auf Basis des deutschen Einkommensteuerrechts ist zudem dann wenig zweckmäßig, wenn auch ausländische Marktteilnehmer zu den potenziellen Investoren zählen. Hier wäre eine Typisierung der Einkommensteuerbelastung anhand der deutschen Steuerverhältnisse sogar irreführend.

b) Objektivierter Marktwert des Eigenkapitals bei mittelbarer Typisierung

aa) Flow to Equity

Ermittelt der Gutachter den Unternehmenswert mithilfe des Equity-Verfahrens, so kommt die nachfolgende Gleichung zur Anwendung:

$$(16)\quad EK_v^M = \sum_{t=1}^{T} \frac{FTE_t^{UntSt,\,Soli}}{\left(1 + r(EK)_v^{ohne\ ESt}\right)^t} + \frac{\dfrac{FTE_{T+1}^{UntSt,\,Soli}}{r(EK)_v^{ohne\ ESt}}}{\left(1 + r(EK)_v^{ohne\ ESt}\right)^T}.$$

Da der Bewerter bei der mittelbaren Typisierung auf die Berücksichtigung der persönlichen Einkommensteuer verzichtet, sind bei der Ermittlung der zu diskontierenden Flows to Equity lediglich die auf der Unternehmensebene anfallenden Steuern relevant. Unter der Annahme, dass die Höhe der jährlichen Abschreibungen den jährlichen Ersatzinvestitionen entspricht, Erweiterungsinvestitionen nicht geplant sind und die Höhe des Working Capital sowie des Fremdkapitals im Zeitablauf konstant bleiben, berechnet sich der Flow to Equity unter Beachtung des deutschen Steuerrechts wie folgt:[647]

$$\begin{aligned} FTE^{UntSt,\,Soli} &= EBIT - i \cdot FK - S_{GewSt} - S_{KSt,\,Soli} \\ &= EBIT - i \cdot FK - s_{nom}^{GewSt} \cdot (EBIT - 0{,}75 \cdot i \cdot FK) \\ &\quad - s^{KSt,\,Soli} \cdot (EBIT - i \cdot FK). \end{aligned}$$

Die vorstehende Gleichung lässt sich vereinfachen zu:

$$(17)\quad FTE^{UntSt,\,Soli} = (EBIT - i \cdot FK) \cdot \left(1 - s_{nom}^{GewSt} - s^{KSt,\,Soli}\right) - 0{,}25 \cdot i \cdot FK \cdot s_{nom}^{GewSt}.$$

647 Vgl. zur grundsätzlichen Darstellung der Besteuerung Fall 13. Bei der Berechnung der Gewerbesteuer sind gemäß § 8 Nr. 1 GewStG grundsätzlich 25 % aller Zinsaufwendungen zurechnungspflichtig. Vom bestehenden Freibetrag i. H. v. 100 000 Euro wird im Folgenden abstrahiert.

Die Unternehmensteuern fallen unabhängig davon an, ob das Unternehmen den Gewinn thesauriert oder zunächst ausschüttet und sich anschließend durch eine Kapitalerhöhung zurückholt. Persönliche Einkommensteuern sind auf Grund ihrer Vernachlässigung in keinem der beiden Fälle bewertungsrelevant. Deshalb kann der Bewerter bei der Cashflowprognose eine Vollausschüttung unterstellen und auf eine explizite Festlegung einer Thesaurierungsquote verzichten.[648]

bb) Kapitalisierungszinssatz

Die Flows to Equity sind mit einem risikoangepassten Eigenkapitalkostensatz zu diskontieren. Zur Diskontierung kann der Bewerter nach IDW S 1 i. d. F. 2008 bei der Ermittlung objektivierter Unternehmenswerte Kapitalmarktpreisbildungsmodelle (CAPM, Tax-CAPM) heranziehen.[649] Während das CAPM in seiner Grundform (nachfolgend auch: Standard-CAPM) die Existenz von persönlichen Einkommensteuern ausblendet, werden sie durch das Tax-CAPM explizit berücksichtigt.[650] Da die persönlichen Steuern bei der mittelbaren Typisierung systematisch vernachlässigt werden, ist das CAPM in seiner Grundform anzuwenden:[651]

$$(18)\quad r(EK)_v^{ohne\ ESt} = i + (\mu(R_m) - i) \cdot \beta_v.$$

Der Bewerter kann die für die Berechnung benötigten Renditekennzahlen (vor Einkommensteuer) unmittelbar am Markt erheben, denn bei den am Markt ablesbaren Renditen für Fremd- und Eigenkapital handelt es sich um Renditen vor Einkommensteuern. Die persönliche Einkommensteuer beeinflusst diese Renditen nur insoweit, „als bei der Erhebung der verwendeten Parameter der CAPM-Renditegleichung … Daten eingehen, in denen persönliche Ertragsteuern aller Marktteilnehmer zum Ausdruck kommen."[652] Die indirekte Wirkung der persönlichen Steuern

---

648 Vgl. zur Relevanz der Ausschüttungspolitik Gliederungspunkt III. 2.

649 Vgl. IDW Standard: Grundsätze zur Durchführung von Unternehmensbewertungen (IDW S 1 i. d. F. 2008), IDW FN 2008, S. 271 (S. 285, Rn. 118).

650 Vgl. IDW Standard: Grundsätze zur Durchführung von Unternehmensbewertungen (IDW S 1 i. d. F. 2008), IDW FN 2008, S. 271 (S. 285, Rn. 119); *Wagner*, Die Unternehmensbewertung, in: IDW (Hrsg.), WP Handbuch 2008, Bd. II (2007), S. 1 (S. 65–74, Rn. 188–206); *Jonas/Löffler/Wiese*, Das CAPM mit deutscher Einkommensteuer, WPg 2004, S. 898 (S. 898–906); *Hommel/Dehmel/Pauly*, Unternehmensbewertung unter dem Postulat der Steueräquivalenz – Adjustierung der Discounted-Cashflow-Verfahren an das deutsche Steuerrecht, BB Special 7/2005, S. 13 (S. 16–18). Das Tax-CAPM wurde von *Brennan* entwickelt, vgl. *Brennan*, Taxes, Market Valuation and Corporate Financial Policy, National Tax Journal 1970, S. 417 (S. 417–427).

651 Vgl. IDW Standard: Grundsätze zur Durchführung von Unternehmensbewertungen (IDW S 1 i. d. F. 2008), IDW FN 2008, S. 271 (S. 285–286, Rn. 119). Zur Darstellung des CAPM in seiner Grundform vgl. Fall 21.

652 *Wagner*, Die Unternehmensbewertung, in: IDW (Hrsg.), WP Handbuch 2008, Bd. II (2007), S. 1 (S. 69, Rn. 198). So verweisen auch *Zeidler/Schöniger/Tschöpel*, Auswirkungen der Unternehmensteuerreform 2008 auf Unternehmensbewertungskalküle, FB 2008, S. 276 (S. 283, Fn. 54) darauf, dass als „vereinfachender Ansatz für Bewertungen, die auf der Basis eines Vor-

ergibt sich daraus, dass die Anleger die von ihnen noch zu entrichtenden persönlichen Steuern in ihre Renditeforderungen einpreisen. Sie fordern deshalb eine Vergütung (vor Einkommensteuer), die ihnen nach der Einkommensteuerzahlung eine dem Investitionsrisiko angemessene Nettorendite verspricht. Führt daher eine Steuerreform zu einer Erhöhung der persönlichen Einkommensteuer, die auf die Unternehmenserträge zu entrichten ist, und lässt die Reform zugleich die Besteuerung der Alternativanlage unberührt, so werden die Anleger zukünftig vom Unternehmen eine höhere (Vor-Einkommensteuer-)Rendite fordern.

Die indirekte Auswirkung der persönlichen Steuern auf die am Markt beobachtbaren Renditen hat ihren Preis. Das Standard-CAPM erlaubt ausschließlich den Einsatz von Bewertungsparametern, die frei von einkommensteuerlichen Einflüssen sind. Auf die Vor-Einkommensteuer-Renditen, die den täglichen Kursberichten entnommen werden können, trifft dies jedoch nicht zu, denn die beobachtbaren Marktrenditen bilden sich mit dem Wissen der Kapitalmarktteilnehmer heraus. Es ist damit völlig unklar, in welcher Höhe sich die Vor-Einkommensteuer-Rendite in einer fiktionalen Welt herausbilden würde, in der gar keine Einkommensteuer existiert. Dies gilt umso mehr, als auf dem Kapitalmarkt Akteure mit internationaler Herkunft agieren, die in die von ihnen geforderten Renditen die für sie jeweils geltenden nationalen Einkommensteuersätze und -vorschriften einfließen lassen. Füllt der Bewerter die CAPM-Gleichung dennoch mit Marktdaten vor Abzug der Einkommensteuer, so setzt er im Ergebnis eine vereinfachte Form des Tax-CAPM, nicht aber das Standard-CAPM, ein.[653]

2. Anwendung auf den Fall: Objektivierter Unternehmenswert der Sonnenschein AG

Die Sonnenschein AG erzielt einen Jahresüberschuss nach Zinsen und vor Steuern in Höhe von 14 000 Euro. Er ist bei der mittelbaren Typisierung (nur) um die Unternehmensteuern zu vermindern. Bei einem von der hebeberechtigten Gemeinde festgesetzten Hebesatz von 400 % betragen der Gewerbesteuersatz ($m_{GewSt} \cdot H$) 14 % und der um den Solidaritätszuschlag von 5,5 % erhöhte Körperschaftsteuersatz 15,825 %. Unter Anwendung von Gleichung (17) errechnet sich der prognostizierte Flow to Equity für die Sonnenschein AG mit 9 614,50 Euro:

$$FTE^{UntSt,\,Soli} = (20000 - 6000) \cdot (1 - 0{,}14 - 0{,}15825) - 0{,}25 \cdot 6000 \cdot 0{,}14$$

$$= 9614{,}50\,€.$$

Einkommensteuer-Kalküls erfolgen, … weiterhin das Standard-CAPM zugrunde gelegt werden“ kann.

653 Vgl. *Hommel/Pauly/Nagelschmitt*, IDW ES 1 – Neuerungen beim objektivierten Unternehmenswert, BB 2007, S. 2728 (S. 2730).

Tabelle 87: Ermittlung des Flow to Equity unter der Annahme einer mittelbaren Typisierung

(in €)		**2011**
EBIT **– Zinsaufwand**		20 000,00 –6 000,00
= EBT		14 000,00
– Gewerbesteuer* m_{GewSt} **3,5 %** H **400 %**	**14,00 %**	–2 170,00
– Körperschaftsteuer	**15,00 %**	–2 100,00
– Solidaritätszuschlag	**5,50 %**	–115,50
= Stpfl. Jahresüberschuss nach GewSt, KSt		9 614,50
– Einkommensteuer (Anteilseignerebene)		0,00
= Flow to Equity		9 614,50

* Berechnung der Gewerbesteuer unter der Berücksichtigung, dass grundsätzlich 25 % aller Zinsaufwendungen bei der Ermittlung des Gewerbeertrags zurechnungspflichtig sind. Vom bestehenden Freibetrag i. H. v. 100 000 Euro wird im Folgenden abstrahiert.

Der Diskontierungssatz ermittelt sich für die Sonnenschein AG unter Anwendung der Gleichung (18) mit 12,333 %:

$$r(EK)_v^{ohne\,ESt} = i + (\mu(R_m) - i) \cdot \beta_v = 0{,}06 + (0{,}1 - 0{,}06) \cdot 1{,}5832 = 0{,}12333.$$

Daraus resultiert für die Sonnenschein AG unter Anwendung von Gleichung (16) ein objektivierter Unternehmenswert von 77 957,51 Euro:

$$EK_v^M = \sum_{t=1}^{T} \frac{FTE_t^{UntSt,\,Soli}}{\left(1 + r(EK)_v^{ohne\,ESt}\right)^t} + \frac{\dfrac{FTE_{T+1}^{UntSt,\,Soli}}{r(EK)_v^{ohne\,ESt}}}{\left(1 + r(EK)_v^{ohne\,ESt}\right)^T}$$

$$= \frac{9\,614{,}50}{0{,}12333} = 77\,957{,}51\,€.$$

III. Unmittelbare Typisierung bei der Ermittlung des objektivierten Unternehmenswerts

1. Erläuterung

a) Berücksichtigung der persönlichen Ertragsteuern der Anteilseigner

Beim Anfertigen eines neutralen Gutachtens sind die persönlichen Einkommensverhältnisse der (potenziellen) Investoren gemäß IDW S 1 i. d. F. 2008 unmittelbar zu typisieren, wenn der Anlass der Bewertung gesellschaftsrechtlich oder vertraglich bedingt ist.[654] In diesen Fällen dient das Gutachten „insbesondere zur Ermittlung eines Abfindungsanspruchs bei Verlust von Eigentums- und Gesellschafterrechten"[655]. Gesellschaftsrechtlich motivierte Anlässe können „sich insbesondere aus den aktienrechtlichen Regelungen zum Abschluss von Unternehmensverträgen bzw. zur Eingliederung oder zum Squeeze Out" ergeben oder durch das Umwandlungsgesetz z. B. bei der Ermittlung „von Umtauschverhältnissen im Zusammenhang mit der Prüfung des Verschmelzungs- bzw. Spaltungsberichts" veranlasst sein. Dagegen erfolgen „Bewertungen auf vertraglicher Grundlage … insbesondere beim Eintritt und Austritt von Gesellschaftern aus einer Personengesellschaft, bei Erbauseinandersetzungen und Erbteilungen sowie bei Abfindungsfällen im Familienrecht."[656]

Gesellschaftsrechtliche oder vertraglich motivierte Abfindungsgutachten zielen regelmäßig auf einen Wert, der (aus-)zahlungsrelevant ist. Sie berühren damit direkt die finanziellen Belange der Investoren. Die vereinfachungsbedingte Vernachlässigung der persönlichen Ertragsteuern führt hier zu einer systematisch verfälschten Vermögensermittlung und je nach Einzelfall zu einer finanziellen Benachteiligung von Käufer oder Verkäufer. Sie ist daher grundsätzlich nicht mehr gerechtfertigt. Dennoch kann der Bewerter auch in solchen Situationen gezwungen sein, die persönlichen steuerlichen Verhältnisse der Anleger zu typisieren. Das gilt insbesondere dann, wenn die Wertfeststellung eine größere Anzahl von Käufern und/oder Verkäufern betrifft. So stehen bei einem Squeeze Out den (wenigen) Mehrheitsgesellschaftern häufig Tausende von Kleinaktionären gegenüber, für die im Rahmen der Unternehmensbewertung ein angemessener Abfindungswert zu finden ist. Hier stößt eine für jeden Unternehmensbeteiligten individuell gerechnete Wertermittlung rasch an Wirtschaftlichkeitsgrenzen und erschwert die Bestimmung eines fairen Einigungspreises.

---

654 Vgl. IDW Standard: Grundsätze zur Durchführung von Unternehmensbewertungen (IDW S 1 i. d. F. 2008), IDW FN 2008, S. 271 (S. 276, Rn. 31 und S. 278, Rn. 46).

655 IDW Standard: Grundsätze zur Durchführung von Unternehmensbewertungen (IDW S 1 i. d. F. 2008), IDW FN 2008, S. 271 (S. 278, Rn. 46).

656 IDW Standard: Grundsätze zur Durchführung von Unternehmensbewertungen (IDW S 1 i. d. F. 2008), IDW FN 2008, S. 271 (S. 273–274, Rn. 11, alle Zitate).

Die von IDW S 1 i. d. F. 2008 vorgesehene unmittelbare Typisierung der persönlichen Einkommensteuerbelastung erfolgt bei der Bewertung von Kapitalgesellschaften dadurch, dass „der objektivierte Unternehmenswert … aus der Perspektive einer inländischen unbeschränkt steuerpflichtigen natürlichen Person als Anteilseigner ermittelt“[657] wird. Sowohl die Einzahlungsüberschüsse aus dem Bewertungsobjekt als auch die Zins- und Dividendenerträge der Alternativanlage werden dabei mit dem einheitlichen Abgeltungsteuersatz von 25 % zzgl. eines Solidaritätszuschlags von 5,5 % auf den Abgeltungsteuersatz belastet.[658]

b) Objektivierter Marktwert des Eigenkapitals bei unmittelbarer Typisierung

aa) Flow to Equity

Beim Einsatz des Equity-Verfahrens ist die typisierte persönliche Einkommensteuer sowohl im Zähler als auch im Nenner der Bewertungsgleichung explizit zu berücksichtigen:

$$(19)\quad EK_v^M = \sum_{t=1}^{T} \frac{FTE_t^{nach\ ESt,\ Soli}}{\left(1 + r(EK)_v^{nach\ ESt,\ Soli}\right)^t} + \frac{\dfrac{FTE_{T+1}^{nach\ ESt,\ Soli}}{r(EK)_v^{nach\ ESt,\ Soli}}}{\left(1 + r(EK)_v^{nach\ ESt,\ Soli}\right)^T}$$

mit $FTE_t^{nach\ ESt,\ Soli}$ = Flow to Equity nach Unternehmen- und nach persönlichen Einkommensteuern,

$r(EK)_v^{nach\ ESt,\ Soli}$ = erwartete Rendite der Alternativanlage nach Unternehmen- und persönlichen Einkommensteuern.

Die Unternehmensteuern (Gewerbe- und Körperschaftsteuer) vermindern den Flow to Equity in der gleichen Höhe wie bei der mittelbaren Typisierung. Der Cashflow ist aber nun zusätzlich um die unmittelbar typisierte Ertragsteuerbelastung des Anteilseigners zu vermindern.[659] Bei Vollausschüttung der erwirtschafteten Nettocashflows folgt daraus die nachfolgende Berechnungsgleichung für den Flow to Equity:

657 IDW Standard: Grundsätze zur Durchführung von Unternehmensbewertungen (IDW S 1 i. d. F. 2008), IDW FN 2008, S. 271 (S. 276, Rn. 31).

658 Dies gilt für Anteilseigner einer Kapitalgesellschaft, die ihre Beteiligung im Privatvermögen halten und einkommensteuerpflichtige Einkünfte aus Kapitalvermögen erzielen.

659 Vgl. IDW Standard: Grundsätze zur Durchführung von Unternehmensbewertungen (IDW S 1 i. d. F. 2008), IDW FN 2008, S. 271 (S. 276, Rn. 31).

$$FTE^{nach\,ESt,\,Soli} = EBIT - i \cdot FK - S_{GewSt} - S_{KSt,\,Soli} - S_{ESt,\,Soli}$$

$$= EBIT - i \cdot FK - s_{nom}^{GewSt} \cdot (EBIT - 0{,}75 \cdot i \cdot FK)$$

$$-s^{KSt,\,Soli} \cdot (EBIT - i \cdot FK)$$

$$-s^{ESt,\,Soli} \cdot \left(EBIT - i \cdot FK - S_{GewSt} - S_{KSt,\,Soli}\right).$$

Die Gleichung lässt sich umformulieren zu:

$$FTE^{nach\,ESt,\,Soli} = EBIT - i \cdot FK - s_{nom}^{GewSt} \cdot (EBIT - 0{,}75 \cdot i \cdot FK)$$

$$-s^{KSt,\,Soli} \cdot (EBIT - i \cdot FK)$$

$$-s^{ESt,\,Soli} \cdot \begin{pmatrix} EBIT - i \cdot FK - s_{nom}^{GewSt} \cdot (EBIT - 0{,}75 \cdot i \cdot FK) \\ -s^{KSt,\,Soli} \cdot (EBIT - i \cdot FK) \end{pmatrix}$$

und anschließend vereinfachen zu:

$$(20)\quad FTE^{nach\,ESt,\,Soli} = (EBIT - i \cdot FK) \cdot \left(1 - s_{nom}^{GewSt} - s^{KSt,\,Soli}\right) \cdot \left(1 - s^{ESt,\,Soli}\right)$$

$$-0{,}25 \cdot i \cdot FK \cdot s_{nom}^{GewSt} \cdot \left(1 - s^{ESt,\,Soli}\right).$$

Erzielt das Unternehmen z. B. die gleiche Rendite wie der Anteilseigner außerhalb des Unternehmens,[660] ist die Vollausschüttung der Gewinne steuerlich jedoch suboptimal, denn die ausgeschütteten Gewinne unterliegen neben den Unternehmensteuern zusätzlich der persönlichen Einkommensteuer von 25 % zzgl. Solidaritätszuschlag. Sie stehen dann in Höhe des Einkommensteuerbetrags nicht mehr für eine Wiederanlage zur Verfügung. Deshalb verzichten Kapitalgesellschaften regelmäßig auf eine Vollausschüttung der Nettocashflows.

IDW S 1 i. d. F. 2008 trägt bei der Ermittlung des objektivierten Unternehmenswerts der am Kapitalmarkt zu beobachtenden Thesaurierungspolitik Rechnung.[661] Danach ist die Thesaurierungsquote des zu bewertenden Unternehmens in der Detailplanungsperiode „auf der Basis des individuellen Unternehmenskonzepts und unter Berücksichtigung der bisherigen und geplanten Ausschüttungspolitik, der Eigenkapitalausstattung und der steuerlichen Rahmenbedingungen vorzuneh-

---

660 Vgl. *Laitenberger/Tschöpel*, Vollausschüttung und Halbeinkünfteverfahren, WPg 2003, S. 1357 (S. 1358–1360).

661 Vgl. *Wagner*, Die Unternehmensbewertung, in: IDW (Hrsg.), WP Handbuch 2008, Bd. II (2007), S. 1 (S. 30–31, Rn. 89).

men."[662] In der Rentenphase wird dann typisierend unterstellt, dass sich „das Ausschüttungsverhalten des zu bewertenden Unternehmens äquivalent zum Ausschüttungsverhalten der Alternativanlage"[663] verhält. Die Dividenden werden somit von der Ausschüttungspolitik des Unternehmens bestimmt.[664]

Die gesuchte Ausschüttungsquote der besten Alternativanlage entspricht dem Verhältnis ihrer Dividendenrendite zu ihrer gesamten Rendite (jeweils vor persönlicher Einkommensteuer):[665]

$$(21)\quad q = \frac{d}{r(EK)_v^{vor\ ESt,\ Soli}}$$

mit q = Ausschüttungsquote der Alternativanlage,

d = erwartete Dividendenrendite der Alternativanlage vor persönlichen Einkommensteuern,

$r(EK)_v^{vor\ ESt,\ Soli}$ = erwartete Rendite der Alternativanlage vor persönlichen Einkommensteuern.

Orientiert man sich bei der Ermittlung der besten alternativen Mittelanlage der Kapitalgeber an der Investition in das Marktportefeuille, so folgt: Die prozentuale Ausschüttungshöhe des Unternehmens ist objektivierungsbedingt in Anlehnung an das markttypische Ausschüttungsverhalten zu bestimmen, so dass am Markt beobachtbare durchschnittliche Ausschüttungsquoten heranzuziehen sind. Mithin gilt typisierend die Identität zwischen der Ausschüttungsquote des Marktportefeuille und der Ausschüttungsquote der Alternativanlage: $q_m = q$.

Die am Kapitalmarkt beobachtbare durchschnittliche Ausschüttungsquote des Marktportefeuille q_m berechnet sich als Quotient aus der erwarteten Dividendenrendite des Marktportefeuille d_m und der erwarteten Gesamtrendite des Marktportefeuille $\mu(R_m)^{vor\ ESt,\ Soli}$ (vor Einkommensteuern):

$$q_m = \frac{d_m}{\mu(R_m)^{vor\ ESt,\ Soli}}.$$

662 IDW Standard: Grundsätze zur Durchführung von Unternehmensbewertungen (IDW S 1 i. d. F. 2008), IDW FN 2008, S. 271 (S. 277, Rn. 36).

663 IDW Standard: Grundsätze zur Durchführung von Unternehmensbewertungen (IDW S 1 i. d. F. 2008), IDW FN 2008, S. 271 (S. 277, Rn. 37).

664 Vgl. *Wagner/Jonas/Ballwieser/Tschöpel*, Unternehmensbewertung in der Praxis – Empfehlungen und Hinweise zur Anwendung von IDW S 1, WPg 2006, S. 1005 (S. 1007).

665 Vgl. *Wagner/Jonas/Ballwieser/Tschöpel*, Weiterentwicklung der Grundsätze zur Durchführung von Unternehmensbewertungen (IDW S 1), WPg 2004, S. 889 (S. 897).

Verhält sich das zu bewertende Unternehmen bei der Festlegung seiner Ausschüttungsquote marktkonform, kann der Bewerter die Ausschüttungsquote q_m auch für die Planung der unternehmensindividuellen Flows to Equity heranziehen. Je nach dem zu Grunde gelegten Marktindex und dem Beobachtungszeitraum lassen sich durchschnittliche Ausschüttungsquoten zwischen 40 % und 70 % nachweisen.[666]

Da das Unternehmen somit auf die Vollausschüttung verzichtet, sind die prognostizierten ausschüttbaren Ergebnisse um die thesaurierten Beträge zu vermindern. Zugleich ist aber zu beachten, dass diese Thesaurierungsbeträge auf Grund ihres Verbleibs und ihrer Wiederanlage im Unternehmen in zukünftigen Perioden die Cashflows positiv beeinflussen werden. IDW S 1 i.d.F. 2008 unterstellt für den neutralen Gutachtenwert, dass sie sich kapitalwertneutral mit dem durchschnittlichen Renditesatz $r(EK)_v^{vor\ allen\ Steuern}$ verzinsen, den das Unternehmen vor Unternehmensteuern erzielt.[667] Dieser Renditesatz bestimmt sich bei Kenntnis von $r(EK)_v^{vor\ ESt,\ Soli}$ nach der Gleichung:[668]

$$(22)\quad r(EK)_v^{vor\ allen\ Steuern} = \frac{r(EK)_v^{vor\ ESt,\ Soli}}{1-\left(s_{nom}^{GewSt}+s^{KSt,\ Soli}\right)}.$$

Die Annahme der kapitalwertneutralen Wiederanlage führt zu einer rechnerischen Verquickung von Zähler und Nenner; denn die Rendite der Alternativanlage ist dann nicht nur ausschließlich für die Bewertung (Diskontierung) der Unternehmens-Cashflows relevant. Sie dient auch zur Bestimmung der Höhe der zukünftigen Unternehmens-Cashflows.

bb) Kapitalisierungszinssatz

(1) Rendite des Marktportefeuille bei sofortiger Besteuerung der Kursgewinne

Zur Diskontierung der Flows to Equity ist bei unmittelbarer Typisierung der persönlichen Steuern das sog. Tax-CAPM heranzuziehen.[669] Zur Herleitung dieses Kapitalisierungszinssatzes sind jedoch die folgenden Vorüberlegungen notwendig.

---

666 Vgl. *Wagner/Jonas/Ballwieser/Tschöpel*, Weiterentwicklung der Grundsätze zur Durchführung von Unternehmensbewertungen (IDW S 1), WPg 2004, S. 889 (S. 894).

667 Vgl. IDW Standard: Grundsätze zur Durchführung von Unternehmensbewertungen (IDW S 1 i.d.F. 2008), IDW FN 2008, S. 271 (S. 277, Rn. 36–37); *Wagner/Jonas/Ballwieser/Tschöpel*, Weiterentwicklung der Grundsätze zur Durchführung von Unternehmensbewertungen (IDW S 1), WPg 2004, S. 889 (S. 897).

668 Vgl. *Wagner*, Die Unternehmensbewertung, in: IDW (Hrsg.), WP Handbuch 2008, Bd. II (2007), S. 1 (S. 121, Rn. 333).

669 Vgl. IDW Standard: Grundsätze zur Durchführung von Unternehmensbewertungen (IDW S 1 i.d.F. 2008), IDW FN 2008, S. 271 (S. 286, Rn. 122).

Die erwartete Rendite des Marktportefeuille *vor* persönlichen Einkommensteuern $\mu(R_m)^{vor\ ESt,\ Soli}$ setzt sich aus der erwarteten Kursgewinnrendite und der erwarteten Dividendenrendite zusammen:

$$(23)\quad \mu(R_m)^{vor\ ESt,\ Soli} = \frac{V_{m,1} - V_{m,0}}{V_{m,0}} + \frac{D_{m,1}}{V_{m,0}} = k_m + d_m$$

mit V_m = Wert des Marktportefeuille,

D_m = Dividende des Marktportefeuille.

Der Inhalt der Formel lässt sich an einem einfachen Beispiel verdeutlichen: A erwirbt zum 1. 1. 2011 ein DAX-Zertifikat für 100 Euro und erzielt aus ihm im abgelaufenen Wirtschaftsjahr eine Dividende von 3 Euro. Am 31. 12. 2011 veräußert A das Zertifikat zum Börsenkurs von 107 Euro. Aus der Investition resultiert eine Rendite vor Einkommensteuer von 10 %, wovon 7 % auf die Kursgewinnrendite und 3 % auf die Dividendenrendite entfallen:

$$\mu(R_m)^{vor\ ESt,\ Soli} = k_m + d_m = \frac{V_{m,1} - V_{m,0}}{V_{m,0}} + \frac{D_{m,1}}{V_{m,0}} = \frac{107 - 100}{100} + \frac{3}{100}$$

$$= 7\,\% + 3\,\% = 10\,\%.$$

Unterliegen Dividendenerträge und realisierte Kursgewinne einem einheitlichen Abgeltungsteuersatz von 25 % zzgl. des Solidaritätszuschlags, so folgt daraus eine Rendite nach Steuern von 7,36 %:[670]

$$\mu(R_m)^{nach\ ESt,\ Soli} = k_m \cdot \left(1 - s^{ESt,\ Soli}\right) + d_m \cdot \left(1 - s^{ESt,\ Soli}\right)$$

$$= \frac{\left(V_{m,1} - V_{m,0}\right) \cdot \left(1 - s^{ESt,\ Soli}\right)}{V_{m,0}} + \frac{D_{m,1} \cdot \left(1 - s^{ESt,\ Soli}\right)}{V_{m,0}}$$

$$= \frac{(107 - 100) \cdot (1 - 0{,}26375)}{100} + \frac{3 \cdot (1 - 0{,}26375)}{100}$$

$$= 5{,}15\,\% + 2{,}21\,\% = 7{,}36\,\%.$$

(2) Rendite des Marktportefeuille und Effektivsteuersatz auf Kursgewinne

Die zuvor aufgezeigte steuerliche Belastung stellt sich nur ein, wenn der Fiskus die Kursgewinne im Entstehungszeitpunkt besteuert oder wenn die Eigenkapitalgeber

670 Vgl. § 20 Abs. 1 Nr. 1 und Abs. 2 Satz 1 Nr. 1 EStG i. V. m. § 32d Abs. 1 EStG.

entstandene Kursgewinne durch sofortige Veräußerung der Wertpapiere realisieren. Beide Annahmen treffen für den der deutschen Einkommensteuer unterliegenden Investor nicht zu. Nach § 20 Abs. 2 Satz 1 Nr. 1 EStG sind nur realisierte Kursgewinne einkommensteuerpflichtig, und empirische Untersuchungen bestätigen, dass die Investoren, von wenigen Ausnahmen abgesehen, Eigenkapitaltitel über einen Zeitraum von mehreren Jahren oder Jahrzehnten halten. Steigt der Kurswert dieser Wertpapiere während der Haltedauer, stundet der Fiskus ökonomisch gesehen dem Investor die auf die Kursgewinne entfallenden Einkommensteuern zinslos. Dadurch sinkt die effektive Steuerbelastung auf Kursgewinne, denn der „Barwert der in die Zukunft verlagerten nominellen Steuerzahlungen [ist] im Vergleich zum Barwert periodisch anfallender nomineller Steuerzahlungen geringer“[671]. Wie hoch diese Stundungswirkung ist, hängt zum einen von der Haltedauer der Wertpapiere und zum anderen von der Wiederanlagerendite ab, die die (noch) unbesteuerten Kursgewinne bis zu ihrer Realisierung im Unternehmen erzielen.[672]

Der Effektivsteuersatz auf Kursgewinne $s_{eff}^{ESt,\,Soli}$ kann aus der folgenden Beziehung abgeleitet werden:[673]

$$P_0 \cdot \left(1 + w \cdot \left(1 - s_{eff}^{ESt,\,Soli}\right)\right)^T \stackrel{!}{=} P_0 + \underbrace{\underbrace{\left(P_0 \cdot (1+w)^T - P_0\right)}_{Kursgewinn} \cdot \left(1 - s^{ESt,\,Soli}\right)}_{Kursgewinn\ nach\ ESt}.$$

Der Gleichung liegt die Annahme zu Grunde, dass der Investor in $t = 0$ ein Wertpapier zum Preis P_0 erwirbt, dessen Kurs sich während der gesamten Haltedauer T hinweg konstant mit einer jährlichen Wachstumsrate von w erhöht. Beide Seiten der Gleichung ermitteln den Veräußerungserlös des Wertpapiers, den der Investor nach Einkommensteuern am Ende der Investitionszeit T erzielt. Die linke Seite der Gleichung unterstellt, dass die Kursgewinne periodisch realisiert werden und der Investor den nach Abzug der Einkommensteuer verbleibenden Geldbetrag wieder

671 *Zeidler/Schöniger/Tschöpel*, Auswirkungen der Unternehmensteuerreform 2008 auf Unternehmensbewertungskalküle, FB 2008, S. 276 (S. 281). Vgl. *Ballwieser*, Betriebswirtschaftliche (kapitalmarkttheoretische) Anforderungen an die Unternehmensbewertung, WPg-Sonderheft 2008, S. 102 (S. 107); *Jonas*, Relevanz persönlicher Steuern? – Mittelbare und unmittelbare Typisierung der Einkommensteuer in der Unternehmensbewertung, WPg 2008, S. 826 (S. 830–831); *Eberl*, Weitere Erkenntnisse zum Steuervorteil von Fremdkapital nach der Unternehmenssteuerreform 2008, zfbf 2009, S. 251 (S. 255–256).

672 Vgl. *Wiese*, Unternehmensbewertung und Abgeltungssteuer, WPg 2007, S. 368 (S. 370–371); *Jonas*, Relevanz persönlicher Steuern? – Mittelbare und unmittelbare Typisierung der Einkommensteuer in der Unternehmensbewertung, WPg 2008, S. 826 (S. 830–831); *Hachmeister/Wiese*, Der Zinsfuß in der Unternehmensbewertung: Aktuelle Probleme und Rechtsprechung, WPg 2009, S. 54 (S. 65).

673 Vgl. im Folgenden *Wiese*, Unternehmensbewertung und Abgeltungssteuer, WPg 2007, S. 368 (S. 370–371).

in das Wertpapier reinvestiert.[674] Die rechte Seite der Gleichung geht dagegen davon aus, dass die Kursgewinne erst am Ende der Haltedauer, also in T, der Einkommensteuer unterliegen.

In der Gleichung stellt der Effektivsteuersatz auf Kursgewinne $s_{eff}^{ESt,\,Soli}$ die Unbekannte dar. Er ist der Steuersatz, bei dem die periodische Realisierung von Kursgewinnen zu einem Veräußerungserlös nach Steuern führt, der mit dem Veräußerungserlös nach Steuern bei Realisierung der Kursgewinne am Ende der Haltedauer T identisch ist, und er kann aus der Umstellung der vorstehenden Gleichung ermittelt werden:[675]

$$(24)\quad s_{eff}^{ESt,\,Soli} = 1 - \frac{\left(1 + \left((1+w)^T - 1\right) \cdot \left(1 - s^{ESt,\,Soli}\right)\right)^{1/T} - 1}{w}.$$

Die Bestimmung des Effektivsteuersatzes auf Kursgewinne lässt sich an einem einfachen Beispiel demonstrieren: Der Anleger A investiert in eine Kapitalgesellschaft 1 000 Euro und erwirtschaftet aus der Investition eine jährliche Rendite von 10 %. Es fallen keine Unternehmensteuern an. Allerdings muss der Investor auf Dividenden und Kursgewinne 25 % Einkommensteuer (vom Solidaritätszuschlag wird in diesem Beispiel abstrahiert) zahlen. Da A den Gewinn erst in t_5 für Konsumzwecke benötigt, verzichtet er vollständig auf Ausschüttungen und veräußert seinen Unternehmensanteil am Ende von t_5 zum dann gültigen Kurswert.

Wird der Kursgewinn unverzüglich im Entstehungszeitpunkt besteuert, resultiert daraus am Ende von t_5 der in Tabelle 88 (auf S. 300) ermittelte Veräußerungserlös in Höhe von 1 435,63 Euro, den A zu Konsumzwecken verwenden kann.

674 Erwerb des Wertpapiers in $t = 0$ zu P_0. Unter Beachtung der Wachstumsrate w p. a. folgt für den Veräußerungserlös nach Steuern in $t = 1$: $P_0 + Kursgewinn \cdot (1 - s_{eff}^{ESt,\,Soli}) = P_0 \cdot (1 + w \cdot (1 - s_{eff}^{ESt,\,Soli}))^1$. Dieser Betrag wird in $t = 1$ wieder angelegt. Daher folgt für den Verkaufserlös nach Steuern in $t = 2$: $P_0 \cdot (1 + w \cdot (1 - s_{eff}^{ESt,\,Soli})) + Kursgewinn \cdot (1 - s_{eff}^{ESt,\,Soli}) = P_0 \cdot (1 + w \cdot (1 - s_{eff}^{ESt,\,Soli}))^2$ usw.

675 Vgl. *Wiese*, Unternehmensbewertung und Abgeltungssteuer, WPg 2007, S. 368 (S. 370–371); *Zeidler/Schöniger/Tschöpel*, Auswirkungen der Unternehmensteuerreform 2008 auf Unternehmensbewertungskalküle, FB 2008, S. 276 (S. 281).

Tabelle 88: Veräußerungsgewinn (Konsumwert) bei Besteuerung des Kursgewinns im Entstehungszeitpunkt

(in €)		t_1	t_2	t_3	t_4	t_5
Investition		1 000,00	1 000,00	1 075,00	1 155,63	1 242,30
Wiederanlage		0,00	75,00	80,63	86,67	93,17
Zwischensumme		1 000,00	1 075,00	1 155,63	1 242,30	1 335,47
Kursgewinn	**10,0 %**	100,00	107,50	115,56	124,23	133,55
Steuerpflichtig		100,00	107,50	115,56	124,23	133,55
Einkommensteuer	**25,0 %**	–25,00	–26,88	–28,89	–31,06	–33,39
Kursgewinn nach ESt		75,00	80,63	86,67	93,17	100,16
Veräußerungserlös nach ESt		0	0	0	0	1 435,63

Der Veräußerungserlös kann auch ermittelt werden durch die Gleichung:

$$Veräußerungserlös = P_0 \cdot \left(1 + w \cdot \left(1 - s_{eff}^{ESt,\,Soli}\right)\right)^T = 1\,000 \cdot (1 + 0{,}10 \cdot (1 - 0{,}25))^5$$

$$= 1\,435{,}63\,€.$$

Werden die Kursgewinne dagegen erst bei ihrer Realisation am Ende von t_5 einkommensteuerpflichtig, so erzielt A in t_5 einen höheren Veräußerungserlös von 1 457,88 Euro:

Tabelle 89: Veräußerungsgewinn (Konsumwert) bei Besteuerung des Kursgewinns im Realisationszeitpunkt

(in €)		t_1	t_2	t_3	t_4	t_5
Investition		1 000,00	1 000,00	1 100,00	1 210,00	1 331,00
Wiederanlage		0,00	100,00	110,00	121,00	133,10
Zwischensumme		1 000,00	1 100,00	1 210,00	1 331,00	1 464,10
Kursgewinn	**10,0 %**	100,00	110,00	121,00	133,10	146,41
Veräußerungserlös		0,00	0,00	0,00	0,00	1 610,51
Steuerpflichtig		0,00	0,00	0,00	0,00	610,51
Einkommensteuer	**25,0 %**	0,00	0,00	0,00	0,00	–152,63
Kursgewinn nach ESt		100,00	110,00	121,00	133,10	–6,22
Veräußerungserlös nach ESt		0	0	0	0	1 457,88

Formal ermittelt sich der Veräußerungserlös durch die Bestimmungsgleichung:

$$Veräußerungserlös = P_0 + \left(P_0 \cdot (1+w)^T - P_0\right) \cdot \left(1 - s^{ESt,\,Soli}\right)$$

$$= 1000 + \left(1000 \cdot (1+0{,}10)^5 - 1000\right) \cdot (1 - 0{,}25) = 1457{,}88\,€.$$

Unter Anwendung von Gleichung (24) kann der Effektivsteuersatz auf Kursgewinne berechnet werden mit:

$$s_{eff}^{ESt,\,Soli} = 1 - \frac{\left(1 + \left((1+0{,}10)^5 - 1\right) \cdot (1 - 0{,}25)\right)^{1/5} - 1}{0{,}10} = 21{,}6878\,\%.$$

In der nachfolgenden Tabelle wird unterstellt, dass Kursgewinne im Entstehungszeitpunkt der Einkommensteuer unterliegen, ihr Steuersatz aber nur 21,6878 % beträgt. Daraus resultiert ein Veräußerungserlös am Ende von t_5, der exakt dem Wert entspricht, der sich bei einer Besteuerung des Kursgewinns am Ende der Haltedauer mit dem Steuersatz von 25 % ergibt:

Tabelle 90: Veräußerungsgewinn (Konsumwert) bei fiktiver Besteuerung des Kursgewinns im Entstehungszeitpunkt mit dem Effektivsteuersatz

(in €)		**t_1**	**t_2**	**t_3**	**t_4**	**t_5**
Investition		1 000,00	1 000,00	1 078,31	1 162,75	1 253,81
Wiederanlage		0,00	78,31	84,44	91,06	98,19
Zwischensumme		1 000,00	1 078,31	1 162,75	1 253,81	1352,00
Kursgewinn	**10,0 %**	100,00	107,83	116,28	125,38	135,20
Steuerpflichtig		100,00	107,83	116,28	125,38	135,20
Einkommensteuer	**21,7 %**	–21,69	–23,39	–25,22	–27,19	–29,32
Kursgewinn nach ESt		78,31	84,44	91,06	98,19	105,88
Veräußerungserlös nach ESt		0	0	0	0	1 457,88

Tabelle 91 (auf S. 302) verdeutlicht im Rahmen einer Sensitivitätsanalyse, wie sich bei einem Abgeltungsteuersatz von 25 % der Effektivsteuersatz auf Kursgewinne in Abhängigkeit der anlegerindividuellen Haltedauer *T* der Wertpapiere[676] und der Höhe des Kurswachstums *w* verändert:[677]

676 Vgl. *Zeidler/Schöniger/Tschöpel*, Auswirkungen der Unternehmensteuerreform 2008 auf Unternehmensbewertungskalküle, FB 2008, S. 276 (S. 281).

677 Vgl. die zuerst von *Wiese* vorgenommene Analyse, *Wiese*, Unternehmensbewertung und Abgeltungssteuer, WPg 2007, S. 368 (S. 370–371).

Tabelle 91: Effektivsteuersatz auf Kursgewinne in Abhängigkeit der Haltedauer und des Kurswachstums

	Haltedauer *T* (in Jahren)					
w	1	5	10	20	30	40
1 %	25,0 %	24,6 %	24,2 %	23,3 %	22,4 %	21,6 %
3 %	25,0 %	23,9 %	22,6 %	20,3 %	18,1 %	16,3 %
5 %	25,0 %	23,2 %	21,2 %	17,7 %	14,9 %	12,6 %
8 %	25,0 %	22,3 %	19,3 %	14,7 %	11,4 %	9,2 %
10 %	25,0 %	21,7 %	18,2 %	13,1 %	9,8 %	7,7 %

Das IDW geht für die Unternehmensbewertung davon aus, dass „sich bei langen Haltedauern und realistischen Kursrenditen im Bereich um 5 % eine effektive Kursgewinnbesteuerung in einer Bandbreite zwischen 10 % und 20 %"[678] ergibt. Dieser Kursgewinnrendite liegt dann implizit eine langfristige Haltedauer zwischen 10 und 40 Jahren zu Grunde. Setzt man für Zwecke der unmittelbaren Typisierung der persönlichen Einkommensteuer auf Kursgewinne den effektiven Kursgewinnsteuersatz des Marktportefeuille vereinfachend fest mit dem hälftigen nominellen Abgeltungsteuersatz von 12,5 %[679], so entspricht diese Typisierung einem jährlichen Kurswachstum von 5 % und einer in etwa 40-jährigen Haltedauer. Wird der Solidaritätszuschlag von 5,5 % in die Berechnung mit einbezogen, so ergibt sich ein typisierter Effektivsteuersatz auf Kursgewinne von 13,19 %.[680]

(3) Eigenkapitalrendite nach Einkommensteuer gemäß dem Tax-CAPM

„Der Kapitalisierungszinssatz setzt sich [nach der Vorgabe des IDW] bei unmittelbarer Berücksichtigung von persönlichen Steuern aus dem um die typisierte persönliche Ertragsteuer gekürzten Basiszinssatz und der auf der Basis des Tax-CAPM ermittelten Risikoprämie zusammen."[681] Zur Bestimmung dieses Nettoeigenkapitalkostensatzes ist daher die bisher gemäß dem Standard-CAPM über

678 *Wagner*, Die Unternehmensbewertung, in: IDW (Hrsg.), WP Handbuch 2008, Bd. II (2007), S. 1 (S. 36, Rn. 108).

679 Vgl. *Wagner*, Die Unternehmensbewertung, in: IDW (Hrsg.), WP Handbuch 2008, Bd. II (2007), S. 1 (S. 121, Rn. 332).

680 So *Zeidler/Schöniger/Tschöpel*, Auswirkungen der Unternehmensteuerreform 2008 auf Unternehmensbewertungskalküle, FB 2008, S. 276 (S. 281 und S. 288).

681 IDW Standard: Grundsätze zur Durchführung von Unternehmensbewertungen (IDW S 1 i. d. F. 2008), IDW FN 2008, S. 271 (S. 286, Rn. 122).

Gleichung (18) ermittelte erwartete Rendite der Alternativanlage um die persönliche Einkommensteuer zu korrigieren:[682]

$$(25)\quad r(EK)_v^{nach\ ESt,\ Soli} = i \cdot \left(1 - s^{ESt,\ Soli}\right) + \left(\mu(R_m)^{nach\ ESt,\ Soli} - i \cdot \left(1 - s^{ESt,\ Soli}\right)\right) \cdot \beta_v$$

mit $\mu(R_m)^{nach\ ESt,\ Soli}$ = erwartete Rendite des Marktportefeuille nach persönlichen Einkommensteuern.

Die Einkommensteuer vermindert sowohl den risikolosen Zinssatz *i* als auch die erwartete Rendite des Marktportefeuille *vor* persönlichen Einkommensteuern $\mu(R_m)^{vor\ ESt,\ Soli}$. Dabei setzt sich die erwartete Rendite des Marktportefeuille *nach* persönlichen Einkommensteuern zusammen aus der mit dem *effektiven Kursgewinnsteuersatz* zu versteuernden Kursgewinnrendite und der mit dem *Abgeltungsteuersatz* inklusive Solidaritätszuschlag zu versteuernden Dividendenrendite:

$$\mu(R_m)^{nach\ ESt,\ Soli} = \frac{\left(V_{m,1} - V_{m,0}\right) \cdot \left(1 - s_{eff}^{ESt,\ Soli}\right)}{V_{m,0}} + \frac{D_{m,1} \cdot \left(1 - s^{ESt,\ Soli}\right)}{V_{m,0}}$$

$$= k_m \cdot \left(1 - s_{eff}^{ESt,\ Soli}\right) + d_m \cdot \left(1 - s^{ESt,\ Soli}\right).$$

Das Umformulieren dieser Gleichung führt zu:

$$\mu(R_m)^{nach\ ESt,\ Soli} = k_m - k_m \cdot s_{eff}^{ESt,\ Soli} + d_m - d_m \cdot s^{ESt,\ Soli}$$

und da gemäß (23) gilt: $\mu(R_m)^{vor\ ESt,\ Soli} = k_m + d_m$, folgt:

$$(26)\quad \mu(R_m)^{nach\ ESt,\ Soli} = \mu(R_m)^{vor\ ESt,\ Soli} - k_m \cdot s_{eff}^{ESt,\ Soli} - d_m \cdot s^{ESt,\ Soli}.$$

Wird die vorstehende Formel (26) in Gleichung (25) eingesetzt, resultiert daraus die nachfolgende Gleichung zur Ermittlung des Diskontierungszinssatzes:

$$(27)\quad r(EK)_v^{nach\ ESt,\ Soli} = i \cdot \left(1 - s^{ESt,\ Soli}\right) + \begin{pmatrix} \mu(R_m)^{vor\ ESt,\ Soli} - k_m \cdot s_{eff}^{ESt,\ Soli} \\ -d_m \cdot s^{ESt,\ Soli} - i \cdot \left(1 - s^{ESt,\ Soli}\right) \end{pmatrix} \cdot \beta_v.$$

---

682 Hierbei gilt die vereinfachende Annahme eines einheitlichen, für alle im Markt befindlichen Akteure gleichermaßen geltenden Steuersatzes, vgl. *Wagner/Jonas/Ballwieser/Tschöpel*, Weiterentwicklung der Grundsätze zur Durchführung von Unternehmensbewertungen (IDW S 1), WPg 2004, S. 889 (S. 893). Vgl. zur theoriegeleiteten Herleitung des Tax-CAPM *Brennan*, Taxes, Market Valuation and Corporate Financial Policy, National Tax Journal 1970, S. 417 (S. 417–427); *Jonas/Löffler/Wiese*, Das CAPM mit deutscher Einkommensteuer, WPg 2004, S. 898 (S. 898–906); *Wiese*, Unternehmensbewertung und Abgeltungssteuer, WPg 2007, S. 368 (S. 368–375).

(4) Kapitalwertneutrale Rendite $r(EK)_v^{vor\ allen\ Steuern}$

(a) Ableitung der Rendite $r(EK)_v^{vor\ allen\ Steuern}$ in zwei Schritten

Thesauriert das Unternehmen einen Teil der Gewinne, so führt ihre Wiederanlage in nachfolgenden Perioden zu einem Wertzuwachs. Die Höhe der Wiederanlagerendite entspricht nach IDW S 1 i. d. F. 2008 beim neutralen Gutachten in der Phase der ewigen Rente der kapitalwertneutralen Verzinsung der thesaurierten Beträge. Die kapitalwertneutrale Verzinsung wird erreicht, wenn sich die Investition mit der Bruttorendite vor Unternehmen- und vor persönlichen Einkommensteuern $r(EK)_v^{vor\ allen\ Steuern}$ verzinst.

Unter Verwendung des Tax-CAPM kann der Bewerter die risikoangepasste Eigenkapitalrendite des Unternehmens nach sämtlichen Steuern $r(EK)_v^{nach\ ESt,\ Soli}$ berechnen. Diese Rendite ist um sämtliche Steuereinflüsse zu bereinigen, um zur kapitalwertneutralen Wiederanlagerendite vor sämtlichen Steuern zu gelangen. Die dazu erforderliche Bereinigung erfolgt in zwei Schritten. Im ersten Schritt ist die Nachsteuerrendite um den Einfluss der persönlichen Einkommensteuern zu korrigieren. Die so (zurück-)gewonnene Größe $r(EK)_v^{vor\ ESt,\ Soli}$ wird anschließend in einem zweiten Schritt von den Auswirkungen der Unternehmensteuern befreit, um zu der gesuchten Rendite $r(EK)_v^{vor\ allen\ Steuern}$ zu gelangen.

(b) Rückrechnung von $r(EK)_v^{nach\ ESt,\ Soli}$ in $r(EK)_v^{vor\ ESt,\ Soli}$

Die als Zwischenergebnis gesuchte Eigenkapitalrendite vor persönlichen Einkommensteuern $r(EK)_v^{vor\ ESt,\ Soli}$ setzt sich aus der Kursgewinnrendite und der Dividendenrendite zusammen:

$$r(EK)_v^{vor\ ESt,\ Soli} = k + d$$

mit k = erwartete Kursgewinnrendite der Alternativanlage vor persönlichen Einkommensteuern,

d = erwartete Dividendenrendite der Alternativanlage vor persönlichen Einkommensteuern.

Beide Teilrenditen bestimmen sich nicht unabhängig voneinander, sondern stehen in einem festen Austauschverhältnis, das durch die Ausschüttungsquote gesteuert wird. Die Ausschüttungsquote bestimmt sich nach Gleichung (21) mit:

$$(21)\quad q = \frac{d}{r(EK)_v^{vor\ ESt,\ Soli}}.$$

Die Dividendenrendite kann dann aber auch geschrieben werden als:

$$d = r(EK)_v^{vor\ ESt,\ Soli} \cdot q.$$

Die Kursgewinnrendite entspricht damit dem verbleibenden, nicht ausgeschütteten Anteil der Eigenkapitalrendite, denn aus

$$r(EK)_v^{vor\ ESt,\ Soli} = k + q \cdot r(EK)_v^{vor\ ESt,\ Soli}$$

folgt:

$$k = r(EK)_v^{vor\ ESt,\ Soli} \cdot (1 - q).$$

Zwischen der Nach- und der Vor-Einkommensteuer-Rendite besteht die Bezugsgleichung:

$$(28)\quad r(EK)_v^{nach\ ESt,\ Soli} = r(EK)_v^{vor\ ESt,\ Soli} - k \cdot s_{eff}^{ESt,\ Soli} - d \cdot s^{ESt,\ Soli}.$$

Drückt man die Kursgewinn- und die Dividendenrendite als Bruchteil der Gesamtkapitalrendite vor Einkommensteuern aus, so kann dafür geschrieben werden:

$$r(EK)_v^{nach\ ESt,\ Soli} = r(EK)_v^{vor\ ESt,\ Soli} - r(EK)_v^{vor\ ESt,\ Soli} \cdot (1 - q) \cdot s_{eff}^{ESt,\ Soli} - r(EK)_v^{vor\ ESt,\ Soli} \cdot q \cdot s^{ESt,\ Soli}.$$

Nach dem Ausklammern von $r(EK)_v^{vor\ ESt,\ Soli}$ ergibt sich:

$$r(EK)_v^{nach\ ESt,\ Soli} = r(EK)_v^{vor\ ESt,\ Soli} \cdot \left(1 - (1 - q) \cdot s_{eff}^{ESt,\ Soli} - q \cdot s^{ESt,\ Soli}\right).$$

Auflösung der Gleichung nach $r(EK)_v^{vor\ ESt,\ Soli}$ ergibt:

$$(29)\quad r(EK)_v^{vor\ ESt,\ Soli} = \frac{r(EK)_v^{nach\ ESt,\ Soli}}{1 - (1 - q) \cdot s_{eff}^{ESt,\ Soli} - q \cdot s^{ESt,\ Soli}}.$$

(c) Rückrechnung von $r(EK)_v^{vor\ ESt,\ Soli}$ in $r(EK)_v^{vor\ allen\ Steuern}$

Kennt der Bewerter nun den unternehmensspezifischen Renditesatz vor Einkommensteuer und Solidaritätszuschlag, so kann er die gesuchte Größe $r(EK)_v^{vor\ allen\ Steuern}$ durch die Bezugsgleichung (22) bestimmen:

$$(22)\quad r(EK)_v^{vor\ allen\ Steuern} = \frac{r(EK)_v^{vor\ ESt,\ Soli}}{1 - \left(s_{nom}^{GewSt} + s^{KSt,\ Soli}\right)}.$$

2. Anwendung auf den Fall: Objektivierter Unternehmenswert der Sonnenschein AG

a) Flow to Equity und Kapitalisierungszinssatz

Die Sonnenschein AG erzielt gemäß der Aufgabenstellung einen konstanten, prognosefähigen Einzahlungsüberschuss vor Steuern und vor Fremdkapitalzinsen in Höhe von 20 000 Euro. Allerdings thesauriert das Unternehmen 60 % des jährlichen Gewinns und erzielt daraus zukünftig (steigende) Reinvestitionserträge in Höhe der kapitalwertneutralen Verzinsung $r(EK)_v^{vor\ allen\ Steuern}$.

Da sich das thesaurierungsbedingte Wachstum der Unternehmens-Cashflows infolge von Gleichung (22) nicht ohne vorherige Kenntnis des Eigenkapitalkostensatzes ermitteln lässt, ist für die Sonnenschein AG zunächst der Kapitalisierungszinssatz auf der Grundlage des Tax-CAPM zu bestimmen. Unter seiner Anwendung bestimmt sich unter Heranziehung von Gleichung (27) und unter Berücksichtigung eines typisierten Effektivsteuersatzes auf Kursgewinne von 13,19 % eine risikoangepasste Rendite nach sämtlichen Steuern $r(EK)_v^{nach\ ESt,\ Soli}$ mit 10,33 %:

$$r(EK)_v^{nach\ ESt,\ Soli} = i \cdot \left(1 - s^{ESt,\ Soli}\right) + \begin{pmatrix} \mu(R_m)^{vor\ ESt,\ Soli} - k_m \cdot s_{eff}^{ESt,\ Soli} \\ -d_m \cdot s^{ESt,\ Soli} - i \cdot \left(1 - s^{ESt,\ Soli}\right) \end{pmatrix} \cdot \beta_v$$

$$= 0{,}06 \cdot (1 - 0{,}26375) + \begin{pmatrix} 0{,}1 - 0{,}06 \cdot 0{,}1319 - 0{,}04 \cdot 0{,}26375 \\ -0{,}06 \cdot (1 - 0{,}26375) \end{pmatrix}$$

$$\cdot 1{,}5832 = 0{,}103325.$$

Bei Kenntnis dieser Rendite kann der Bewerter unter Verwendung von Gleichung (29) und unter Beachtung der Ausschüttungsquote von $q = q_m = 40$ % die Rendite vor Einkommensteuer und dem darauf entfallenden Solidaritätszuschlag errechnen. Sie beträgt 12,672 %:

$$r(EK)_v^{vor\ ESt,\ Soli} = \frac{0{,}103325}{1 - (1 - 0{,}4) \cdot 0{,}1319 - 0{,}4 \cdot 0{,}26375} = 0{,}126723.$$

Diese Rendite kann anschließend durch Einsatz der Gleichung (22) in die Bruttorendite vor sämtlichen Steuern transformiert werden. Die Berechnung führt zu einer Rendite vor allen Steuern in Höhe von 18,058 %:

$$r(EK)_v^{vor\ allen\ Steuern} = \frac{0{,}126723}{(1 - (0{,}14 + 0{,}15825))} = 0{,}18058.$$

Damit führt die Thesaurierung 2011 in Höhe von 5 768,70 Euro im nachfolgenden Geschäftsjahr 2012 zu einem zusätzlichen Ergebnis aus Thesaurierung in Höhe von 1 041,72 Euro (= 5 768,70 Euro · 18,058 %). Im Jahr 2013 ist ein zusätzliches Ergebnis aus den thesaurierten Erträgen in Höhe von 2 162,65 Euro zu erwarten. Es resultiert aus der Anlage des 2011 thesaurierten Betrags und des 2012 nicht ausgeschütteten Betrags (= (5 768,70 Euro + 6 207,32 Euro) · 18,058 %). Ebenso ist zur Ermittlung des Ergebnisses aus Thesaurierungen im Jahr 2014 zu verfahren. Diese geometrische Reihe setzt sich unter diesen Annahmen unendlich fort.[683] Tabelle 92 fasst die Ergebnisse tabellarisch zusammen:

Tabelle 92: Ermittlung des Nettozuflusses an die Anteilseigner unter der Annahme einer unmittelbaren Typisierung

(in €)	2011	2012	2013	ab 2014
EBIT	20 000,00	20 000,00	20 000,00	20 000,00
– **Zinsaufwand**	–6 000,00	–6 000,00	–6 000,00	–6 000,00
+ **Ergebnis aus Thesaurierung (18,058 %)**	0,00	1 041,72	2 162,65	3 368,80
= **EBT**	14 000,00	15 041,72	16 162,65	17 368,80
– **Gewerbesteuer* (14 %)**	–2 170,00	–2 315,84	–2 472,77	–2 641,63
– **Körperschaftsteuer (15 %)**	–2 100,00	–2 256,26	–2 424,40	–2 605,32
– **Solidaritätszuschlag (5,5 %)**	–115,50	–124,09	–133,34	–143,29
= **Stpfl. Jahresüberschuss nach GewSt, KSt**	9 614,50	10 345,53	11 132,14	11 978,56
davon Thesaurierung (60 %)	5 768,70	6 207,32	6 679,28	7 187,14
Thesaurierung kumuliert zum 31. 12.	5 768,70	11 976,02	18 655,30	25 842,44
davon Ausschüttung (40 %)	3 845,80	4 138,21	4 452,86	4 791,42
– **Einkommensteuer (25 %) auf Ausschüttung**	–961,45	–1 034,55	–1 113,21	–1 197,86
– **Solidaritätszuschlag (5,5 %)**	–52,88	–56,90	–61,23	–65,88
= **Nettozufluss an die Anteilseigner**	2 831,47	3 046,76	3 278,42	3 527,68
Wachstum		7,6034 %	7,6034 %	7,6034 %

* Berechnung der Gewerbesteuer unter der Berücksichtigung, dass grundsätzlich 25 % aller Zinsaufwendungen bei der Ermittlung des Gewerbeertrags zurechnungspflichtig sind. Vom bestehenden Freibetrag i. H. v. 100 000 Euro wird im Folgenden abstrahiert.

683 Vgl. *Wiese*, Unternehmensbewertung und Abgeltungssteuer, WPg 2007, S. 368 (S. 372).

b) Unternehmenswert bei Daueranlage

Tabelle 92 (auf S. 307) verdeutlicht, dass sich die Flows to Equity auf Grund des mit der Thesaurierung verbundenen Wachstums jährlich um eine konstante Wachstumsrate von 7,603 % erhöhen. Hierbei handelt es sich um die sog. thesaurierungsbedingte Wachstumsrate $w^{Thesaurierung}$. Diese Wachstumsrate kann nun entsprechend dem Modell von Gordon Growth dazu genutzt werden, den Unternehmenswert der ewigen Rente zu bestimmen.[684] Die Bestimmungsgleichung lautet:

$$EK_{v,\,ewige\,Rente}^{M} = \frac{FTE_{T+1}^{nach\,ESt,\,Soli}}{r(EK)_v^{nach\,ESt,\,Soli} - w^{Thesaurierung}}.$$

Sie kann in das Zwei-Phasen-Modell gemäß Gleichung (19) integriert werden, um zum gesamten Marktwert des Eigenkapitals der Sonnenschein AG zu gelangen:[685]

$$(30)\quad EK_v^M = \sum_{t=1}^{T} \frac{FTE_t^{nach\,ESt,\,Soli}}{\left(1 + r(EK)_v^{nach\,ESt,\,Soli}\right)^t} + \frac{\dfrac{FTE_{T+1}^{nach\,ESt,\,Soli}}{r(EK)_v^{nach\,ESt,\,Soli} - w^{Thesaurierung}}}{\left(1 + r(EK)_v^{nach\,ESt,\,Soli}\right)^T}.$$

Der objektivierte Unternehmenswert der Sonnenschein AG beträgt damit 103 750 Euro:

$$EK_v^M = \frac{2\,831{,}47}{(1+0{,}103325)} + \frac{3\,046{,}76}{(1+0{,}103325)^2} + \frac{3\,278{,}42}{(1+0{,}103325)^3}$$

$$+ \frac{\dfrac{3\,527{,}68}{0{,}103325 - 0{,}076034}}{(1+0{,}103325)^3} = \frac{2\,831{,}47}{0{,}103325 - 0{,}076034} = 103\,750\ €.$$

c) Unternehmenswert bei Anteilsverkäufen

Die vorstehende Berechnung des Marktwerts des Eigenkapitals der Sonnenschein AG unterstellt, dass dem Unternehmenseigner Cashflows aus der Unternehmensanlage ausschließlich in Form von einkommensteuerpflichtigen Dividenden zufließen[686] und die thesaurierten Gewinnanteile dauerhaft im Unternehmen verbleiben. Diese Annahme ist aber zumeist realitätsfremd. So wurde bereits bei der Ermittlung der Alternativanlage unterstellt, dass sich die Investoren mittel- oder

684 Vgl. hierzu Fall 15.

685 Vgl. auch *Wiese*, Unternehmensbewertung und Abgeltungssteuer, WPg 2007, S. 368 (S. 372, Formel (3.9) zur Rentenphase).

686 Vgl. *Wiese*, Unternehmensbewertung und Abgeltungssteuer, WPg 2007, S. 368 (S. 372–373).

langfristig von ihren Unternehmensanteilen trennen, und bei der Verwendung des Tax-CAPM implizit eine marktübliche, durchschnittliche Haltedauer von etwa 25 Jahren und eine zwischenzeitliche jährliche Wiederanlagerendite von ca. 10 % angenommen (Tabelle 91 (auf S. 302)). Die beim Verkauf der Anteile anfallende Einkommensteuer floss in das Tax-CAPM in Form des Effektivsteuersatzes auf Kursgewinne explizit ein. Zwar mag der einzelne Eigenkapitalgeber, insbesondere wenn es sich um kleinere Kapitalgesellschaften oder familiengeführte Unternehmen handelt, dazu tendieren, die Beteiligung an dem Unternehmen dauerhaft in unveränderter Höhe zu halten, es erscheint aber – zumindest für den Fall der ewigen Rente – sinnvoll, neben der Ausschüttungsäquivalenz von zu bewertendem Unternehmen und Alternativanlage „auch eine *äquivalente Realisationsfrequenz von Kursgewinnen* zu unterstellen“[687]. Dies gilt umso mehr, als die vorzunehmende unmittelbare Typisierung im Rahmen des neutralen Gutachtens erfolgt und damit konzeptionell vom Individualfall abstrahiert und hinsichtlich der Anleger ein marktdurchschnittliches Verhalten unterstellt wird.

Geht der Bewerter im Rahmen der unmittelbaren Typisierung der persönlichen Einkommensteuer davon aus, dass die für die Alternativanlage bestimmte Realisationsfrequenz auch für das Bewertungsobjekt gilt,[688] so ist die Berechnung der aus dem Unternehmen erwarteten Nettocashflows entsprechend zu modifizieren und der thesaurierte Betrag mit dem zuvor ermittelten Effektivsteuersatz auf Kursgewinne zu belasten. Tabelle 93 fasst die damit verbundenen Konsequenzen für die Flows to Equity zusammen:

Tabelle 93: Ermittlung der Flows to Equity unter der Annahme einer unmittelbaren Typisierung

(in €)	2011	2012	2013	ab 2014
EBIT	20 000,00	20 000,00	20 000,00	20 000,00
– **Zinsaufwand**	–6 000,00	–6 000,00	–6 000,00	–6 000,00
+ **Ergebnis aus Thesaurierung**	0,00	0,00	0,00	0,00
= **EBT**	14 000,00	14 000,00	14 000,00	14 000,00
– **Gewerbesteuer* (14 %)**	–2 170,00	–2 170,00	–2 170,00	–2 170,00
– **Körperschaftsteuer (15 %)**	–2 100,00	–2 100,00	–2 100,00	–2 100,00
– **Solidaritätszuschlag (5,5 %)**	–115,50	–115,50	–115,50	–115,50
= **Stpfl. Jahresüberschuss nach GewSt, KSt**	9 614,50	9 614,50	9 614,50	9 614,50

687 *Wiese*, Unternehmensbewertung und Abgeltungssteuer, WPg 2007, S. 368 (S. 373).
688 Vgl. *Wiese*, Unternehmensbewertung und Abgeltungssteuer, WPg 2007, S. 368 (S. 373).

Tabelle 93 (Forts.)

davon Thesaurierung (60 %)	5 768,70	5 768,70	5 768,70	5 768,70
davon Ausschüttung (40 %)	3 845,80	3 845,80	3 845,80	3 845,80
– **Einkommensteuer (25 %) auf Ausschüttung**	–961,45	–961,45	–961,45	–961,45
– **Solidaritätszuschlag (5,5 %)**	–52,88	–52,88	–52,88	–52,88
= **Nettozufluss an die Anteilseigner**	2 831,47	2 831,47	2 831,47	2 831,47
+ **Fiktive Zurechnung des Wertbeitrags aus Thesaurierung (Kursgewinn)**	5 768,70	5 768,70	5 768,70	5 768,70
– **Effektivsteuer auf Kursgewinne (13,19 %)**	–760,89	–760,89	–760,89	–760,89
= **Flow to Equity**	7 839,28	7 839,28	7 839,28	7 839,28

* Berechnung der Gewerbesteuer unter der Berücksichtigung, dass grundsätzlich 25 % aller Zinsaufwendungen bei der Ermittlung des Gewerbeertrags zurechnungspflichtig sind. Vom bestehenden Freibetrag i. H. v. 100 000 Euro wird im Folgenden abstrahiert.

Die vorstehende Tabelle unterstellt, dass die tatsächlich thesaurierten Beträge ausgeschüttet werden, aber bei ihrer Ausschüttung nur dem effektiven Kursgewinnsteuersatz von 13,19 % unterliegen. Durch ihre fiktive Ausschüttung erhöhen diese Beträge in der Folgezeit auch nicht mehr die Nettocashflows des Unternehmens. Trotz der realitätsfremden Fiktion der Vollausschüttung wird der Unternehmenswert dennoch richtig ermittelt. Dass die realitätsfremde Annahme über die Verwendung der thesaurierten Gewinne keinen Einfluss auf die sachgerechte Bewertung des Unternehmens ausübt, liegt darin begründet, dass ihre tatsächliche Wiederanlage (mangels besserer Erkenntnisse) kapitalwertneutral erfolgt.

Der objektivierte Unternehmenswert der Sonnenschein AG ermittelt sich unter diesen Annahmen gemäß Gleichung (19) und beträgt 75 870 Euro:[689]

$$EK_v^M = \sum_{t=1}^{T} \frac{FTE_t^{nach\ ESt,\ Soli}}{\left(1 + r(EK)_v^{nach\ ESt,\ Soli}\right)^t} + \frac{\dfrac{FTE_{T+1}^{nach\ ESt,\ Soli}}{r(EK)_v^{nach\ ESt,\ Soli}}}{\left(1 + r(EK)_v^{nach\ ESt,\ Soli}\right)^T}$$

$$= \frac{7\,839,28}{0{,}103325} = 75\,870\,€.$$

689 Vgl. ebenfalls das Beispiel bei *Wagner*, Die Unternehmensbewertung, in: IDW (Hrsg.), WP Handbuch 2008, Bd. II (2007), S. 1 (S. 122, Rn. 335).

Stört sich der Bewerter an der Fiktion der Ausschüttung der thesaurierten Gewinne und ihrer fiktiven Besteuerung in Höhe des Effektivsteuersatzes auf Kursgewinne, so kann er alternativ den Unternehmenswert berechnen, indem er weiterhin von der tatsächlich erfolgenden Thesaurierung von Gewinnen ausgeht und die zukünftige Besteuerung der Kursgewinne durch einen Wachstumsabschlag berücksichtigt.

Dabei ist zu beachten, dass die aus Tabelle 92 (auf S. 307) ersichtlich werdende thesaurierungsbedingte Wachstumsrate $w^{Thesaurierung}$ von 7,6034 % der Kursgewinnrendite der Alternativanlage entspricht; denn es gilt:[690]

$$w^{Thesaurierung} = k = r(EK)_v^{vor\ ESt,\ Soli} \cdot (1 - q)$$

mit

$$w^{Thesaurierung} = 0{,}126723 \cdot (1 - 0{,}4) = 0{,}076034.$$

Die Gleichung verdeutlicht, dass das Wachstum der finanziellen Überschüsse gleichzeitig dem erst zukünftig einkommensteuerpflichtigen Kurswachstum entspricht. Es ist deshalb um den typisierten Effektivsteuersatz auf Kursgewinne zu kürzen.[691] Die Kürzung erfolgt bei der Formel für die ewige Rente im Nenner, indem dort die Wachstumsrate um den Effektivsteuersatz auf Kursgewinne vermindert wird:[692]

$$EK_v^M = \frac{FTE^{nach\ ESt,\ Soli}}{r(EK)_v^{nach\ ESt,\ Soli} - w^{Thesaurierung} \cdot \left(1 - s_{eff}^{ESt,\ Soli}\right)}$$

$$= \frac{2\,831{,}47}{0{,}103325 - 0{,}076034 \cdot (1 - 0{,}1319)} = 75\,870\,€.$$

Bemerkenswert ist, dass auf Grund der unterstellten Ausschüttungsäquivalenz und der Zuflussäquivalenz (Dividenden und Kursgewinne des zu bewertenden Unternehmens und der Alternativanlage fließen äquivalent zu und werden äquivalent besteuert) die Irrelevanz der Einkommensteuer eintritt. Denn bei Vernachlässigung der persönlichen Steuern in der obigen Gleichung ermittelt sich der Unternehmenswert ebenfalls mit:

$$EK_v^M = \frac{FTE^{UntSt,\ Soli}}{r(EK)_v^{vor\ ESt,\ Soli}} = \frac{9\,614{,}50}{0{,}126723} = 75\,870\ €.$$

---

690 Vgl. *Zeidler/Schöniger/Tschöpel*, Auswirkungen der Unternehmensteuerreform 2008 auf Unternehmensbewertungskalküle, FB 2008, S. 276 (S. 281). Diese Identität gilt indessen nur unter der hier gemachten Annahme, dass es kein preis- oder mengenbedingtes Wachstum gibt.

691 Vgl. *Wiese*, Unternehmensbewertung und Abgeltungssteuer, WPg 2007, S. 368 (S. 373, Formel (3.11)); *Wagner*, Die Unternehmensbewertung, in: IDW (Hrsg.), WP Handbuch 2008, Bd. II (2007), S. 1 (S. 123, Rn. 336).

692 Vgl. zur Berücksichtigung von Wachstum in der Unternehmensbewertung Fall 16.

Dass sich dieser Unternehmenswert unter Annahme einer unmittelbaren Typisierung vom Unternehmenswert bei mittelbarer Typisierung (77 957,51 Euro) unterscheidet, liegt allein darin begründet, dass sich auf Grund der Unterschiede zwischen CAPM und Tax-CAPM differierende Eigenkapitalkostensätze vor persönlichen Einkommensteuern ergeben, denn der mittelbaren Typisierung lag ein Diskontierungszins von 12,333 % zu Grunde:

$$EK_v^M = \frac{9\,614{,}50}{0{,}12333} = 77\,957{,}51\,€.$$

Weiterführende Literatur

Aders, Christian,	Auswirkung der Unternehmenssteuerreform auf die Ertragswertmethode und objektivierten Unternehmenswerte, FB, 9. Jg. (2007), Beilage Bewertungspraktiker 1/2007, S. 2–7
Dausend, Florian/ Schmitt, Dirk,	Abgeltungssteuern und die Zukunft des IDW S 1 – Konsequenzen der Unternehmenssteuerreform 2008 für die Unternehmensbewertung, FB, 9. Jg. (2007), S. 287–292
Hommel, Michael/ Pauly, Denise,	Unternehmensteuerreform 2008: Auswirkungen auf die Unternehmensbewertung, BB, 62. Jg. (2007), S. 1155–1161
Hommel, Michael/ Pauly, Denise/ Nagelschmitt, Sabine,	IDW ES 1 – Neuerungen beim objektivierten Unternehmenswert, BB, 62. Jg. (2007), S. 2728–2732
Kessler, Wolfgang/ Ortmann-Babel, Martina/ Zipfel, Lars,	Unternehmensteuerreform 2008: Die geplanten Änderungen im Überblick, BB, 62. Jg. (2007), S. 523–534
Wagner, Wolfgang/ Jonas, Martin/ Ballwieser, Wolfgang/ Tschöpel, Andreas,	Weiterentwicklung der Grundsätze zur Durchführung von Unternehmensbewertungen (IDW S 1), WPg, 57. Jg. (2004), S. 889–898
dies.,	Unternehmensbewertung in der Praxis – Empfehlungen und Hinweise zur Anwendung von IDW S 1 –, WPg, 59. Jg. (2006), S. 1005–1028
Wiese, Jörg,	Unternehmensbewertung und Abgeltungssteuer, WPg, 60. Jg. (2007), S. 368–375
Zeidler, Gernot W./ Schöniger, Stefan/ Tschöpel, Andreas,	Auswirkungen der Unternehmensteuerreform 2008 auf Unternehmensbewertungskalküle, FB, 10. Jg. (2008), S. 276–288

9. Kapitel: Discounted-Cashflow-Verfahren im Vergleich zum Ertragswert- und EVA-Konzept

Fall 26: Vergleich von DCF- und Ertragswertverfahren

Aufgabenstellung:

Vergleichen Sie die Unternehmenswertermittlung auf Basis der *Ertragswert-* und *WACC-Methode*, und nennen Sie grundlegende Gemeinsamkeiten und Unterschiede! Unter welchen Bedingungen resultiert ein identischer Unternehmenswert?

Tabelle 94: Vergleich von Ertragswert- und DCF-Verfahren[693]

	Ertragswertmethode	**DCF-Verfahren – WACC-Ansatz –**
Bewertungsverfahren	Netto-Ansatz Gesamtbewertungsverfahren	Brutto-Ansatz Gesamtbewertungsverfahren
Bewertungszweck	Ermittlung individueller Entscheidungswerte (Grenzpreise)	Ermittlung von Marktwerten

693 Vgl. ausführlich *Ballwieser*, Methoden der Unternehmensbewertung, in: Gebhardt/Gerke/Steiner (Hrsg.), Handbuch des Finanzmanagements (1993), S. 151 (S. 152–167); *ders.*, Aktuelle Aspekte der Unternehmensbewertung, WPg 1995, S. 119 (S. 124); *ders.*, Verbindungen von Ertragswert- und Discounted-Cashflow-Verfahren, in: Peemöller (Hrsg.), Praxishandbuch der Unternehmensbewertung (2009), S. 488–489; *Hachmeister*, Der Discounted Cash Flow als Maß der Unternehmenswertsteigerung (2000), S. 252–262; *Jonas*, Unternehmensbewertung: Zur Anwendung der Discounted-Cash-flow-Methode in Deutschland, BFuP 1995, S. 83 (S. 83–98); *Schmidt*, Die Discounted Cash-flow-Methode – nur eine kleine Abwandlung der Ertragswertmethode?, zfbf 1995, S. 1088 (S. 1088–1118); *Sieben*, Unternehmensbewertung: Discounted Cash Flow-Verfahren und Ertragswertverfahren – Zwei völlig unterschiedliche Ansätze?, in: Lanfermann (Hrsg.), FS Havermann (1995), S. 713 (S. 713–737).

Tabelle 94 (Forts.)

	Ertragswertmethode	**DCF-Verfahren – WACC-Ansatz –**
Konzeptionelle Grundlage	Kapitalwert	Kapitalwert
Diskontierte Zahlungen	erwartete Nettoausschüttungen an die Unternehmenseigner	Cashflows als Zahlungsüberschüsse für alle Kapitalgeber; Fiktion des rein eigenfinanzierten Unternehmens
Zukunftsorientierung	ja	ja
Diskontierungssatz	subjektiv beste verdrängte Alternativrendite der Eigentümer	gewogener Kapitalkostensatz (WACC); Opportunitätskosten der Eigentümer und Gläubiger
Herstellung der Risikoäquivalenz	Sicherheitsäquivalenzmethode, Risikozuschlagsmethode	Risikozuschlagsmethode
Bestimmung des Risikozuschlags	subjektives Ermessen des Bewerters	Capital Asset Pricing Model (CAPM)
Berücksichtigung des Steuervorteils	bei der Ermittlung der Nettoausschüttungen	bei der Ermittlung der gewogenen Kapitalkosten
Berücksichtigung persönlicher Steuern	ja	nicht im Grundmodell

Das Ertragswertverfahren ist grundsätzlich mit dem Equity-Ansatz vergleichbar.[694] Werden bei beiden Methoden die gleichen Finanzierungsannahmen unterstellt, „dieselben Daten zu Grunde [ge]legt und … die risikoangepassten Opportunitätskosten identisch erfasst“[695], liefern Netto- und Brutto-Ansatz einen einheitlichen Unternehmenswert.[696]

694 Vgl. *Hachmeister*, Der Discounted Cash Flow als Maß der Unternehmenswertsteigerung (2000), S. 253.

695 *Ballwieser*, Verbindungen von Ertragswert- und Discounted-Cashflow-Verfahren, in: Peemöller (Hrsg.), Praxishandbuch der Unternehmensbewertung (2009), S. 483–484.

696 Vgl. *Ballwieser*, Verbindungen von Ertragswert- und Discounted-Cashflow-Verfahren, in: Peemöller (Hrsg.), Praxishandbuch der Unternehmensbewertung (2009), S. 485.

Weiterführende Literatur

Ballwieser, Wolfgang, Methoden der Unternehmensbewertung, in: Günther Gebhardt/Wolfgang Gerke/Manfred Steiner (Hrsg.), Handbuch des Finanzmanagements, München 1993, S. 151–176

ders., Aktuelle Aspekte der Unternehmensbewertung, WPg, 48. Jg. (1995), S. 119–129

ders., Verbindungen von Ertragswert- und Discounted-Cash-flow-Verfahren, in: Volker H. Peemöller (Hrsg.), Praxishandbuch der Unternehmensbewertung, 4. Aufl., Herne 2009, S. 479–490

Jonas, Martin, Unternehmensbewertung: Zur Anwendung der Discounted-Cash-flow-Methode in Deutschland, BFuP, 47. Jg. (1995), S. 83–98

Mockler, Michael, Ertragswert- und Discounted Cash-flow-Verfahren im Vergleich, in: Ulrich Schacht/Matthias Fackler (Hrsg.), Praxishandbuch Unternehmensbewertung, 2. Aufl., Wiesbaden 2009, S. 233–254

Schmidt, Johannes G., Die Discounted Cash-flow-Methode – nur eine kleine Abwandlung der Ertragswertmethode?, zfbf, 47. Jg. (1995), S. 1088–1118

Sieben, Günter, Unternehmensbewertung: Discounted Cash Flow-Verfahren und Ertragswertverfahren – Zwei völlig unterschiedliche Ansätze?, in: Josef Lanfermann (Hrsg.), Internationale Wirtschaftsprüfung, Festschrift für Hans Havermann, Düsseldorf 1995, S. 713–737

Fall 27: Vergleich von DCF- und EVA-Verfahren

Sachverhalt:

Im Rahmen der Diskussion um eine wertorientierte Unternehmensführung trat mit dem Economic-Value-Added (EVA™)-Konzept[700] eine alternative Wertsteigerungskonzeption zur Performancemessung und Bewertung von Unternehmen hervor. Der innovative Karlo Kühn, der der Auffassung zustimmt, dass die „Discounted Cash Flow Modelle ... als komplex, aufwendig, nicht praktikabel und als schwer verständlich“[701] gelten, beabsichtigt, die Chicago-Consulting zu erwerben, deren Investitions- und Ertragsprognose wie folgt vorgegeben ist:

Tabelle 95: Investitions- und Ertragsprognose der Chicago-Consulting

Prognosedaten (in €)	**2012**	**2013**	**2014**	**ab 2015**
Investiertes Kapital 1. 1.		115 000	130 000	150 000
Abschreibungen		5 500	5 500	5 500
Investitionen		20 500	25 500	5 500
Investiertes Kapital 31. 12.	115 000	130 000	150 000	150 000
NOPAT		17 000	20 000	17 000

Aufgabenstellung:

- Berechnen Sie den Unternehmensgesamtwert mithilfe des *EVA-Verfahrens*, wenn der gewogene durchschnittliche Kapitalkostensatz 10 % beträgt!
- Berechnen Sie den Unternehmensgesamtwert mithilfe des *WACC-Verfahrens*, wenn der gewogene durchschnittliche Kapitalkostensatz 10 % beträgt!
- *Vergleichen Sie EVA- und WACC-Verfahren* in einer kritischen Würdigung!

697 EVA™ ist ein eingetragenes Warenzeichen der Stern Stewart & Co Unternehmensberatungsgesellschaft in New York.

698 *Hostettler*, Economic Value Added (EVA) (2002), S. 3.

I. Unternehmensbewertung nach dem EVA-Verfahren

1. Erläuterung

Das den Residualgewinnverfahren zuzuordnende EVA-Verfahren baut grundsätzlich auf dem in Deutschland unter dem *Lücke*-Theorem[699] bekannten Sachverhalt auf: Unter der Voraussetzung, dass „die Summe sämtlicher Periodenerfolge eines Unternehmens dem Totalgewinn aus der gesamten Unternehmenstätigkeit entspricht"[700] (Kongruenzprinzip[701]), kann der Unternehmenswert entweder als Barwert der zukünftigen Zahlungsströme oder aber als Barwert der Residualgewinne zuzüglich des Buchwerts des Eigenkapitals im Bewertungszeitpunkt (Equity Approach) ermittelt werden. Beide Vorgehensweisen führen zum gleichen Ergebnis:[702]

$$(1)\quad UW = \sum_{t=1}^{T} \frac{E_t}{(1+i)^t} = EK_0 + \sum_{t=1}^{T} \frac{RG}{(1+i)^t}.$$

Der Residualgewinn wird berechnet, indem der Gewinn um kalkulatorische Zinsen auf das Eigenkapital gemindert wird. Ebenfalls anwendbar und im Folgenden im Mittelpunkt der Betrachtung stehend, stellt sich der sog. Entity Approach dar, der sich in Entsprechung der DCF-Verfahren durch eine zweistufige Vorgehensweise auszeichnet: In einem ersten Schritt gilt es, den Marktwert des Gesamtkapitals (Unternehmens*gesamt*wert) zu berechnen, der sich aus der Addition des im Unternehmen eingesetzten Gesamtkapitals zu Buchwerten mit dem aus der Diskontierung der Übergewinne unter Anwendung des gewogenen durchschnittlichen Kapitalkostensatzes abgeleiteten Barwert ergibt. Im zweiten Schritt ermittelt man den Marktwert des Eigenkapitals (Unternehmenswert), indem vom Unternehmensgesamtwert der Wert des Fremdkapitals abgezogen wird.[703]

---

699 Vgl. *Lücke*, Investitionsrechnungen auf der Grundlage von Ausgaben oder Kosten?, ZfhF 1955, S. 310 (S. 310–324). Vgl. ebenfalls *Franke/Hax*, Finanzwirtschaft des Unternehmens und Kapitalmarkt (2009), S. 91–97, S. 238–239. Vgl. für den angelsächsischen Bereich z. B. *Preinreich*, Annual Study of Economic Theory: The Theory of Depreciation, Econometrica 1938, S. 219 (S. 219–241).

700 *Ballwieser*, Unternehmensbewertung (2007), S. 194.

701 Vgl. dazu ebenfalls *Laux*, Wertorientierte Unternehmenssteuerung und Kapitalmarkt (2006), S. 464.

702 Vgl. *Ballwieser*, Unternehmensbewertung (2007), S. 194; *Laux*, Wertorientierte Unternehmenssteuerung und Kapitalmarkt (2006), S. 462–466.

703 Vgl. *Küting/Eidel*, Performance-Messung und Unternehmensbewertung auf Basis des EVA, WPg 1999, S. 829 (S. 832).

Bezogen auf die Ermittlung von EVA können im Rahmen des Entity Approach (Bruttorechnung) zwei Methoden herangezogen werden:[704] die Capital-Charge-Formel und die Value-Spread-Formel. Bei Anwendung der Capital-Charge-Formel ergibt sich EVA, indem vom Net Operating Profit after Taxes ($NOPAT_t$) die aus der Multiplikation des gewogenen durchschnittlichen Kapitalkostensatzes (k^{WACC}) mit dem investierten Kapital zu Periodenbeginn ($Capital_{t-1}$) gewonnenen (kalkulatorischen) Kapitalkosten abgezogen werden:

$$(2) \quad EVA_t = NOPAT_t - k^{WACC} \cdot Capital_{t-1}.$$

Im Rahmen der Anwendung der Value-Spread-Formel wird die betriebliche Überrendite, d. h. die Differenz aus der Rendite auf das eingesetzte Kapital und dem gewogenen durchschnittlichen Kapitalkostensatz, mit dem investierten Kapital des Unternehmens multipliziert:

$$(3) \quad EVA_t = (ROIC_t - k^{WACC}) \cdot Capital_{t-1}.$$

Da die Vermögensrendite als Quotient aus $NOPAT_t$ und dem investierten Kapital zu Periodenbeginn ($Capital_{t-1}$) ermittelt wird

$$(4) \quad ROIC_t = \frac{NOPAT_t}{Capital_{t-1}},$$

ist zu erkennen, dass sich durch den Einsatz dieser Definition in die Value-Spread-Formel die Capital-Charge-Formel ableiten lässt:[705]

$$\begin{aligned} EVA_t &= \left(\frac{NOPAT_t}{Capital_{t-1}} - k^{WACC} \right) \cdot Capital_{t-1}, \\ &= NOPAT_t - k^{WACC} \cdot Capital_{t-1}. \end{aligned}$$

Das Ziel des Maßes EVA besteht darin, Informationen über die Wertschaffung bzw. Wertvernichtung der Investitionsstrategien im Unternehmen zu liefern. Somit soll aus dem Vorzeichen von EVA direkt auf die Performance des Unternehmens geschlossen werden: Ist EVA positiv, so übersteigt die Rendite auf das eingesetzte Kapital den Kapitalkostensatz, und es wurde Wert geschaffen; ist EVA negativ, so ist die Vermögensrendite kleiner als der Kapitalkostensatz mit dem Resultat, dass Wert vernichtet wurde.[706]

---

704 Vgl. zum Folgenden *Stewart*, The Quest for Value (1991), S. 136–137; *Winter*, Risikomanagement und effektive Corporate Governance (2004), S. 40.

705 Vgl. *Hachmeister*, Der Discounted Cash Flow als Maß der Unternehmenswertsteigerung (2000), S. 148.

706 Vgl. *Nowak*, Marktorientierte Unternehmensbewertung (2003), S. 139. Kritisch *Richter/Honold*, Das Schöne, das Unattraktive und das Hässliche an EVA & Co., FB 2000, S. 265 (S. 265–274).

Zur Berechnung der benötigten Bestimmungsgrößen $NOPAT_t$ und $Capital_{t-1}$ wird grundsätzlich auf den Jahresabschluss zurückgegriffen. Indessen sind vielfältige Adjustierungen/Konversionen vorzunehmen,[707] um die genutzten „bilanzielle[n] Größen … in ökonomisch relevante Kennzahlen zu transformieren“[708], „nichtbetriebliche, finanzielle, steuerliche und bewertungstechnische Verzerrungen … [der Rechnungslegung zu] beseitig[en]“[709] und vom sog. „Accounting Model“ zum „Economic Model“, der zukunfts- und zahlungsstromorientierten Sichtweise (potenzieller) Anteilseigner, zu gelangen. In Abbildung 15 sind die vorzunehmenden Konversionen in systematisierter Form in Anlehnung an *Hostettler* zusammengefasst.[710]

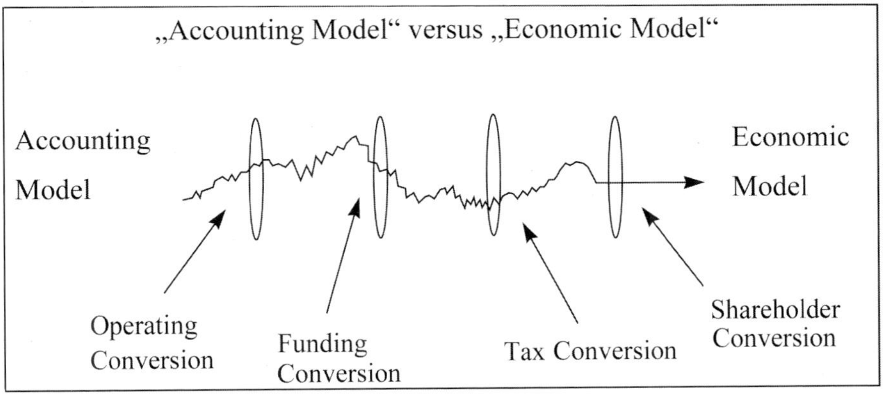

Abbildung 15: Die Konversionen des Economic Value Added: Vom „Accounting Model“ zum „Economic Model“ (in Anlehnung an: *Hostettler*, Economic Value Added (EVA) (2002), S. 98)

- *Operating Conversion:* Korrektur der Vermögens- und Gewinngröße hinsichtlich der betrieblichen Zugehörigkeit, da EVA den Residualgewinn aus dem operativen (betrieblichen) Geschäft des Unternehmens darstellt.
- *Funding Conversion:* Vollständige Erfassung der Finanzierungsmittel (Aufdeckung versteckter Finanzierungsformen wie Leasing- oder Mietgeschäfte).
- *Tax Conversion:* Ermittlung ertragsabhängiger Steuern, die den betrieblichen Aufwendungen und Erträgen zuzurechnen sind; Korrektur um latente Steuern und Steuerberechnung ohne Berücksichtigung der steuerlichen Abzugsfähigkeit der Fremdkapitalzinsen (Annahme eines vollständig eigenfinanzierten Unternehmens).

707 *Stewart* spricht von bis zu 164 Adjustierungen. Indessen sollen nur durchschnittlich 15 Anpassungen praxisrelevant sein. Vgl. *Stewart*, EVA: Fact and Fantasy, JACF 1994, S. 71 (S. 73–74).

708 *Nowak*, Marktorientierte Unternehmensbewertung (2003), S. 142.

709 *Hostettler*, Economic Value Added (EVA) (2002), S. 98.

710 Vgl. zum Folgenden *Hostettler*, Economic Value Added (EVA) (2002), S. 99–105.

– *Shareholder Conversion:* Grundsatz der Unbeachtlichkeit des Vorsichtsprinzips und damit Berücksichtigung sog. „Equity Equivalents“[711], d.h. von auf Grund bestimmter Rechnungslegungsvorschriften nicht aktivierten Vermögenskomponenten, wie z.B. Aufwendungen für Forschung und Entwicklung oder der Geschäfts- oder Firmenwert.

In Tabelle 96 wird ein kurzer Überblick über mögliche Anpassungen der Gewinn- und Vermögensgröße gegeben, wobei zu beachten ist, dass „mit den jeweiligen Veränderungen auf der Ebene der Vermögens- bzw. Kapitalbasis … eine entsprechende Modifikation der … [Gewinn- und Verlustrechnungs-]Größen bei der Ableitung des NOPAT“[712] einhergeht.

Tabelle 96: Beispielhafte Anpassungen der Gewinn- und Vermögensgröße[713]

	Ergebnis der gewöhnlichen Geschäftstätigkeit		**Vermögensgegenstände (Aktiva)**
Operating Conversion	– außerordentliche bzw. aperiodische Erträge (Aufwendungen)		
Funding Conversion	+ Zinsaufwendungen (inkl. Operate Leasing)	⇒	+ Kapitalisierte Leasingraten
Shareholder Conversion	+ Erhöhung um LiFo-Reserve	⇒	+ Vorratserhöhung um LiFo-Reserve
	+ Goodwill-Abschreibungen	⇒	+ Goodwill (zu AK/HK)
	+ Erhöhung kapitalisierter Vermögensvorteile	⇒	+ Kapitalisierte Vermögensvorteile
	= Net Operating Profit		
Tax Conversion	– Adjustierte Ertragsteuern	⇒	+ Änderung der Steuerbelastung
	= Net Operating Profit After Taxes		**= Capital**

711 Dazu *Stewart*, The Quest for Value (1991), S. 91: „Equity Equivalents … gross up the standard accounting book value into something I call economic book value, which is a truer measure of the cash that investors have put at risk in the firm upon which they expect their returns to accrue.“

712 *Winter*, Risikomanagement und effektive Corporate Governance (2004), S. 43.

713 Vgl. ausführlich *Böcking/Nowak*, Das Konzept des Economic Value Added, FB 1999, S. 281 (S. 283–286); *Eidel*, Moderne Verfahren der Unternehmensbewertung und Performance-Messung (2000), S. 236–280; *Hostettler*, Economic Value Added (EVA) (2002), S. 109–155.

Soll das EVA-Verfahren zur Unternehmensbewertung herangezogen werden, so wird zunächst durch Diskontierung der zukünftig erwarteten EVA-Werte mit dem durchschnittlichen gewogenen Kapitalkostensatz der Market Value Added (*MVA*) ermittelt, der als Geschäfts- oder Firmenwert interpretiert werden kann[714] und die Wertschaffung widerspiegelt, die über das – zu Buchwerten gemessene – eingesetzte Kapital hinausgeht:[715]

$$(5)\quad MVA_0 = \sum_{t=1}^{T} \frac{EVA_t}{(1 + k^{WACC})^t} + \frac{EVA_{T+1}}{k^{WACC} \cdot (1 + k^{WACC})^T}.$$

Aus der Addition dieses Market Value Added mit dem im Bewertungszeitpunkt eingesetzten Kapital sowie dem nicht betriebsnotwendigen Vermögen ergibt sich schließlich der Unternehmensgesamtwert (Entity Approach)[716]

$$(6)\quad V_{v,0} = Capital_0 + MVA_0 + nicht\ betriebsnotwendiges\ Vermögen,$$

aus dessen Minderung um den Marktwert des Fremdkapitals der gesuchte Unternehmenswert als Marktwert des Eigenkapitals folgt:[717]

$$(7)\quad EK^M_{v,0} = V_{v,0} - FK_0\,.$$

2. Anwendung auf den Fall: Bewertung der Chicago Consulting

Ist die Bewertung der Chicago-Consulting unter Zugrundelegung des EVA-Verfahrens durchzuführen, so müssen zunächst die periodenspezifischen EVA-Werte ermittelt werden. Hinsichtlich der dafür benötigten Grundelemente – Vermögensgröße, Gewinngröße und Kapitalkostensatz – ist festzustellen, dass die zukünftig für den Planungszeitraum erwarteten operativen Ergebnisse vor Zinsen und nach adaptierten Steuern (NOPAT), die Vermögensgröße Capital sowie der Kapitalkostensatz im Sachverhalt gegeben sind. Unter Anwendung der Value-Spread-Formel ist zunächst die Vermögensrendite mit

$$(4)\quad ROIC_t = \frac{NOPAT_t}{Capital_{t-1}}$$

zu berechnen, deren Einsatz in

714 Vgl. *Lorson*, Shareholder Value-Ansätze – Zweck, Konzepte und Entwicklungstendenzen, DB 1999, S. 1329 (S. 1334).

715 Vgl. *Stewart*, EVA: Fact and Fantasy, JACF 1994, S. 71 (S. 72).

716 Vgl. *Nowak*, Marktorientierte Unternehmensbewertung (2003), S. 156–157.

717 Vgl. *Böcking/Nowak*, Das Konzept des Economic Value Added, FB 1999, S. 281 (S. 288); *Lorson*, Shareholder Value-Ansätze – Zweck, Konzepte und Entwicklungstendenzen, DB 1999, S. 1329 (S. 1334).

(3) $EVA_t = (ROIC_t - k^{WACC}) \cdot Capital_{t-1}$

unter Beachtung von $k^{WACC} = 10\ \%$ die in Tabelle 97 angegebenen Residualgewinne ergibt.

Tabelle 97: EVA-Berechnung für die Chicago-Consulting

Prognosedaten (in €)	**2012**	**2013**	**2014**	**ab 2015**
NOPAT		17 000	20 000	17 000
Capital	115 000	130 000	150 000	150 000
ROIC		14,7826 %	15,3846 %	11,3333 %
EVA (k^{WACC} = 10 %)		5 500	7 000	2 000

Anschließend ist für den Entity Approach unter der vereinfachenden Annahme, dass nicht betriebsnotwendiges Vermögen in der Chicago-Consulting nicht vorhanden ist, der Unternehmensgesamtwert abzuleiten, indem der aus der Diskontierung der EVA-Werte mit dem gewogenen durchschnittlichen Kapitalkostensatz ermittelte Market Value Added zum im Unternehmen investierten Kapital hinzugerechnet wird:

$$V_{v,0} = Capital_0 + \sum_{t=1}^{\infty} \frac{EVA_t}{(1 + k^{WACC})^t}$$

$$= 115\,000 + \frac{5\,500}{(1+0{,}1)} + \frac{7\,000}{(1+0{,}1)^2} + \frac{2\,000}{0{,}1 \cdot (1+0{,}1)^2} = 142\,314{,}05\,€.$$

II. Unternehmensbewertung nach dem WACC-Verfahren

1. Erläuterung

Soll mithilfe der DCF-Methode die Unternehmensbewertung der Chicago-Consulting durchgeführt werden, so sind im ersten Schritt die zur Diskontierung benötigten Free Cashflows zu berechnen. Die Ausgangsgröße NOPAT wird unter Berücksichtigung zahlungswirksamer und zahlungsunwirksamer Komponenten im Beispiel um die geplanten Abschreibungen erhöht und um die geplanten Investitionen verringert (Tabelle 98).

2. Anwendung auf den Fall: Bewertung der Chicago-Consulting

Der Unternehmensgesamtwert ergibt sich schließlich aus der Diskontierung der Free Cashflows mit dem durchschnittlichen gewogenen Kapitalkostensatz ebenfalls mit 142 314,05 Euro:

Tabelle 98: FCF-Berechnung für die Chicago-Consulting

Prognosedaten (in €)	2012	2013	2014	ab 2015
NOPAT		17 000	20 000	17 000
Abschreibungen		+5 500	+5 500	+5 500
Investitionen		–20 500	–25 500	–5 500
Free Cashflow		2 000	0	17 000

$$V_{v,0} = \sum_{t=1}^{\infty} \frac{FCF_t}{(1 + k^{WACC})^t}$$

$$= \frac{2\,000}{(1+0{,}1)} + \frac{0}{(1+0{,}1)^2} + \frac{17\,000}{0{,}1 \cdot (1+0{,}1)^2} = 142\,314{,}05\,€.$$

III. Vergleich von EVA- und WACC-Verfahren – Kritische Würdigung

Zunächst ist festzuhalten, dass die Unternehmensbewertung mithilfe des EVA-Verfahrens und des WACC-Verfahrens zu übereinstimmenden Ergebnissen führt. Indessen sollen das EVA-Verfahren und die Residualgewinnverfahren im Allgemeinen den Vorteil eines geringeren prozentualen Anteils des Fortführungswerts am Unternehmenswert aufweisen: „More value is recognized earlier within a forecasting period, and less value is recognized in a continuing value about which we usually have greater uncertainty.“[718] Bezogen auf die Bewertung der Chicago-Consulting ist erkennbar, dass der Anteil des Fortführungswerts am Unternehmensgesamtwert bei Anwendung des EVA-Verfahrens lediglich 11,61 % beträgt, im Rahmen des WACC-Verfahrens jedoch auf 98,72 % steigt (Tabelle 99 (auf S. 324)).

718 *Penman*, Financial Statement Analysis and Security Valuation (2010), S. 169.

Tabelle 99: Vergleich von EVA- und WACC-Ansatz bei der Bewertung der Chicago-Consulting

(in €)	**WACC-Verfahren**	**EVA-Verfahren**
Buchwert	0	115 000,00
Barwert des Detailprognosezeitraums	1 818,18	10 785,12
Barwert des Fortführungszeitraums	140 495,87	16 528,93
Unternehmenswert	142 314,05	142 314,05
	⇓	⇓
	98,7224 %	11,6144 %
	Anteil des Fortführungswerts am Unternehmenswert	

Fraglich ist, ob die frühere Werterfassung der Residualgewinnverfahren tatsächlich als Vorteil angesehen werden sollte. So weist *Ballwieser* zutreffend darauf hin, dass die „Werthaltigkeit des bilanziellen Eigenkapitals … nur durch Diskontierung künftiger Erträge (oder Cash Flows) zu bestimmen“[719] ist. Vermögensgegenstände und Schulden können als „positive und negative Ertragswertbeiträge“[720] interpretiert werden; denn es erfolgt „nicht [die] Aktivierung der Ausgabe als solche(), sondern des für … [die Ausgabe] Erlangten“[721]. Sämtliche grundsätzlich zu aktivierenden Vermögenswerte stellen somit Potenziale für zukünftige Nettoeinnahmen[722] dar. Ebenso sind die zu ihrem Rückzahlungsbetrag passivierten[723] Verbindlichkeiten als antizipierte Auszahlungen anzusehen.[724] Die Aktivierung von Vermögensgegenständen zu ihren (fortgeführten) Anschaffungskosten bzw. Herstellungskosten, kann wie folgt interpretiert werden: „Der Einzahlungswert … der Anschaffungskosten ist … [als] kritischer Wert … so angesetzt, dass sich (vorerst) ein Kapitalwert der Investition von Null ergibt. … [Zum] Zeitpunkt der Investition [wird daher derart] … gerechnet …, als wäre der Barwert des Zahlungsstromes aus der Investition gleich der Investitionsausgabe“. Es wird erwartet, dass der Barwert der zukünftigen Einzahlungen zumindest die Anschaffungsausgabe deckt, „da für

719 *Ballwieser*, Unternehmensbewertung (2007), S. 196.

720 *Ballwieser*, Das Verhältnis von Aussagegehalt und Nachprüfbarkeit amerikanischer Rechnungslegung, WPK-Mitteilungen 1997, Sonderheft Juni, S. 51 (S. 53). Ebenso *Hommel*, Bilanzierung immaterieller Anlagewerte (1998), S. 27–28 und S. 52–58 m. w. N.

721 RFH, Urteil vom 21. 9. 1927 – VI A 383/27, StuW 1927, Sp. 803 (Sp. 804).

722 Vgl. *Moxter*, Grundsätze ordnungsgemäßer Rechnungslegung (2003), S. 47.

723 Vgl. § 253 Abs. 1 Satz 2 HGB.

724 So interpretiert ebenfalls *Ordelheide*, Kaufmännischer Periodengewinn als ökonomischer Gewinn – Zur Unsicherheitsrepräsentation bei der Konzeption von Erfolgsgrößen, in: Domsch u. a. (Hrsg.), FS Busse von Colbe (1988), S. 275 (S. 279) „Aktiva als antizipierte Einzahlungen und Schulden als antizipierte Auszahlungen“.

den Unternehmer – ökonomisch-rationales Verhalten unterstellt – sonst kein Anreiz bestanden hätte, das Geschäft zu tätigen“[725]. In diesem Sinne gibt der Buchwert des Eigenkapitals als Saldo aus Vermögensgegenständen und Schulden „einen möglichen Ertragswert der Investitionen der Unternehmung an“[726]. Wird zu diesem bilanziellen Eigenkapital der Barwert der Residualgewinne addiert, ergibt sich der gesuchte Unternehmenswert. In diesem Sinne hat lediglich eine Aufteilung des Unternehmenswerts stattgefunden – in den Wert des gegenwärtig vorhandenen, nur den Kapitalkostensatz verdienenden Vermögens und den Wert der zukünftigen Strategien, deren Realisierung eine über den Kapitalkostensatz hinausgehende Überrendite erwirtschaften kann.[727] Das DCF-Verfahren unterlässt eine derartige Differenzierung.

Weiterführende Literatur

Böcking, Hans-Joachim/ Nowak, Karsten,	Das Konzept des Economic Value Added, FB, 1. Jg. (1999), S. 281–288
Hostettler, Stephan,	Economic Value Added (EVA), 5. Aufl., Bern et al. 2002, S. 109–176
Küting, Karlheinz/ Eidel, Ulrike,	Performance-Messung und Unternehmensbewertung auf Basis des EVA, WPg, 52. Jg. (1999), S. 829–838
Laux, Helmut,	Wertorientierte Unternehmenssteuerung und Kapitalmarkt, 2. Aufl., Berlin et al. 2006, S. 462–466
Nowak, Karsten,	Marktorientierte Unternehmensbewertung, 2. Aufl., Wiesbaden 2003, S. 135–158
Richter, Frank/ Honold, Dirk,	Das Schöne, das Unattraktive und das Hässliche an EVA & Co., FB, 2. Jg. (2000), S. 265–274
Stewart, G. Bennett III,	The Quest for Value, New York 1991

725 *Ordelheide*, Kaufmännischer Periodengewinn als ökonomischer Gewinn – Zur Unsicherheitsrepräsentation bei der Konzeption von Erfolgsgrößen, in: Domsch u. a. (Hrsg.), FS Busse von Colbe (1988), S. 275 (S. 280–281, beide Zitate).

726 *Ordelheide*, Kaufmännischer Periodengewinn als ökonomischer Gewinn – Zur Unsicherheitsrepräsentation bei der Konzeption von Erfolgsgrößen, in: Domsch u. a. (Hrsg.), FS Busse von Colbe (1988), S. 275 (S. 293).

727 Vgl. *O'Byrne*, EVA and Market Value, JACF 1996, S. 116 (S. 117); *Stewart*, The Quest for Value (1991), S. 375.

Sachregister

Autorenprofile

Professor Dr. Michael Hommel

Jahrgang 1960. 1979–1982 Ausbildung bei der Hessischen Finanzverwaltung und Studium an der Verwaltungsfachhochschule Rotenburg/Fulda. Abschluss: Dipl.-Finanzwirt. 1982–1987 Studium der Betriebswirtschaftslehre an der Goethe-Universität Frankfurt a. M., Abschluss: Dipl.-Kfm. 1987–1997 Wissenschaftlicher Mitarbeiter am Seminar für Treuhandwesen bei Professor *Dr. Dr. h. c. mult. Adolf Moxter*. Promotion (1991) und Habilitation (1996) ebenda. 1997–2002 Inhaber des Lehrstuhls für Allgemeine Betriebswirtschaftslehre, insb. Rechnungslegung und Wirtschaftsprüfung, an der Otto-von-Guericke-Universität Magdeburg. Seit 2002 Inhaber der Professur für Betriebswirtschaftslehre, insb. Wirtschaftsprüfung und Rechnungslegung, an der Goethe-Universität Frankfurt a. M. Ständiger Mitarbeiter des *Betriebs-Berater*.

Professor Dr. Inga Dehmel

Jahrgang 1976. 1994–1999 Studium der Betriebswirtschaftslehre an der Otto-von-Guericke-Universität Magdeburg, Abschluss: Diplom-Kffr. 1999–2002 Wissenschaftliche Mitarbeiterin am dortigen Lehrstuhl für Betriebswirtschaftslehre, insb. Rechnungslegung und Wirtschaftsprüfung (Professor *Dr. Michael Hommel*). 2002–2004 Wissenschaftliche Mitarbeiterin an der Professur für Betriebswirtschaftslehre, insb. Wirtschaftsprüfung und Rechnungslegung der Goethe-Universität Frankfurt a. M. (Professor *Dr. Michael Hommel*). Promotion (2004) ebenda. 2004–2008 bei der KPMG AG Wirtschaftsprüfungsgesellschaft tätig. Seit Juli 2008 Inhaberin der Professur für Allgemeine BWL/Externes Rechnungswesen am Fachbereich Wirtschaftswissenschaften der Hochschule Harz, Hochschule für angewandte Wissenschaften (FH), Wernigerode/Halberstadt.

Hinweise zur Benutzung der beiliegenden CD-ROM

Auf der beiliegenden CD-ROM befinden sich Vertiefungsaufgaben, die sich inhaltlich über die neun Kapitel des Buches „Unternehmensbewertung *case by case*" erstrecken und der Einübung der anzuwendenden Lösungstechniken dienen. Der beigefügte Vordruck zur Cashflow-Ermittlung kann bei Lösung der jeweiligen Aufgaben als Erleichterung herangezogen werden. Drei kapitelübergreifende Musterklausuren ermöglichen eine gezielte Prüfungsvorbereitung.

Die CD-ROM ist unter folgenden Systemvoraussetzungen nutzbar:

System:	Windows 98/ME/XP/2003/Vista oder Windows NT 2000
Hardware:	IBM-kompatibler PC ab P233 MMX CPU, 4fach CD- bzw. DVD-ROM-Laufwerk, Bildschirmauflösung unter Windows mindestens 600 × 800 Bildpunkte bei 265 Farben, 32 MB RAM
Software:	Adobe Acrobat Reader ab 5.0

Die CD-ROM wird automatisch mit Einlegen in das Laufwerk gestartet. Die Vertiefungsaufgaben liegen im pdf-Format vor und können auch über den Windows-Explorer direkt geöffnet werden.

Autoren: Prof. *Dr. Michael Hommel*
Prof. *Dr. Inga Dehmel*
Dr. Denise Pauly-Grundmann